U0792166

全国水利水电高职教研会规划教材

建筑工程监理

（第二版）

主　编　钟汉华　张希中
主　审　满广生

中国水利水电出版社
www.waterpub.com.cn

内 容 提 要

本书为高职高专和成人高校土建类专业教材，全书共分8章，包括建筑工程监理基本知识，建筑工程项目质量控制，建筑工程项目进度控制，建筑工程项目投资控制，建筑工程项目安全控制，建筑工程项目合同管理，监理信息管理、资料管理与组织协调工作，监理规划与监理实施细则。

本书可供土木工程施工监理人员、技术人员、土木类各专业学生学习参考。

图书在版编目（CIP）数据

建筑工程监理 / 钟汉华，张希中主编. -- 2版. -- 北京 : 中国水利水电出版社，2014.3（2022.1重印）
全国水利水电高职教研会规划教材
ISBN 978-7-5170-1739-4

Ⅰ. ①建… Ⅱ. ①钟… ②张… Ⅲ. ①建筑工程—施工监理—高等职业教育—教材 Ⅳ. ①TU712

中国版本图书馆CIP数据核字(2014)第024080号

书 名	全国水利水电高职教研会规划教材 **建筑工程监理（第二版）**
作 者	主编 钟汉华 张希中 主审 满广生
出版发行	中国水利水电出版社 （北京市海淀区玉渊潭南路1号D座 100038） 网址：www.waterpub.com.cn E-mail：sales@waterpub.com.cn 电话：(010) 68367658（营销中心）
经 售	北京科水图书销售中心（零售） 电话：(010) 88383994、63202643、68545874 全国各地新华书店和相关出版物销售网点
排 版	中国水利水电出版社微机排版中心
印 刷	清淞永业（天津）印刷有限公司
规 格	184mm×260mm 16开本 23.5印张 557千字
版 次	2009年7月第1版第1次印刷 2014年3月第2版 2022年1月第3次印刷
印 数	4501—7000册
定 价	**59.50**元

凡购买我社图书，如有缺页、倒页、脱页的，本社营销中心负责调换

版权所有·侵权必究

编审委员会

主　任　孙五继

副主任　孙敬华　黄伟军　王启亮　张　迪　王付全
满广生　蓝善勇

编　委　（按姓氏笔画排序）

王　安　王庆河　方　崇　邓启述　包永刚
刘保军　汤能见　闫玉民　李万渠　李有香
李学明　李春亭　吴成扬　吴伟民　谷云香
汪文萍　沈　坚　宋文学　张思梅　陈卫东
陈金良　林　辉　赵淑萍　赵富田　胡　慨
钟汉华　段淑娟　侯根然　郭玉起　黄文彬
常红星　董千里　曾　波　裘汉琦　蔡　敏

第二版前言

di-erbanqianyan

本书是根据高等职业教育土建类专业人才培养目标，以监理员职业岗位能力的培养为导向，同时遵循高等职业院校学生的认知规律，以专业知识、职业技能、自主学习能力及综合素质培养为课程目标，紧密结合职业资格能力中相关的考核要求来确定本书内容。本书根据编者多年从事监理工作的经验和教学实践，在前一版教材的基础上修改、补充编纂而成。

本书内容包括建筑工程监理基本知识、建筑工程项目质量控制、建筑工程项目进度控制、建筑工程项目投资控制、建筑工程项目安全控制、建筑工程项目合同管理、监理信息管理、资料管理与组织协调工作、监理规划与监理实施细则等内容。在编写过程中，我们努力体现高等职业技术教育教学特点，并结合现行工程监理制度、规定的精选内容，以贯彻理论联系实际，注重实践能力的整体要求，突出针对性和实用性，便于学生学习。同时，我们还适当照顾了不同地区的特点和要求，力求反映工程监理的先进经验和技术手段。

本次再版，是在前一版教材的基础上，通过收集前一版教材使用者的意见而修订和提升的，增加了施工安全控制的篇幅，并依据《中华人民共和国民法典》等新的法律、法规及规范要求对全书进行了修订，邀请企业专家参与。本书建议安排 40～50 学时进行教学。

参加本书编写的有湖北水利水电职业技术学院钟汉华（第 1 章、第 2 章）、洪伟（第 3 章）、周雨微（第 5 章）、石硕（第 8 章）、武汉科达监理咨询有限公司周圣厚（第 4 章）、宜昌市水利水电勘察设计院有限公司张文刚、杜文武（第 6 章）、恩施州水利电力监理咨询有限责任公司朱敏、王华、蒋长寿（第 7 章）。全书由钟汉华、张希中担任主编，张文刚、周圣厚担任副主编，安徽水利水电职业技术学院满广生担任主审。

本书大量引用了有关专业文献和资料，未在书中一一注明出处，在此对有关文献的作者表示感谢。由于编者水平有限，加之时间仓促，难免存在错误和不足之处，诚恳地希望读者批评指正。

编　者

2022 年 1 月

第一版前言

diyibanqianyan

本书是根据教育部《关于加强高职高专人才培养工作意见》和《面向21世纪教育振兴行动计划》等文件精神和土建类专业指导性教学计划及教学大纲组织编写的。

本书的内容包括建筑工程监理基本知识、建筑工程项目的质量控制、建筑工程项目安全控制、建筑工程项目进度控制、建筑工程项目投资控制、建筑工程项目合同管理、监理信息管理、资料管理与组织协调工作、监理规划与监理实施细则等。在编写过程中，我们努力体现高等职业技术教育的教学特点，并结合现行工程监理制度和规定的精选内容，以贯彻理论联系实际，注重实践能力的整体要求，突出针对性和实用性，便于学生学习。同时，我们还适当照顾了不同地区的特点和要求，力求反映工程监理的先进经验和技术手段。

参加本书编写的有：湖北水利水电职业技术学院钟汉华（第1章、第2章），刘智（第3章），徐燕丽（第5章），罗岚（第8章），山东水利职业学院侯正路（第4章），山西水利职业技术学院张希中（第6章），福建水利电力职业技术学院章春宁（第7章）。全书由钟汉华、张希中副主编，侯正路、章春宁、孙斌任副主编。本书由杨凌职业技术学院张迪和湖北卓越工程建设监理公司鲁立中立审。

本书大量引用了有关的专业文献和资料，未在书中一一注明出处，在此对有关文献的作者表示感谢。由于编者水平有限，加之时间仓促，难免存在错误和不足之处，诚恳地希望读者批评指正。

编　者

2009年7月

目　　录

第二版前言

第一版前言

第 1 章　建筑工程监理基本知识 …… 1

1.1　建筑工程监理与相关法规制度 …… 1

1.2　监理企业、项目监理机构与项目监理人员 …… 16

本章小结 …… 34

复习思考题 …… 35

第 2 章　建筑工程项目质量控制 …… 36

2.1　建筑工程质量控制概述 …… 36

2.2　建筑工程施工的质量控制 …… 54

2.3　工程施工质量验收 …… 69

2.4　工程质量问题和质量事故处理 …… 73

本章小结 …… 78

复习思考题 …… 79

第 3 章　建筑工程项目进度控制 …… 80

3.1　建筑工程施工阶段的进度控制 …… 80

3.2　建筑工程进度计划实施中的监测与调整 …… 89

本章小结 …… 105

复习思考题 …… 105

第 4 章　建筑工程项目投资控制 …… 106

4.1　建筑工程项目投资控制的作用与任务 …… 106

4.2　施工阶段投资控制方法 …… 110

4.3　工程变更价款的确定 …… 120

本章小结 …… 126

复习思考题 …… 127

第 5 章　建筑工程项目安全控制 …… 128

5.1　建筑工程项目安全控制任务 …… 128

5.2　建筑工程项目安全监理程序 …… 128

5.3　建设工程项目安全危险源辨识与隐患排查 …… 130

5.4　建筑工程项目安全监理工作方法 …… 145

5.5　建设工程项目现场安全控制 …… 151
本章小结 …… 163
复习思考题 …… 163
第6章　建筑工程项目合同管理 …… 164
6.1　合同法律 …… 164
6.2　建筑工程合同 …… 178
6.3　建筑工程施工合同管理 …… 196
6.4　风险与保险 …… 213
本章小结 …… 224
复习思考题 …… 225
第7章　监理信息管理、资料管理与组织协调工作 …… 227
7.1　项目监理机构的信息管理 …… 227
7.2　项目监理机构的资料管理 …… 232
7.3　项目监理机构的组织协调工作 …… 243
本章小结 …… 253
复习思考题 …… 253
第8章　监理规划与监理实施细则 …… 254
8.1　监理规划 …… 254
8.2　监理实施细则 …… 274
本章小结 …… 301
复习思考题 …… 302
附录A　工程监理单位用表 …… 303
附录B　施工单位报审、报验用表 …… 311
附录C　通用表 …… 325
附录D　各类事故隐患系数数值表（节选） …… 328
参考文献 …… 363

第1章　建筑工程监理基本知识

1.1　建筑工程监理与相关法规制度

1.1.1　工程建设监理概述

工程建设监理是监理企业受项目法人委托进行的建设项目管理。工程建设监理是指针对工程项目建设，社会化、专业化的工程建设监理企业接受业主的委托和授权，根据国家批准的工程项目建设文件，有关工程建设的法律、法规和建设工程委托监理合同以及其他建设工程合同所进行的旨在实现项目投资目的的微观监督管理活动。

建设监理的依据是国家颁布实施的《中华人民共和国建筑法》（以下简称《建筑法》）和《建设工程质量管理条例》、《建设工程监理规范》和工程验收、质量评定标准以及工程建设监理合同、施工合同、设计合同、勘察合同、设计文件等。实施建设工程监理前，监理企业必须与建设单位签订书面建设工程委托监理合同，合同中应包括监理企业对建设工程质量、造价、进度进行全面控制和管理的条款。建设单位与承包单位之间与建设工程合同有关的联系活动应通过监理企业进行。

1.1.1.1　工程建设监理的任务

《建筑法》第四章建设工程监理中第三十三条规定："建设工程监理应当依照法律、行政法规及有关的技术标准、设计文件和建设工程合同，对承包单位在施工质量、建设工期和建设资金的使用等方面，代表建设单位实施监督。"

工程建设监理的中心任务是指控制工程项目目标，也就是控制合同所确定的投资、进度和质量目标。中心任务的完成是通过各阶段具体的监理工作任务的完成来实现的。对建设工程施工阶段实施全过程监理，包括"三控制""三管理""一协调"，即质量控制、进度控制、投资控制、合同管理、安全管理、信息管理及组织协调等。施工阶段监理主要内容有以下几点。

1. 质量控制

（1）审查施工组织设计、施工方案（施工组织设计、施工方案的针对性，分部、分项、检验批划分，质量控制措施及保证措施）。

（2）审查承包单位现场项目管理机构的质量管理体系、技术管理体系和质量保证体系。

（3）原材料、构配件、设备进场检查。

（4）材料见证取样，工程检测单位现场检测工程的见证。

（5）特殊过程旁站监理。

（6）处理工程变更。

（7）检验批、分项、分部质量验收（平行检验）。

(8) 安全、主要功能项目检查、工程观感质量检查。

(9) 质量控制资料、安全及主要功能资料检查。

(10) 参加质量事故分析。

(11) 监督事故处理方案执行。

(12) 分部工程质量评估及备案。

(13) 组织单位工程竣工预验收，参加工程竣工验收，进行工程质量评估和移交。

2. 投资控制

(1) 审查施工图预算，工程量清单。

(2) 处理工程变更。

(3) 审核工程计量证书，进行现场计量。

(4) 审核签发工程款支付证书。

(5) 处理索赔。

(6) 审核竣工结算资料。

3. 进度控制

(1) 审批总进度计划、劳动力及各种资源配置计划。

(2) 审核年、季、月施工进度计划，阶段性计划。

(3) 处理工程变更。

(4) 实际进度与计划进度对比分析。

(5) 向建设单位报送月报。

4. 施工安全控制

(1) 审核施工组织设计（安全技术措施）、专项施工方案、安全事故应急救援预案。

(2) 检查施工现场安全措施落实，检查现场安全管理机构配备情况。

(3) 定期组织现场施工安全检查，每天在巡检中掌握施工安全状态。

(4) 发现隐患，要求承包单位整改，必要时报告建设单位和有关部门。

(5) 参加或配合安全事故分析、调查。

(6) 监督事故处理方案执行。

5. 组织协调

(1) 组织第一次工地例会，进行监理工作交底，确定监理例会的时间、频次。

(2) 组织施工图核查和图纸会审。

(3) 协调建设、设计、施工单位之间关系，公正、合理处理好合同纠纷。

(4) 及时组织召集专题会议，解决工程质量、进度、投资、安全问题。

1.1.1.2　工程建设监理遵循的原则

从事工程建设监理活动应当遵循“守法、诚信、公正、科学”的原则。

1. 守法

守法是任何一个具有民事行为能力的单位或个人最起码的行为准则，对于监理企业来说，守法就是要依法经营。守法的内容包括：

(1) 监理企业只能在核定的业务范围内开展经营活动。

(2) 监理企业不得伪造、涂改、出租、转让、出卖《资质等级证书》。

(3) 建设工程委托监理合同一经双方签订，即具有一定的法律约束力（违背国家法律、法规的合同除外），监理企业应按照合同的规定认真履行，不得无故或故意违背合同。

(4) 监理企业离开原住地承接监理业务，要自觉遵守当地人民政府颁发的监理法规和有关规定，并要主动向监理工程所在地的省（自治区、直辖市）建设行政主管部门备案登记，接受其指导和监督管理。

(5) 遵守国家关于企业法人其他法律、法规的规定。

2. 诚信

所谓诚信，简单地讲就是忠诚老实，讲信用。一个高水平的监理企业可以运用自己的高智能最大限度地把投资控制和质量控制搞好，也可以以低水准的要求，把工作做得勉强能交代过去，但后者就是不诚信行为。没有为业主提供与其监理水平相适应的技术服务，或者本来没有较高的监理能力，却在竞争承揽监理业务时，有意夸大自己的能力，或者借故不认真履行监理合同规定的义务和职责等，都是不诚信行为。

3. 公正

所谓公正主要是指监理企业在处理业主与承建商之间的矛盾和纠纷时，要做到是谁的责任就该谁负责任，该维护谁的利益就维护谁的利益。绝对不能因为监理企业受业主的委托，就偏袒业主而损害施工单位利益。

监理企业要做到公正，必须要做到以下几点：

(1) 要培养良好的职业道德，不为私利而违心地处理问题。

(2) 要坚持实事求是的原则，不唯上级或业主的意见是从。

(3) 要提高综合分析问题的能力，不为局部问题或表面现象所迷惑。

(4) 要不断提高自己的专业技术能力，尤其是要尽快提高综合理解、熟练运用建设工程有关合同条款的能力，以便以合同条款为依据，恰当地协调、处理问题。

4. 科学

所谓科学是指监理企业的监理活动要依据科学的方案，要运用科学的手段，要采取科学的方法，工程项目监理结束后，还要进行科学总结。

(1) 科学的方案。就一个工程项目的管理工作而言，科学的方案主要是指监理规划和监理实施细则，它包括该项目监理机构的组织计划，该项目监理工作的程序，各专业、各年度（含季度，甚至按天计算）的监理内容与对策，工程的关键部分或可能出现的重大问题的监理措施。总之，在实施监理前，要尽可能地把各种问题都列出来，并拟订解决办法，使各项监理活动都纳入计划管理的轨道。更重要的是，要集思广益，充分运用已有的经验和智慧，制定出切实可行、行之有效的监理细则，指导监理活动顺利进行。

(2) 科学的手段。单凭人的感官直接进行监理，这是最原始的监理手段。科学发展到今天，必须借助于先进的科学仪器才能做好监理工作。

(3) 科学的方法。监理工作的科学方法主要体现在监理人员在掌握大量的、确凿的有关监理对象及其实施过程中的原始工艺、参数、检测状态和结论的基础上，适时、妥当、高效地处理有关问题，体现在解决问题要用“事实说话”“用书面文字说话”“用检测和数据说话”，尤其体现在要开发、利用计算机软件，建立起先进的软件库。

1.1.2　建设工程法律法规

1.1.2.1　建筑法

《建筑法》第四章有如下规定。

第三十条　国家推行建筑工模监理制度。国务院可以规定实行强制监理的建筑工程的范围。

第三十一条　实行监理的建筑工程，由建设单位委托具有相应资质条件的工程监理企业监理。建设单位与其委托的工程监理企业应当订立书面委托监理合同。

第三十二条　建筑工程监理应当依照法律、行政法规及有关的技术标准、设计文件和建筑工程承包合同，对承包单位在施工质量、建设工期和建设资金使用等方面，代表建设单位实施监督。

工程监理人员认为工程施工不符合工程设计要求、施工技术标准和合同约定的，有权要求建筑施工企业改正。

工程监理人员发现工程设计不符合建筑工程质量标准或者合同约定的质量要求的，应当报告建设单位要求设计单位改正。

第三十三条　实施建筑工程监理前，建设单位应当将委托的工程监理企业、监理的内容及监理权限，书面通知被监理的建筑施工企业。

第三十四条　工程监理企业应当在其资质等级许可的监理范围内，承担工程监理业务。

工程监理企业应当根据建设单位的委托，客观、公正地执行监理任务。

工程监理单位与本监理工程的承包单位以及建筑材料、建筑构配件和设备供应单位不得有隶属关系或者其他利害关系。

工程监理企业不得转让工程监理业务。

第三十五条　工程监理企业不按照委托监理合同的约定履行监理义务，对应当监督检查的项目不检查或者不按照规定检查，给建设单位造成损失的，应当承担相应的赔偿责任。

工程监理企业与承包单位串通，为承包单位谋取非法利益，给建设单位造成损失的，应当与承包单位承担连带赔偿责任。

1.1.2.2　民法典

《中华人民共和国民法典》（以下简称《民法典》）第十八章建设工程合同有如下规定。

第七百八十八条　建设工程合同是承包人进行工程建设，发包人支付价款的合同。

建设工程合同包括工程勘察、设计、施工合同。

第七百八十九条　建设工程合同应当采用书面形式。

第七百九十条　建设工程的招标投标活动，应当依照有关法律的规定公开、公平、公正进行。

第七百九十一条　发包人可以与总承包人订立建设工程合同，也可以分别与勘察人、设计人、施工人订立勘察、设计、施工承包合同。发包人不得将应当由一个承包人完成的建设工程支解成若干部分发包给数个承包人。

总承包人或者勘察、设计、施工承包人经发包人同意，可以将自己承包的部分工作交由第三人完成。第三人就其完成的工作成果与总承包人或者勘察、设计、施工承包人向发包人承担连带责任。承包人不得将其承包的全部建设工程转包给第三人或者将其承包的全部建设工程支解以后以分包的名义分别转包给第三人。

禁止承包人将工程分包给不具备相应资质条件的单位。禁止分包单位将其承包的工程再分包。建设工程主体结构的施工必须由承包人自行完成。

第七百九十二条 国家重大建设工程合同，应当按照国家规定的程序和国家批准的投资计划、可行性研究报告等文件订立。

第七百九十三条 建设工程施工合同无效，但是建设工程经验收合格的，可以参照合同关于工程价款的约定折价补偿承包人。

建设工程施工合同无效，且建设工程经验收不合格的，按照以下情形处理：

（一）修复后的建设工程经验收合格的，发包人可以请求承包人承担修复费用；

（二）修复后的建设工程经验收不合格的，承包人无权请求参照合同关于工程价款的约定折价补偿。

发包人对因建设工程不合格造成的损失有过错的，应当承担相应的责任。

第七百九十四条 勘察、设计合同的内容一般包括提交有关基础资料和概预算等文件的期限、质量要求、费用以及其他协作条件等条款。

第七百九十五条 施工合同的内容一般包括工程范围、建设工期、中间交工工程的开工和竣工时间、工程质量、工程造价、技术资料交付时间、材料和设备供应责任、拨款和结算、竣工验收、质量保修范围和质量保证期、相互协作等条款。

第七百九十六条 建设工程实行监理的，发包人应当与监理人采用书面形式订立委托监理合同。发包人与监理人的权利和义务以及法律责任，应当依照本编委托合同以及其他有关法律、行政法规的规定。

第七百九十七条 发包人在不妨碍承包人正常作业的情况下，可以随时对作业进度、质量进行检查。

第七百九十八条 隐蔽工程在隐蔽以前，承包人应当通知发包人检查。发包人没有及时检查的，承包人可以顺延工程日期，并有权请求赔偿停工、窝工等损失。

第七百九十九条 建设工程竣工后，发包人应当根据施工图纸及说明书、国家颁发的施工验收规范和质量检验标准及时进行验收。验收合格的，发包人应当按照约定支付价款，并接收该建设工程。

建设工程竣工经验收合格后，方可交付使用；未经验收或者验收不合格的，不得交付使用。

第八百条 勘察、设计的质量不符合要求或者未按照期限提交勘察、设计文件拖延工期，造成发包人损失的，勘察人、设计人应当继续完善勘察、设计，减收或者免收勘察、设计费并赔偿损失。

第八百零一条 因施工人的原因致使建设工程质量不符合约定的，发包人有权请求施工人在合理期限内无偿修理或者返工、改建。经过修理或者返工、改建后，造成逾期交付的，施工人应当承担违约责任。

第八百零二条　因承包人的原因致使建设工程在合理使用期限内造成人身损害和财产损失的，承包人应当承担赔偿责任。

第八百零三条　发包人未按照约定的时间和要求提供原材料、设备、场地、资金、技术资料的，承包人可以顺延工程日期，并有权请求赔偿停工、窝工等损失。

第八百零四条　因发包人的原因致使工程中途停建、缓建的，发包人应当采取措施弥补或者减少损失，赔偿承包人因此造成的停工、窝工、倒运、机械设备调迁、材料和构件积压等损失和实际费用。

第八百零五条　因发包人变更计划，提供的资料不准确，或者未按照期限提供必需的勘察、设计工作条件而造成勘察、设计的返工、停工或者修改设计，发包人应当按照勘察人、设计人实际消耗的工作量增付费用。

第八百零六条　承包人将建设工程转包、违法分包的，发包人可以解除合同。

发包人提供的主要建筑材料、建筑构配件和设备不符合强制性标准或者不履行协助义务，致使承包人无法施工，经催告后在合理期限内仍未履行相应义务的，承包人可以解除合同。

合同解除后，已经完成的建设工程质量合格的，发包人应当按照约定支付相应的工程价款；已经完成的建设工程质量不合格的，参照本法第七百九十三条的规定处理。

第八百零七条　发包人未按照约定支付价款的，承包人可以催告发包人在合理期限内支付价款。发包人逾期不支付的，除根据建设工程的性质不宜折价、拍卖外，承包人可以与发包人协议将该工程折价，也可以请求人民法院将该工程依法拍卖。建设工程的价款就该工程折价或者拍卖的价款优先受偿。

第八百零八条　本章没有规定的，适用承揽合同的有关规定。

1.1.2.3　招标投标法

《中华人民共和国招标投标法》（以下简称《招标投标法》）有如下规定。

第三条　在中华人民共和国境内进行下列工程建设项目包括项目的勘察、设计、施工、监理以及与工程建设有关的重要设备、材料等的采购，必须进行招标：

（一）大型基础设施、公用事业等关系社会公共利益、公众安全的项目；

（二）全部或者部分使用国有资金投资或者国家融资的项目；

（三）使用国际组织或者外国政府贷款、援助资金的项目。

第四条　任何单位和个人不得将依法必须进行招标的项目化整为零或者以其他任何方式规避招标。

第五条　招标投标活动应当遵循公开、公平、公正和诚实信用的原则。

第六条　依法必须进行招标的项目，其招标投标活动不受地区或者部门的限制。

任何单位和个人不得违法限制或者排斥本地区、本系统以外的法人或者其他组织参加投标，不得以任何方式非法干涉招标投标活动。

1.1.2.4　建设工程质量管理条例

《建设工程质量管理条例》有如下规定。

第十二条　实行监理的建设工程，建设单位应当委托具有相应资质等级的工程监理企业进行监理，也可以委托具有工程监理相应资质等级并与被监理工程的施工承包单位没有隶属关系或者其他利害关系的该工程的设计单位进行监理。

下列建设工程必须实行监理：

（一）国家重点建设工程；

（二）大中型公用事业工程；

（三）成片开发建设的住宅小区工程；

（四）利用外国政府或者国际组织贷款、援助资金的工程；

（五）国家规定必须实行监理的其他工程。

第十六条 建设单位收到建设工程竣工报告后，应当组织设计、施工、工程监理等有关单位进行竣工验收。

建设工程竣工验收应当具备下列条件：

（一）完成建设工程设计和合同约定的各项内容；

（二）有完整的技术档案和施工管理资料；

（三）有工程使用的主要建筑材料、建筑构配件和设备的进场试验报告；

（四）有勘察、设计、施工、工程监理等单位分别签署的质量合格文件；

（五）有施工单位签署的工程保修书。

建设工程经验收合格的，方可交付使用。

第二十五条 施工单位应当依法取得相应等级的资质证书，并在其资质等级许可的范围内承揽工程。

禁止施工单位超越本单位资质等级许可的业务范围或者以其他施工单位的名义承揽工程。禁止施工单位允许其他单位或者个人以本单位的名义承揽工程。

施工单位不得转包或者违法分包工程。

第二十六条 施工单位对建设工程的施工质量负责。

施工单位应当建立质量责任制，确定工程项目的项目经理、技术负责人和施工管理负责人。

建设工程实行总承包的，总承包单位应当对全部建设工程质量负责；建设工程勘察、设计、施工、设备采购的一项或者多项实行总承包的，总承包单位应当对其承包的建设工程或者采购的设备的质量负责。

第二十七条 总承包单位依法将建设工程分包给其他单位的，分包单位应当按照分包合同的约定对其分包工程的质量向总承包单位负责，总承包单位与分包单位对分包工程的质量承担连带责任。

第二十八条 施工单位必须按照工程设计图纸和施工技术标准施工，不得擅自修改工程设计，不得偷工减料。

施工单位在施工过程中发现设计文件和图纸有差错的，应当及时提出意见和建议。

第二十九条 施工单位必须按照工程设计要求、施工技术标准和合同约定，对建筑材料、建筑构配件、设备和商品混凝土进行检验，检验应当有书面记录和专人签字；未经检验或者检验不合格的，不得使用。

第三十条 施工单位必须建立、健全施工质量的检验制度，严格工序管理，做好隐蔽工程的质量检查和记录。隐蔽工程在隐蔽前，施工单位应当通知建设单位和建设工程质量监督机构。

第三十一条　施工人员对涉及结构安全的试块、试件以及有关材料，应当在建设单位或者工程监理企业监督下现场取样，并送具有相应资质等级的质量检测单位进行检测。

第三十二条　施工单位对施工中出现质量问题的建设工程或者竣工验收不合格的建设工程，应当负责返修。

第三十三条　施工单位应当建立、健全教育培训制度，加强对职工的教育培训；未经教育培训或者考核不合格的人员，不得上岗作业。

第三十四条　工程监理企业应当依法取得相应等级的资质证书，并在其资质等级许可的范围内承担工程监理业务。

禁止工程监理企业超越本单位资质等级许可的范围或者以其他工程监理企业的名义承担工程监理业务，禁止工程监理企业允许其他单位或者个人以本单位的名义承担工程监理业务。

工程监理企业不得转让工程监理业务。

第三十五条　工程监理企业与被监理工程的施工承包单位以及建筑材料、建筑构配件和设备供应单位有隶属关系或者其他利害关系的，不得承担该项建设工程的监理业务。

第三十六条　工程监理企业应当依照法律、法规以及有关技术标准、设计文件和建设工程承包合同，代表建设单位对施工质量实施监理，并对施工质量承担监理责任。

第三十七条　工程监理企业应当选派具备相应资格的总监理工程师和监理工程师进驻施工现场。未经监理工程师签字，建筑材料、建筑构配件和设备不得在工程上使用或者安装，施工单位不得进行下一道工序的施工。未经总监理工程师签字，建设单位不拨付工程款，不进行竣工验收。

第三十八条　监理工程师应当按照工程监理规范的要求，采取旁站、巡视和平行检验等形式，对建设工程实施监理。

第四十三条　国家实行建设工程质量监督管理制度。

国务院建设行政主管部门对全国的建设工程质量实施统一监督管理。国务院铁路、交通、水利等有关部门按照国务院规定的职责分工，负责对全国的有关专业建设工程质量的监督管理。

县级以上地方人民政府建设行政主管部门对本行政区域内的建设工程质量实施监督管理。县级以上地方人民政府交通、水利等有关部门在各自的职责范围内，负责对本行政区域内的专业建设工程质量的监督管理。

第四十四条　国务院建设行政主管部门和国务院铁路、交通、水利等有关部门应当加强对有关建设工程质量的法律、法规和强制性标准执行情况的监督检查。

第四十五条　国务院发展计划部门按照国务院规定的职责，组织稽察特派员，对国家出资的重大建设项目实施监督检查。

国务院经济贸易主管部门按照国务院规定的职责，对国家重大技术改造项目实施监督检查。

第四十六条 建设工程质量监督管理，可民由建设行政主管部门或者其他有关部门委托的建设工程质量监督机构具体实施。

从事房屋建筑工程和市政基础设施工程质量监督的机构，必须按照国家有关规定经国务院建设行政主管部门或者省、自治区、直辖市人民政府建设行政主管部门考核；从事专业建设工程质量监督的机构，必须按照国家有关规定经国务院有关部门或者省、自治区、直辖市人民政府有关部门考核。经考核合格后，方可实施质量监督。

第四十七条 县级以上地方人民政府建设行政主管部门和其他有关部门应当加强对有关建设工程质量的法律、法规和强制性标准执行情况的监督检查。

第四十八条 县级以上人民政府建设行政主管部门和其他有关部门履行监督检查职责时，有权采取下列措施：

（一）要求被检查的单位提供有关工程质量的文件和资料；

（二）进入被检查单位的施工现场进行检查；

（三）发现有影响工程质量的问题时，责令改正。

第四十九条 建设单位应当自建设工程竣工验收合格之日起15日内，将建设工程竣工验收报告和规划、公安消防、环保等部门出具的认可文件或者准许使用文件报建设行政主管部门或者其他有关部门备案。

建设行政主管部门或者其他有关部门发现建设单位在竣工验收过程中有违反国家有关建设工程质量管理规定行为的，责令停止使用，重新组织竣工验收。

第五十条 有关单位和个人对县级以上人民政府建设行政主管部门和其他有关部门进行的监督检查应当支持与配合，不得拒绝或者阻碍建设工程质量监督检查人员依法执行职务。

第五十一条 供水、供电、供气、公安消防等部门或者单位不得明示或者暗示建设单位、施工单位购买其指定的生产供应单位的建筑材料、建筑构配件和设备。

第五十二条 建设工程发生质量事故，有关单位应当在24小时内向当地建设行政主管部门和其他有关部门报告。对重大质量事故，事故发生地的建设行政主管部门和其他有关部门应当按照事故类别和等级向当地人民政府和上级建设行政主管部门和其他有关部门报告。

特别重大质量事故的调查程序按照国务院有关规定办理。

第五十三条 任何单位和个人对建设工程的质量事故、质量缺陷都有权检举、控告、投诉。

第五十四条 违反本条例规定，建设单位将建设工程发包给不具有相应资质等级的勘察、设计、施工单位或者委托给不具有相应资质等级的工程监理企业的，责令改正，处50万元以上100万元以下的罚款。

第五十五条 违反本条例规定，建设单位将建设工程肢解发包的，责令改正，处工程合同价款0.5%以上1%以下的罚款；对全部或者部分使用国有资金的项目，并可以暂停项目执行或者暂停资金拨付。

第五十六条 违反本条例规定，建设单位有下列行为之一的，责令改正，处20万元以上 50 万元以下的罚款：

（一）迫使承包方以低于成本的价格竞标的；

（二）任意压缩合理工期的；

（三）明示或者暗示设计单位或者施工单位违反工程建设强制性标准，降低工程质量的；

（四）施工图设计文件未经审查或者审查不合格，擅自施工的；

（五）建设项目必须实行工程监理而未实行工程监理的；

（六）未按照国家规定办理工程质量监督手续的；

（七）明示或者暗示施工单位使用不合格的建筑材料、建筑构配件和设备的；

（八）未按照国家规定将竣工验收报告、有关认可文件或者准许使用文件报送备案的。

第五十七条　违反本条例规定，建设单位未取得施工许可证或者开工报告未经批准，擅自施工的，责令停止施工，限期改正，处工程合同价款 1%以上 2%以下的罚款。

第五十八条　违反本条例规定，建设单位有下列行为之一的，责令改正，处工程合同价款 2%以上 4%以下的罚款；造成损失的，依法承担赔偿责任。

（一）未组织竣工验收，擅自交付使用的；

（二）验收不合格，擅自交付使用的；

（三）对不合格的建设工程按照合格工程验收的。

第五十九条　违反本条例规定，建设工程竣工验收后，建设单位未向建设行政主管部门或者其他有关部门移交建设项目档案的，责令改正，处 1 万元以上 10 万元以下的罚款。

第六十条　违反本条例规定，勘察、设计、施工、工程监理企业超越本单位资质等级承揽工程的，责令停止违法行为，对勘察、设计单位或者工程监理企业处合同约定的勘察费、设计费或者监理酬金 1 倍以上 2 倍以下的罚款；对施工单位处工程合同价款之 2%以上 4%以下的罚款，可以责令停业整顿，降低资质等级；情节严重的，吊销资质证书；有违法所得的，予以没收。未取得资质证书承揽工程的，予以取缔，依照前款规定处以罚款；有违法所得的，予以没收。以欺骗手段取得资质证书承揽工程的，吊销资质证书，依照本条第一款规定处以罚款；有违法所得的，予以没收。

第六十一条　违反本条例规定，勘察、设计、施工、工程监理企业允许其他单位或者个人以本单位名义承揽工程的，责令改正，没收违法所得，对勘察、设计单位和工程监理企业处合同约定的勘察费、设计费和监理酬金 1 倍以上 2 倍以下的罚款；对施工单位处工程合同价款 2%以上 4%以下的罚款；可以责令停业整顿，降低资质等级；情节严重的，吊销资质证书。

第六十二条　违反本条例规定，承包单位将承包的工程转包或者违法分包的，责令改正，没收违法所得，对勘察、设计单位处合同约定的勘察费、设计费 25%以上 50%以下的罚款；对施工单位处工程合同价款 0.5%以上 1%以下的罚款；可以责令停业整顿，降低资质等级；情节严重的，吊销资质证书。

工程监理企业转缸程监理业务的，责令改正，没收违法所得，处合同约定的监理酬金 25%以上 50%以下的罚款；可以责令停业整顿，降低资质等级；情节严重的，吊销资质证书。

第六十三条 违反本条例规定，有下列行为之一的，责令改正，处10万元以上30万元以下的罚款：

（一）勘察单位未按照工程建设强制性标准进行勘察的；

（二）设计单位未根据勘察成果文件进行工程设计的；

（三）设计单位指定建筑材料、建筑构配件的生产厂、供应商的；

（四）设计单位未按照工程建设强制性标准进行设计的。

有前款所列行为，造成重大工程质量事故的，责令停业整顿，降低资质等级；情节严重的，吊销资质证书；造成损失的，依法承担赔偿责任。

第六十四条 违反本条例规定，施工单位在施工中偷工减料的，使用不合格的建筑材料、建筑构配件和设备的，或者有不按照工程设计图纸或者施工技术标准施工的其他行为的，责令改正，处工程合同价款2%以上4%以下的罚款；造成建设工程质量不符合规定的质量标准的，负责返工、修理，并赔偿因此造成的损失；情节严重的，责令停业整顿，降低资质等级或者吊销资质证书。

第六十五条 违反本条例规定，施工单位未对建筑材料、建筑构配件、设备和商品混凝土进行检验，或者未对涉及结构安全的试块、试件以及有关材料取样检测的，责令改正，处10万元以上20万元以下的罚款；情节严重的，责令停业整顿，降低资质等级或者吊销资质证书；造成损失的，依法承担赔偿责任。

第六十七条 违反本条例规定，施工单位不履行保修义务或者拖延履行保修义务的，责令改正，处10万元以上20万元以下的罚款，并对在保修期内因质量缺陷造成的损失承担赔偿责任。

第六十六条 工程监理企业有下列行为之一的，责令改正，处50万元以上100万元以下的罚款，降低资质等级或者吊销资质证书；有违法所得的，予以没收；造成损失的，承担连带赔偿责任：

（一）与建设单位或者施工单位串通，弄虚作假、降低工程质量的；

（二）将不合格的建设工程、建筑材料、建筑构配件和设备按照合格签字的。

第六十八条 违反本条例规定，工程监理企业与被监理工程的施工承包单位以及建筑材料、建筑构配件和设备供应单位有隶属关系或者其他利害关系承担该项建设工程的监理业务的，责令改正，处5万元以上10万元以下的罚款，降低资质等级或者吊销资质证书；有违法所得的，予以没收。

第六十九条 违反本条例规定，涉及建筑主体或者承重结构变动的装修工程，没有设计方案擅自施工的，责令改正，处50万元以上100万元以下的罚款；房屋建筑使用者在装修过程中擅自变动房屋建筑主体和承重结构的，责令改正，处5万元以上10万元以下的罚款。

有前款所列行为，造成损失的，依法承担赔偿责任。

第七十条 发生重大工程质量事故隐瞒不报、谎报或者拖延报告期限的，对直接负责的主管人员和其他责任人员依法给予行政处分。

第七十一条 违反本条例规定，供水、供电、供气、公安消防等部门或者单位明示或者暗示建设单位或者施工单位购买其指定的生产供应单位的建筑材料、建筑构配件和设备的，责令改正。

第七十二条 违反本条例规定，注册建筑师、注册结构工程师。监理工程师等注册执业人员因过错造成质量事故的，责令停止执业1年；造成重大质量事故的，吊销执业资格证书，5年以内不予注册；情节特别恶劣的，终身不予注册。

第七十三条 依照本条例规定，给予单位罚款处罚的，对单位直接负责的主管人员和其他直接责任人员处单位罚款数额5%以上10%以下的罚款。

第七十四条 建设单位、勘察单位、设计单位、施工单位、工程监理企业违反国家规定，降低工程质量标准，造成重大安全事故，构成犯罪的，对直接责任人员依法追究刑事责任。

第七十五条 本条例规定的责令停业整顿、降低资质等级和吊销资质证书的行政处罚，由颁发资质证书的机关决定；其他行政处罚，由建设行政主管部门或者其他有关部门依照法定职权决定。

依照本条例规定被吊销资质证书的，由工商行政管理部门吊销其营业执照。

第七十六条 国家机关工作人员在建设工程质量监督管理工作中玩忽职守、滥用职权、徇私舞弊，构成犯罪的，依法追究刑事责任；尚不构成犯罪的，依法给予行政处分。

第七十七条 建设、勘察、设计、施工、工程监理企业的工作人员因调动工作、退休等原因离开该单位后，被发现在该单位工作期间违反国家有关建设工程质量管理规定，造成重大工程质量事故的，仍应当依法追究法律责任。

1.1.2.5 建设工程安全生产管理条例

《建设工程安全生产管理条例》(以下简称《建安条例》)有如下规定。

第一条 为了加强建设工程安全生产监督管理，保障人民群众生命和财产安全，根据《中华人民共和国建筑法》、《中华人民共和国安全生产法》制定本条例。

第二条 在中华人民共和国境内从事建设工程的新建、扩建、改建和拆除等有关活动及实施对建设工程安全生产的监督管理，必须遵守本条例。本条例所称建设工程，是指土木工程、建筑工程、线路管道和设备安装工程及装修工程。

第三条 建设工程安全生产管理，坚持安全第一、预防为主的方针。

第四条 建设单位、勘察单位、设计单位、施工单位、工程监理单位及其他与建设工程安全生产有关的单位，必须遵守安全生产法律、法规的规定，保证建设工程安全生产，依法承担建设工程安全生产责任。

第五条 国家鼓励建设工程安全生产的科学技术研究和先进技术的推广应用，推进建设工程安全生产的科学管理。

第二十条 施工单位从事建设工程的新建、扩建、改建和拆除等活动，应当具备国家规定的注册资本、专业技术人员、技术装备和安全生产等条件，依法取得相应等级的资质证书，并在其资质等级许可的范围内承揽工程。

第二十一条 施工单位主要负责人依法对本单位的安全生产工作全面负责。施工单位应当建立健全安全生产责任制度和安全生产教育培训制度，制定安全生产规章制度和操作规程，保证本单位安全生产条件所需资金的投入，对所承担的建设工程进行定期和专项安全检查，并做好安全检查记录。施工单位的项目负责人应当由取得相应执业资格的人员担任，对建设工程项目的安全施工负责，落实安全生产责任制度、安全生产规章制度和操作规程，确保安全生产费用的有效使用，并根据工程的特点组织制定安全施工措施，消除安全事故隐患，及时、如实报告生产安全事故。

第二十二条　施工单位对列入建设工程概算的安全作业环境及安全施工措施所需费用，应当用于施工安全防护用具及设施的采购和更新、安全施工措施的落实、安全生产条件的改善，不得挪作他用。

第二十三条　施工单位应当设立安全生产管理机构，配备专职安全生产管理人员。专职安全生产管理人员负责对安全生产进行现场监督检查。发现安全事故隐患，应当及时向项目负责人和安全生产管理机构报告；对违章指挥、违章操作的，应当立即制止。专职安全生产管理人员的配备办法由国务院建设行政主管部门会同国务院其他有关部门制定。

第二十四条　建设工程实行施工总承包的，由总承包单位对施工现场的安全生产负总责。总承包单位应当自行完成建设工程主体结构的施工。总承包单位依法将建设工程分包给其他单位的，分包合同中应当明确各自的安全生产方面的权利、义务。总承包单位和分包单位对分包工程的安全生产承担连带责任。分包单位应当服从总承包单位的安全生产管理，分包单位不服从管理导致生产安全事故的，由分包单位承担主要责任。

第二十五条　垂直运输机械作业人员、安装拆卸工、爆破作业人员、起重信号工、登高架设作业人员等特种作业人员，必须按照国家有关规定经过专门的安全作业培训，并取得特种作业操作资格证书后，方可上岗作业。

第二十六条　施工单位应当在施工组织设计中编制安全技术措施和施工现场临时用电方案，对下列达到一定规模的危险性较大的分部分项工程编制专项施工方案，并附有安全验算结果，经施工单位技术负责人、总监理工程师签字后实施，由专职安全生产管理人员进行现场监督：

（1）基坑支护与降水工程；

（2）土方开挖工程；

（3）模板工程；

（4）起重吊装工程；

（5）脚手架工程；

（6）拆除、爆破工程；

（7）国务院建设行政主管部门或者其他有关部门规定的其他危险性较大的工程。

对前款所列工程中涉及深基坑、地下暗挖工程、高大模板工程的专项施工方案，施工单位还应当组织专家进行论证、审查。

本条第一款规定的达到一定规模的危险性较大工程的标准，由国务院建设行政主管部门会同国务院其他有关部门制定。

第三十一条　施工单位应当在施工现场建立消防安全责任制度，确定消防安全责任人，制定用火、用电、使用易燃易爆材料等各项消防安全管理制度和操作规程，设置消防通道、消防水源，配备消防设施和灭火器材，并在施工现场入口处设置明显标志。

第三十三条　作业人员应当遵守安全施工的强制性标准、规章制度和操作规程，正确使用安全防护用具、机械设备等。

（五）未对因建设工程施工可能造成损害的毗邻建筑物、构筑物和地下管线等采取专项防护措施的。施工单位有前款规定第四项、第五项行为，造成损失的，依法承担赔偿责任。

第六十五条　违反本条例的规定，施工单位有下列行为之一的，责令限期改正；逾期未改正的，责令停业整顿，并处 10 万元以上 30 万元以下的罚款；情节严重的，降低资质等级，直至吊销资质证书；造成重大安全事故，构成犯罪的，对直接责任人员，依照刑法有关规定追究刑事责任；造成损失的，依法承担赔偿责任：

（一）安全防护用具、机械设备、施工机具及配件在进入施工现场前未经查验或者查验不合格即投入使用的；

（二）使用未经验收或者验收不合格的施工起重机械和整体提升脚手架、模板等自升式架设设施的；

（三）委托不具有相应资质的单位承担施工现场安装、拆卸施工起重机械和整体提升脚手架、模板等自升式架设设施的；

（四）在施工组织设计中未编制安全技术措施、施工现场临时用电方案或者专项施工方案的。

第六十六条　违反本条例的规定，施工单位的主要负责人、项目负责人未履行安全生产管理职责的，责令限期改正；逾期未改正的，责令施工单位停业整顿；造成重大安全事故、重大伤亡事故或其他严重后果，构成犯罪的，依照刑法有关规定追究刑事责任。作业人员不服管理、违反规章制度和操作规程冒险作业造成重大伤亡事故或者其他严重后果，构成犯罪的，依照刑法有关规定追究刑事责任。施工单位的主要负责人、项目负责人有前款违法行为，尚不够刑事处罚的，处 2 万元以上 20 万元以下的罚款或者按照管理权限给予撤职处分；自刑罚执行完毕或者受处分之日起，5 年内不得担任任何施工单位的主要负责人、项目负责人。

第六十七条　施工单位取得资质证书后，降低安全生产条件的，责令限期改正；经整改仍未达到与其资质等级相适应的安全生产条件的，责令停业整顿，降低其资质等级直至吊销资质证书。

1.2　监理企业、项目监理机构与项目监理人员

1.2.1　监理企业

1.2.1.1　监理企业的设立

监理企业是指取得监理资质证书、具有法人资格从事工程建设监理的单位。如监理公司、监理事务所、监理中心、咨询中心、项目管理公司等。监理企业按照经济性质分为全民所有制企业、集体所有制企业、私有企业；按照组建方式分为股份公司、合资企业、合作企业以及合伙企业等；按照经济责任分为有限责任公司和无限责任公司两种；按照资质等级分为甲级、乙级；按照从事的主要业务范围不同，可分出不同专业类别的监理企业。

监理企业必须具有自己的名称、组织机构和场所，有与承担监理业务相适应的经济、法律、技术及管理人员，完善的组织章程和管理制度，并有一定数量的资金和设施。符合条件的单位经申请取得监理资格等级证书，并经工商行政管理部门注册取得营业执照后，才可承担监理业务。

1. 监理企业的资质要素

(1) 监理人员的素质要求。监理人员要具备较高的与工程技术或建筑经济有关的理论知识和实际运用技能；监理人员要具有较强的组织协调能力；监理人员要具有高尚的职业道德；要拥护共产党的领导、热爱社会主义祖国；身体健康，能胜任监理工作的需要。对监理企业负责人的素质要求则更高一些：在技术方面，应当具有高级专业技术职称；应具有较强的组织协调和领导才能，应当取得国家认可的《监理工程师资格证书》。

(2) 专业配套能力。一个监理企业所从事的监理业务范围的大小、配备的专业监理人员是否齐全，在很大程度上决定了它的监理能力的强弱。根据承担的监理工程业务的要求，配备专业齐全的监理人员，这是企业专业能力的起码要求。另外，各主要专业的监理人员应当取得《监理工程师岗位证书》。

(3) 监理企业的技术装备。监理企业的技术装备也是其资质要素之一，监理企业的技术装备一般有计算机、工程测量仪器和设备，检测仪器和设备，交通、通信设备，照相、录像设备等。

(4) 监理企业的管理水平。对于企业来说，管理包括组织管理、人事管理、财务管理、设备管理、生产经营管理、科技管理以及档案文书管理等多方面的内容。考察一个监理企业管理工作的优劣，一是要考察其领导的能力；二是要侧重考察其规章制度的建立和贯彻执行情况如何。

(5) 监理企业的经历和成效。监理企业的经历是指监理企业成立之后，从事监理工作的历程。监理成效主要是指监理活动在控制工程建设投资、工期和保证工程质量等方面取得的效果。

此外，监理企业要有起码的经济实力，即要有一定数额的注册资金。

2. 监理企业资质等级的申请与核定

按照有关法规规定，监理企业自领取营业执照之日起，从事监理工作满 2 年后，可以向监理资质管理部门申请核定资质等级。刚成立的监理企业，不定资质等级，只能领取临时资质等级证书。

《住房和城乡建设部办公厅关于进一步做好建设工程企业资质告知承诺制审批有关工作的通知》(建办市〔2020〕59 号) 规定：自 2021 年 1 月 1 日起，在全国范围内对房屋建筑工程、市政公用工程监理甲级资质实行告知承诺制审批，实施建设工程企业资质审批权限下放试点的地区，上述企业资质审批方式由相关省级住房和城乡建设主管部门自行确定。通过告知承诺方式申请上述资质的企业，须保证填报的包括业绩项目及项目技术指标在内的所有信息真实有效，项目符合法定基本建设程序、相关工程建设资料齐全，并由企业法定代表人签署书面承诺书。住房和城乡建设部将加强对通过告知承诺方式取得上述资质企业的事中事后监管，落实“双随机、一公开”监管机制，通过遥感卫星照片比对、组织实地核查、委托省级住房和城乡建设主管部门抽查等方式核查企业申报业绩。对通过弄虚作假等不正当手段取得资质的企业，依法撤销其资质，且 3 年内不受理其相应企业资质申请事项，并列入建筑市场主体“黑名单”；造成建设单位或其他相关单位和个人损失的，由申请企业承担相应法律后果。乙级资质由各省级住房和城乡建设主管部门参照执行。

监理企业申请核定资质等级时需提交：核定资质等级申请书，《监理申请批准书》和《营业执照》副本，法定代表人与技术负责人的有关证件，《监理业务手册》，其他有关证明文件。

资质管理部门根据有关申请材料，对其人员素质、专业技能、管理水平、资金数量以及实际业绩等进行综合评审，经审核符合等级标准的，发给相应的《资质等级证书》。

监理企业的资质等级 3 年核定一次。无论甲级、乙级或丙级资质监理企业，其资质等级的审定都是从以下四个方面考虑的：监理企业负责人的专业技术素质，监理企业的群体专业技术素质及专业配套能力，注册资金的数额，监理工程的等级和竣工的工程数量以及监理成效。

核定资质等级时可以申请升级。申请升级的监理企业必须向资质管理部门报送以下材料：资质升级申请书，原《资质等级证书》和《营业执照》副本，法定代表人与技术负责人的有关证件，《监理业务手册》，其他有关证明文件。

资质管理部门对资质升级材料进行审查核实，经审查符合升级标准的，发给相应的《资质等级证书》，同时收回原《资质等级证书》。

3. 监理企业的资质标准

按《工程监理企业资质管理规定》工程监理企业资质分为综合资质和专业资质。其中，专业资质按照工程性质和技术特点划分为若干工程类别。

综合资质不分级别。专业资质分为甲级、乙级。工程监理企业的资质等级标准如下：

（1）综合资质标准。具有独立法人资格且具有符合国家有关规定的资产；企业技术负责人应为注册监理工程师，并具有 15 年以上从事工程建设工作的经历或者具有工程类高级职称；具有 5 个以上工程类别的专业甲级工程监理资质；注册监理工程师不少于 60 人，注册造价工程师不少于 5 人，一级注册建造师、一级注册建筑师、一级注册结构工程师或者其他勘察设计注册工程师合计不少于 15 人次；企业具有完善的组织结构和质量管理体系，有健全的技术、档案等管理制度；企业具有必要的工程试验检测设备；申请工程监理资质之日前一年内没有因本企业监理责任造成重大质量事故；申请工程监理资质之日前一年内没有因本企业监理责任发生三级以上工程建设重大安全事故或者发生两起以上四级工程建设安全事故。

（2）专业资质标准。

1）甲级资质标准。具有独立法人资格且具有符合国家有关规定的资产；企业技术负责人应为注册监理工程师，并具有 15 年以上从事工程建设工作的经历或者具有工程类高级职称；注册监理工程师、注册造价工程师、一级注册建造师、一级注册建筑师、一级注册结构工程师或者其他勘察设计注册工程师合计不少于 25 人次；其中，相应专业注册监理工程师不少于《专业资质注册监理工程师人数配备表》（表 1.1）中要求配备的人数，注册造价工程师不少于2人；企业近2年内独立监理过3个以上相应专业的二级工程项目，但是，具有甲级设计资质或一级及以上施工总承包资质的企业申请本专业工程类别甲级资质的除外；企业具有完善的组织结构和质量管理体系，有健全的技术、档案等管理制度；企业具有必要的工程试验检测设备；申请工程监理资质之日前一年内没有因本企业监理责任造成重大质量事故；申请工程监理资质之日前一年内没有因本企业监理责任发生三级以上工程建设重大安全事故或者发生两起以上四级工程建设安全事故。

注：《住房城乡建设部办公厅关于调整工程监理企业甲级资质标准注册人员指标的通知》（中华人民共和国住房和城乡建设部办公厅建办市〔2018〕61号）规定：为深入推进建筑业“放管服”改革，进一步优化建筑企业资质管理，决定调整工程监理企业甲级资质标准注册人员指标，自2019年2月1日起，审查工程监理专业甲级资质（含升级、延续、变更）申请时，对注册类人员指标，按相应专业乙级资质标准要求核定。

2）乙级资质标准。具有独立法人资格且具有符合国家有关规定的资产；企业技术负责人应为注册监理工程师，并具有10年以上从事工程建设工作的经历；注册监理工程师、注册造价工程师、一级注册建造师、一级注册建筑师、一级注册结构工程师或者其他勘察设计注册工程师合计不少于15人次。其中，相应专业注册监理工程师不少于《专业资质注册监理工程师人数配备表》（表1.1）中要求配备的人数，注册造价工程师不少于1人；有较完善的组织结构和质量管理体系，有技术、档案等管理制度；有必要的工程试验检测设备；申请工程监理资质之日前一年内没有因本企业监理责任造成重大质量事故；申请工程监理资质之日前一年内没有因本企业监理责任发生三级以上工程建设重大安全事故或者发生两起以上四级工程建设安全事故。

（3）事务所资质标准。取得合伙企业营业执照，具有书面合作协议书；合伙人中有3名以上注册监理工程师，合伙人均有5年以上从事建设工程监理的工作经历；有固定的工作场所；有必要的质量管理体系和规章制度；有必要的工程试验检测设备。

表1.1　专业资质注册监理工程师人数配备表　单位：人

序号	工程类别	甲级	乙级
1	房屋建筑工程	15	10
2	冶炼工程	15	10
3	矿山工程	20	12
4	化工石油工程	15	10
5	水利水电工程	20	12
6	电力工程	15	10
7	农林工程	15	10
8	铁路工程	23	14
9	公路工程	20	12
10	港口与航道工程	20	12
11	航天航空工程	20	12

续表

序号	工程类别	甲级	乙级
12	通信工程	20	12
13	市政公用工程	15	10
14	机电安装工程	15	10

注　表中各专业资质注册监理工程师人数配备是指企业取得本专业工程类别注册的注册监理工程师人数。

表 1.2　　专业工程类别和等级表

序号	工程类别		一级	二级
一	房屋建筑工程	一般公共建筑	28 层以上；36m 跨度以上（轻钢结构除外）；单项工程建筑面积 3 万 m^2 以上	14～28 层；24～36m 跨度（轻钢结构除外）；单项工程建筑面积 1 万～3 万 m^2
		高耸构筑工程	高度 120m 以上	高度 70～120m
		住宅工程	小区建筑面积 12 万 m^2 以上；单项工程 28 层以上	建筑面积 6 万～12 万 m^2；单项工程 14～28 层
二	冶炼工程	钢铁冶炼、连铸工程	年产 100 万 t 以上；单座高炉炉容 1250m^3 以上；单座公称容量转炉 100t 以上；电炉 50t 以上；连铸年产 100 万 t 以上或板坯连铸单机 1450mm 以上	年产 100 万 t 以下；单座高炉炉容 1250m^3 以下；单座公称容量转炉 100t 以下；电炉 50t 以下；连铸年产 100 万 t 以下或板坯连铸单机 1450mm 以下
		轧钢工程	热轧年产 100 万 t 以上，装备连续、半连续轧机；冷轧带板年产 100 万 t 以上，冷轧线材年产 30 万 t 以上或装备连续、半连续轧机	热轧年产 100 万 t 以下，装备连续、半连续轧机；冷轧带板年产 100 万 t 以下，冷轧线材年产 30 万 t 以下或装备连续、半连续轧机
		冶炼辅助工程	炼焦工程年产 50 万 t 以上或炭化室高度 4.3m 以上；单台烧结机 100m^2 以上；小时制氧 300m^3 以上	炼焦工程年产 50 万 t 以下或炭化室高度 4.3m 以下；单台烧结机 100m^2 以下；小时制氧 300m^3 以下
		有色冶炼工程	有色冶炼年产 10 万 t 以上；有色金属加工年产 5 万 t 以上；氧化铝工程 40 万 t 以上	有色冶炼年产 10 万 t 以下；有色金属加工年产 5 万 t 以下；氧化铝工程 40 万 t 以下
		建材工程	水泥日产 2000t 以上；浮化玻璃日熔量 400t 以上；池窑拉丝玻璃纤维、特种纤维；特种陶瓷生产线工程	水泥日产 2000t 以下；浮化玻璃日熔量 400t 以下；普通玻璃生产线；组合炉拉丝玻璃纤维；非金属材料、玻璃钢、耐火材料、建筑及卫生陶瓷厂工程

续表

序号	工程类别		一级	二级
三	矿山工程	煤矿工程	年产120万t以上的井工矿工程；年产120万t以上的洗选煤工程；深度800m以上的立井井筒工程；年产400万t以上的露天矿山工程	年产120万t以下的井工矿工程；年产120万t以下的洗选煤工程；深度800m以下的立井井筒工程；年产400万t以下的露天矿山工程
		冶金矿山工程	年产100万t以上的黑色矿山采选工程；年产100万t以上的有色砂矿采、选工程；年产60万t以上的有色脉矿采、选工程	年产100万t以下的黑色矿山采选工程；年产100万t以下的有色砂矿采、选工程；年产60万t以下的有色脉矿采、选工程
		化工矿山工程	年产60万t以上的磷矿、硫铁矿工程	年产60万t以下的磷矿、硫铁矿工程
		铀矿工程	年产10万t以上的铀矿；年产200t以上的铀选冶	年产10万t以下的铀矿；年产200t以下的铀选冶
		建材类非金属矿工程	年产70万t以上的石灰石矿；年产30万t以上的石膏矿、石英砂岩矿	年产70万t以下的石灰石矿；年产30万t以下的石膏矿、石英砂岩矿
四	化工石油工程	油田工程	原油处理能力150万t/a以上、天然气处理能力150万m^3/d以上、产能50万t以上及配套设施	原油处理能力150万t/a以下、天然气处理能力150万m^3/d以下、产能50万t以下及配套设施
		油气储运工程	压力容器8MPa以上；油气储罐10万m^3/台以上；长输管道120km以上	压力容器8MPa以下；油气储罐10万m^3/台以下；长输管道120km以下
		炼油化工工程	原油处理能力在500万t/a以上的一次加工及相应二次加工装置和后加工装置	原油处理能力在500万t/a以下的一次加工及相应二次加工装置和后加工装置
		基本原材料工程	年产30万t以上的乙烯工程；年产4万t以上的合成橡胶、合成树脂及塑料和化纤工程	年产30万t以下的乙烯工程；年产4万t以下的合成橡胶、合成树脂及塑料和化纤工程
		化肥工程	年产20万t以上合成氨及相应后加工装置；年产24万t以上磷氨工程	年产20万t以下合成氨及相应后加工装置；年产24万t以下磷氨工程
		酸碱工程	年产硫酸16万t以上；年产烧碱8万t以上；年产纯碱40万t以上	年产硫酸16万t以下；年产烧碱8万t以下；年产纯碱40万t以下
		轮胎工程	年产30万套以上	年产30万套以下

续表

序号	工程类别		一级	二级
四	化工石油工程	核化工及加工工程	年产 1000t 以上的铀转换化工工程；年产 100t 以上的铀浓缩工程；总投资 10 亿元以上的乏燃料后处理工程；年产 200t 以上的燃料元件加工工程；总投资 5000 万元以上的核技术及同位素应用工程	年产 1000t 以下的铀转换化工工程；年产 100t 以下的铀浓缩工程；总投资 10 亿元以下的乏燃料后处理工程；年产 200t 以下的燃料元件加工工程；总投资 5000 万元以下的核技术及同位素应用工程
		医药及其他化工工程	总投资 1 亿元以上	总投资 1 亿元以下
五	水利水电工程	水库工程	总库容 1 亿 m^3 以上	总库容 1000 万～1 亿 m^3
		水力发电站工程	总装机容量 300MW 以上	总装机容量 50～300MW
		其他水利工程	引调水堤防等级一级；灌溉排涝流量 $5m^3/s$ 以上；河道整治面积 30 万亩以上；城市防洪城市人口 50 万人以上；围垦面积 5 万亩以上；水土保持综合治理面积 $1000km^2$ 以上	引调水堤防等级二、三级；灌溉排涝流量 0.5～$5m^3/s$；河道整治面积 3 万～30 万亩；城市防洪城市人口 20 万～50 万人；围垦面积 0.5 万～5 万亩；水土保持综合治理面积 100～$1000km^2$
六	电力工程	火力发电站工程	单机容量 30 万 kW 以上	单机容量 30 万 kW 以下
		输变电工程	330kV 以上	330kV 以下
		核电工程	核电站；核反应堆工程	
七	农林工程	林业局（场）总体工程	面积 35 万 hm^2 以上	面积 35 万 hm^2 以下
		林产工业工程	总投资 5000 万元以上	总投资 5000 万元以下
		农业综合开发工程	总投资 3000 万元以上	总投资 3000 万元以下
		种植业工程	2 万亩以上或总投资 1500 万元以上	2 万亩以下或总投资 1500 万元以下
		兽医/畜牧工程	总投资 1500 万元以上	总投资 1500 万元以下
		渔业工程	渔港工程总投资 3000 万元以上；水产养殖等其他工程总投资 1500 万元以上	渔港工程总投资 3000 万元以下；水产养殖等其他工程总投资 1500 万元以下
		设施农业工程	设施园艺工程 $1hm^2$ 以上；农产品加工等其他工程总投资 1500 万元以上	设施园艺工程 $1hm^2$ 以下；农产品加工等其他工程总投资 1500 万元以下
		核设施退役及放射性三废处理处置工程	总投资 5000 万元以上	总投资 5000 万元以下

续表

序号	工程类别		一级	二级
八	铁路工程	铁路综合工程	新建、改建一级干线；单线铁路 40km 以上；双线 30km 以上及枢纽	单线铁路 40km 以下；双线 30km 以下；二级干线及站线；专用线、专用铁路
		铁路桥梁工程	桥长 500m 以上	桥长 500m 以下
		铁路隧道工程	单线 3000m 以上；双线 1500m 以上	单线 3000m 以下；双线 1500m 以下
		铁路通信、信号、电力电气化工程	新建、改建铁路（含枢纽、配、变电所、分区亭）单双线 200km 及以上	新建、改建铁路（不含枢纽、配、变电所、分区亭）单双线 200km 及以下
九	公路工程	公路工程	高速公路	高速公路路基工程及一级公路
		公路桥梁工程	独立大桥工程；特大桥总长 1000m 以上或单跨跨径 150m 以上	大桥、中桥桥梁总长 30～1000m 或单跨跨径 20～150m
		公路隧道工程	隧道长度 1000m 以上	隧道长度 500～1000m
		其他工程	通信、监控、收费等机电工程，高速公路交通安全设施、环保工程和沿线附属设施	一级公路交通安全设施、环保工程和沿线附属设施
十	港口与航道工程	港口工程	集装箱、件杂、多用途等沿海港口工程 2 万 t 级以上；散货、原油沿海港口工程 3 万 t 级以上；1000t 级以上内河港口工程	集装箱、件杂、多用途等沿海港口工程 2 万 t 级以下；散货、原油沿海港口工程 3 万 t 级以下；1000t 级以下内河港口工程
		通航建筑与整治工程	1000t 级以上	1000t 级以下
		航道工程	通航 3 万 t 级以上船舶沿海复杂航道；通航 1000t 级以上船舶的内河航运工程项目	通航 3 万 t 级以下船舶沿海航道；通航 1000t 级以下船舶的内河航运工程项目
		修造船水工工程	1 万 t 位以上的船坞工程；船体重量 5000t 位以上的船台、滑道工程	1 万 t 位以下的船坞工程；船体重量 5000t 位以下的船台、滑道工程
		防波堤、导流堤等水工工程	最大水深 6m 以上	最大水深 6m 以下
		其他水运工程项目	建安工程费 6000 万元以上的沿海水运工程项目；建安工程费 4000 万元以上的内河水运工程项目	建安工程费 6000 万元以下的沿海水运工程项目；建安工程费 4000 万元以下的内河水运工程项目

续表

序号	工程类别		一级	二级
十一	航天航空工程	民用机场工程	飞行区指标为 4E 及以上及其配套工程	飞行区指标为 4D 及以下及其配套工程
		航空飞行器	航空飞行器（综合）工程总投资 1 亿元以上；航空飞行器（单项）工程总投资 3000 万元以上	航空飞行器（综合）工程总投资 1 亿元以下；航空飞行器（单项）工程总投资 3000 万元以下
		航天空间飞行器	工程总投资 3000 万元以上；面积 $3000m^2$ 以上；跨度 18m 以上	工程总投资 3000 万元以下；面积 $3000m^2$ 以下；跨度 18m 以下
十二	通信工程	有线、无线传输通信工程，卫星、综合布线	省际通信、信息网络工程	省内通信、信息网络工程
		邮政、电信、广播枢纽及交换工程	省会城市邮政、电信枢纽	地市级城市邮政、电信枢纽
		发射台工程	总发射功率 500kW 以上短波或 600kW 以上中波发射台；高度 200m 以上广播电视发射塔	总发射功率 500kW 以下短波或 600kW 以下中波发射台；高度 200m 以下广播电视发射塔
十三	市政公用工程	城市道路工程	城市快速路、主干路，城市互通式立交桥及单孔跨径 100m 以上桥梁；长度 1000m 以上的隧道工程	城市次干路工程，城市分离式立交桥及单孔跨径 100m 以下的桥梁；长度 1000m 以下的隧道工程
		给水排水工程	10 万 t/d 以上的给水厂；5 万 t/d 以上污水处理工程；$3m^3/s$ 以上的给水、污水泵站；$15m^3/s$ 以上的雨泵站；直径 2.5m 以上的给排水管道	2 万～10 万 t/d 的给水厂；1 万～5 万 t/d 污水处理工程；1～$3m^3/s$ 的给水、污水泵站；5～$15m^3/s$ 的雨泵站；直径 1～2.5m 的给水管道；直径 1.5～2.5m 的排水管道
		燃气热力工程	总储存容积 $1000m^3$ 以上液化气储罐场（站）；供气规模 15 万 m^3/d 以上的燃气工程；中压以上的燃气管道、调压站；供热面积 150 万 m^2 以上的热力工程	总储存容积 $1000m^3$ 以下的液化气储罐场（站）；供气规模 15 万 m^3/d 以下的燃气工程；中压以下的燃气管道、调压站；供热面积 50 万～150 万 m^2 的热力工程
		垃圾处理工程	1200t/d 以上的垃圾焚烧和填埋工程	500～1200t/d 的垃圾焚烧及填埋工程
		地铁轻轨工程	各类地铁轻轨工程	
		风景园林工程	总投资 3000 万元以上	总投资 1000 万～3000 万元

续表

序号	工程类别		一级	二级
十四	机电安装工程	机械工程	总投资 5000 万元以上	总投资 5000 万元以下
		电子工程	总投资 1 亿元以上；含有净化级别 6 级以上的工程	总投资 1 亿元以下；含有净化级别 6 级以下的工程
		轻纺工程	总投资 5000 万元以上	总投资 5000 万元以下
		兵器工程	建安工程费 3000 万元以上的坦克装甲车辆、炸药、弹箭工程；建安工程费 2000 万元以上的枪炮、光电工程；建安工程费 1000 万元以上的防化民爆工程	建安工程费 3000 万元以下的坦克装甲车辆、炸药、弹箭工程；建安工程费 2000 万元以下的枪炮、光电工程；建安工程费 1000 万元以下的防化民爆工程
		船舶工程	船舶制造工程总投资 1 亿元以上；船舶科研、机械、修理工程总投资 5000 万元以上	船舶制造工程总投资 1 亿元以下；船舶科研、机械、修理工程总投资 5000 万元以下
		其他工程	总投资 5000 万元以上	总投资 5000 万元以下

1.2.1.2 监理企业的业务范围

监理企业必须在核定的监理范围内从事监理活动，不得擅自越级承接建设监理业务。工程监理企业资质相应许可的业务范围如下。

1. 综合资质

可以承担所有专业工程类别建设工程项目的工程监理业务。

2. 专业资质

专业甲级资质，可承担相应专业工程类别建设工程项目的工程监理业务；专业乙级资质可承担相应专业工程类别二级以下（含二级）建设工程项目的工程监理业务。

建筑、人防工程，市政公用、园林绿化工程范围、复杂程度见表 1.3、表 1.4。

表 1.3　　建筑、人防工程复杂程度表

等级	工　程　特　征
Ⅰ级	（1）高度小于 24m 的公共建筑和住宅工程； （2）跨度小于 24m 厂房和仓储建筑工程； （3）室外工程及简单的配套用房； （4）高度小于 70m 的高耸构筑物
Ⅱ级	（1）24m 不大于高度小于 50m 的公共建筑工程； （2）24m 不大于跨度小于 36m 厂房和仓储建筑工程； （3）高度不小于 24m 的住宅工程； （4）仿古建筑，一般标准的古建筑、保护性建筑以及地下建筑工程； （5）装饰、装修工程； （6）防护级别为四级及以下的人防工程； （7）70m 不大于高度小于 120m 的高耸构筑物
Ⅲ级	（1）高度不小于 50m 的公共建筑工程，或跨度不小于 36m 的厂房和仓储建筑工程； （2）高标准的古建筑、保护性建筑； （3）防护级别为四级以上的人防工程； （4）高度不小于 120m 的高耸构筑物

1.2.2.1　项目监理的组织形式

项目监理组织形式的设计，应遵循集中与分权统一、专业分工与协作统一、管理跨度与分层统一、权责一致、才职相称、效率和弹性的原则。同时，还应考虑工程项目的特点、工程项目承发包模式、业主委托的任务以及监理企业自身的条件。常用的项目监理组织形式有直线制、职能制、直线职能制和矩阵制。

1. 直线制监理组织

这种组织形式是最简单的，它的特点是组织中各种职位是按垂直系统直线排列的。它适用于监理项目能划分为若干相对独立子项的大、小型建设项目，如图 1.1 所示。总监理工程师负责整个项目的规划、组织和指导，并着重整个项目范围内各方面的协调工作。子项目监理组分别负责子项目的目标值控制，具体领导现场专业或专项监理组的工作。

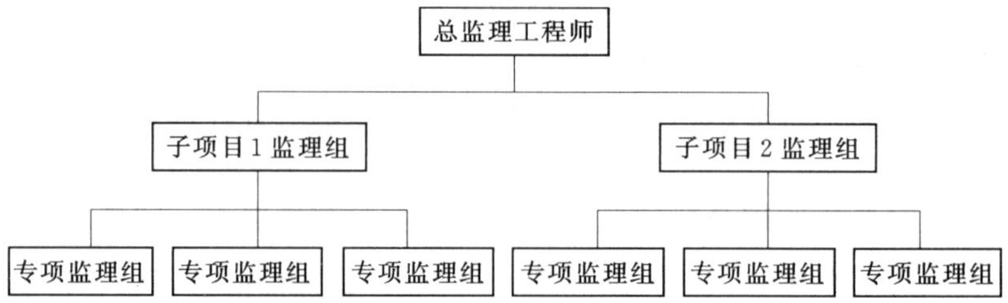

图 1.1　按子项分解设立直线制监理组织形式

还可按建设阶段分解设立直线制监理组织形式，如图 1.2 所示。此种形式适用于大、中型以上项目，且承担包括设计和施工的全过程工程建设监理任务。这种组织形式的主要优点是机构简单、权力集中、命令统一、职责分明、决策迅速、隶属关系明确。缺点是实行没有职能机构的“个人管理”，这就要求总监理工程师通晓各种业务和多种知识技能，成为“全能”式人物。

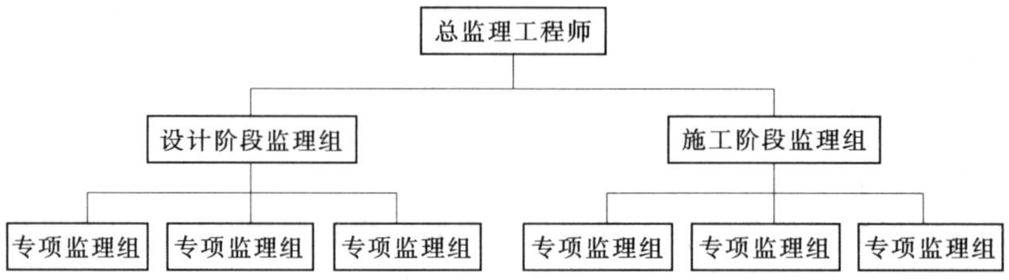

图 1.2　按建设阶段分解设立直线制监理组织形式

2. 职能制监理组织

职能制的监理组织形式，是在总监理工程师下设一些职能机构，分别从职能角度对基层监理组进行业务管理，这些职能机构可以在总监理工程师授权的范围内，就其主管的业务范围，向下下达命令和指示，如图 1.3 所示。此种形式适用于工程项目在地理位置上相对集中的工程。这种组织形式的主要优点是目标控制分工明确，能够发挥职能机构的专业管理作用，专家参加管理，提高管理效率，减轻总监理工程师负担。缺点是多头领导，易造成职责不清。

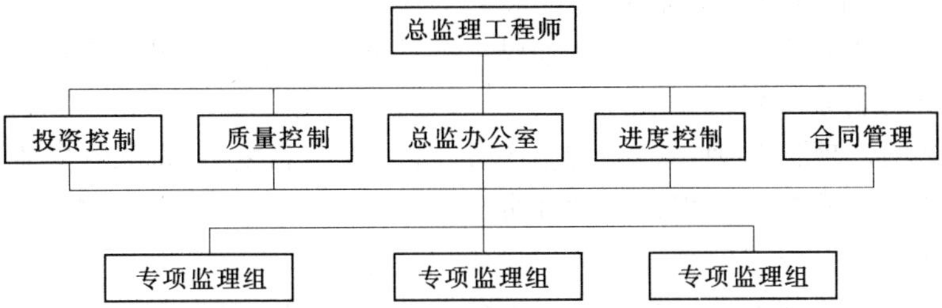

图 1.3 职能制监理组织形式

3. 直线职能制监理组织

直线职能制的监理组织形式是吸收了直线制组织形式和职能制组织形式的优点而构成的一种组织形式，如图 1.4 所示。这种形式的主要优点是集中领导、职责清楚，有利于提高办事效率。缺点是职能部门与指挥部门易产生矛盾，信息传递路线长，不利于互通情报。

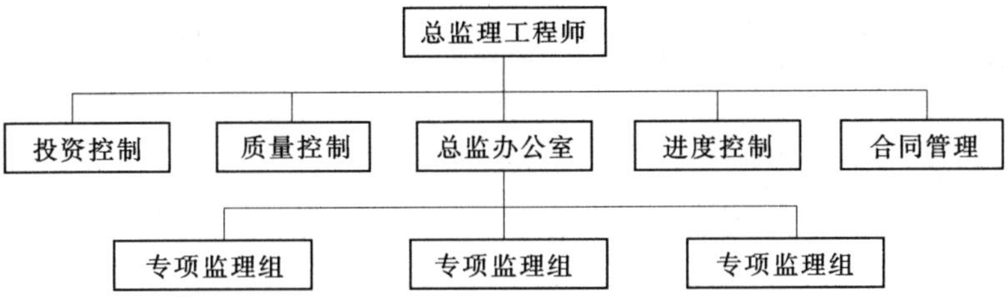

图 1.4 直线职能制监理组织形式

4. 矩阵制监理组织

矩阵制监理组织是由纵横两套管理系统组成的矩阵形组织结构，一套是纵向的职能系统，另一套是横向的子项目系统，如图 1.5 所示。

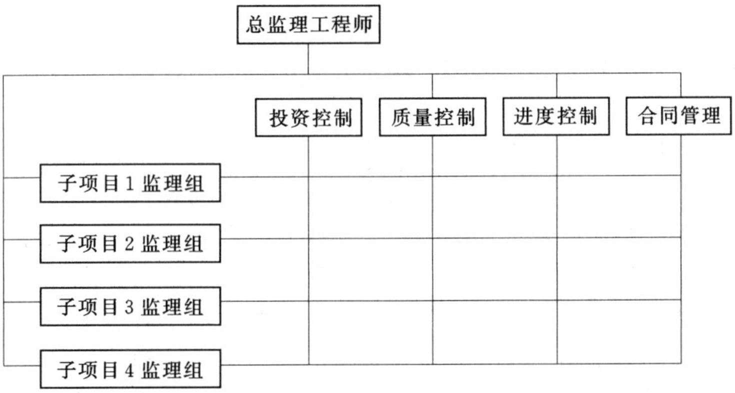

图 1.5 矩阵制监理组织形式

这种形式的优点是加强了各职能部门的横向联系，具有较大的机动性和适应性；把上下左右集权与分权实行最优的结合，有利于解决复杂难题，有利于监理人员业务能力的培养。缺点是纵横向协调工作量大，处理不当会造成扯皮现象，产生矛盾。

1.2.2.2　项目监理组织的人员配备

监理组织人员的配备一般应考虑专业结构、人员层次、工程建设强度、工程复杂程度和工程监理企业的业务水平。

（1）专业结构。项目监理组专业结构应针对监理项目的性质和委托监理合同进行设置。专业人员的配备要与所承担的监理任务相适应。在监理人员数量确定的情况下，应做适当调整，保证监理组织结构与任务职能分工的要求得到满足。

（2）人员层次。监理人员根据其技术职称分为高、中、低级 3 个层次，合理的人员层次结构有利于管理和分工。监理人员层次结构的分工如图 1.6 所示。根据经验，一般高、中、低人员配备比例大约为 10%、60%、20%，此外还有 10%左右为行政管理人员。

监理组织层次		主要职能	要求对应的技术职称
项目监理部	总监理工程师 专业监理工程师	项目监理的策划 项目监理实施的组织与协调	高级
子项监理组	子项监理工程师 专业监理工程师	具体组织子项监理业务	中级
现场监理员	质监员 计量员 预算员 计划员等	监理实务的执行与作业	初级

图 1.6　监理人员层次结构的分工

（3）工程建设强度。工程建设强度是指单位时间内投入的工程建设资金的数量。它是衡量一项工程紧张程度的标准。

$$工程建设强度=\frac{投资}{工期}$$

其中，投资和工期是指由监理企业所承担的那部分工程的建设投资和工期。一般投资额是按合同价，工期是根据进度总目标及分目标确定的。

显然，工程建设强度越大，投入的监理人力就越多。工程建设强度是确定人数的重要因素。

（4）工程复杂程度。每项工程都具有不同的复杂情况。工程地点、位置、气候、性质、空间范围、工程地质、施工方法、后勤供应等不同，则投入的人力也就不同。根据一般工程的情况，工程复杂程度要考虑的因素有：设计活动多少、气候条件、地形条件、工程地质、施工方法、工程性质、工期要求、材料供应和工程分散程度等。

（5）工程监理企业的业务水平。每个监理企业的业务水平有所不同，业务水平的差异影响监理效率的高低。对于同一份委托监理合同，高水平的监理企业可以投入较少的人力去完成监理工作，而低水平的监理企业则需投入较多的人力。各监理企业应当根据自己的实际情况对监理人员数量进行适当调整。

1.2.2.3　监理人员确定

（1）监理人员需要量定额。根据工程复杂程度等级按一个单位工程的建设强度来制定。

（2）确定工程建设强度。

（3）确定工程复杂程度。按构成工程复杂程度的因素，根据本工程实际情况分别打分。

（4）根据工程复杂程度和工程建设强度套定额。

（5）根据实际情况确定监理人员数量。

如某工程根据监理组织结构情况决定每个机构各类监理人员如下：

监理总部（含总监、总监助理和总监办公室）：监理工程师 2 人，监理员 2 人，行政文秘员 2 人。

子项目 1 监理组：监理工程师 4 人，监理员 12 人，行政文秘员 1 人。

子项目 2 监理组：监理工程师 3 人，监理员 11 人，行政文秘员 1 人。

1.2.3 项目监理人员

1.2.3.1 监理人员

监理人员包括：

（1）注册监理工程师。取得国务院建设主管部门颁发的《中华人民共和国注册监理工程师注册执业证书》和执业印章，从事建设工程监理与相关服务等活动的人员。

（2）总监理工程师。由工程监理单位法定代表人书面任命，负责履行建设工程监理合同、主持项目监理机构工作的注册监理工程师。

（3）总监理工程师代表。经工程监理单位法定代表人同意，由总监理工程师书面授权，代表总监理工程师行使其部分职责和权力，具有工程类注册执业资格或具有中级及以上专业技术职称、3 年及以上工程实践经验并经监理业务培训的人员。

（4）专业监理工程师。由总监理工程师授权，负责实施某一专业或某一岗位的监理工作，有相应监理文件签发权，具有工程类注册执业资格或具有中级及以上专业技术职称、2 年及以上工程实践经验并经监理业务培训的人员。

（5）监理员。从事具体监理工作，具有中专及以上学历并经过监理业务培训的人员。

1.2.3.2 监理人员配备

监理人员应包括总监理工程师、专业监理工程师和监理员，必要时可配备总监理工程师代表。

总监理工程师应由具有 3 年以上同类工程监理工作经验的人员担任；总监理工程师代表应由具有 2 年以上同类工程监理工作经验的人员担任；专业监理工程师应由具有 2 年以上同类工程监理工作经验的人员担任。

项目监理机构的监理人员应专业配套、数量满足工程项目监理工作的需要。

监理单位应于委托监理合同签订后 10 天内将项目监理机构的组织形式、人员构成及对总监理工程师的任命书面通知建设单位。当总监理工程师需要调整时，监理单位应征得建设单位同意并书面通知建设单位；当专业监理工程师需要调整时，总监理工程师应书面通知建设单位和承包单位。

1.2.3.3 监理人员的职责

1. 总监理工程师

一名总监理工程师只宜担任一项委托监理合同的项目总监理工程师工作。当需要同时担任多项委托监理合同的项目总监理工程师工作时，须经建设单位同意，且最多不得超过 3 项。

总监理工程师应履行以下职责：

（1）确定项目监理机构人员及其岗位职责。

（2）组织编制监理规划，审批监理实施细则。

（3）根据工程进展及监理工作情况调配监理人员，检查监理人员工作。

（4）组织召开监理例会。

（5）组织审核分包单位资格。

（6）组织审查施工组织设计、（专项）施工方案。

（7）审查开复工报审表，签发工程开工令、暂停令和复工令。

（8）组织检查施工单位现场质量、安全生产管理体系的建立及运行情况。

（9）组织审核施工单位的付款申请，签发工程款支付证书，组织审核竣工结算。

（10）组织审查和处理工程变更。

（11）调解建设单位与施工单位的合同争议，处理工程索赔。

（12）组织验收分部工程，组织审查单位工程质量检验资料。

（13）审查施工单位的竣工申请，组织工程竣工预验收，组织编写工程质量评估报告，参与工程竣工验收。

（14）参与或配合工程质量安全事故的调查和处理。

（15）组织编写监理月报、监理工作总结，组织整理监理文件资料。

2. 总监理工程师代表

（1）总监理工程师代表应履行以下职责：

1）负责总监理工程师指定或交办的监理工作。

2）按总监理工程师的授权，行使总监理工程师的部分职责和权力。

（2）总监理工程师不得将下列工作委托总监理工程师代表：

1）组织编制监理规划，审批监理实施细则。

2）根据工程进展及监理工作情况调配监理人员。

3）组织审查施工组织设计、（专项）施工方案。

4）签发工程开工令、暂停令和复工令。

3. 专业监理工程师

专业监理工程师应履行以下职责：

（1）负责编制本专业的监理实施细则。

（2）负责本专业监理工作的具体实施。

（3）组织、指导、检查和监督本专业监理员的工作，当人员需要调整时，向总监理工程师提出建议。

（4）审查承包单位提交的涉及本专业的计划、方案、申请、变更，并向总监理工程师提出报告。

（5）负责本专业分项工程验收及隐蔽工程验收。

（6）定期向总监理工程师提交本专业监理工作实施情况报告，对重大问题及时向总监理工程师汇报和请示。

(7) 根据本专业监理工作实施情况做好监理日记。

(8) 负责本专业监理资料的收集、汇总及整理，参与编写监理月报。

(9) 核查进场材料、设备、构配件的原始凭证、检测报告等质量证明文件及其质量情况，根据实际情况认为有必要时对进场材料、设备、构配件进行平行检验，合格时予以签认。

(10) 负责本专业的工程计量工作，审核工程计量的数据和原始凭证。

4. 监理员

监理员应履行以下职责：

(1) 在专业监理工程师的指导下开展现场监理工作。

(2) 检查承包单位投入工程项目的人力、材料、主要设备及其使用、运行状况，并做好检查记录。

(3) 复核或从施工现场直接获取工程计量的有关数据并签署原始凭证。

(4) 按设计图及有关标准，对承包单位的工艺过程或施工工序进行检查和记录，对加工制作及工序施工质量检查结果进行记录。

(5) 担任旁站工作，发现问题及时指出并向专业监理工程师报告。

(6) 做好监理日记和有关的监理记录。

【示例】 工程监理中的常见事件及处理示例

某建设项目建设单位委托监理单位承担施工阶段的监理任务，并通过公开招标选定甲施工单位作为施工总承包单位。工程实施中发生了下列事件：

事件1：桩基工程开始后，专业监理工程师发现，甲施工单位未经建设单位同意将桩基工程分包给乙施工单位，为此，项目监理机构要求暂停桩基施工。征得建设单位同意分包后，甲施工单位将乙施工单位的相关材料报项目监理机构审查，经审查乙施工单位的资质条件符合要求，可进行桩基施工。

事件2：桩基施工过程中，出现断桩事故。经调查分析，此次断桩事故是因为乙施工单位抢进度，擅自改变施工方案引起。对此，原设计单位提供的事故处理方案为：断桩清除，原位重新施工。乙施工单位按处理方案实施。

事件3：为进一步加强施工过程质量控制，总监理工程师代表指派专业监理工程师对原监理实施细则中的质量控制措施进行修改，修改后的监理实施细则经总监理工程师代表审查批准后实施。

事件4：工程进入竣工验收阶段，建设单位发文要求监理单位和甲施工单位各自邀请城建档案管理部门进行工程档案的验收并直接办理档案移交事宜，同时要求监理单位对施工单位的工程档案质量进行检查。甲施工单位收到建设单位发文后将该文转发给乙施工单位。

事件5：项目监理机构在检查甲施工单位的工程档案时发现，缺少乙施工单位的工程档案，甲施工单位的解释是：按建设单位要求，乙施工单位自行办理工程档案的验收及移交；在检查乙施工单位的工程档案时发现，缺少断桩处理的相关资料，乙施工单位的解释是：断桩清除后原位重新施工，不需列入这部分资料。

第 2 章　建筑工程项目质量控制

2.1　建筑工程质量控制概述

2.1.1　工程质量和质量控制

2.1.1.1　质量管理

《质量管理体系　基础和术语》(GB/T 19000—2016/ISO 9000：2015) 中质量的定义是：一个关注质量的组织倡导一种通过顾客和其他有关相关方的需求和期望来实现其价值的文化，这种文化将反映在其行为、态度、活动和过程中。

《质量管理体系　基础和术语》(GB/T 19000—2016/ISO 9000：2015) 中质量管理的定义为："质量管理可包括制定质量方针和质量目标，以及通过质量策划、质量保证、质量控制和质量改进实现质量目标的过程"。

作为组织，应当建立质量管理体系实施质量管理。具体来说，组织首先应当制定能够反映组织最高管理者的质量宗旨、经营理念和价值观的质量方针，然后在该方针的指导下，通过组织的质量手册、程序性管理文件和质量记录的制定，组织制度的落实、管理人员与资源的配置、质量活动的责任分工与权限界定等，最终形成组织质量管理体系的运行机制。

2.1.1.2　质量控制

《质量管理体系　基础和术语》(GB/T 19000—2016/ISO 9000：2015) 中质量控制的定义为："质量控制是质量管理的一部分，致力于满足质量要求"。

工程项目的质量要求是由业主（或投资者、项目法人）提出来的，是业主的建设意图通过项目策划，包括项目的定义及建设规模、系统构成、使用功能和价值、规格档次标准等的定位策划和目标决策来确定的。它主要表现为工程合同、设计文件、技术规范规定和质量标准等。因此，在建设项目实施的各个阶段的活动和各阶段质量控制均是围绕着致力于业主要求的质量总目标展开的。

质量控制所致力的活动，是为达到质量要求所采取的作业技术活动和管理活动。这些活动包括：确定控制对象，例如一道工序、设计过程、制造过程等；规定控制标准，即详细说明控制对象应达到的质量要求；制定具体的控制方法，例如工艺规程；明确所采用的检验方法，包括检验手段；实际进行检验；说明实际与标准之间有差异的原因；为了解决差异而采取的行动。质量控制贯穿于质量形成的全过程、各环节，要排除这些环节的技术、活动偏离有关规范的现象，使其恢复正常，达到控制的目的。

质量控制是质量管理的一部分而不是全部。两者的区别在于概念不同、职能范围不同和作用不同。质量控制是在明确的质量目标和具体的条件下，通过行动方案和资源配置的计划、实施、检查和监督，进行质量目标的事前预控、事中控制和事后纠偏控制，实现预期质量目标的系统过程。

2.1.2 施工项目质量控制

质量控制是质量管理的一部分。质量控制是在明确的质量目标条件下通过行动方案和资源配置的计划，实施，检查和监督来实现预期目标的过程。在质量控制的过程中，运用全过程质量管理的思想和动态控制的原理，主要可以将其分为三个阶段：质量的事前质量预控、事中质量控制和事后纠偏控制。

2.1.2.1 事前质量预控

事前质量预控是利用前馈信息实施控制，重点放在事前的质量计划与决策上，即在生产活动开始以前根据对影响系统行为的扰动因素做种种预测，制订出控制方案。这种控制方式是十分有效的。如在产品设计和工艺设计阶段，对影响质量或成本的因素做出充分的估计、采取必要的措施，可以控制质量或成本要素的60%。有人称它为储蓄投资管理，意为抽出今天的余裕为明天的收获所做的投资管理。

对于工程项目，尤其是施工阶段的质量预控，就是通过施工质量计划或施工组织设计或施工项目管理实施规划的制定过程，运用目标管理的手段，实施工程质量的计划预控。在实施质量预控时，要求对生产系统的未来行为有充分的认识，依据前馈信息制订计划和控制方案，找出薄弱环节，制定有效的控制措施和对策；同时必须充分发挥组织的技术和管理方面的整体优势，把长期形成的先进管理技术、管理方法和经验智慧，创造性地应用于工程项目。

2.1.2.2 事中质量控制

事中质量控制也称作业活动过程质量控制，是指质量活动主体地自我控制和他人监控地控制方式。自我控制是第一位的，即作业者在作业过程中对自己质量活动行为的约束和技术能力的发挥，以完成预定质量目标的作业任务；他人监控是指作业者的质量活动和结果，接受来自企业内部管理者和来自企业外部有关方面的检查检验，如工程监理机构、政府质量监督部门等的监控。事中质量控制的目标是确保工序质量合格，杜绝质量事故发生。

2.1.2.3 事后纠偏控制

事后纠偏控制也称为事后质量把关，以使不合格的工序或产品不流入后道工序、不流入市场。事后纠偏控制的任务是对质量活动结果进行评价、认定；对工序质量偏差进行纠偏；对不合格产品进行整改和处理。

从理论上讲，对于工程项目如果计划预控过程所制定的行动方案考虑得越周密，事中自控能力越强、监控越严格，实现质量预期目标的可能性就越大。但是，由于在作业过程中不可避免地会存在一些计划时难以预料的因素，包括系统因素和偶然因素的影响，质量难免会出现偏差。因此当出现质量实际值与目标值之间超出允许偏差时，必须分析原因，采取措施纠正偏差，保持质量受控状态。工程项目质量的事后控制，具体体现在施工质量验收各个环节的控制方面。

以上三个系统控制的三大环节，它们之间构成了有机的系统过程，其实质就是PDCA循环原理的具体运用。

2.1.3　工程质量形成过程及影响因素

2.1.3.1　质量的基本特征

工程项目从本质上说是一项拟建或在建的建筑产品，建设项目是多变的，业主对工程质量的需求也是不同的，质量标准和规范也随着社会的进步和科学技术的发展而不断地发生变化，但工程项目质量的基本要求是一致的。而且，工程项目和一般产品具有同样的质量内涵，即一组固有特性满足明确或隐含需要的程度。这些特性是指产品的安全性、适用性、耐久性、可靠性、维修性、经济性、美观性、与环境协调性和可持续性等方面。在过程管理实践和理论中，可以将工程项目质量的基本特征概括如下。

（1）反映安全可靠的质量特性。安全性是指工程在使用过程中的安全程度。各类建筑物在规定的荷载下，在一定的使用期限内，应满足强度和稳定性的要求，并具有足够的安全系数。

可靠性是指工程在规定的时间内和规定的条件下，完成规定的功能能力的大小和程度。满足质量要求的工程，不仅在竣工验收时达标，在一定使用期限内也应满足正常使用功能要求。

（2）反映使用功能的质量特性。工程项目的功能性质量，主要是反映对建设工程使用功能需求的一系列特性指标，如房屋建筑的平面空间布局、通风采光性能；工业工程项目的生产能力和工艺流程；道路交通工程的路面等级、通行能力等。

（3）反映建筑环境的质量特征。作为项目管理对象的工程项目，可能是独立的单项工程或单位工程，甚至某一主要分部工程；也可能是一个由群体建筑或线型工程组成的建设项目，如新、改、扩建的工业厂区、大学城、高速公路等。建筑环境质量包括项目用地范围内的规划布局、道路交通组织、绿化景观；更追求其与周边环境的协调性或适宜性。

（4）反映艺术文化的质量特性。建筑产品具有深刻的社会文化背景，人们历来都把建筑产品视同艺术品，关注其个性的艺术效果，包括建筑造型、立面外观、文化内涵、时代表征以及装饰装修、色彩视觉等。工程项目艺术文化特性的质量来自于设计者的设计理念、创意和创新，以及施工者对设计意图的领会与精益生产。

2.1.3.2　质量的形成过程

工程项目质量的形成过程，贯穿于整个建设项目的决策过程和各个工程项目设计与施工过程，体现了工程项目质量从目标决策、目标细化到目标实现的系统过程。因此，必须分析工程建设各个阶段的质量要求，以便采取有效的措施控制工程质量。

（1）建设项目决策阶段。这一阶段包括建设项目发展规划、项目可行性研究、建设方案论证和投资决策等工作。这一阶段的质量只能在于识别业主的建设意图和需求，对建设项目的性质、建设规模、使用功能、系统构成和建设标准要求等进行策划、分析、论证，为整个建设项目的质量目标，以及建设项目内各个工程项目的质量目标提出明确要求。

（2）建设工程设计阶段。建设工程设计是通过建筑设计、结构设计、设备设计使质量目标具体化，并指出达到工程质量目标的途径和具体方法。这一阶段是工程项目质量目标的具体定义过程。通过建设工程的方案设计、扩大初步设计、技术设计和施工图设计等环节，明确定义工程项目各细部的质量特性指标，为项目的施工安装作业活动及质量控制提供依据。

（3）建筑施工阶段。施工阶段是建设目标的实现过程，是影响工程建设项目质量的关键环节，包括了施工准备工作和施工作业活动。通过严格按照施工图纸施工，实施目标管理、过程监控、阶段考核、持续改进等方法，将质量目标和质量计划付诸实施。

（4）竣工验收及保修阶段。竣工验收是对工程项目质量目标完成程度的检验、评定和考核过程，它体现了工程质量水平的最终结果。此外，一个工程项目不只是经过竣工验收就可以完成的，还要经过使用保修阶段，需要在使用过程中对施工遗留问题及发现的新质量问题进行巩固和改进。只有严格把握好这两个环节，才能最终保证工程项目的质量。

2.1.3.3 质量的影响因素

影响工程项目质量的因素很多，通常可以归纳为五个方面，即4M1E，指人（Man）、材料（Material）、机械（Machine）、方法（Method）和环境（Environment）。事前对这五方面的因素严加控制，是保证施工项目质量的关键。

（1）人。人是生产经营活动的主体，也是直接参与施工的组织者、指挥者及直接参与施工作业活动的具体操作者。人员素质，即人的文化、技术、决策、组织、管理等能力的高低直接或间接影响工程质量。此外，人，作为控制的对象，是要避免产生失误；作为控制的动力，是要充分调动人的积极性，发挥人的主导作用。

为此，除了加强政治思想、劳动纪律、职业道德等教育、专业技术培训，健全岗位责任制，改善劳动条件，公平合理地激励劳动热情以外，还需根据工程特点，从确保质量出发，在人的技术水平、人的生理缺陷、人的心理行为、人的错误行为等方面来控制人的使用。因此，建筑行业实行经营资质管理和各类行业从业人员持证上岗制度是保证人员素质的重要措施。

（2）材料。材料包括原材料、成品、半成品、构配件等，它是工程建设的物质基础，也是工程质量的基础。要通过严格检查验收，正确合理地使用，建立管理台账，进行收、发、储、运等各环节的技术管理，避免混料和将不合格的原材料使用到工程上。

（3）机械。机械包括施工机械设备、工具等，是施工生产的手段。要根据不同工艺特点和技术要求，选用合适的机械设备；正确使用、管理和保养好机械设备。工程机械的质量与性能直接影响到工程项目的质量。为此要健全“人机固定”制度、“操作证”制度、岗位责任制度、交接班制度、“技术保养”制度、“安全使用”制度、机械设备检查制度等，确保机械设备处于最佳使用状态。

（4）方法。方法包含施工方案、施工工艺、施工组织设计、施工技术措施等。在工程中，方法是否合理，工艺是否先进，操作是否得当，都会对施工质量产生重大影响。应通过分析、研究、对比，在确认可行的基础上，切合工程实际，选择能解决施工难题、技术可行、经济合理，有利于保证质量、加快进度、降低成本的方法。

（5）环境。影响工程质量的环境因素较多，有工程技术环境，如工程地质、水文、气象等；工程管理环境，如质量保证体系、质量管理制度等；劳动环境，如劳动组合、作业场所、工作面等；法律环境，如建设法律法规等；社会环境，如建筑市场规范程度、政府工程质量监督和行业监督成熟度等。环境因素对工程质量的影响，具有复杂而多变的特点，如气象条件就变化万千，温度、湿度、大风、暴雨、酷暑、严寒都直接影响工程质量。又如前一工序往往就是后一工序的环境，前一分项、分部工程也就是后一分项、分部工程的环境。因此，加强环境管理，改进作业条件，把握好环境，是控制环境对质量影响的重要保证。

2.1.4　工程质量责任体系及工程质量管理制度

工程项目的实施，是业主、设计、施工、监理等多方主体活动的结果。他们各自承担了工程项目的不同实施任务和质量责任，并通过建立质量控制系统，实施质量目标的控制。

2.1.4.1　项目质量控制系统的性质

工程项目质量控制系统是工程项目目标控制的一个子系统，与投资控制、进度控制等依托于同一项目目标控制体系，它既不是建设单位的质量管理体系，也不是施工企业的质量保证体系。它是以工程项目为对象，由工程项目实施的总组织者负责建立的一次性的面向对象开展质量控制的工作体系，随着项目的完结和项目管理组织的解体而消失。

2.1.4.2　项目质量控制系统的范围

（1）系统涉及的主体范围。建设单位、设计单位、工程总承包企业、施工企业、建设工程监理机构、材料设备供应厂商等构成了项目质量控制的主体，这些主体可以分为两类，即质量责任自控主体和监控主体，它们在质量控制系统中的地位与作用不同。承担工程项目设计、施工或材料设备采购的单位，负有直接的产品质量责任，属质量控制系统中的自控主体；在工程项目实施过程，对各质量责任主体的质量活动行为和活动结果实施监督控制的组织，称质量监控主体。如业主、项目监理机构等。

（2）系统涉及的工程范围。系统涉及的工程范围，一般根据项目的定义或工程承包合同来确定。具体可能有以下三种情况：①工程项目范围内的全部工程；②工程项目范围内的某一单项工程或标段工程；③工程项目某单项工程范围内的一个单位工程。

（3）系统涉及的任务范围。项目实施的任务范围，即由工程项目实施的全过程或若干阶段进行定义。工程项目质量控制系统服务于工程项目管理的目标控制，其质量控制的系统职能贯穿于项目的勘察、设计、采购、施工和竣工验收等各个实施环节，即工程项目全过程质量控制的任务或若干阶段承包的质量控制任务。

2.1.4.3　项目质量控制系统的结构

工程项目质量控制系统，一般情况下形成多层次、多单元的结构形态，这是由其实施任务的委托方式和合同结构所决定的。

（1）多层次结构。多层次结构是相对于工程项目工程系统纵向垂直分解的单项、单位工程项目质量控制子系统。系统纵向层次机构的合理性是工程项目质量目标、控制责任和措施分解落实的重要保证。在大中型工程项目，尤其是群体工程的工程项目，第一层面的质量控制系统应由建设单位的工程项目管理机构负责建立，在委托代建、委托项目管理或实行交钥匙式工程总承包的情况下，应由相应的代建方项目管理机构、受托项目管理机构或工程总承包企业项目管理机构负责建立。第二层面的质量控制系统通常是指由工程项目的设计总负责单位、施工总承包单位等建立的相应管理范围内的质量控制系统。第三层面及其以下是承担工程设计、施工安装、材料设备供应等各承包单位的现场质量自控系统，或称各自的施工质量保证体系。

（2）多单元结构。多单元结构是指在工程项目质量控制总体系统下，第二层面的质量控制系统及其以下的质量自控或保证体系可能有多个。这是项目质量目标、责任和措施分解的必然结果。

2.1.4.4　项目质量控制系统的特点

工程项目质量控制系统是面向对象而建立的质量控制工作体系，有如下的特点。

（1）建立的目的。工程项目质量控制系统只用于特定的工程项目质量控制，而不是用于建筑企业或组织的质量管理。

（2）服务的范围。工程项目质量控制系统涉及工程项目实施过程所有的质量责任主体，而不只是某一个承包企业或组织机构。

（3）控制的目标。工程项目质量控制系统的控制目标是工程项目的质量标准，并非某一具体建筑企业或组织的质量管理目标。

（4）作用的时效。工程项目质量控制系统与工程项目管理组织系统相融合，是一次性而非永久性的质量工作系统。

（5）评价的方式。工程项目质量控制系统的有效性一般由工程项目管理的总组织者进行自我评价与诊断，不需进行第三方认证。

2.1.4.5　质量控制系统的建立

工程项目质量控制系统的建立，为工程项目的质量控制提供了组织制度方面的保证。这一过程，是工程项目质量总目标的确定和分解过程，也是工程项目各参与方之间质量管理关系和控制责任的确定过程。为了保证质量控制系统的科学性和有效性，必须明确系统建立的原则、主体和程序。

1. 建立的原则

（1）目标分解。项目管理者应根据控制系统内工程项目的分解结构，将工程项目的建设标准和质量总体目标分解到各个责任主体，明示于合同条件，由各责任主体制定出相应的质量计划，确定其具体的控制方式和要求。

（2）分层规划。工程项目管理的总组织者（如建设单位）和承担项目实施任务的各参与单位，应分别进行工程项目质量控制系统不同层次和范围的规划。

（3）明确责任。应按照建筑法和建设工程质量管理条例有关建设工程质量责任的规定，界定各方的质量责任范围和控制要求。

（4）系统有效。工程项目质量控制系统，应从实际出发，结合项目特点、合同结构和项目管理组织系统的构成情况，建立项目各参与方共同遵循的质量管理制度和控制措施，并形成有效的运行机制。

2. 建立的主体

一般情况下，工程项目质量控制系统应由建设单位或建设工程项目总承包企业的工程项目管理机构负责建立。在分阶段依次对勘察、设计、施工、安装等任务进行分别招标发包的情况下，通常应由建设单位或其委托的工程项目管理企业负责建立工程项目质量控制系统，各承包企业应根据该系统的要求，建立隶属于该系统的设计项目、施工项目、采购供应项目等质量控制子系统，以具体实施其质量责任范围内的质量管理和目标控制。

3. 建立的程序

工程项目质量控制系统的建立过程，一般可按以下环节依次展开工作。

（1）确定系统质量控制主体网络架构。明确系统各层面的建设工程质量控制负责人，一般包括承担项目实施任务的项目经理（或工程负责人）、总工程师，项目监理机构的总监理工程师、专业监理工程师等，以形成明确的项目质量控制责任者的关系网络架构。

（2）制定系统质量控制制度。包括质量控制例会制度、协调制度、报告审批制度、质量验收制度和质量信息管理制度等。形成工程项目质量控制系统的管理文件或手册，作为承担工程项目实施任务各方主体共同遵循的管理依据。

（3）分析系统质量控制界面。工程项目质量控制系统的质量责任界面，包括静态界面和动态界面。一般说静态界面根据法律法规、合同条件、组织内部职能分工来确定。动态界面是指项目实施过程设计单位之间、施工单位之间、设计与施工单位之间的衔接配合关系及其责任划分，必须通过分析研究，确定管理原则与协调方式。

（4）编制系统质量控制计划。工程项目管理总组织者负责主持编制工程项目总质量计划，并根据质量控制系统的要求，部署各质量责任主体编制与承担任务范围相符的质量计划，并按规定程序完成质量计划的审批，作为其实施自身工程质量控制的依据。

2.1.4.6　质量控制系统的运行

工程项目质量控制系统的运行，是系统功能的发挥过程，也是质量活动职能和效果的控制过程。质量控制系统有效地运行，有赖于系统内部的运行环境和运行机制的完善。

1. 运行环境

工程项目质量控制系统的运行环境，主要是指为系统运行提供支持的管理关系、组织制度和资源配置的条件。

（1）建设工程的合同结构。建设工程合同是联系工程项目各参与方的纽带。合同结构合理、质量标准和责任条款明确、严格履约管理直接关系到质量控制系统的运行成败。

（2）质量管理的组织制度。工程项目质量控制系统内部的各项管理制度和程序性文件的建立，为质量控制系统各个环节的运行，提供必要的行动指南、行为准则和评价基准的依据，是系统有序运行的基本保证。

（3）质量管理的资源配置。质量管理的资源配置是质量控制系统得以运行的基础条件，它包括专职的工程技术人员和质量管理人员的配置；以及实施技术管理和质量管理所必需的设备、设施、器具、软件等物质资源的配置。

2. 运行机制

工程项目质量控制系统的运行机制，是质量控制系统的生命，是由一系列质量管理制度安排所形成的内在能力。它包括了动力机制、约束机制、反馈机制和持续改进机制等。

（1）动力机制。工程项目的实施过程是由多主体参与的价值增值链，只有保持合理的供方及分供方等各方关系，才能形成合力，保证项目的成功。动力机制作为工程项目质量控制系统运行的核心机制，它可以通过公正、公开、公平的竞争机制和利益机制的制度设计或安排来实现。

(2) 约束机制。约束机制取决于各主体内部的自我约束能力和外部的监控效力。约束能力表现为组织及个人的经营理念、质量意识、职业道德及技术能力的发挥；监控效力取决于工程项目实施主体外部对质量工作的推动和检查监督。两者相辅相成，构成了质量控制过程的制衡关系。

(3) 反馈机制。反馈机制是对质量控制系统的能力和运行效果进行评价，并为及时做出处置提供决策依据的制度安排。项目管理者应经常深入生产第一线，掌握第一手资料，并通过相关的制度安排来保证质量信息反馈的及时和准确。

(4) 持续改进机制。应用PDCA循环原理，即计划、实施、检查和处置的方式展开质量控制，注重抓好控制点的设置和控制，不断寻找改进机会、研究改进措施，完善和持续改进工程项目质量控制系统，提高质量控制能力和控制水平。

2.1.5 ISO质量管理体系

1. ISO简介

ISO是一个组织的英语简称。其全称是International Organization for Standardization，翻译成中文就是“国际标准化组织”。

ISO是世界上最大的国际标准化组织。它成立于1947年2月23日，它的前身是1928年成立的“国际标准化协会国际联合会”(英文缩写为ISA)。ISO宣称它的宗旨是“在世界上促进标准化及其相关活动的发展，以便于商品和服务的国际交换，在智力、科学、技术和经济领域开展合作。”

2. ISO9000简介

ISO通过它的2856个技术机构开展技术活动。其中技术委员会(英文缩写为TC)共185个，分技术委员会(英文缩写为SC)共611个，工作组(WG)2022个，特别工作组38个。ISO的2856个技术机构技术活动的成果(产品)是“国际标准”。ISO现已制定出国际标准共10300多个，主要涉及各行各业各种产品(包括服务产品、知识产品等)的技术规范。ISO制定出来的国际标准除了有规范的名称之外，还有编号，编号的格式是：ISO+标准号+[杠+分标准号]+冒号+发布年号(方括号中的内容可有可无)，例如ISO8402：1987、ISO9000—1：1994等，分别是某一个标准的编号。但是，“ISO9000”不是指一个标准，而是一族标准的统称。根据ISO9000—1：1994的定义：“‘ISO9000族’是由ISO/TC176制定的所有国际标准。”

1994年，ISO/TC176完成了对标准的第一次修订，提出了“ISO9000族”的概念，并由ISO发布了1994版IS09000族标准。

2000年，ISO/TC176完成了对标准的第二次修订。12月15日由ISO正式发布ISO9000：2000、ISO9001：2000和ISO9004：2000，分别取代1994版ISO8402和ISO9000—1，1994版ISO9001、ISO9002和ISO9003，以及1994版ISO9004—1，通称2000版ISO9000族标准。

ISO9000系列标准包括五个部分：ISO9000、ISO9001、ISO9002、ISO9003和ISO9004。其中，ISO9000标准是ISO9000系列标准的选用导则，它主要阐述几个质量术语基本概念之间的关系、质量体系环境的特点、质量体系国际标准的分类、在质量管理中质量体系国际标准的应用以及合同环境中质量体系国际标准的应用。除ISO9000之外的其他四个标准可以分为两个大类：ISO9001～ISO9003 标准是在合同环境下用以指导企业质量管理的标准；ISO9004 标准是在非合同环境下用以指导企业质量管理的标准。在合同环境下，供需双方建有契约关系。需方应对供方的质量体系提出要求，而 ISO9001、ISO9002、ISO9003 是不同的质量保证模式，其中以 ISO9001 建立的质量体系最为全面。ISO9002 标准要求供方建立生产和安装的质量保证模式，比 ISO9001 标准减少了设计控制和售后服务两个质量体系要素。ISO9003 标准适用于相当简单的产品，它只要求供方建立最终检验和试验的质量保证模式，比 ISO9002 少六个质量体系要素。

ISO 组织最新颁布的 ISO9000：2008 系列标准，有四个核心标准：

（1）ISO9000：2008 质量管理体系　基础和术语。

（2）ISO9001：2008 质量管理体系　要求。

（3）ISO9004：2008 质量管理体系　业绩改进指南。

（4）ISO19011：2002 质量和（或）环境管理体系　审核指南。

最新 ISO9000：2015 系列标准于 2015 年由国际标准化组织颁布实施，ISO9000、ISO9001、ISO9004 和 ISO19011 四项标准构成新版 ISO9000 族标准的核心标准。

ISO9001：2015 标准作为通用的质量管理体系标准可适用于各类组织，不受组织类型、规模、经济技术活动领域或专业范围、提供产品种类的影响和限制。

3. 企业质量体系认证的程序

具体的质量体系认证过程总体上分为五个阶段：认证申请、受理申请、体系审核、审批与注册发证、监督管理。

（1）认证申请。企业可在决定是否申请认证之前向任何一个认证机构索取有关制度的资料，包括认证规则、公开文件，各项规定、其他有关资料（这些资料均免费提供）。企业向其自愿选择的某个体系认证机构提出申请，按认证机构要求提交申请文件，包括企业质量手册、程序文件等体系文件。

（2）受理申请。认证机构收到申请方的正式申请后，将对申请方的申请文件进行审查，包括填报的各项内容是完整和正确，质量手册的内容总体上是否覆盖了相应质量合格保证模式标准的要求等。经审查若符合规定的申请要求，决定接受申请，由认证机构向申请方发出“受理申请书”，双方签订合同，并通知申请方下一步的工作安排等。

（3）体系审核。体系认证机构指派数名国家注册审核员实施审核工作，包括文件审查、现场检查前的准备，到企业现场进行评定，审核结束提交审核报告等。

（4）审批与注册发证。认证机构按程序审核，通过后颁发证书、注册并向社会公告。

（5）监督管理。在证书的有效期内，认证机构每年对企业至少进行一次监督审核，根据企业的质量体系运行情况，按规定，分别予以保持、暂停及撤销/注销企业的质量体系认证证书。在证书有效期内，如果遇到质量体系标准变更，或者体系认证的范围变更，或者证书的持有者变更时，证书持有者可以申请换发证书，认证机构决定作必要的补充审核。

2.1.6　工程质量控制的统计与分析

2.1.6.1　工程质量统计的指标内容

1. 数理统计的基本概念

（1）总体。总体又称母体、检查批或批，是指研究对象全体元素的集合。总体分为有限总体和无限总体。有限总体有一定的数量表现，如一批同规格的材料；无限总体则无一定的数量表现，如一道工序，其源源不断地生产出某一产品，本身是无限的。

（2）样本。从总体中抽出一部分个体组成样本，样本也可称为子样。从总体中抽取样本的方法有两种：随机抽样和系统抽样。随机抽样排除了人的主观影响，使总体中的每个个体都具有同等被抽取到的机会；系统抽样是指每经过一定的时间间隔或数量间隔抽取若干产品作为样本。

（3）随机现象。在质量检验中，某一产品的检验结果可能是优良、合格或不合格。这种事先不能确定结果的现象称为随机现象。

（4）随机事件。每一种随机现象的表现或结果就是随机事件。

2. 质量数据变异的数字特征及其度量

质量数据变异的数字特征通常用集中性和离散性来描述。

（1）集中性。一批数据看起来虽然大小不一，但它们似乎都围绕着某一中心值而变化，并有一种集中的倾向。这种变异的数据所表现出来的集中趋势称为集中性。

度量集中性的主要指标是平均数、中位数和众数。

1）平均数。设有一批数据 x_1、x_2、x_3、…、x_n，则平均数为

$$\overline{x}=\frac{x_1+x_2+\cdots+x_n}{n}=\frac{1}{n}\sum_{i=1}^{n}x_i \tag{2.1}$$

平均数是一批数据的中心，围绕这一中心结合着众多的数据，它反映了大量现象的典型特征。平均数是一种综合指标，它表示这批数据所代表的产品或工序所能达到的平均水平。

2）中位数。一批数据按大小顺序排列后，位于中间的数值即为中位数。当数据的个数为奇数时，最中间的数就是当数据个数；为偶数时，中位数为中间两个数据的平均值。

3）众数。众数是一组测量数据中出现次数（频数）最多的数值。

（2）离散性。离散性反映了数据的分散程度或相对集中程度。

1）极差。极差是一组测量数据中的最大值和最小值之差。通常用于表示不分组数据的离散度，用符号 R 表示，其计算公式为

$$R=X_{\max}-X_{\min} \tag{2.2}$$

它反映了数据的波动范围。极差大，说明数据波动范围大；极差小，说明波动范围小。因此，极差可以非常直观地反映数据的离散程度。

2）标准差。标准差也称均方差，用 S 或 σ 表示，是每一批数据以平均值为基准相差的大小。标准差比较全面地代表了一批数据的分散程度。

当数据的个数较多时，标准差的计算公式为

$$\sigma=\sqrt{\frac{\sum_{i=1}^{n}(x_i-\overline{x})^2}{n}} \tag{2.3}$$

式中　σ——标准差；

x_i——第 i 个数据，$i=1, 2, \cdots, n$；

$\overline{x}$——数据的平均值。

当数据的个数较少时，无偏标准差的计算公式为

$$s=\sqrt{\frac{1}{n-1}\sum(x_i-\overline{x})^2} \tag{2.4}$$

式中　s——无偏差标准差。

在质量管理中，通常用无偏标准差估计总体标准差。样本容量越大，估计的效果就越好。

3）变异系数。标准差只表示了各组数据的离散程度（它是以平均数为基准计算而得），若两组数据分布的标准差相同，但其平均值不同，则用标准差来比较离散程度便不恰当。因此，就用标准差与平均值的相对数进行比较，该相对数值称为变异系数，通常用 C 表示

$$C=\frac{s}{\overline{x}} \tag{2.5}$$

显然，变异系数越大，离散程度也越大；反之，则越小。

2.1.6.2　质量分析方法

现代质量管理通常利用质量分析法控制工程质量，即利用数理统计的方法，通过收集、整理、分析、利用质量数据，并以这些数据作为判断、决策和解决质量问题的依据，从而预测和控制产品质量。工程质量分析常用的数理统计方法有分层法、因果分析图法、排列图法、直方图法等。

2.1.6.2.1　分层法

分层法又叫分类法或分组法，是将调查收集的原始数据按照统计分析的目的和要求进行分类，通过对数据的整理将质量问题系统化、条理化，以便从中找出规律，发现影响质量因素的一种方法。

由于产品质量是多方面因素共同作用的结果，因而对同一批数据，可以按不同性质分层，使我们能从不同角度来考虑、分析产品存在的质量问题和影响因素。常用的分层标志有：按不同施工工艺和操作方法分层；按操作班组或操作者分层；按分部分项工程分层；按施工时间分层；按使用机械设备型号分层；按原材料供应单位、供应时间或等级分层；按合同结构分层；按工程类型分层；按检测方法、工作环境等分层。

现举例说明分层法的应用。

【例 2.1】　某钢筋焊接质量调查数据如下：检查了 50 个焊接点，其中不合格 19 个，不合格率为 38%。试用分层法分析质量问题的原因。

【解】　为了查清不合格原因，需要进行分层收集数据。现已查明，这批钢筋的焊接是由 A、B、C 3 个师傅操作的，而焊条是由甲、乙两个厂家提供的。因此，分别按操作者和焊条生产厂家进行分层分析，即考虑一种因素单独的影响，见表 2.1 和表 2.2。

表 2.1　　　　按 操 作 者 分 层

操作者	焊接点数		不合格率/%
	不合格	合格	
A	6	13	32
B	3	9	25
C	10	9	53
合计	19	31	38

表 2.2　　　　按供应焊条厂家分层

工厂	焊接点数		不合格率/%
	不合格	合格	
甲	9	14	39
乙	10	17	37
合计	19	31	38

由表 2.1 和表 2.2 分层分析可见，B 师傅的质量较好，不合格率 25%；而不论是采用甲厂还是乙厂的焊条，不合格率都很高且相差不大。为了找出问题之所在，再进一步采用综合分层进行分析，即考虑两种因素共同影响的结果，见表 2.3。

表 2.3　　　　综合分层分析焊接质量

操作者	焊接质量	甲厂		乙厂		合计	
		焊接点数	不合格率/%	焊接点数	不合格率/%	焊接点数	不合格率/%
A	不合格	6	75	0	0	6	32
	合格	2		11		13	
B	不合格	0	0	3	43	3	25
	合格	5		4		9	
C	不合格	3	30	7	78	10	53
	合格	7		2		9	
合计	不合格	9	39	10	37	19	38
	合格	14		17		31	

从表 2.3 的综合分层法分析可知，在使用甲厂的焊条时，应采用 B 师傅的操作方法为好；在使用乙厂的焊条时，应采用 A 师傅的操作方法为好，这样会使合格率大大的提高。

分层法是质量控制统计分析方法中最基本的一种方法，其他统计方法一般都要与分层法配合使用。

2.1.6.2.2 因果分析图法

因果分析图法，也称为质量特性要因分析法、鱼刺图法或树枝图法，是一种逐步深入研究和讨论质量问题原因的图示方法。由于工程中的质量问题是多种原因造成的，这些原因有大有小、有主有次。通过因果分析图，层层分解，可以逐层寻找关键问题或问题产生根源，进行有的放矢地处理和管理。

（1）因果分析图的作图步骤如下：

1）明确要分析的质量问题，置于主干箭头的前面。

2）对原因进行分类，确定影响质量特性的大原因，并用大枝表示。影响工程质量的因素主要有人员、材料、机械、施工方法和施工环境 5 个方面。

3）以大原因作为问题，层层分析大原因背后的中原因，中原因背后的小原因，直到可以落实措施为止，在图中用不同的小枝表示。

（2）利用因果分析图分析质量问题及原因，要注意以下事项：

1）一个质量特性或一个质量问题使用一张图分析。

2）通常采用 QC 小组活动的方式进行讨论分析。讨论时，应该充分发扬民主、集思广益、共同分析，必要时可以邀请小组以外的有关人员参与，广泛听取意见。

3）层层深入的分析模式。在分析原因的时候，要求根据问题和大原因以及大原因、中原因、小原因之间的因果关系，层层分析直到能采取改进措施的最终原因。不能半途而废，一定要弄清问题的症结所在。

4）在充分分析的基础上，由各参与人员采取投票或其他方式，从中选择 1～5 项多数人达成共识的最主要原因。

5）针对主要原因，有的放矢地制定改进措施，并落实到人。

【例 2.2】　图 2.1 表示混凝土强度不足的原因分析，其中将混凝土施工的生产要素（人员、材料、机械、施工方法和施工环境）作为第一层面的因素进行分析，然后对第一层面的各个因素再进行第二层面的可能原因的深入分析，依次类推直至将所有可能原因分层次一一罗列。

2.1.6.2.3　排列图法

意大利经济学家帕累托提出“关键的少数和次要的多数间的关系”，后来美国质量专家朱兰把这原则引入质量管理中。排列图又称主次因素分析图或帕累托图，是用来寻找工程（产品）质量主要因素的一种有效工具。其特点是把影响产品质量的因素按大小顺序排列。

排列图的组成如图 2.2 所示。排列图由两个纵坐标，一个横坐标，若干个矩形及一条

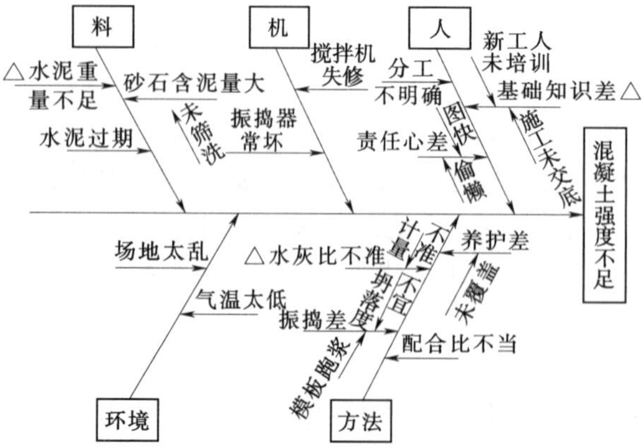

图 2.1　混凝土强度不足的因果分析图

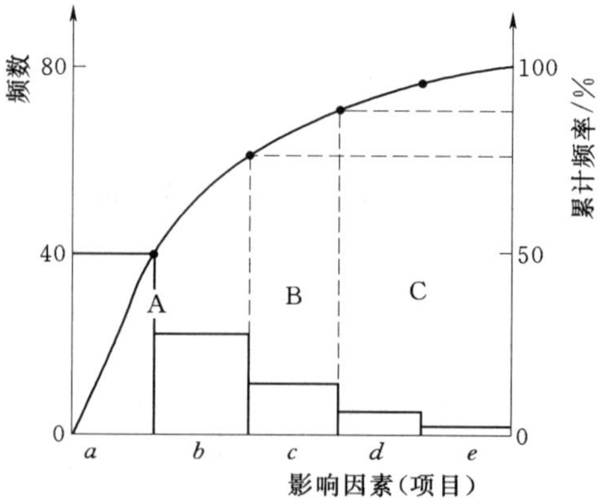

图 2.2　质量影响因素排列图

曲线组成。其中左边的纵坐标表示频数，右边的纵坐标表示频率，横坐标表示影响质量的各种因素；若干个直方图分别表示质量影响因素的项目，直方图形的高度则表示影响因素的大小程度，按大小顺序从左向右排列。帕累托曲线纵坐标值表示各影响因素大小的累计百分数。

采用排列图分析影响工程（产品）质量的主要因素，可按以下程序进行：

（1）列出影响工程（产品）质量的主要因素，并统计各影响因素出现的频数和频率。

（2）按质量影响因素出现频数由大到小的顺序，从左至右绘制排列图。

（3）分析排列图，找出影响工程（产品）质量的主要因素。在一般情况下，将影响质量的因素分为三类，累计频率在 0～80%为 A 类，是影响质量的主要因素；在 80%～90%为 B 类，是影响质量的次要因素；在 90%～100%为 C 类，是影响质量的一般因素。

作图步骤包括收集数据、整理数据、画坐标图和帕累托曲线、图形分析。

【例 2.3】 某施工企业构件加工厂出现钢筋混凝土构件不合格品增多的质量问题，对一批构件进行检查，有 200 个检查点不合格，影响其质量的因素混凝土强度、截面尺寸、侧向弯曲、钢筋强度、表面平整、预埋件、表面缺陷等，统计各因素发生的次数列于表 2.4 中，试作排列图并确定影响质量的主要因素。

表 2.4　　不合格项目统计分析表

构件批号	混凝土强度	截面尺寸	侧向弯曲	钢筋强度	表面平整	预埋件	表面缺陷
1	5	6	2	1			1
2	10		4		2	1	
3	20	4		2		1	
4	5	3	5		4	1	
5	8	2		1			1
6	4		3		1		
7	18	6		3			1
8	25	6	4		1		
9	4	3		2			
10	6	20	2	1		1	
合计	105	50	20	10	8	4	3

表 2.4 已列出因素项目，只需从统计频数入手作排列图即可。

频数、频率、累计频率的统计结果见表 2.5，排列图如图 2.3 所示。

表 2.5、图 2.3 都表明，A 类因素（影响钢筋混凝土构件质量的主要因素）有混凝土强度和截面尺寸两项，应针对这两个因素制定改进措施。

表 2.5　　频率计算表

序号	影响质量的因素	频数	频率/%	累计频率/%
1	混凝土强度	105	52.5	52.5
2	截面尺寸	50	25	77.5
3	侧向弯曲	20	10	87.5
4	钢筋强度	10	5	92.5
5	表面平整	8	4	96.5
6	预埋件	4	2	98.5
7	表面缺陷	3	1.5	100
合计		200	100	

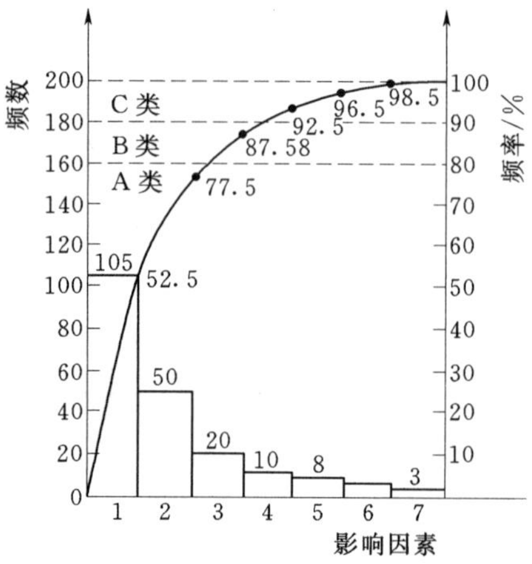

图 2.3　混凝土构件质量排列图

通常，在采取了系列措施后，可能出现以下几种情况：

（1）各种问题都减少，措施有效。

（2）顺序不变，问题没解决，措施无效。

（3）有两个问题同时解决，这两个因素相关。

（4）顺序改变、水平不变、生产过程有问题，生产工艺不稳定。

2.1.6.2.4　直方图法

直方图法又称频数分布直方图法，它是以直方图形的高度表示一定范围内数值所发生的频数，据此可掌握产品质量的波动情况，了解质量特征的分布规律，以便对质量状况进行分析判断。直方图法可整理统计数据，了解统计数据的分布特征，即数据分布的集中或离散状况，从中掌握质量能力状态；观察分析生产过程质量是否处于正常、稳定和受控状态以及质量水平是否保持在公差允许的范围内。

1. 直方图法的使用

把收集到的产品质量特征数据，按大小顺序加以整理，进行适当分组，计算每一组中数据的个数（频数），将这些数据在坐标纸上画一些矩形图，横坐标为样本的取值范围，纵坐标为数据落入各组的频数，以此来分析质量分布的状态。

【例 2.4】　对某工程混凝土试块试验如下，混凝土设计强度要求为 C30，共做试块 50 组，其抗压强度见表 2.6，求作直方图。

表 2.6　　混凝土试块抗压强度统计表

序号	强度/(N/mm²)					最大值/(N/mm²)	最小值/(N/mm²)
1	39.8	37.7	33.8	31.5	36.1	39.8	31.5
2	37.2	38.0	33.1	39.0	36.0	39.0	33.1
3	35.8	35.2	31.8	37.1	34.0	37.1	31.8

续表

序号	强度/(N/mm²)					最大值/(N/mm²)	最小值/(N/mm²)
4	39.9	34.3	33.2	40.4	41.2	41.2	33.2
5	39.2	35.4	34.4	38.1	40.3	40.3	34.4
6	42.3	37.5	35.5	39.3	37.3	42.3	35.5
7	35.9	42.4	41.8	36.3	36.2	42.4	35.9
8	46.2	37.6	38.3	39.7	38.0	46.2	37.6
9	36.4	38.3	43.4	38.2	38.0	42.4	36.4
10	44.4	42.0	37.9	38.4	39.5	44.4	37.9

解：（1）收集整理数据。根据数理统计的原理，从需要分析的质量问题的总体中随机抽取一定数量的数据作为样本，通过分析样本来判断总体的状态。样本的数量不能太少，一般不少于 30 个。

（2）找出全体数据的最大值 X_{max}，最小值 X_{min}。

$$X_{max}=46.2\text{N/mm}^2$$

$$X_{min}=31.5\text{N/mm}^2$$

（3）计算极差 R。极差表示全体数据的最大值与最小值之差，也就是全体数据的分布极限范围。

$$R=X_{max}-X_{min}=46.2-31.5=14.7(\text{N/mm}^2)$$

（4）确定组距和分组数。组数应根据收集数据总数的多少而定，组数太少会掩盖数据的分布规律，太多则使数据过于零乱从而看不出明显的规律，组数用 k 来表示，分组数可参考表 2.7 确定。组距反映了组与组之间的间距，各组距应相等，组距用 h 来表示。通常先定组数，后定组距。组数、组距、极差三者之间的关系为

$$h=\frac{R}{k} \tag{2.6}$$

表 2.7　　分组数 k 值的参考表

样本数量 N	小于 50	50～100	100～250	250 以上
分组数 k	5～7	6～10	7～12	10～20

本例中，取组数 $k=8$，则组距为

$$h=\frac{14.7}{8}=1.8\approx 2(\text{N/mm}^2)$$

（5）确定各组边界值。为避免数据正好落在边界值上，一般可采用区间分界值比统计数据提高一级精度的办法。为此，可按式（2.7）和式（2.8）计算第一区间的上下界值：

$$第一区间下界值=X_{min}-\frac{h}{2} \tag{2.7}$$

$$第一区间上界值=X_{min}+\frac{h}{2} \tag{2.8}$$

第一区间的下界值为：31.5－2.0/2＝30.5(N/mm²)

第一区间的上界值为：31.5＋2.0/2＝32.5(N/mm²)

第一组的上界值就是第二组的下界值，第二组的上界值等于第二组的下界值加上组距，其余类推。

（6）制表并统计频数。根据分组情况，分别统计出各组数据的个数，得到频数统计表，见表 2.8。

（7）画直方图。直方图是一张坐标图，横坐标表示分组区间的划分，纵坐标表示各分组区间值的发生频数，如图 2.4 所示。

表 2.8　　频数分布统计表

组号	分组界限/(N/mm²)	频数	频率/%
1	30.5～32.5	2	0.04
2	32.5～34.5	6	0.12
3	34.5～36.5	10	0.20
4	36.5～38.5	15	0.30
5	38.5～40.5	9	0.18
6	40.5～42.5	5	0.10
7	42.5～44.5	2	0.04
8	44.5～46.5	1	0.02
合　计		50	1.00

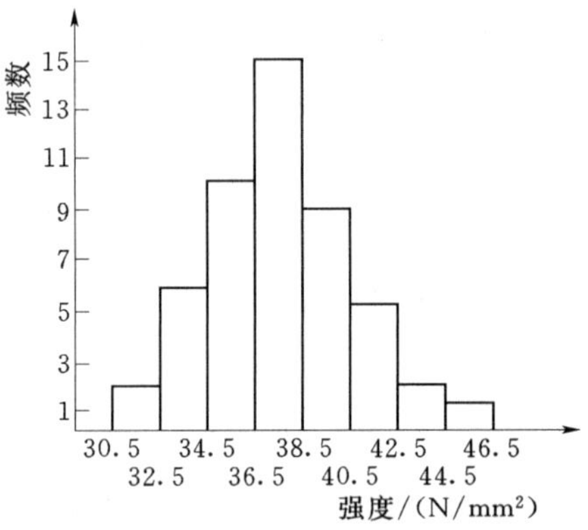

图 2.4　混凝土强度分布直方图

2. 直方图的观察与分析

（1）通过分析形状观察分析。形状观察分析是将绘制好的直方图形状与正态分布图的形状进行比较分析，主要观察形状是否相似以及分布区间的宽窄。正常直方图呈正态分布，即中间高、两边低、成对称，如图 2.5（a）所示。当出现非正常型图形时，就要进一步分析原因，并采取措施予以纠正。常见的异常图形有以下几种：

1）折齿型。这多数是由于作频数表时，分组不当或组距不确定所致，如图 2.5（b）所示。

2）缓坡型。直方图在控制之内，但峰顶偏向一侧，另一侧出现缓坡。说明生产中控制有偏向，或操作者习惯因素造成，如图 2.5（c）所示。

3）孤岛型。出现孤立的小直方图，这是生产过程中短时间的情况异常造成的，如少量材料不合格，或短时间内工人操作不熟练等，如图 2.5（d）所示。

4）双峰型。一般是由于在抽样检查以前，数据分类工作不够好，使两个分布混淆在一起所造成，如图 2.5（e）所示。

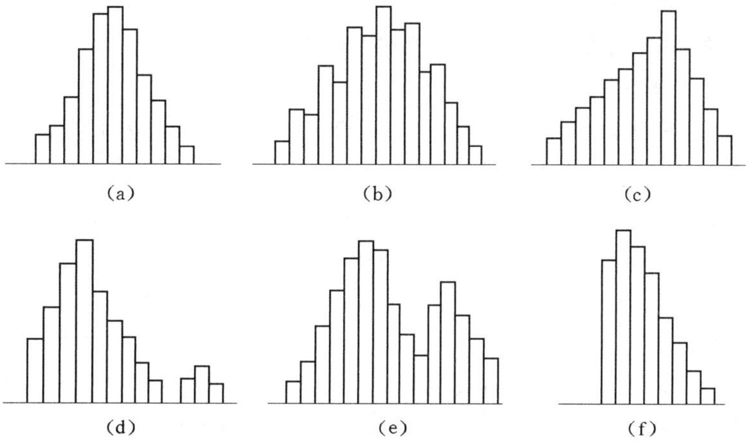

图 2.5 常见的直方图图形

(a) 正常型；(b) 折齿型；(c) 缓坡型；(d) 孤岛型；(e) 双峰型；(f) 绝壁型

5) 绝壁型。直方图的分布中心偏向一侧，通常是因操作者的主观因素所造成，如图 2.5 (f) 所示。

(2) 通过分布位置观察分析。位置观察分析是指直方图的分布位置与质量控制标准的上下限范围进行比较分析。通过形状观察与分析，若图形正常，并不能说明质量分布就完全合理，还要与质量标准即标准公差相比较，如图 2.6 所示。图中 B 表示实际的质量特性分布范围，T 表示规范规定的标准公差的界限（T＝容许上限－容许下限）。

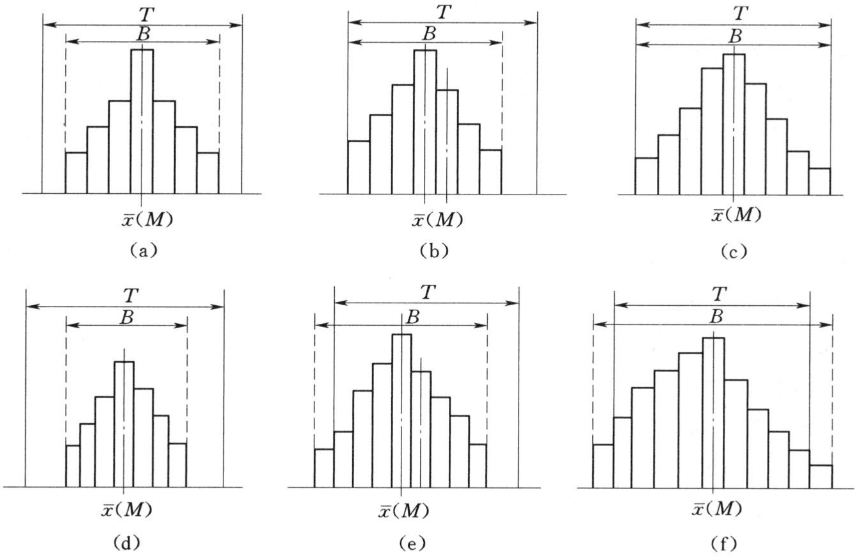

图 2.6 实际分布与标准公差的比较

(a) 数据分布的中心与标准公差的中心基本吻合；(b) 数据分布偏下限；(c) 数据的分布宽度边界达到质量标准的上下界限；(d) 数据的分布居中且边界与质量标准的上下界限有较大的距离；(e) 数据分布均已出现超出质量标准的上限；(f) 数据分布均已出现超出质量标准的下限

正常形状的直方图与标准公差相比较，常见的有以下几种情况：

1）实际分布的中心与标准公差的中心基本吻合，属理想状态，B 在 T 中间，两边略有余地，不会出现不合格品，见图 2.6（a）。

2）质量特性数据分布偏下限，易出现不合格，在管理上必须提高总体能力，见图 2.6（b）。

3）质量特性数据的分布宽度边界达到质量标准的上下界限，其质量能力处于临界状态，说明控制精度不够，容易出废品。应提高控制精度，以缩小实际分布的范围，见图 2.6（c）。

4）质量特性数据的分布居中且边界与质量标准的上下界限有较大的距离，说明控制精度过高，虽然不出废品，但不经济，应适当放宽控制精度，见图 2.6（d）。

5）图 2.6（e）和图 2.6（f）的数据分布均已出现超出质量标准的上下限，这些数据说明生产过程存在质量不合格，需要分析原因，采取措施进行纠偏。

2.2　建筑工程施工的质量控制

2.2.1　施工质量控制流程

1. 质量控制的基本程序

在开工前，监理工程师应向承包人及监理人员提出适用于所有工程项目质量控制的程序（基本程序）及说明，以供所有监理人员、承包人的自检人员和施工人员共同遵循，使质量控制程序化、规范化。质量控制的基本程序包括：工程开工报审表、工程开工令、工序自检报告、工序检查认可、中间交工报告、中间交工证书以及中间计量。在上述质量控制程序中关键是控制《工程开工令》、《工程报审、报验表》和《分部工程报验表》三个重点环节。

《工程开工令》是监理工程师对该项工程（单位或单项）准备工作就绪的认可和批准，承包人开工前准备工作充分与否直接关系到工程的施工进度和质量，因此要求监理工程师对开工报告应认真、严格地审查，批准意见必须用书面形式通知承包人，承包人只有在接到批准开工的书面通知后方可开始施工。

《工程报审、报验表》是各工序或各项工程完工后的专用验收单，是工序自检报告和抽检签认报告的汇总，是监理工程师对工序或分项工程质量的鉴定书。每道工序或分项工程一个部位完工后，承包人进行质量自检，合格后填写《质量验收单》报监理，监理接到之后立即对申请验收的工序或分部工程部位进行检测和复验，并将检查结果填入《质量验收单》。若检查合格，则通知承包人继续下一道工序或另一个分项、分部工程施工；若不合格，则责令承包人改正或返工。

《分部工程报验表》是在一个分部工程完工后签认的。签认的前提条件是：有监理工程师批准的《工程开工令》；有承包人对单项工程质量的自检结果；有该项工程各道工序或部位的《工程报审、报验表》；该项工程经监理现场验收合格。《分部工程报验表》是监理工程师进行质量控制的最后手段，也是中间计量和支付的依据，所以这个环节十分重要。

在执行质量控制程序中要坚持“四不准原则”：人力、材料、机械设备不足，不准开工；未经检查认可的材料，不准使用；未经批准的施工工艺在施工中不准采用；前一道工序或分项工程部位未经监理人员验收，下一道工序或另一分项工程不准施工。

2. 工序检查程序

各专业监理工程师应在组成工程的各个单位、分部、单元工程开工之前，提出工序检查程序及说明，在这个程序中根据施工的进展，规定不同施工工序监理人员为保证工程质量应做的事情以及承包人应完成的工作。在技术规范中几乎每项工程都可以编制出相应的工序检查程序。

工序检查程序的编制原则：应与合同图纸和工程量清单的分项所含内容一致；应与技术规范及监理工程师批准采用的施工方法和工艺流程相协调；应与国家或合同规定的验收标准、检验频率和检验方法相配合；工序检查程序宜采用框图的形式表示，以便直观，并应与相应的检查记录、报表、证书等相配套。

施工阶段质量控制监理程序、单位（分项）工程监理程序、工程竣工验收监理程序、单位工程验收监理程序见图 2.7～图 2.11。

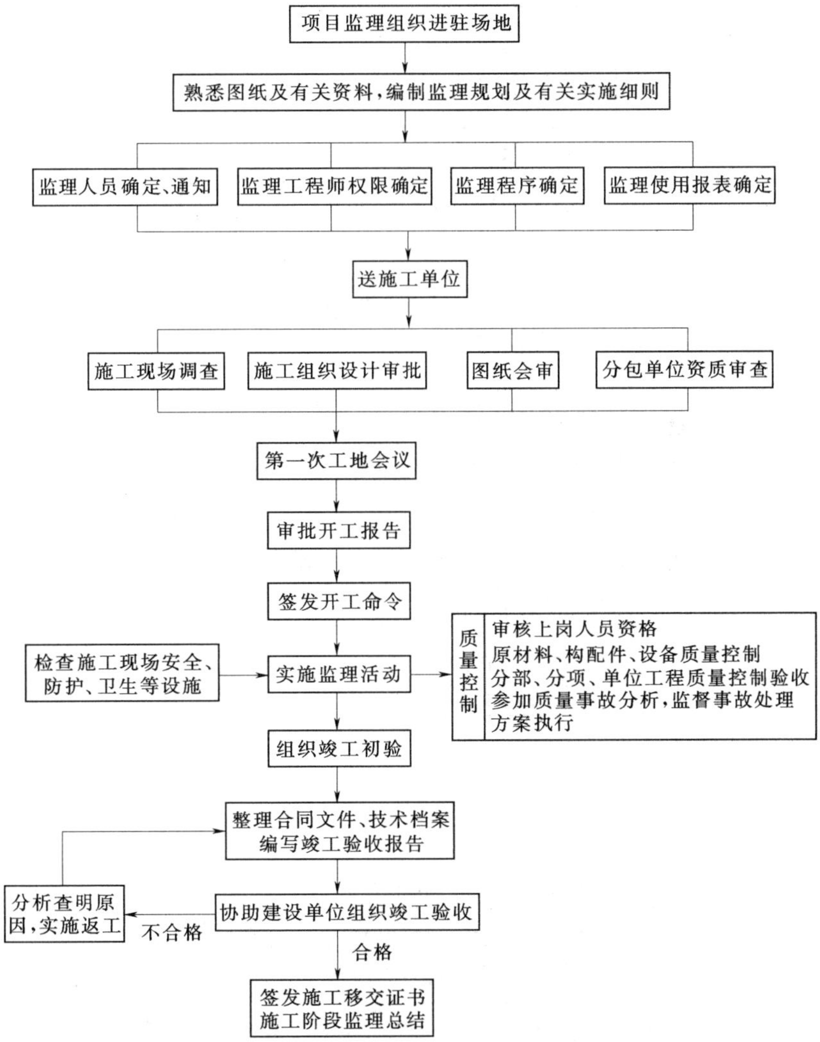

图 2.7 施工阶段质量控制监理程序

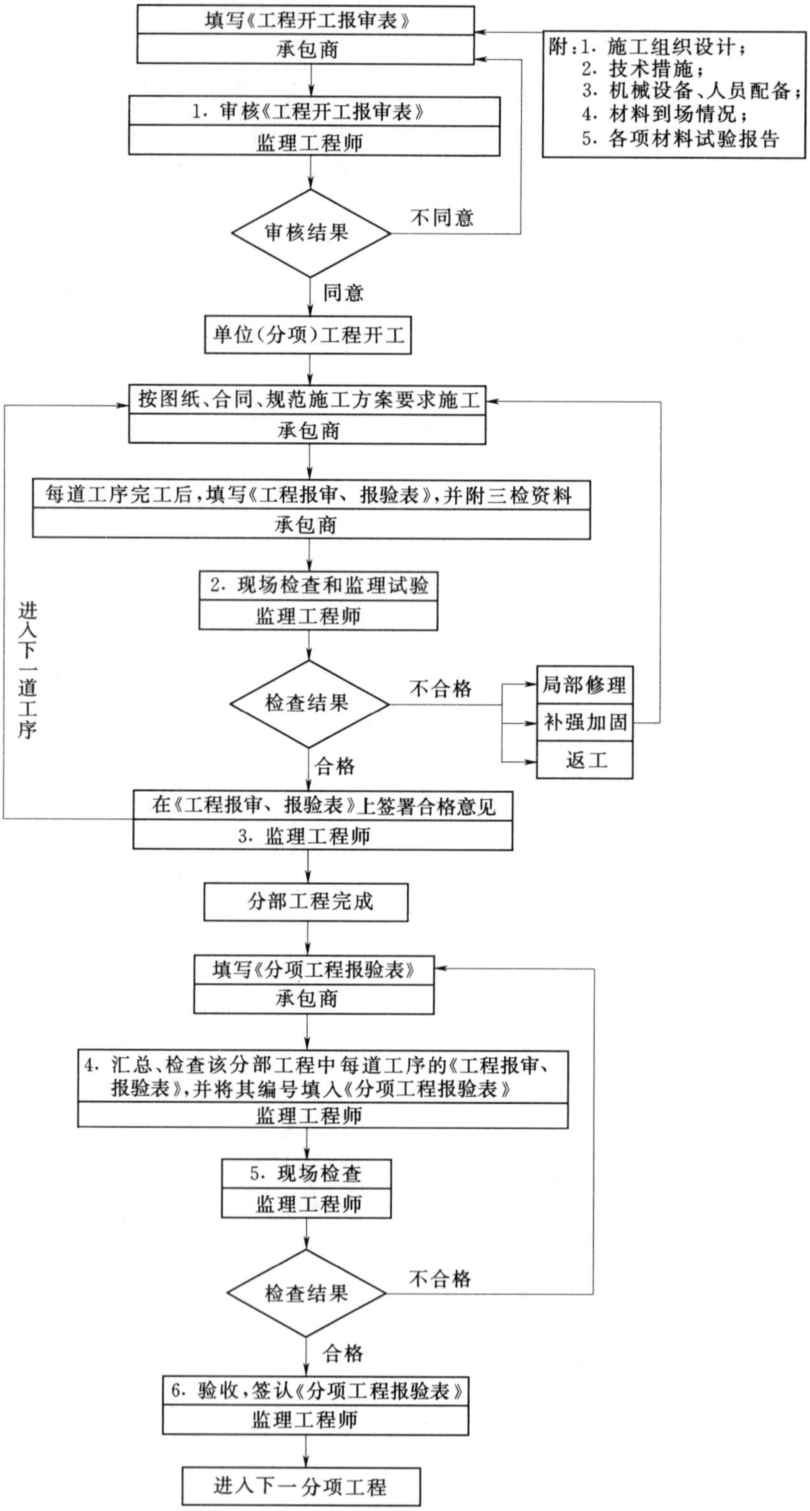

图 2.8　隐蔽工程、检验批、分项工程监理程序

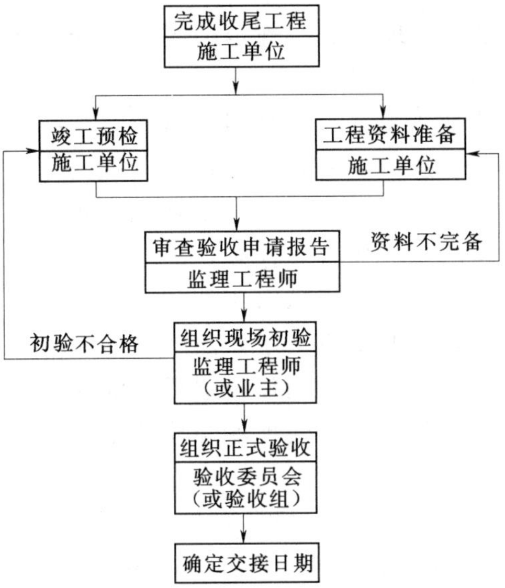

图 2.9 工程竣工验收监理程序

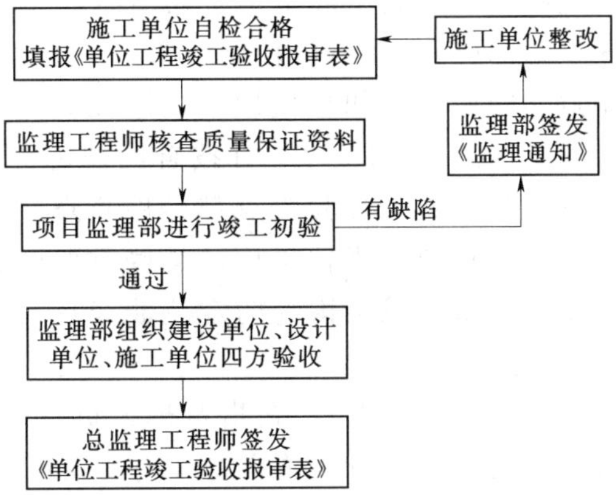

图 2.10 单位工程验收监理程序

2.2.2 施工活动前的质量控制

2.2.2.1 质量控制点的设置

1. 质量控制点的概念

质量控制点是指为了保证施工质量而确定的重点控制对象：包括重要工序、关键部位和薄弱环节。就是质量控制人员在分析项目的特点之后，把影响工序施工质量的主要因素、对工程质量危害大的环节等事先列出来，分析影响质量的原因，并提出相应的措施，以便进行预控的关键点。在国际上质量控制点又根据其重要程度分为见证点（Witness point）、停止点（Hold point）和旁站点（Stand point）。

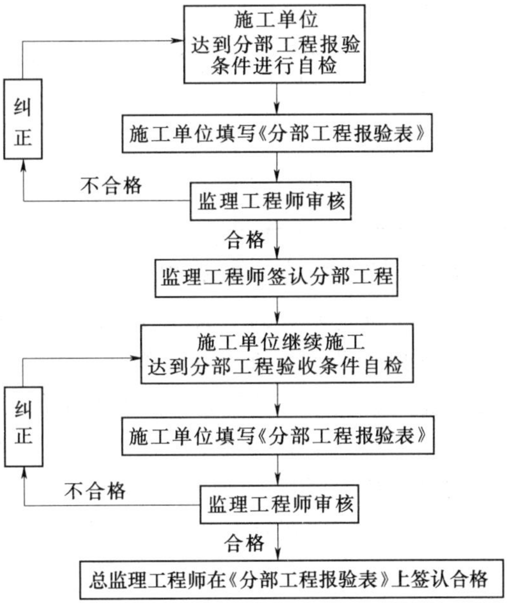

图 2.11 分部工程监理程序

见证点（或截留点）监督也称为W点监督。凡是列为见证点的质量控制对象，在规定的关键工序（控制点）施工前，施工单位应提前通知监理人员在约定的时间内到现场进行见证和对其施工实施监督。如果监理人员未能在约定的时间内到现场见证和监督，则施工单位有权进行该W点的相应的工序操作和施工。工程施工过程中的见证取样和重要的试验等应作为见证点来处理。监理工程师收到通知后，应按规定的时间到现场见证。对该质量控制点的实施过程进行认真的监督、检查，并在见证表上详细记录该项工作所在的建筑物部位、工作内容、数量、质量等后签字，作为凭证。如果监理人员在规定的时间未能到场见证，施工单位可以认为已获监理工程师认可，有权进行该项施工。

停止点也称为“待检点”或 H 点，其重要性高于见证点的质量控制点。是指那些施工过程或工序施工质量不易或不能通过其后的检验和试验而充分得到验证的“特殊工序”。凡列为停止点的控制对象，要求必须在规定的控制点到来之前通知监理人员对控制点实施监控，如果监理人员未在约定的时间到现场监督、检查，施工单位应停止进入该 H 点相应的工序，并按合同规定等待监理人员，未经认可不能越过该点继续活动。所有的隐蔽工程验收点都是停止点。另外，某些重要的工序如预应钢筋混凝土结构或构件的预应力张拉工序，某些重要的钢筋混凝土结构在钢筋架立后、混凝浇筑之前，重要建筑物或结构物的定位放线后，重要的重型设备基础预埋螺栓的定位等均可设置停止点。

旁站点（或 S 点），是指监理人员在房屋建筑工程施工阶段监理中，对关键部位、关键工序的施工质量实施全过程现场跟班的监督活动，如混凝土灌注，回填土等工序。

质量控制点表式见表 2.9。在工程开工前，由专业监理工程师组织承包单位编制，并由总监理工程师批准后执行。

表 2.9　　××工程质量控制点

工程编号				工程名称	质量控制点			质量验收标准及方法
分部	子分部	分项	检验批		W 点	H 点	S 点	

2. 控制点选择的一般原则

可作为质量控制点的对象涉及面广，它可能是技术要求高、施工难度大的结构部位，也可能是影响质量的关键工序、操作或某一环节，也可以是施工质量难以保证的薄弱环节，还可能是新技术、新工艺、新材料的部位。具体包括以下内容。

(1) 施工过程中的关键工序或环节以及隐蔽工程，如预应力张拉工序、钢筋混凝土结构中的钢筋绑扎工序。

(2) 施工中的薄弱环节或质量不稳定的工序、部位或对象，如地下防水工程、屋面与卫生间防水工程。

(3) 对后续工程施工或安全施工有重大影响的工序，如原配料质量、模板的支撑与固定等。

(4) 采用新技术、新工艺、新材料的部位或环节。

(5) 施工条件困难或技术难度大的工序，例如复杂曲线模板的放样等。

3. 常见控制点设置

(1) 质量控制点的设置位置见表 2.10。

（2）隐蔽工程。一般工程隐蔽验收见表2.11。

表2.10 质量控制点的设置位置

分项工程	质量控制点
测量定位	标准轴线桩、水平桩、龙门板、定位轴线
地基、基础	基坑（槽）尺寸、标高、土质、地基承载力、基础垫层标高，基础位置、尺寸、标高、预留洞孔、预埋件的位置、规格、数量，基础墙皮数杆及标高、杯底弹线
砌体	砌体轴线，皮数杆，砂浆配合比，预留洞孔、预埋件位置，数量，砌块排列
模板	位置、尺寸、标高，预埋件位置，预留洞孔尺寸、位置，模板强度及稳定性，模板内部及润湿情况
钢筋混凝土	水泥品种、强度等级，砂石质量，混凝土配合比，外加剂比例，混凝土振捣，钢筋品种、规格、尺寸、接头、预留洞（孔）及预埋件规格数量和尺寸等、预制构件的吊装等
吊装	吊装设备、吊具、索具、地锚
钢结构	翻样图、放大样、胎模与胎架、连接形式的要点（焊接及残余变形）
装修	材料品质、色彩、各工艺

表2.11 隐蔽工程验收项目表

项目	检查内容
土方工程	基坑（槽或管沟）开挖竣工图，排水盲沟设置情况，填方土料，冻土块含量及填土压实试验记录
地基与基础工程	基坑（槽）底土质情况，基底标高及宽度，对不良基土采取的处理情况，地基夯实施工记录，桩施工记录及桩位竣工图
砖体工程	基础砌体，沉降缝，伸缩缝和防震缝，砌体中配筋
钢筋混凝土工程	钢筋的品种、规格、形状尺寸、数量及位置，钢筋接头情况，钢筋除锈情况，预埋件数量及其位置，材料代用情况
屋面工程	保温隔热层、找平层、防水层的施工记录
地下防水工程	卷材防水层及沥青胶结材料防水层的基层，防水层被土、水、砌体等掩盖的部位，管道设备穿过防水层的封固处
地面工程	地面下的基土；各种防护层以及经过防腐处理的结构或连接件
装饰工程	各类装饰工程的基层情况
管道工程	各种给排水暖卫暗管道的位置、标高、坡度、试压通水试验、焊接、防腐、防锈保温及预埋件等情况
电气工程	各种暗配电气线路的位置、规格、标高、弯度、防腐、接头等情况，电缆耐压绝缘试验记录，避雷针的接地电阻试验
其他	完工后无法进行检查的工程，重要结构部位和有特殊要求的隐蔽工程

4. 作为质量控制点重点控制的对象

影响工程施工质量的因素有许多种，对质量控制点的控制重点有以下几方面。

（1）人的行为。人是影响施工质量的第一因素。如对高空、水下、危险作业等，对人的身体素质或心理应有相应的要求；对技术难度大或精度要求高的作业，如复杂模板放样、精密的设备安装应对人的技术水平均有相应的要求。

（2）物的状态。组成工程的材料性能、施工机械或测量仪器是直接影响工程质量和安全的主要因素，应予以严格控制。

（3）关键的操作。如预应力钢筋的张拉工艺操作过程及张拉力的控制，是可靠地建立预应力值和保证预应力构件质量的关键过程。

（4）技术参数。如对回填地基土进行压实时，填料的含水量、虚铺厚度与碾压遍数等参数是保证填方质量的关键。

（5）施工顺序。对于某些工作必须严格作业之间的顺序，如对于冷拉钢筋应当先对焊、后冷拉，否则会失去冷拉强度；对于屋架固定一般应采取对角同时施焊，以免焊接应力使已校正的屋架发生变形等。

（6）技术间歇。有些作业之间需要有必要的技术间歇时间，如砖墙砌筑与抹灰工序之间，以及抹灰与粉刷或喷涂之间，均应保证有足够的间歇时间；混凝土浇筑后至拆模之间也应保持一定的间歇时间等。

（7）新工艺、新技术、新材料的应用。由于缺乏经验，施工时可作为重点进行严格控制。

（8）易发生质量通病的工序。如防水层的铺设，管道接头等。

（9）对工程质量影响重大的施工方法。如液压滑模施工中的支承杆失稳问题、升板法施工中提升差的控制等，都是一旦施工不当或控制不严，即可能引起重大质量事故问题，也应作为质量控制的重点。

（10）特殊地基或特种结构。如湿陷性黄土、膨胀土等特殊土地基的处理、大跨度和超高结构等难度大的施工环节和重要部位等都应予特别重视。

2.2.2.2　审查作业指导书

分项工程施工前，承包单位应将作业指导书报监理工程师审查。无作业指导书或作业指导书未经监理工程师批准，相应的工序或分项工程不得进入正式实施。承包单位强行施工，可视为擅自开工，监理工程师有权令其停止该分项的施工。

2.2.2.3　测量器具精度与实验室条件的控制

（1）施工测量开始前，监理工程师应要求承包单位报验测量仪器的型号、技术指标、精度等级、计量部门的标定证明，测量人员的上岗证明，监理工程师审核确认后，方可进行正式测量作业。在施工过程中，监理工程师也应定期与不定期地检查计量仪器、测量设备的性能、精度状况，保证其处于良好的状态之中。

（2）工程作业开始前，监理部应要求承包单位报送试验室（或外委试验室）的资质证明文件，列出本试验室所开展的试验、检测项目、主要仪器、设备；法定计量部门对计量器具的标定证明文件；试验检测人员上岗资质证明；试验室管理制度等。监理工程师也应到实验室考核，确认能满足工程质量检验要求，则予以批准，同意使用，否则，承包单位应进一步完善、补充，在未得到监理工程师同意之前，试验室不得从事该工程项目的试验工作。

2.2.2.4 劳动组织与人员资格控制

开工前监理工程师应检查承包单位的人员与组织，其内容包括相关制度是否健全，如各类人员的岗位职责、现场的安全消防规定、紧急情况的应急预案等。并应有措施保证其能贯彻落实。应检查管理人员是否到位、操作人员是否持证上岗。如技术负责人，专职质检人员、安全员、测量人员、材料员、试验员必须是在岗；特殊作业的人员（如电焊工、电工、起重工、架子工、爆破工），是否持证上岗。

2.2.3 工程材料采购的质量控制

1. 业主直接采购的材料设备采购过程中监理工程师的工作

业主直接采购的材料设备一般少而重要，监理工程师的主要工作如下。

（1）协助业主发布招标公告、编制招标文件，与设计单位充分沟通，明确材料设备技术指标。

（2）协助业主确定入围厂家，发招标文件。

（3）协助业主评标，确定材料供应商。

（4）材料设备进场质量控制。

2. 承包单位采购的材料设备采购过程中监理工程师的工作

此类材料设备是监理工程师控制的重点，一般采用内部招标方式采购。所谓内部招标即经过承包单位、业主及监理三方调查并确认入围供应商，由承包单位编制招标文件并发至已确认的入围供应商，承包单位、业主、监理共同评标，确定材料设备限价，初步选定中标单位和备选单位各1个，由承包单位与供应商签订供货合同的材料设备采购方式。具体步骤如下。

（1）研究设计文件，明确技术指标，承包单位拟定内部招标文件。

（2）进行充分调研，了解市场现状。

（3）承包单位、业主、监理根据调研情况确认入围供应商，一般取3～4家。

（4）承包单位发送内部招标文件，进行小范围招投标。

（5）承包单位、业主、监理共同评标，初步选定中标单位和备选单位各1个，确定材料设备限价。

（6）承包单位拟定备忘录，明确材料设备技术指标及限价，承包单位、业主、监理三方签认。

（7）承包单位与供应商签订供货合同，并将最后确定的供应商报业主、监理。

（8）材料设备进场质量控制。

3. 材料采购中监理工程师的工作要点

（1）分清主次，避免越俎代庖。监理工程师介入材料采购对其控制材料质量和工程成本大有益处，但监理工程师头脑一定要清楚，应时刻注意自己的言行，充分认识监理工作的服务性质和在材料采购中的辅助性质，努力为业主提供优质服务，提高沟通能力，使材料采购工作顺利进行，避免越俎代庖，反客为主，否则监理工作将不能达到控制质量和成本的预期目标。

（2）采购之前一定要明确材料设备的技术指标。监理处于协调各方关系的中心，应与设计单位、业主、承包单位充分沟通，明确材料设备技术指标，若原来设计文件中技术指标不明确，则应由设计单位确认，避免所购材料设备不符合要求，并且如此操作使得参与各方责任明确。

(3) 采用内部招标方式采购材料过程中，业主、监理应充分尊重承包单位的意见，以承包单位为主进行此项工作。承包单位与供应商签订供货合同，是材料设备质量的第一责任人，理应以其为主开展工作，从而调动其工作积极性。以承包单位为主开展工作并不意味着监理对此可以不予控制，相反，在此情况下的控制更为重要，且更能体现监理工作的艺术性。

(4) 市场调查研究应充分，掌握真实的第一手资料。信息对于监理工作的重要性在材料采购控制工作中体现得淋漓尽致。准确的信息可以使监理工程师了解材料质量是否可靠，价格是否合理。在搜集信息过程中监理工程师应注意采用专家调查法，征询专家意见，此种方法成本不高但效果显著。

(5) 确认限价的备忘录中应详细注明材料的技术指标、价格、工程量计算规则等，避免理解发生歧义。同时提供材料样品，监理组封存。

(6) 重视进场材料设备的质量控制。材料设备进场时监理工程师应严格按既定的技术指标和样品进行验收，确保进场材料质量。为了切实做好此项工作，监理组内部应加强交底工作，使每位监理工程师都对技术指标清楚明了，避免出现工作混乱。承包单位在材料设备进场时应提供齐全的材料质量证明资料。需送检的材料必须见证取样送检。

(7) 在材料采购中监理工程师追求的总体目标是合理，包括材料的性能价格比合理、承包单位利润合理、供货周期合理等，各项合理指标应优化组合，不可过分追求某一指标，否则将事倍功半。

2.2.4　施工阶段质量控制

2.2.4.1　现场检验

现场检验的方法包括目测法、量测法和试验法。

(1) 目测法。目测法，即凭借感官进行检查，一般采用“看、摸、敲、照”等手法对检查对象进行检查。“看”就是根据质量标准要求进行外观检查；如钢筋有无锈蚀、批号是否正确；水泥的出厂日期、批号、品种是否正确；构配件有无裂缝；清水墙表面是否洁净，油漆或涂料的颜色是否良好、均匀；工人的施工操作是否规范；混凝土振捣是否符合要求等。“摸”就是通过触摸手感进行检查、鉴别，如油漆的光滑度；浆液是否牢固、不掉粉；模板支设是否牢固；钢筋绑扎是否正确等。“敲”就是运用敲击方法进行声感检查；如对墙面瓷砖、大理石镶贴、地砖铺砌等的质量均可通过敲击检查，根据声音虚实、脆闷判断有无空鼓等质量问题。“照”就是通过人工光源或反射光照射，仔细检查难以看清的部位，如构件的裂缝、孔隙等。

(2) 量测法。就是利用量测工具或计量仪表，通过实际量测结果与规定的质量标准或规范的要求相对照，从而判断质量是否符合要求。量测的手法可归纳为：“靠、吊、量、套”。“靠”是用直尺、塞尺检查诸如地面、墙面的平整度等。一般选用 2m 靠尺，在缝隙较大处插入塞尺，测出误差的大小。“吊”是指用铅线检查垂直度。如检测墙、柱的垂直度等。“量”是指用量测工具或计量仪表等检测轴线尺寸、断面尺寸、标高、温度、湿度等数值并确定其偏差，如室内墙角的垂直度、门窗的对角线、摊铺沥青拌和料的温度等。“套”是指以方尺套方辅以塞尺，检查诸如踏角线的垂直度、预制构件的方正，门窗口及构件的对角线等。

（3）试验法。通过现场取样，送试验室进行试验，取得有关数据，分析判断质量是否合格。

1）力学性能试验，如测定抗拉强度、抗压强度、抗弯强度、抗折强度、冲击韧性、硬度、承载力等。

2）物理性能试验，如测定比重、密度、含水量、凝结时间、安定性、抗渗性、耐磨性、耐热性、隔音等。

3）化学性能试验，如材料的化学成分（钢筋的磷、硫含量等）、耐酸性、耐碱性、抗腐蚀等。

4）无损测试，如超声波探伤检测、磁粉探伤检测、X射线探伤检测、γ射线探伤检测、渗透液探伤检测、低应变检测桩身完整性等。

2.2.4.2 巡视监理

现场巡视是监理人员最常用的手段之一，通过巡视，一方面掌握正在施工的工程质量情况；另一方面掌握承包单位的管理体系是否运转正常。具体方法是通过目视或常用工具检查施工质量，如用百格网检查砌砖的砂浆饱满度、用塌落筒检测混凝土的坍落度、用尺子检测桩机的钻头直径以保证基桩直径等。在施工过程中发现偏差，及时纠正，并指令施工单位处理。

巡视监理是采用定期或不定期的巡视检查。在实施巡视检查时可用两种方法：

（1）巡视检查正在作业的部位或工序，应随时发现问题随时处理。

（2）巡视检查已施工完毕的部位：

1）随机检查已施工完毕的部位。

2）如发现问题，可用量测或检测的方法进行检查。

3）经量测或检测，如不符合要求，应按下列规定进行处理：①经返工重做，重新进行验收；②经有资质的检测单位检测鉴定能达到设计要求的，应予以验收；③经有资质的检测单位检测鉴定达不到设计要求、但经原设计单位核算认可能够满足结构安全和使用功能的检验批，可予以验收；④经返修或加固处理的分项、分部工程，虽然改变外形尺寸但仍能满足安全使用要求，可按技术处理方案和协商文件进行验收。

在执行巡视检查后，应按要求填好《巡视监理记录表》。必要时可由监理工程师或总监理工程师签发《巡视监理备忘录》。

2.2.4.3 支付控制手段

支付手段是业主按监理委托合同赋予监理工程师的控制权。所谓支付控制权就是：对施工承包单位支付任何工程款项，均需由监理工程师开具支付证明书，没有监理工程师签署的支付证书，业主不得向承包方进行支付工程款。而工程款支付的条件之一就是工程质量要达到施工质量验收规范以及合同规定的要求。如果承包单位的工程质量达不到要求的标准，又不能按监理工程师的指示予以处理使之达到要求的标准，监理工程师有权采取拒绝开具支付证书的手段，停止对承包单位支付部分或全部工程款，由此造成的损失由承包单位负责。监理工程师可以使用计量支付控制权来保障工程质量，这是十分有效的控制和约束手段。

2.2.4.4　指令文件

下达指令性文件是运用监理工程师指令控制权的具体形式。所谓指令文件是表达监理工程师对施工承包单位提出指示和要求的书面文件，用以向施工单位指出施工中存在的问题，提请施工单位注意，以及向施工单位提出要求或指示其做什么或不做什么等的内容。监理工程师的各项指令都应是书面的或有文件记载方为有效，并作为技术文件资料存档。如因时间紧迫，来不及做出正式的书面指令，也可以用口头指令的方式下达给施工单位，但随即应按合同规定及时补充书面文件对口头指令予以确认。在施工过程中，如发现施工方法与方案不符、所使用的材料与设计要求不符、施工质量与规范标准不符、施工进度与合同要求不符等，监理工程师有权下达指令性文件，令其改正。这些文件有：《监理通知》《工程暂停令》等。

2.2.4.5　旁站监理

1. *旁站监理项目*

旁站监理也是现场监理人员经常采用的一种检查形式。建设部于 2002 年 7 月 17 日发布《房屋建筑工程施工旁站监理管理办法（试行）》规定了房屋建筑工程施工旁站监理（以下简称旁站监理），是指监理人员在房屋建筑工程施工阶段监理中，对关键部位、关键工序的施工质量实施全过程现场跟班的监督活动。对房屋建筑工程的关键部位、关键工序，如在基础工程方面包括土方回填，混凝土灌注桩浇筑，地下连续墙、土钉墙、后浇带及其他结构混凝土、防水混凝土浇筑，卷材防水层细部构造处理，钢结构安装；在主体结构工程方面包括梁柱节点钢筋隐蔽过程，混凝土浇筑，预应力张拉，装配式结构安装，钢结构安装，网架结构安装，索膜结构安装等。

2. *旁站监理人员职责*

旁站监理人员的主要职责包括以下几方面。

（1）检查施工企业现场质检人员到岗、特殊工种人员持证上岗以及施工机械、建筑材料准备情况。

（2）在现场跟班监督关键部位、关键工序的施工执行施工方案以及工程建设强制性标准情况。

（3）核查进场建筑材料、建筑构配件、设备和商品混凝土的质量检验报告等，并可在现场监督施工企业进行检验或者委托具有资格的第三方进行复验。

（4）做好旁站记录（表 2.12）和监理日记，保存旁站监理原始资料。监理企业在编制监理规划时，应当制定旁站监理方案，明确旁站监理的范围、内容、程序和旁站监理人员职责等。旁站监理方案应当送建设单位和施工单位各一份，并抄送工程所在地的建设行政主管部门或其委托的工程质量监督机构。

2.2.4.6　平行检验

平行检验是指项目监理机构利用一定的检查或检测手段，在承包单位自检的基础上，按照一定的比例独立进行检查或检测的活动。

表 2.12　　　　旁　站　记　录

工程名称：　　　　　　　　　　　　　　　　　　　　　　编号：

施工单位			
关键部位或工序			
旁站开始时间		旁站结束时间	
旁站的关键部位、关键工序施工情况：			
旁站的问题及处理情况： 旁站监理人员（签字）：________ 日　期：　年　月　日			

填表说明：本表一式1份，项目监理机构留存。

2.2.4.7 见证取样和送检见证试验

见证取样和送检是指在工程监理人员或建设单位驻工地人员的见证下，由施工单位的现场试验人员对工程中涉及结构安全的试块、试件和材料在现场取样，并送至经过省级以上建设行政主管部门对其计量认证的质量检测单位进行检测的行为。见证试验是指对在现场进行一些检验检测，由施工单位或检测机构进行检测，监理人员全过程进行见证并记录试验检测结果的行为。根据《房屋建筑工程和市政基础设施工程实行见证取样和送检的规定》，下列试块、试件和材料必须实施见证取样和送检：

（1）用于承重结构的混凝土试块。

（2）用于承重墙体的砌筑砂浆试块。

（3）用于承重结构的钢筋及连接接头试件。

（4）用于承重墙的砖和混凝土小型砌块。

（5）用于拌制混凝土和砌筑砂浆的水泥。

（6）用于承重结构的混凝土中使用的掺加剂。

（7）地下、屋面、厕浴间使用的防水材料。

（8）国家规定必须实行见证取样和送检的其他试块、试件和材料。

文件规定，在施工过程中，见证人员应按照见证取样和送检计划，对施工现场的取样和送检进行见证，取样人员应在试样或其包装上做出标识、封志。标识和封志应标明工程名称、取样部位、取样日期、样品名称和样品数量，并由见证人员和取样人员签字。见证人员应制作见证记录，并将见证记录归入施工技术档案。见证人员和取样人员应对试样的代表性和真实性负责。见证取样的试块、试件和材料送检时，应由送检单位填写委托单，委托单应有见证人员和送检人员签字。检测单位应检查委托单及试样上的标识和封志，确认无误后方可进行检测。检测单位应严格按照有关管理规定和技术标准进行检测，出具公正、真实、准确的检测报告。见证取样和送检的检测报告必须加盖见证取样检测的专用章。

2.2.4.8　施工活动结果的质量控制

要保证最终单位工程产品的合格，必须使每道工序及各个中间产品均符合质量要求。施工活动结果在土建工程中一般包括基槽（基坑）验收，隐蔽工程验收，工序交接，检验批、分项、分部工程验收，不合格项目处理等。

（1）基槽（基坑）验收基槽（开挖）是地基与基础施工中的一个关键工序，对后续工程质量影响大，一般作为一个检验批进行质量验收，有专用的验收表格。基槽（基坑）开挖质量验收主要涉及地基承载力和地质条件的检查确认，所以基槽开挖验收均要有勘察设计单位的有关人员参加，并请当地或主管质量监督部门参加，经现场检查，测试（或平行检测）确认其地基承载力是否达到设计要求，地质条件是否与设计相符。如相符，则共同签署验收资料，如达不到设计要求或与勘察设计资料不符，则应采取措施进一步处理或变更工程，由原设计单位提出处理方案，经承包单位实施完毕后重新验收。

（2）隐蔽工程验收是指将被后续工程施工所覆盖的分项、分部工程，在隐蔽前所进行的检查验收。由于其检查对象将要被后续工程所覆盖，给以后的检查整改造成障碍，所以它是质量控制的一个关键过程，一般有专用的隐蔽验收表格。隐蔽验收项目应在监理规划中列出，如基槽开挖及地基处理；钢筋混凝土中的钢筋工程；埋入结构中的避雷导线；埋入结构中的工艺管线；埋入结构中的电气管线；设备安装的二次灌浆；基础、厕所间、屋顶防水；装修工程中吊顶龙骨及隔墙龙骨；预制构件的焊（连）接；隐蔽的管道工程水压试验或闭水试验等。隐蔽工程施工完毕，承包单位应先进行自检，自检合格后，填写《报验申请表》，附上相应的或隐蔽工程检查记录及有关材料证明、试验报告、复试报告等，报送项目监理机构。监理工程师收到报验申请后首先对质量证明资料进行审查，并按规定时间与承包单位的专职质检员及相关施工人员一起到现场检查，如符合质量要求，监理工程师在《报验申请表》及隐蔽工程检查记录上签字确认，准予承包单位隐蔽、覆盖，进入下一道工序施工。否则，指令承包单位整改，整改后，自检合格再报监理工程师复验。

（3）工序交接是指作业活动中一种作业方式的转换及作业活动效果的中间确认，也包括相关专业之间的交接。通过工序交接的检查验收或办理交接手续，保证上道工序合格后方可进入下道工序，使各工序间和相关专业工程之间形成一个有机整体，也使各工序的相关人员担负起各自的责任。

（4）检验批、分项、分部工程验收检验批、分项、分部工程完成后，承包单位应先自行检查验收，确认合格后向监理工程师提交验收申请，由监理工程师予以检查、确认。如确认其质量符合要求，则予以确认验收。如有质量问题则指令承包单位进行处理，待质量合乎要求后再予以检查验收。对涉及结构安全和使用功能的重要分部工程应进行抽样检测。

（5）单位工程或整个工程项目的竣工验收一个单位工程或整个工程项目完成后，承包单位应先进行竣工自检，自检合格后，向项目监理机构提交《单位工程竣工验收报审表》（附录 A 表 B.0.10），总监理工程师组织专业监理工程师进行竣工初验，初验合格后，总监理工程师对承包单位的《单位工程竣工报审表》予以签认，并上报建设单位，同时提出“工程质量评估报告”。由建设单位组织竣工验收。监理单位参加由建设单位组织的正式竣工验收。

1）初验应检测的内容。①审查施工承包单位所提交的竣工验收资料，包括各种质量控制资料、安全和功能检测资料及各种有关的技术性文件等；②审核承包单位提交的竣工图，并与已完工程、有关的技术文件（如图纸、工程变更文件、施工记录及其他文件）对照进行核查；③总监理工程师组织专业监理工程师对拟验收工程项目的现场进行检查，如发现质量问题应指令承包单位进行处理。

2）工程质量评估报告。“工程质量评估报告”是监理单位对所监理的工程的最终评价，是工程验收中的重要资料，它由项目总监理工程师和监理单位技术负责人签署。主要包括以下主要内容：①监理准入，现场监理组成及监理工作情况；②重要工序及分项、分部工程质量认证情况；③工程质量缺陷、施工过程中的质量问题的整改复查情况；④对本工程××分部（或单位工程）工程资料的审查意见；⑤对工程××分部（或单位工程）质量及重要部位的安全及使用功能的评价，对施工单位××分部（或单位工程）报告的审查意见。

2.2.5 施工质量控制制度

1.《工程建设标准强制性条文》落实制度

工程建设强制性标准是指直接涉及工程质量、安全、卫生及环境保护等方面的工程建设标准强制性条文。工程建设标准强制性条文由国务院建设行政主管部门会同国务院有关行政主管部门确定。工程建设强制性标准分为：工程建设规划阶段强制性标准；工程建设勘察、设计阶段强制性标准；工程建设施工阶段强制性标准。凡在我国境内从事新建、扩建、改建等工程建设活动，都必须执行工程建设强制性标准。

建设单位不得明示或暗示施工单位使用不合格的建筑材料、建筑构配件和设备；不得明示或暗示设计单位或者施工单位违反工程建设强制性标准，降低工程质量。

施工单位违反工程建设强制性标准的责令改正，造成工程质量不符合规定的质量标准的，负责返工、修理，并赔偿因此造成的损失；情节严重的，应停业整顿，降低资质等级或者吊销资质证书。

工程监理单位违反强制性标准规定，将不合格的建设工程以及建筑材料、建筑构配件和设备按照合格签字的责令改正，情节严重的，降低资质等级或者吊销资质证书；有违法所得的，予以没收；造成损失的，承担连带赔偿责任。

2. 设计文件、图纸审查制度

图纸会审是指工程各参建单位（建设单位、监理单位、施工单位等相关单位）在收到施工图审查机构审查合格的施工图设计文件后，在设计交底前进行全面细致的熟悉和审查施工图纸的活动。各单位相关人员应熟悉工程设计文件，并应参加建设单位主持的图纸会审会议，建设单位应及时主持召开图纸会审会议，组织监理单位、施工单位等相关人员进行图纸会审，并整理成会审问题清单，由建设单位在设计交底前约定的时间提交设计单位。图纸会审由施工单位整理会议纪要，与会各方会签。

施工过程中由施工单位负责设计的图纸，必须经过监理工程师审查批准，未经监理工程师批准的图纸不得用于工程。

3. 设计技术交底制度

监理工程师督促、协助、组织设计单位向施工单位进行设计图纸的全面技术交底。不进行设计技术交底，工程不得开工。

4. 施工组织设计和施工措施审核批准制度

施工单位必须在开工前至少 7 天向项目监理部提交施工组织设计和施工措施。项目监理部分别由负责投资、质量、进度控制的监理工程师进行审核，把审核意见提交总监理工程师。必要时施工单位必须按照监理工程师的要求修改，完善其施工组织设计和施工措施。施工组织设计和施工措施一经批准，不得轻易改变，并作为施工阶段“四控制”（质量控制、进度控制、投资控制、安全控制）的依据。施工组织设计和施工措施未经批准，工程不得开工。

5. 工程开工申请、审批制度

单项或单位工程开工，施工单位应编写单项或单位《工程开工报审表》，报送监理部审批。《工程开工报审表》附证明文件资料应包含以下基本内容：

（1）申请开工日期。

（2）进场施工机械一览表。

（3）管理人员及劳动力到位情况。

（4）材料采购及试验情况。

（5）合同要求资金到位情况。

（6）施工图已经会审。

（7）施工组织设计已批准。

（8）工程定位及施工测量放线已报验。

由现场监理员逐项核实并提出审核意见，由监理工程师签批开工报告书和下达开工指令。监理工程师未下达开工令的单项工程或单位工程不得开工。

6. 设计图纸的变更处理制度

不论是建设单位、设计单位、监理单位、施工单位提出的设计变更，一般由设计单位完成，监理工程师审批，最后由监理工程师发布变更指令。未经监理工程师批准的图纸不得用于工程，监理工程师未发出工程变更指令，工程不得进行变更。

7. 隐蔽工程检查制度

隐蔽工程一般应确定为质量控制点的停止点。隐蔽以前，施工单位应根据《工程质量评定验收标准》进行自检，并将评定资料报监理工程师。施工单位应将需检查的隐蔽工程在隐蔽前 3 天提出计划报监理工程师，监理工程师应排出计划，通知施工单位。监理工程师应按约定的时间派监理人员到现场进行检查，确定质量符合合同《技术条款》的要求，并在检查记录上签字后，施工单位才能进行覆盖。

如果监理人员未及时到现场检查，施工单位不得将隐蔽工程进行覆盖。但由此造成的损失，可向业主提出索赔。

8. 工程竣工验收制度

竣工验收的依据是批准的设计文件（包括变更设计）、有关设计施工规范、工程质量验收标准以及合同及协议文件等。施工单位按规定编写和提出验收交接文件是申请竣工验收的必要条件，竣工文件不齐全、不正确清晰，不能验收交接。

施工单位应在验收前将编好的全部竣工文件及绘制的竣工图，提供给监理工程师一份，审查确认完整无误后，报建设单位，其余分发有关接管、使用单位。

工程没有进行竣工验收，不得签发移交证书、不得交付使用、不支付保留金、不进行完工结算。

2.3 工程施工质量验收

2.3.1 施工质量验收的术语

（1）建筑工程。通过对各类房屋建筑及其附属设施的建造和与其配套线路、管道、设备等的安装所形成的工程实体。

（2）检验。对被检验项目的特征、性能进行量测、检查、试验等，并将结果与标准规定的要求进行比较，以确定项目每项性能是否合格的活动。

（3）进场检验。对进入施工现场的建筑材料、构配件、设备及器具等，按相关标准的要求进行检验，并对其质量、规格及型号等是否符合要求做出确认的活动。

（4）见证检验。施工单位在工程监理单位或建设单位的见证下，按照有关规定从施工现场随机抽取试样，送至具备相应资质的检测机构进行检验的活动。

（5）复验。建筑材料、设备等进入施工现场后，在外观质量检查和质量证明文件核查符合要求的基础上，按照有关规定从施工现场抽取试样送至试验室进行检验的活动。

（6）检验批。按相同的生产条件或按规定的方式汇总起来供抽样检验用的，由一定数量样本组成的检验体。

（7）验收。建筑工程质量在施工单位自行检查合格的基础上，由工程质量验收责任方组织，工程建设相关单位参加，对检验批、分项、分部、单位工程及其隐蔽工程的质量进行抽样检验，对技术文件进行审核，并根据设计文件和相关标准以书面形式对工程质量是否达到合格做出确认。

（8）主控项目。建筑工程中对安全、节能、环境保护和主要使用功能起决定性作用的检验项目。

（9）一般项目。除主控项目以外的检验项目。

（10）抽样方案。根据检验项目的特性所确定的抽样数量和方法。

（11）计数检验。通过确定抽样样本中不合格的个体数量，对样本总体质量做出判定的检验方法。

对于计数抽样的一般项目，正常检验一次抽样应按表 2.13 判定，正常检验二次抽样应按表 2.14 判定。

样本容量在表 2.13 或表 2.14 给出的数值之间时，合格判定数和不合格判定数可通过插值并四舍五入取整数值。

（12）计量检验。以抽样样本的检测数据计算总体均值、特征值或推定值，并以此判断或评估总体质量的检验方法。

4）观感质量验收应符合要求。

（4）单位（子单位）工程质量验收合格应符合下列规定。

1）单位（子单位）工程所含分部（子分部）工程的质量均应验收合格。

2）质量控制资料应完整。

3）单位（子单位）工程所含分部工程有关安全和功能的检测资料应完整。

4）主要功能项目的抽查结果应符合相关专业质量验收规范的规定。

5）观感质量验收应符合要求。

（5）建筑工程质量验收记录应符合下列规定。

1）检验批质量验收可按《建筑工程施工质量验收统一标准》（GB 50300—2013）附录 E 进行。

2）分项工程质量验收可按《建筑工程施工质量验收统一标准》（GB 50300—2013）附录 F 进行。

3）分部（子分部）工程质量验收应按《建筑工程施工质量验收统一标准》（GB 50300—2013）附录 G 进行。

4）单位（子单位）工程质量验收，质量控制资料核查，安全和功能检验资料核查及主要功能抽查记录，观感质量检查应按《建筑工程施工质量验收统一标准》（GB 50300—2013）附录 H 进行。

（6）当建筑工程质量不符合要求时，应按下列规定进行处理。

1）经返工重做或更换器具、设备的检验批，应重新进行验收。

2）经有资质的检测单位检测鉴定能够达到设计要求的检验批，应予以验收。

3）经有资质的检测单位检测鉴定达不到设计要求、但经原设计单位核算认可能够满足结构安全和使用功能的检验批，可予以验收。

4）经返修或加固处理的分项、分部工程，虽然改变外形尺寸但仍能满足安全使用要求，可按技术处理方案和协商文件进行验收。

（7）通过返修或加固处理仍不能满足安全使用要求的分部工程、单位（子单位）工程，严禁验收。

2.3.5 建筑工程质量验收程序和组织

（1）检验批及分项工程应由监理工程师（建设单位项目技术负责人）组织施工单位项目专业质量（技术）负责人等进行验收。

（2）分部工程应由总监理工程师（建设单位项目负责人）组织施工单位项目负责人和技术、质量负责人等进行验收；地基与基础、主体结构分部工程的勘察、设计单位工程项目负责人和施工单位技术、质量部门负责人也应参加相关分部工程验收。

（3）单位工程完工后，施工单位应自行组织有关人员进行检查评定，并向建设单位提交工程验收报告。

（4）建设单位收到工程验收报告后，应由建设单位（项目）负责人组织施工（含分包单位）、设计、监理等单位（项目）负责人进行单位（子单位）工程验收。

（5）单位工程有分包单位施工时，分包单位对所承包的工程项目应按本标准规定的程序检查评定，总包单位应派人参加。分包工程完成后，应将工程有关资料交总包单位。

（6）当参加验收各方对工程质量验收意见不一致时，可请当地建设行政主管部门或工程质量监督机构协调处理。

（7）单位工程质量验收合格后，建设单位应在规定时间内将工程竣工验收报告和有关文件，报建设行政管理部门备案。

2.4 工程质量问题和质量事故处理

按规定凡是工程质量不合格，必须进行返修、加固或报废处理，由此造成直接经济损失低于5000元的称为质量问题；直接经济损失在5000元（含5000元）以上的称为工程质量事故。

2.4.1 质量问题成因

工程质量事故的表现形式千差万别，类型多种多样，如结构倒塌、倾斜、错位、不均匀或超量沉陷、变形、开裂、渗漏、破坏、强度不足、尺寸偏差过大等，但究其原因，归纳起来主要有以下几方面。

1. 违背基本建设法规

（1）违背基本建设程序。基本建设程序是工程项目建设过程及其客观规律的反映，但有些工程不按基建程序办事，如未做好调查分析就拍板定案；未搞清地质情况就仓促开工；边设计、边施工；无图施工，不经竣工验收就交付使用等，它常是导致重大工程质量事故的重要原因。

（2）违反有关法规和工程合同的规定。如无证设计；无证施工；越级设计；越级施工；工程招、投标中的不公平竞争；超常的低价中标；擅自转包或分包；多次转包；擅自修改设计等。

2. 地质勘察原因

未认真进行地质勘察或勘探时钻孔深度、间距、范围不符合规定要求，地质勘察报告不详细、不准确、不能全面反映实际的地基情况等，从而使得地下情况不清，或对基岩起伏、土层分布误判，或未能查清地下软土层、墓穴、孔洞等，它们均会导致采用不恰当或错误的基础方案，造成地基不均匀沉降、失稳使上部结构或墙体开裂、破坏，或引发建筑物倾斜、倒塌等质量事故。

3. 对不均匀地基处理不当

对软弱土、杂填土、冲填土、大孔性土或湿陷性黄土、膨胀土、红黏土、溶岩、土洞、岩层出露等不均匀地基未进行处理或处理不当也是导致重大事故的原因。必须根据不同地基的特点，从地基处理、结构措施、防水措施、施工措施等方面综合考虑，加以治理。

4. 设计计算问题

盲目套用图纸，采用不正确的结构方案，计算简图与实际受力情况不符，荷载取值过小，内力分析有误，沉降缝或变形缝设置不当，悬挑结构未进行抗倾覆验算以及计算错误等，都是引发质量事故的隐患。

5. 建筑材料及制品不合格

如钢筋物理力学性能不良会导致钢筋混凝土结构产生裂缝或脆性破坏；骨料中活性氧化硅会导致碱骨料反应使混凝土产生裂缝；水泥安定性不良会造成混凝土爆裂；水泥受潮、过期、结块，砂石含泥量及有害物含量超标，外加剂掺量不符合要求，会影响混凝土强度、和易性、密实性、抗渗性，从而导致混凝土结构强度不足、裂缝、渗漏、蜂窝等质量事故。此外，预制构件断面尺寸不足，支承锚固长度不足，未可靠地建立预应力值，漏放或少放钢筋，板面开裂等均可能出现断裂、坍塌事故。

6. 施工与管理问题

（1）未经设计部门同意擅自修改设计，或不按图施工。如将铰接做成刚接，将简支梁做成连续梁；用光圆钢筋代替异形钢筋等，导致结构破坏。挡土墙不按图设滤水层、排水孔，导致压力增大，墙体破坏或倾覆。

（2）图纸未经会审即仓促施工；或不熟悉图纸，盲目施工。

（3）不按有关的施工规范和操作规程施工。如浇筑混凝土时振捣不良造成薄弱部位。

（4）不懂装懂、蛮干施工，如将钢筋混凝土预制梁倒置吊装，将悬挑结构钢筋放在受压区等均将导致结构破坏，造成严重后果。

（5）管理紊乱，施工方案考虑不周，施工顺序错误，技术交底不清，违章作业，疏于检查、验收等，均可能导致质量事故。

（6）自然条件影响。空气温度、湿度、暴雨、风、浪、洪水、雷电、日晒等均可能成为质量事故的诱因，施工中应特别注意并采取有效的措施预防。

（7）建筑结构或设施的使用不当。对建筑物或设施使用不当也易造成质量事故。如未经校核验算就任意对建筑物加层、任意拆除承重结构部位、任意在结构物上开槽、打洞、削弱承重结构截面等。

2.4.2　工程质量事故的特点及分类

1. 质量事故的特点

工程质量事故具有复杂性、严重性、可变性和多发性的特点。

（1）复杂性。影响工程质量的因素繁多，造成质量事故的原因错综复杂，即使是同一类质量事故，而原因却可能多种多样。所以使得对质量事故进行分析，判断其性质、原因及发展，确定处理方案与措施等都增加了难度。

（2）严重性。工程项目一旦出现质量事故，其影响较大。轻者影响施工顺利进行、拖延工期、增加工程费用，重者则会留下隐患成为危险建筑物，影响使用功能或不能使用，更严重的还会引起建筑物的失稳、倒塌，造成人民生命、财产的巨大损失。

（3）可变性。许多建筑工程的质量问题出现后，其质量状态并非稳定于发现的初始状态，而是有可能随着时间进程而不断地发展、变化。因此，有些在初始阶段并不严重的质量问题，如不能及时处理和纠正，有可能发展成严重的质量事故。所以，在分析、处理工程质量事故时，一定要注意质量事故的可变性，应及时采取可靠的措施，防止事故进一步恶化；或加强观测与试验，取得数据，预测未来发展的趋向。

（4）多发性。建筑工程中有些质量事故，在各项工程中经常发生，而成为多发性的质量通病。因此，应采取有效预防措施。

2. 质量事故的分类

(1) 按事故造成损失程度分级。

1) 特别重大事故。是指造成30人以上死亡，或者100人以上重伤，或者1亿元以上直接经济损失的事故。

2) 重大事故。是指造成10人以上30人以下死亡，或者50人以上100人以下重伤，或者5000万元以上1亿元以下直接经济损失的事故。

3) 较大事故。是指造成3人以上10人以下死亡，或者10人以上50人以下重伤，或者1000万元以上5000万元以下直接经济损失的事故。

4) 一般事故。是指造成3人以下死亡，或者10人以下重伤，或者100万元以上1000万元以下直接经济损失的事故。

(2) 按事故责任分类。

1) 指导责任事故。指由于工程指导或领导失误而造成的质量事故。

2) 操作责任事故。指在施工过程中，由于操作者不按规程或标准实施操作，而造成的质量事故。

3) 自然灾害事故。指由于突发的严重自然灾害等不可抗力造成的质量事故。

(3) 按质量事故产生的原因分类。

1) 技术原因引发的事故。指在工程项目实施中由于设计、施工在技术上的失误造成的质量事故。

2) 管理原因引发的事故。指在管理上的不完善或失误引发的质量事故。

2.4.3　工程质量问题处理的依据与程序

1. 工程质量问题处理的依据

《中华人民共和国民法典》第一千二百五十三条规定“建筑物、构筑物或者其他设施及其搁置物、悬挂物发生脱落、坠落造成他人损害，所有人、管理人或者使用人不能证明自己没有过错的，应当承担侵权责任。所有人、管理人或者使用人赔偿后，有其他责任人的，有权向其他责任人追偿。”根据这条规定，建筑物或者其他设施倒塌、脱落、坠落造成他人损害的，承担责任的主体是建筑物或者其他设施的所有人或者管理人，而且实行的是过错推定责任原则。很显然，当时的规定并没有考虑到，建筑物或者其他设施发生倒塌、脱落、坠落是由于工程质量问题造成的情况下，除建筑物或者其他设施的所有人或者管理人之外的勘察、设计、施工、监理单位等质量责任主体对这类侵权行为应承担的民事责任，以及这些责任主体如何能够证明自己无过错的免责问题。同时，这条规定还忽视了另一种情形：如果由于质量问题，建筑物或者其他设施倒塌、脱落、坠落造成所有人或者管理人自身受到损害的，如何处理？由于这一时期的法律、法规未能全面的规定工程质量相关问题的处理方法，使得司法实践中此类侵权行为的受损害者只能诉建筑物或者其他设施的所有人或者管理人。至于与造成损害有关的勘察、设计、施工、监理等单位，则被视为仅与建筑物或者其他设施的所有人或管理人有关的另一法律关系的当事人。

《中华人民共和国产品质量法》第二条明确规定：“建设工程不适用本法规定。但是，建设工程使用的建筑材料、建筑构配件和设备，属于前款规定的产品范围的，适用本法规定”。这一规定表明由于建设工程质量缺陷给他人造成损害的，除非造成损害的原因是建筑材料、建筑构配件和设备存在质量瑕疵，否则受损害人不能依据《中华人民共和国产品质量法》提起民事赔偿诉讼。

《中华人民共和国建筑法》作为我国工程建设和建筑业的一部大法，将确保工程质量作为一个重点内容加以严格规定。这部法律通过承包方资质管理、建筑施工许可、招标投标、禁止肢解发包和转包工程、建筑工程监理、工程质量监督管理、竣工验收、保修等制度，使工程质量有了切实的保障。同时，为了使由于工程质量不合格受到损害的受害人能够获得赔偿，《中华人民共和国建筑法》在法律责任一章中明确规定了几种损害赔偿的情况。可以说，《中华人民共和国建筑法》的颁布实施，完善了我国关于建设工程质量不合格的损害赔偿制度，为受害人提出损害赔偿要求提供了明确的法律依据。

为了与《中华人民共和国建筑法》相配套，2000 年 1 月 10 日国务院通过了《建设工程质量管理条例》（以下简称《条例》）。《条例》以参与建筑活动各方主体为主线，分别规定了建设单位、勘察单位、设计单位、施工单位、工程监理单位的质量责任和义务，确立了建设工程质量保修制度、工程质量监督管理制度等内容，对违法行为的种类和相应处罚作了原则规定，同时，完善了责任追究制度，加大了处罚力度。《条例》的颁布实施，明确了建设工程的质量责任主体，明确了责任主体的质量责任和义务，明确了责任主体对受损害者的赔偿责任，更进一步完善了我国关于建设工程质量不合格的损害赔偿制度。

2. 工程质量问题处理的程序

（1）当发生工程质量问题时，监理工程师首先应判断其严重程度，并签发《监理通知》，责成施工承包单位写出质量问题报告，提出处理方案，报监理工程师审核，必要时应经建设单位和设计单位认可。质量问题处理完毕，施工承包单位应报验，监理工程师应组织有关人员对处理的结果进行严格的检查、鉴定和验收，写出质量问题处理报告，报建设单位和监理单位存档。对因设计单位原因等非施工单位责任引起的质量问题，应通过建设单位要求设计单位或责任单位提出处理方案，处理质量问题所需的费用或延误的工期，由责任单位承担，若质量问题属施工单位责任，施工单位应承担各项费用损失和合同约定的处罚，工期不予顺延。

（2）工程质量事故发生后，总监理工程师应签发《工程暂停令》，并要求停止进行质量缺陷部位和与其有关联部位及下道工序施工，应要求施工单位采取必要的措施，防止事故扩大并保护好现场。同时，要求质量事故发生单位迅速按类别和等级向相应的主管部门上报，并于 24 小时内写出书面报告。

监理工程师在事故调查组展开工作后，应积极协助，客观地提供相应证据，若监理方无责任，监理工程师可应邀参加调查组，参与事故调查；若监理方有责任，则应予以回避，但应配合调查组工作。当监理工程师接到质量事故调查组提出的技术处理意见后，可组织相关单位研究，并责成相关单位完成技术处理方案，并予以审核签认。必要时，应委托法定工程质量检测单位进行质量鉴定或请专家论证，以确保技术处理方案可靠、可行、保证结构安全和使用功能。技术处理方案核签后，监理工程师应要求施工单位制定详细的施工方案，必要时应编制监理实施细则，对工程质量事故技术处理进行监理，技术处理过程中的关键部位和关键工序应进行旁站，并会同设计、建设等有关单位共同检查认可。对施工承包单位按方案处理完工后，应进行自检并报验结果，监理工程师组织有关各方进行检查验收，必要时应进行处理结果鉴定。要求事故单位整理编写质量事故处理报告，并审核签认，组织将有关技术资料归档。

【示例】 工程项目质量控制示例

某工程建设单位通过公开招标与甲施工单位签订了施工总承包合同，依据合同，甲施工单位通过招标将钢结构工程分包给乙施工单位。施工过程中发生了下列事件：

事件1：甲施工单位项目经理安排技术员兼施工现场安全员，并安排其负责编制深基坑支护与降水工程专项施工方案，项目经理对该施工方案进行安全验算后，即组织现场施工，并将施工方案及验算结果报送项目监理机构。

事件2：乙施工单位采购的特殊规格钢板，因供应商未能提供出厂合格证明，乙施工单位按规定要求进行了检验，检验合格后向项目监理机构报验。为不影响工程进度，总监理工程师要求甲施工单位在监理人员的见证下取样复检，复验结果合格后，同意该批钢板进场使用。

事件3：为满足钢结构吊装施工的需要，甲施工单位向设备租赁公司租用了一台大型起重塔吊，委托一家有相应资质的安装单位进行塔吊安装。安装完成后，由甲、乙施工单位对该塔吊共同进行验收，验收合格后投入使用，并到有关部门办理了登记。

事件4：钢结构工程施工中，专业监理工程师在现场发现乙施工单位使用的高强螺栓未经报验，存在严重的质量隐患，即向乙施工单位签发了《工程暂停令》，并报告了总监理工程师。甲施工单位得知后也要求乙施工单位立刻停工整改。乙施工单位为赶工期，边施工边报验，项目监理机构及时报告了有关主管部门。报告发出的当天，发生了因高强螺栓不符合质量标准导致的钢梁高空坠落事故，造成一人重伤，直接经济损失4.6万元。

问题：

(1) 指出事件1中甲施工单位项目经理做法的不妥之处，写出正确做法。

(2) 事件2中，总监理工程师的处理是否妥当？说明理由。

(3) 指出事件3中塔吊验收中的不妥之处。

(4) 指出事件4中专业监理工程师做法的不妥之处，说明理由。

(5) 事件4中的质量事故，甲施工单位和乙施工单位各承担什么责任？说明理由。监理单位是否有责任？说明理由。该事故属于哪一类工程质量事故？处理此事故的依据是什么？

解：

(1) 事件1中甲施工单位项目经理的做法有以下几点不妥。

1) 不妥之处：安排技术员兼施工现场安全员。

正确做法：应配备专职安全生产管理人员。

2) 不妥之处：对该施工方案进行安全验算后即组织现场施工。

正确做法：安全验算合格后应组织专家进行论证、审查，并经施工单位技术负责人签字，报总监理工程师签字后才能安排现场施工。

(2) 不妥。理由：没有出厂合格证明的原材料不得进场使用。

(3) 只有甲、乙施工单位参加了验收，出租单位和安装单位未参加验收。

(4) 不妥之处：向乙施工单位签发《工程暂停令》。

理由：《工程暂停令》应由总监理工程师向甲施工单位签发。

(5) 事件 4 中的质量事故。

1) 甲施工单位承担连带责任。因甲施工单位是总承包单位。乙施工单位承担主要责任。因质量事故是由于乙施工单位自身原因造成的（或因质量事故是由于乙施工单位不服从甲施工单位管理造成的）。

2) 监理单位没有责任。项目监理机构已履行了监理职责（或项目监理机构已及时向有关主管部门报告）。

3) 事故属于严重质量事故。

处理依据：质量事故的实况资料；有关合同文件；有关的技术文件和档案；相关的建设法规。

本 章 小 结

本章要求掌握建筑工程项目施工质量控制的要求、方法，工程质量问题产生的原因和质量事故处理程序；理解建筑工程项目施工质量验收的要求、内容；了解建筑工程项目质量责任体系及工程质量管理制度。

质量控制分为质量的事前预控、事中控制和事后纠偏控制 3 个阶段。影响工程项目质量有人、材料、机械、方法和环境。现代质量管理通常利用质量分析法控制工程质量，即利用数理统计的方法，通过收集、整理、分析、利用质量数据，并以这些数据作为判断、决策和解决质量问题的依据，从而预测和控制产品质量。工程质量分析常用的数理统计方法有：分层法、因果分析图法、排列图法、直方图法等。

施工质量控制流程包括：设计文件审查、施工文件审查、施工准备检查、施工过程管理、施工质量检验及验收等。施工阶段质量控制方法有现场检验、巡视监理、支付控制手段、指令文件、旁站监理等。

施工质量控制制度有《工程建设标准强制性条文》落实制度、设计文件、图纸审查制度、设计技术交底制度、施工组织设计和施工措施审核批准制度、工程开工申请、审批制度、设计图纸的变更处理制度、隐蔽工程检查制度、工程竣工验收制度等。

检验批及分项工程应由监理工程师组织施工单位项目专业质量负责人等进行验收；分部工程应由总监理工程师组织施工单位项目负责人和技术、质量负责人等进行验收；单位工程完工后，施工单位应自行组织有关人员进行检查评定，并向建设单位提交工程验收报告，建设单位收到工程验收报告后，应由建设单位负责人组织施工、设计、监理等单位负责人进行单位工程验收。

当发生工程质量问题时，监理工程师首先应判断其严重程度，并签发《监理通知》，责成施工承包单位写出质量问题报告，提出处理方案，报监理工程师审核，必要时应经建设单位和设计单位认可。质量问题处理完毕，施工承包单位应报验，监理工程师应组织有关人员对处理的结果进行严格的检查、鉴定和验收，写出质量问题处理报告，报建设单位和监理单位存档。

复 习 思 考 题

(1) 试述质量管理和质量控制的概念。指出它们之间的联系和区别。
(2) 施工项目质量控制的原则有哪些?
(3) 试述工程质量形成过程及影响因素。
(4) 如何建立质量控制系统?
(5) 一般常用质量分析方法有哪些?
(6) 简述建筑工程施工的质量控制的基本程序。
(7) 如何设置质量控制点?
(8) 如何对工程材料采购进行质量控制?
(9) 施工阶段质量控制方法有哪些?
(10) 旁站监理项目一般有哪些?
(11) 旁站监理人员的主要职责有哪些?
(12) 哪些试块、试件和材料必须实施见证取样和送检?
(13) 施工质量控制制度有哪些?
(14) 建筑工程质量验收应如何划分?
(15) 建筑工程质量不符合要求时应如何处理?
(16) 试述建筑工程质量验收程序和组织。
(17) 建筑工程质量问题成因有哪些?
(18) 建筑工程质量事故如何进行分类?
(19) 试述工程质量问题处理的程序。

第3章　建筑工程项目进度控制

工程建设项目进度控制是指对工程项目建设各阶段的工作内容、工作程序、持续时间和衔接关系根据进度总目标及资源优化配置的原则编制计划并付诸实施，然后在进度计划的实施过程中经常检查实际进度是否按计划要求进行，对出现的偏差情况进行分析，采取补救措施或调整、修改原计划后再付诸实施，如此循环，直到建设工程竣工验收交付使用。

建设工程进度控制的最终目的是确保建设项目按预定的时间动用或提前交付使用，工程项目控制的总目标是建设工期。

施工阶段是工程项目实体的形成阶段，对其进度的控制直接关系建设工期目标的实现。因此，工程进度控制的重点是在施工阶段。

3.1　建筑工程施工阶段的进度控制

3.1.1　建筑工程施工进度控制的方法、措施及任务

3.1.1.1　工程施工进度控制方法

工程施工进度控制方法主要是规划、控制和协调。规划是指确定工程项目施工总进度控制目标和分进度控制目标，并编制其进度计划。控制是指在工程项目施工的过程中，进行施工实际进度与施工计划进度的比较，出现偏差及时采取调整措施。协调是指协调与施工进度有关的单位、部门和工作队组之间的进度关系。

在实际应用过程中，常采取对单项工程进度控制、进度表控制、网络计划控制、工程曲线控制等手段控制工程项目施工进度。

1. 对单项工程进度控制

在工程施工过程中，监理工程师应对整个工程项目进行专业分析，建立工程项目分项的月、旬进度控制图表，以便对分项施工的月、旬进度进行监控。其图表宜采用能直观的反映工程实际进度的形式，如形象进度图等。分析各分项工程施工的实际进度与计划进度的偏差，若实际进度滞后应及时向承包人发出书面通知，要求承包人采取措施，加快施工进度。如果承包人实际施工进度确实影响到整个工程的建设工期，应要求承包人尽快调整施工进度计划，并报监理工程师审批。

2. 采用进度表控制工程进度

工程项目进度表是承包商每月按实际完成的工程量填写向监理工程师提交的工程施工进度报表。报表应包括计划完成工程量和同一时间实际完成工程量。监理工程师工程进度报表进行详细核查、分析，向业主报告。当实际进度比计划进度滞后时，监理工程师应进

行详细的分析，结合施工现场记录和各分项工程进度进行综合性评价。如果影响工程建设总工期，应立即通知承包人并要求其采取经监理工程师同意的必要措施加快施工进度，确保工程项目按计划完成。

3. 采用网络计划控制工程进度

用网络计划法制定施工计划和控制工程进度，可以使工序安排紧凑，便于抓住关键工作，保证施工机械、人力、财力、时间均获得合理的分配和利用。因此，监理工程师除要求承包人商制定网络计划外，监理工程师也要随时用网络计划检查工程进度。

采用网络计划检查工程进度的方法是在每项工程完成时，在网络图上以不同颜色数字记下实际的施工时间，以便与计划对照和检查。具体来讲，第一，在关键线路上某项工作的施工时间比计划时间滞后，这种情况会导致整个建设工期延长，必须要求承包人对以后此关键线路上的工程采取加快施工进度或增加施工力量、缩短施工时间等有效措施，以弥补工程进度与计划进度的差距，使工程进度与计划进度保持平衡。第二，关键线路上某项工程的实施时间比计划时间超前，这种情况对缩短工期有利，监理工程师应根据整个工程实际进度情况和工程本身的需要并与业主协商，以确定本工程有无必要提前完成，并将决定意见通知承包商。不论何种情况都应要求承包商重新修订网络计划，并检查关键线路有无变化，以确保证工程计划目标的实现。第三，非关键线路上某项工程的施工时间比计划增加，一般情况均有调整的余地，对整个网络计划不会有影响。但是，如果超出了非关键线路所计划的时间，而且没有调整的余地，就要检查是否会影响关键线路，甚至使非关键线路改变成为关键线路。如遇这种情况就应要求承包人采取相应的措施，缩短非关键线路某些项目的施工时间，以保证关键线路的完工仍能满足计划的要求。第四，非关键线路上某项工程的施工时间比计划缩短，整个网络计划将不受影响。但应提醒承包人从非关键线路的工程项目中抽调施工力量加强关键线路上工程项目的施工，以达到缩短建设工期的目的。

4. 采用工程曲线控制工程进度

分项工程进度控制通常是在分项工程计划的条形图上画出每个工程项目的实际开工日期、施工持续时间和竣工日期，这种方法比较简单直观，但就整个工程而言，不能反映实际进度与计划进度的对比情况。采用工程曲线法进行工程进度的控制则比较全面。工程曲线是以横轴为工期（或以计划工期为100%，各阶段工期按百分率计），纵轴为完成工程量累计数（以百分率计）所绘制的曲线。把计划的工程进度曲线与实际完成的工程进度曲线绘在同一图上，并进行对比分析，当发现工程实际进度与计划进度出现偏差时，监理工程师可通知承包商采取措施、调整计划，以确保按期完成工程。

3.1.1.2 工程施工进度控制的措施

工程施工进度控制采取的主要措施有组织措施、技术措施、合同措施、经济措施。

（1）组织措施主要是分析由于组织的原因而影响工程项目目标实现的问题，并采取相应的措施。进度控制的组织措施主要包括：

1）落实各层次的工程进度控制的人员和具体工作任务，建立进度控制的组织系统。

2）按照工程项目的组成、进展情况和合同结构等进行项目分解，确定其进度目标，建立进度控制目标体系。

3）建立进度计划审核制度和进度计划实施中的检查分析制度。

4）确定进度控制工作制度，如检查时间、地点、方法、协调会议的参加人员等。

5）明确图纸审查、工程变更和设计变更管理制度。

（2）技术措施主要是分析由于技术的原因而影响工程项目目标实现的问题，并采用相应的措施。施工进度控制的技术措施主要包括：

1）建设工程项目进度控制的技术措施涉及对实现进度目标有利的设计技术和施工技术的选用。

2）不同的设计理念、设计技术路线、设计方案会对工程进度产生不同的影响，应对设计技术与工程进度的关系作分析比较。在工程进度受阻时，应分析是否存在设计技术的影响因素，为实现进度目标有无设计变更的可能性。

3）施工方案对工程进度有直接的影响，不仅要分析技术的先进性和经济合理性，还应考虑其对进度的影响。在工程进度受阻时，应分析是否存在施工技术的影响因素，为实现进度目标有无改变施工技术、施工方法和施工机械的可能性。

4）审查承包商提交的进度计划，并控制其在合理的状态下施工。

5）采用网络计划技术及其他科学适用的方法，对建设工程进度实施动态控制。

（3）合同措施是监理工程师利用合同规定的权利，督促承包商全面履行合同，必要时可采取诸如强制分包，召开工地协调会等手段，促使承包人加快工程进度，完成预定的工期目标。施工进度控制的合同措施主要包括：

1）加强合同管理，保证合同中进度目标的实现。

2）对分包单位签订施工合同的合同工期与有关进度计划目标相协调。

3）严格控制合同变更，对各方提出的工程变更和设计变更，监理工程师应严格审查后再补入合同文件之中。

4）加强索赔管理，公正及时处理索赔。

（4）经济措施是指实现进度计划的资金保证措施。分析由于经济的原因而影响项目进度目标实现的问题，并采取相应的措施，如落实加快施工进度所需的资金等。施工进度控制的经济措施主要包括：

1）建设工程项目进度控制的经济措施涉及资金需求计划、资金供应的条件和经济激励措施等。

2）为确保工程进度目标的实现，应编制与进度计划相适应的资源需求计划（资源进度计划），包括资金需求计划和其他资源（人力和物力资源）需求计划，以反映工程实施的各时段所需要的资源。通过资源需求的分析，发现所编制的进度计划实现的可能性，若资源条件不具备，则应调整进度计划。

3）资金供应条件包括可能的资金总供应量、资金来源（自有资金和外来资金）以及资金供应的时间。

4）在工程预算中应考虑加快工程进度所需要的资金，其中包括为实现进度目标将要采取的经济激励措施所需要的费用。

3.1.1.3　工程施工进度控制的主要任务

工程施工进度控制的主要任务是编制施工总进度计划并控制其执行，按期完成整个施工项目的施工任务；编制单位工程施工进度计划并控制其执行，按期完成单位工程的施工任务；编制分部分项工程施工进度计划，并控制其执行，按期完成分部分项工程的施工任务；编制季度、月（旬）、周作业计划，并控制其执行，完成预定的目标等。

为有效地控制建设工程进度，监理工程师要在施工准备阶段向业主提供有关工期的信息，协助业主确定工期总目标，并进行环境及施工现场条件的调查和分析。在施工阶段，监理工程师不仅要审查承包商施工单位提交的施工计划，更要编制监理进度计划，以确保进度控制目标的实现。

3.1.2　施工阶段进度控制目标的确定

1. 建设工程进度控制的目标

建设工程进度控制的目标可以表达为：通过有效的进度控制工作和具体的进度控制措施，在满足投资和质量要求的前提下，力求使工程实际工期不超过计划工期。但是，进度控制往往更强调对整个工程项目计划总工期的控制，因而上述“工程实际工期不超过计划工期”相应地就表达为“整个建设工程按计划的时间动用”。

依据工程进度计划的特点，工程进度控制的目标能否实现，主要取决于处在关键线路上的工程内容能否按预定的时间完成。当然，同时要不发生非关键线路上的工作延误而成为关键线路的情况。

2. 施工进度控制目标的确定

为了提高工程进度计划的预见性和工程进度控制的主动性，在确定施工进度控制目标时，必须全面细致地分析与建设工程进度有关的各种有利因素和不利因素。确定施工进度控制目标的主要依据有：建设工程总进度目标对施工工期的要求；工期定额、类似工程项目的实际进度；工程难易程度和工程条件的落实情况等。

各单位工程交工动用的分目标以及按承包单位、施工阶段和不同计划期划分的分目标。各目标之间相互联系，共同构成建设工程施工进度控制目标体系。也就是说，下级目标受上级目标的制约，下级目标保证上级目标，最终保证施工进度总目标的实现。

（1）为了控制施工进度首先要明确进度控制的总目标，施工进度总目标的确定既受到工程施工条件的制约，也受到工程合同或指令性计划工期的限制，同时还要结合不同的承包商的管理水平和效益要求。确定进度控制的总目标可以从以下几个方面考虑：

1）以正常工期为施工进度控制总目标。正常工期是根据正常施工速度来确定的施工工期。

2）以最优工期为施工进度控制总目标。最优工期是工程总成本最低的工期，它可采用以正常工期为基准，应用工期成本优化的方法来确定的施工工期。

3）以合同工期或指令工期为施工进度控制总目标。以合同工期或指令工期为施工进度控制总目标需要承包商结合自身的施工能力和资源条件，并且充分估计各种可能以进度有影响的因素，要适当留有余地，保持一定的提前量。

（2）在确定施工进度分解目标时，还要考虑以下各个方面：

1）对于大型建设工程项目，应根据尽早提供可动用单元的原则，集中力量分期分批建设，以便尽早投入使用，尽快发挥投资效益。

2）合理安排土建与设备的综合施工。

3）结合工程项目的特点，参考同类建设工程的经验来确定施工进度目标。

4）做好资金供应能力、施工力量配备、物资（材料、构配件、设备）供应能力与施工进度的平衡工作，确保工程进度目标的要求所需。

5）考虑外部协作条件的配合情况。

6）考虑工程项目所在地区地形、地质、水文、气象等方面条件的限制。

总之，要想对工程项目的施工进度实施控制，就必须有明确、合理的进度目标（进度总目标和进度分目标）；否则，控制便失去了意义。

3.1.3　施工阶段进度目标的分解

1. 施工进度计划

施工进度计划是表示各项工程（单位工程、分部工程或分项工程）的施工顺序、开始和结束时间以及相互衔接关系的计划。它既是承包单位进行现场施工管理的核心指导文件，也是监理工程师实施进度控制的依据。

（1）施工总进度计划。施工总进度计划用于确定各单位工程、准备工程和整个工程项目的施工期限及开竣工日期，确定各项工程施工的衔接关系。施工总进度计划的基本要求是：保证建设工程在规定的期限内完成，迅速发挥投资效果，保持施工的连续性和均衡性。如果施工总进度计划编制得不合理，将会导致人力、物力的运用不均衡或延误工期，甚至还会影响工程质量和施工安全。因此，施工总进度计划编制的正确与否是保证各项工程以及整个建设项目按期交付使用、充分发挥投资效果、降低工程成本的重要条件。

（2）单位工程施工进度计划。单位工程施工进度计划是在已经确定的施工方案的基础上，根据工程的建设工期和技术资源供应条件，遵循正确的施工顺序，对工程各分部分项工程的持续施工时间以及相互搭接关系作出安排并用一定的形式表示出来。在其基础上可以编制施工准备工作计划和各项资源需用量计划，同时也是编制各分部分项工程施工进度计划和季、月、周计划的基础。单位工程施工进度计划可以用横道图和网络图来表达。

（3）分部分项工程施工进度计划。分部工程是单位工程的组成部分，是单位工程的进一步分解。按照不同的施工方法、构造与规格，可以把分部工程进一步划分为分项工程。

分项分部工程施工进度计划是在既定的施工方案的基础上，根据规定的工期和各种资源供应条件，对单位工程中的各分部分项工程的施工顺序、施工起止时间及衔接关系进行合理的安排。分项分部工程施工进度计划应将与工程对象施工直接有关的内容列入计划。

（4）年、月、旬、周施工进度计划。相对于施工总进度计划，年度计划属于实施计划，它是一年内工程项目施工的目标。

施工总进度计划、单位工程施工进度计划、分部分项工程施工进度计划是按整个项目或单位工程编制的，带有一定的控制性，但还不能满足施工作业的要求，实际作业时是按月（旬、周）作业计划和施工任务书执行的。另外，施工进度计划是施工前编制的，其内容还比较粗，而且现场情况又是在不断变化的，因此执行中还必须编制短期的、更为具体的执行计划，月（旬、周）施工进度作业计划。

月（旬、周）施工进度作业计划要明确本月（旬、周）应完成的各项施工任务，完成计划所需要的各种资源量，提高劳动生产率和增产节约的措施。作业计划的编制还应该进行不同的施工项目之间同时施工的平衡协调；符合施工项目进度计划的期限；施工项目的分解必须满足指导施工作业的要求、细分到工序、明确进度日程。

（5）分包工程施工进度计划。分包有两种形式：一是由业主指定分包商，该分包合同条款及价款由业主确定，并与业主直接签订合同，直接对业主负责，但这种分包商在现场的活动由总包统筹安排。也有由业主确定分包合同条款和价款，分包与总包签约。二是总包商自己选择分包商，该分包商与总包签订合同，对总包负责。

当一个工程由多个承包单位参加施工时，应按承包单位将单项工程的进度目标分解，确定各分包单位的进度目标，列入分包合同，以便落实分包责任，并且要根据各专业工程交叉施工方案和前后衔接顺序，明确不同承包单位工作面交接的条件和时间。分包工程施工进度计划的编制务实施要和总包编制的施工进度计划匹配，总的原则都是为了实现工程项目总目标。

2. 施工阶段进度目标的分解

按施工合同规定的施工工期的要求，是工程建设项目施工阶段进度控制的最终目标。为了控制施工工期总目标，必须采用目标分解的原理，将施工阶段总工期目标分解为不同形式的各类分目标，从而构成工程建设施工阶段进度控制的目标体系，如图 3.1 所示。

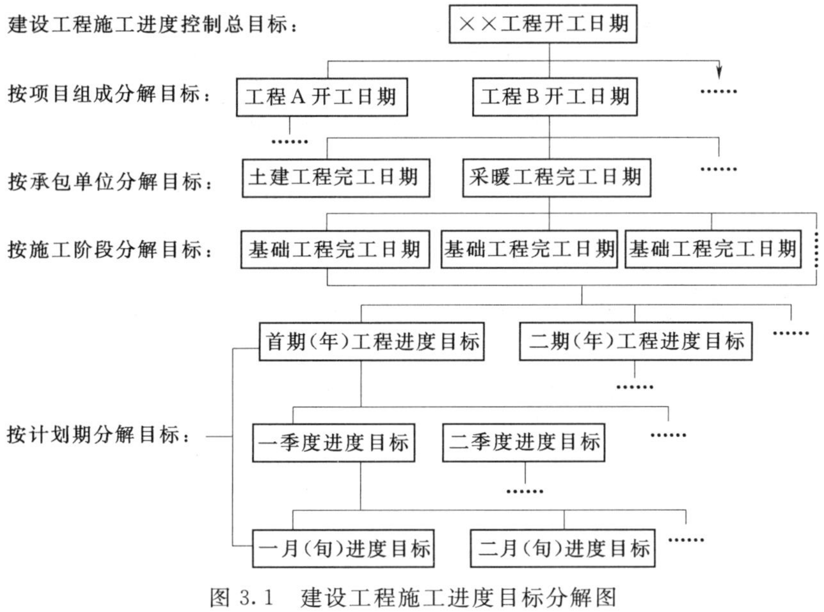

图 3.1 建设工程施工进度目标分解图

（1）按建设项目组成分解施工进度总目标。按建设项目组成可以把施工总工期分解为各单项工程的工期目标、各单位工程的工期目标及各分部分项工程的工期目标，并以此编制工程建设项目施工阶段的总进度计划、单项工程施工进度计划、单位工程施工进度计划和各分部、分项工程施工的作业计划。

（2）按建设项目施工承包方分解施工进度总目标。按建设项目施工承包方分解施工阶段总进度目标，分为总承包方的施工工期目标、各承分包方的施工工期目标，并以此编制工程项目承总包方的施工总进度计划、各分承包方的项目施工进度计划。

（3）按建设项目施工阶段分解施工进度总目标。按施工阶段分解施工总工期目标可以分为基础工程施工进度目标、结构工程施工进度目标、砌筑工程施工进度目标、屋面工程施工进度目标、楼地面工程施工进度目标、装饰工程施工进度目标及其他工程施工进度目标，并以此分别编制各施工阶段的施工进度计划。

（4）按计划期分解施工进度总目标。按计划期分解施工进度总目标可以分为年度施工进度目标、季度施工进度目标、月旬施工进度目标，并以此编制工程项目施工年度进度计划，工程项目施工的季度、月（旬、周）施工进度计划。

3.1.4　施工阶段进度控制的工作内容

3.1.4.1　施工阶段进度控制工作流程

工程项目施工阶段进度控制基本程序如图 3.2 所示。

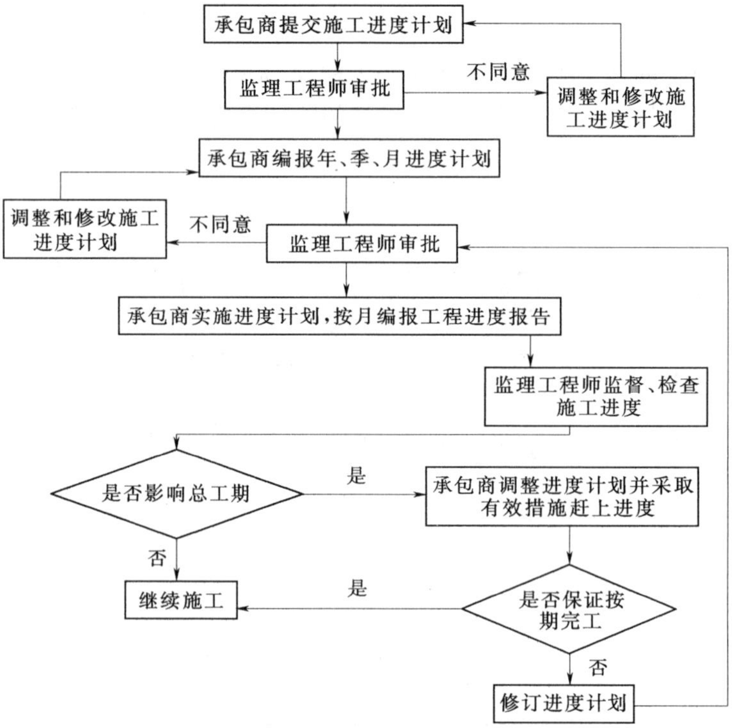

图 3.2　工程进度控制的基本程序

3.1.4.2　施工阶段进度控制的实施

工程建设项目施工进度控制工作从审核承包商提交的施工进度计划开始，直至建设工程保修期满为止，其工作内容主要有以下几个方面。

1. 施工进度控制工作细则的编制

施工进度控制工作细则是指在工程建设项目监理规划的指导下，由负责进度控制的监理工程师编制的更具有实施性和操作性的监理业务文件。

（1）编制施工进度控制目标分解图。

（2）确定施工进度控制的主要工作内容和深度。

（3）明确进度控制人员的职责分工。

（4）安排与进度控制有关各项工作的时间及工作流程。

（5）拟使用的进度控制方法（包括进度检查周期、数据采集方式、进度报表格式、统计分析方法等）。

（6）制定进度控制的具体措施（包括组织措施、技术措施、经济措施及合同措施等）。

（7）进行施工进度控制目标实现的风险分析。

（8）尚待解决的有关问题。实际上，施工进度控制工作细则是对工程建设项目监理规划中有关进度控制内容的进一步深化和补充。是对监理人员在工程进度控制的相关工作上做出的安排，它对监理工程师的进度控制实际操作起着具体指导作用。

2. 编制或审核施工进度计划

为了确保工程建设项目施工任务按期完成，监理工程师必须对承包商提交的施工进度计划进行审核。对于大型工程建设项目，由于单位工程较多、施工工期长，且采取分期分批发包又没有一个负责全部工程的总承包单位时，就需要监理工程师编制施工总进度计划；或者当工程建设项目由若干个承包单位平行承包时，监理工程师也有必要编制施工总进度计划。当工程建设项目有总承包单位时，监理工程师只需对总承包商提交的施工总进度计划进行审核即可。而对于单位工程施工进度计划，监理工程师只负责审核而不需要编制。

施工进度计划审核的内容主要包括以下几个方面。

（1）承包商对施工进度的安排是否符合工程建设项目总进度计划中总目标和分目标的要求，是否符合施工合同中规定的开工、竣工日期。

（2）承包商提交的施工总进度计划中的项目是否有遗漏，分期施工是否满足分批动用的需要和配套动用的要求。

（3）承包商对施工顺序的安排是否符合施工工艺的要求。各分部分项工程之间的施工顺序、施工的时间以及搭接关系是否合理。

（4）承包商制定的人力、材料、构配件、设备及施工机具、水、电等生产要素的供应计划是否能保证施工进度计划的实现、供应是否均衡、需求高峰期是否有足够能力实现计划供应。

（5）核查总承包、分承包单位分别编制的各项单位工程施工进度计划之间是否相协调，专业分工与计划衔接是否明确合理。

（6）在施工进度计划中，对于业主负责提供的施工条件（包括资金、施工图纸、施工场地、采供的物资等）安排得是否明确、合理，是否有造成因业主违约而导致工程延期和费用索赔的可能存在。

（7）在施工平面图中各空间使用的安排是否合理。

（8）人力、材料、设备等资源使用是否合理，施工强度是否均衡。

如果监理工程师在审查施工进度计划的过程中发现问题，应及时向承包商提出书面修改意见（也称整改通知书），并协助承包商修改。其中重大问题应及时向业主汇报。

事实上，编制和实施施工进度计划是承包商的责任。对于监理工程师来讲，其审查施工进度计划的主要目的是为了防止承包商施工计划安排不当，以及为承包商保证实现合同规定的进度目标提供帮助。监理工程师不得强制性干预承包商的进度安排，或支配施工中所需要劳动力、施工机械、材料和设备。

尽管承包商向监理工程师提交施工进度计划是为了听取建设性意见，但施工进度计划一经监理工程师确认，即视为合同文件的组成部分，它是以后处理承包商提出的工程延期或费用索赔的一个重要依据。

3. 按年、季、月编制工程实施综合计划

在按计划期编制的工程进度综合计划中，监理工程师应着重解决各承包商施工进度计划之间、施工进度计划与资源（包括资金、设备、机具、材料及人力）保障计划之间及外部协作条件的延伸性计划之间的综合平衡与相互衔接问题。在编制工程进度综合计划时随时与业主保持沟通。

4. 签发工程开工令

总监理工程师应根据业主和承包商双方在工程开工方面的准备情况，选择合适的时机签发工程开工令。

监理工程师应参加由业主主持召开的第一次工地会议，了解双方开工准备工作完成情况，是否具备开工条件。业主应按照合同规定，做好征地拆迁工作，及时提供施工用地；办理施工许可证及其他施工所需证件。同时，还应当完成法律及财务方面的手续，以便能及时向承包商支付工程预付款。承包商应当做好施工人员、材料和设备的调配工作，按合同规定完成材料设备的采购等，同时还要按合同规定为监理工程师提供各种办公条件。

5. 协助承包商实施进度计划

监理工程师要随时了解施工进度计划执行过程中所存在的问题，并帮助承包商予以解决，特别是承包商无力解决的内外关系协调问题，监理工程师应积极协调处理。

6. 监督施工进度计划的实施

监督承包商工程施工进度计划的实施是建设工程施工进度控制的经常性工作。监理工程师应及时检查承包商报送的施工进度报表和分析资料，同时还要进行必要的现场实地检查，核实所报送的已完工项目的时间及工程量，为今后的工程进度分析提供第一手资料。

7. 组织召开现场协调会

监理工程师应每月、每周定期组织召开不同层级的现场协调会议，了解各工序的工程进展情况，解决工程施工过程中的相互协调配合问题。

在平行、交叉施工单位多，工序交接频繁且工期紧迫的情况下，现场协调会应根据需要每日召开。

对于某些突发变故或问题，监理工程师可以通过发布紧急协调指令，督促相关单位采取应急措施维护施工秩序的正常进行。

8. 签发工程进度款支付凭证

监理工程师应对承包商申报的已完分项工程量进行核实，在质量监理人员检查验收后，签发工程进度款支付凭证。

9. 审批工程延期

造成工程进度拖延的原因有两个方面：一是由于承包商自身的原因；二是由于承包商以外的原因。前者所造成的进度拖延，称为工程延误；后者所造成的进度拖延称为工程延期。

（1）工程延误。当出现工期延误时，监理工程师有权要求承包商采取有效措施加快施工进度。如果经过一段时间后，实际进度没有明显改进，仍然滞后于计划进度，而且显然影响工程按期竣工时，监理工程师应要求承包商修改施工进度计划，并提交给监理工程师重新确认。

监理工程师对修改后的施工进度计划的确认，并不是对工程延期的批准，他只是要求承包商在合理的状态下施工。因此，监理工程师对进度计划的确认，并不能解除承包商应负的一切责任，承包商需要承担赶工的全部额外开支和误期损失赔偿。

（2）工程延期。如果由于承包商以外的原因造成工期拖延，承包商有权提出延长工期的申请。监理工程师应根据合同规定，审批工程延期时间。经监理工程师核实批准的工程延期时间，应纳入合同工期，作为合同工期的一部分。即新的合同工期等于原定的合同工期加上监理工程师批准的工程延期时间。

10. 向业主提供进度报告

监理工程师应经常与业主保持沟通。随时整理进度资料，并做好工程记录，定期向业主提交工程进度专项报告。

11. 督促承包商整理施工资料

监理工程师要根据工程进展情况，督促承包商及时整理有关施工资料。检查其施工资料是否与施工进度同步，否则，应书面通知承包商进行整改。

12. 签署工程竣工报验单、提交质量评估报告

当单位工程达到竣工验收条件后，承包商在自行预验的基础上提交工程竣工验收报告，申请竣工验收。监理工程师在对竣工资料及工程实体进行全面检查、验收合格后，签署工程竣工验收意见，并以书面形式向业主提交工程质量评估报告。

13. 整理工程进度资料

在工程完工以后，监理工程师应将工程进度资料收集起来，进行归类、编目和建档，以便为今后其他类似工程项目的进度控制提供参考。

14. 工程移交

监理工程师应督促承包商办理工程移交手续，颁发工程移交证书。在工程移交后的保修期内，还要处理验收后质量问题的原因及责任等争议问题，并督促责任单位及时修理。当保修期结束且再无争议时，建设工程进度控制的任务即告完成。

3.2　建筑工程进度计划实施中的监测与调整

3.2.1　实际进度与计划进度的比较方法

工程施工进度比较分析与计划调整是工程施工进度控制的主要环节。其中施工进度比较是调整的基础。常用的比较工程施工进度比方法有以下几种。

3.2.1.1　横道图比较法

用横道图编制施工进度计划，指导施工的实施已是人们常用的、很熟悉的方法。它简明形象和直观，编制方法简单，使用方便。横道图记录比较法，是把在项目施工中检查实

际进度收集的信息，经整理后直接用横道线并列标于原计划的横道线一起，进行直观比较的方法。例如某混凝土基础工程的施工实际进度计划与计划进度如图 3.3 所示。

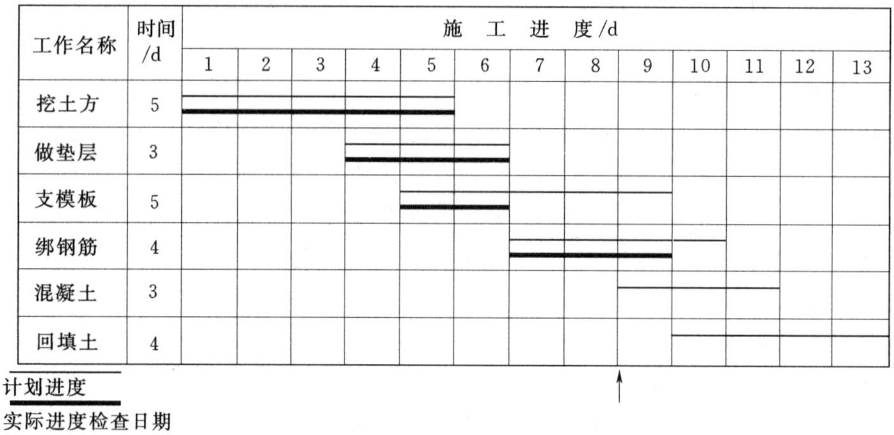

图 3.3　某基础工程实际进度计划和计划进度比较图

从比较中可以看出，在第 8 天末进行施工进度检查时，挖土方、做垫层工作已经完成；支模板的工作按计划进度应当完成，而实际施工进度只完成了 50%的任务，已经拖后了两天；绑扎钢筋工作按计划应该完成 50%的任务，实际已完成 75%，比计划提前一天。

通过上述记录与比较，为进度控制者提供了实际施工进度与计划进度之间的偏差，为采取调整措施提供了明确的任务。这是人们施工中进行施工项目进度控制经常用的一种最简单、熟悉的方法。但是它仅适用于施工中的各项工作都是按均匀的速度进行，即是每项工作在单位时间里完成的任务量都是各自相等的。

完成任务量可以用实物工程量、劳动消耗量和工作量 3 种物理量表示，为了比较方便，一般用它们实际完成量的累计百分比与计划的应完成量的累计百分比，进行比较。

根据施工项目施工中各项工作的速度不一定相同，以及进度控制要求和提供的进度信息不同，可以采用以下几种方法。

1. 匀速施工横道图比较法

匀速施工是指施工项目中，每项工作的施工进展速度都是匀速的，即在单位时间内完成的任务量都是相等的，累计完成的任务量与时间成直线变化。横道图比较法，是把在项目施工中检查实际进度收集的信息，经整理后直接用横道线并列标于原计划的横道线一起，进行直观比较的方法。用于编制施工进度计划，指导施工的实施。

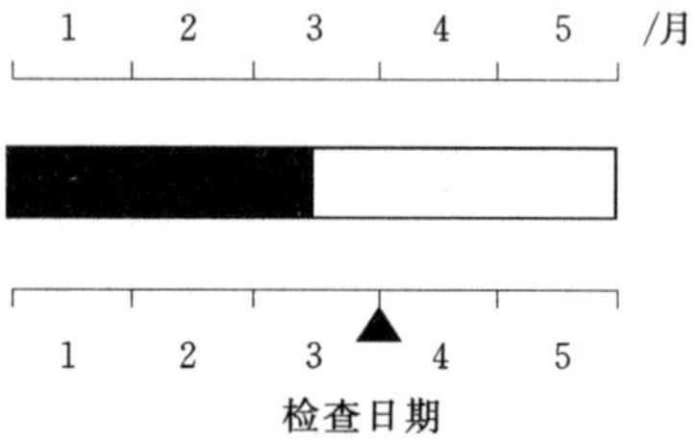

图 3.4　匀速施工横道图比较方法

匀速施工横道图作图比较的步骤如下：

（1）编制横道图进度计划。

（2）在进度计划上标出检查日期。

（3）将检查收集的实际进度数据，按比例用涂黑的粗线标于计划进度线的下方，如图 3.4 所示。

(4) 比较分析实际进度与计划进度。

1) 涂黑的粗线有端与检查日期相重合，表明实际进度与施工计划进度相一致。

2) 涂黑的粗线右端在检查日期左侧，表明实际进度拖后。

3) 涂黑的粗线右端在检查日期的右侧，表明实际进度超前。

该方法只适用于工作从开始到完成的整个过程中，其施工速度是不变的，累计完成的任务量与时间成正比。若工作的施工速度是变化的，则这种方法不能进行工作的实际进度与计划进度之间的比较。

2. 非匀速施工横道图比较法

匀速施工横道图比较法，只适用施工进展速度是不变的情况下的施工实际进度与计划进度之间的比较。当工作在不同的单位时间里的进展速度不同时，累计完成的任务量与时间的关系不是成直线变化的。按匀速施工横道图比较法绘制的实际进度涂黑粗线，不能反映实际进度与计划进度完成任务量的比较情况。

当工作在不同的单位时间里的进展速度不同时，可以采用非匀速进展横道图比较法。该方法在表示工作实际进度的涂黑粗线同时，并标出其对应时刻完成任务的累计百分比，将该百分比与其同时刻计划完成任务的累计百分比相比较，判断工作的实际进度与计划进度之间的关系。

非匀速进展横道图比较法的步骤为：

(1) 编制横道图进度计划。

(2) 在横道线上方标出各主要时间工作的计划完成任务累计百分比。

(3) 在横道线下方标出相应日期工作的实际完成任务累计百分比。

(4) 用涂黑粗线标出实际进度线，由开工日标起，同时反映出实施过程中时间的连续与间断情况，如图 3.5 所示。

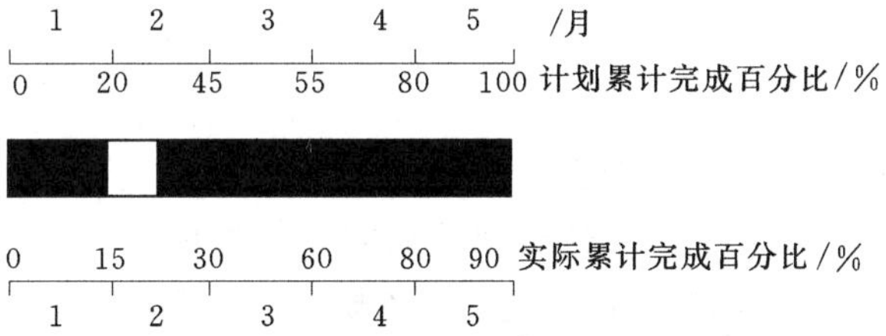

图 3.5 非匀速施工横道图比较方法

(5) 对照横道线上方计划完成任务累计量与同时刻的下方实际完成任务累计量，比较出实际进度与计划进度之偏差，可能有 3 种情况：

1) 同一时刻上下两个累计百分比相等，表明实际进度与计划进度一致。

2) 同一时刻上面的累计百分比大于下面的累计百分比，表明该时刻实际进度拖后，拖后的量为二者之差。

3) 同一时刻上面的累计百分比小于下面累计百分比，表明该时刻实际进度超前，超前的量为二者之差。

这种比较法，不仅适合于施工速度是变化情况下的进度比较，同时除找出检查日期进度比较情况外还能提供某一指定时间二者比较情况的信息。当然要求实施部门按规定的时间记录当时的完成情况。

值得指出的是，由于工作的施工速度是变化的，因此横道图中进度横线，不管计划的还是实际的，都只表示工作的开始时间、持续天数和完成的时间，并不表示计划完成量和实际完成量，这两个量分别通过标注在横道线上方及下方的累计百分比数量表示。实际进度的涂黑粗线是从实际工程的开始日期划起，某工作实际施工间断，亦可在图 3.3 中将连续的黑粗线划为间断的黑粗线。

3.2.1.2　S 形曲线比较法

S 形曲线比较法与横道图比较法不同，它不是在编制的横道图进度计划上进行实际进度与计划进度比较。它是以横坐标表示进度时间，纵坐标表示累计完成任务量，绘制出的一条按计划时累计完成任务量的 S 形曲线，将施工项目的各检查时间实际完成任务量的 S 形曲线也绘制在同一坐标系中，进行实际进度与计划进度相比较的一种方法。

从整个施工项目的施工全过程而言，一般是开始和结尾阶段，单位时间投入的资源量较少，中间阶段单位投入的资源量较多，与其相关，单位时间完成的任务量也是呈同样变化的，而随时间进展累计完成的任务量，则应该呈 S 形变化。

1. S 形曲线绘制

S 形曲线的绘制步骤如下：

（1）确定工程进展速度曲线。根据每单位时间内完成的任务量（实物工程量、投入劳动量或费用），计算出单位时间的计划量值（q_t）。

（2）计算规定时间累计完成的任务量。其计算方法是将各单位时间完成的任务量累加求和，可以按式（3.1）计算：

$$Q_j = \sum_{t=1}^{j} q_t \tag{3.1}$$

式中　Q_j——j 时刻的计划累计完成任务量；

q_t——t 单位时间计划完成任务量。

（3）绘制 S 形曲线。按各规定的时间及其对应的累计完成任务量 Q_j 绘制 S 形曲线。

2. S 形曲线比较

S 形曲线比较法，同横道图一样，是在图上直观地进行施工项目实际进度与计划进度相比较。一般情况，计划进度控制人员在计划实施前绘制出 S 形曲线。如图 4.6 所示 S 形曲线比较图。

在项目施工过程中，按规定时间将检查的实际完成情况，绘制在与计划 S 形曲线同一张图上（图 3.6），可得出实际进度 S 形曲线，比较两条 S 形曲线可以得到如下信息：

（1）工程项目实际进度与计划进度比较当实际工程进度点落在计划 S 形曲线左侧则表示此时实际进度比计划进度超前；若落在其右侧，则表示拖；若刚好落在其上，则表示二者一致。

（2）工程项目实际进度比计划进度超前或拖后的时间，ΔT_a 表示 T_a 时刻实际进度超前的时间；ΔT_b 表示 T_b 时刻实际进度拖后的时间。

（3）工程项目实际进度比计划进度超额或拖欠的任务量如图 3.6 所示，ΔQ_a 表示 Q_a 时刻，超额完成的任务量；ΔQ_b 表示在 T_b 时刻，拖欠的任务量。

（4）预测工程进度。后期工程按原计划速度进行，则工期拖延预测值为 ΔT_c。

3.2.1.3 香蕉形曲线比较法

香蕉形曲线是两条S形曲线组合成的闭合曲线。从S形曲线比较法中得知，按某一时间开始的施工项目的进度计划，其计划实施过程中进行时间与累计完成任务量的关系都可以用一条S形曲线表示。对于一个施工项目的网络计划，在理论上总是分为最早和最迟两种开始与完成时间的。一是以其各项工作的最早开始时间安排进度而绘制的S形曲线，称为ES曲线；二是以其各项工作的最迟开始时间安排进度而绘制的S形曲线，称为LS曲线。两条S形曲线都是从计划的开始时刻开始和完成时刻结束，因此两条曲线是闭合的。一般情况，ES曲线上其余各点均落在LS曲线相应点的左侧，形成一个形如“香蕉”的曲线，故此称为“香蕉”形曲线，如图3.7所示。

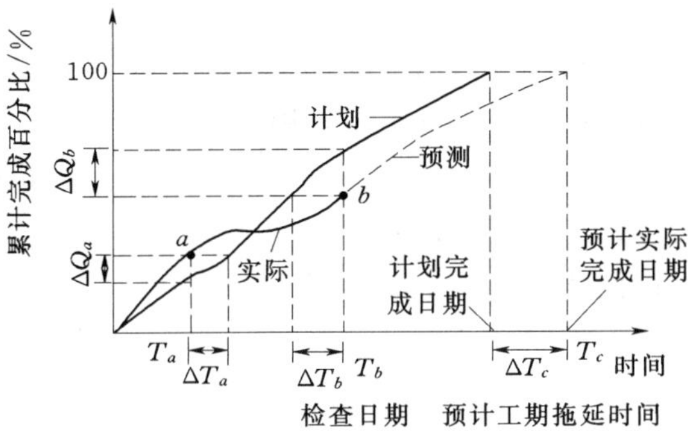

图3.6 S形曲线比较图

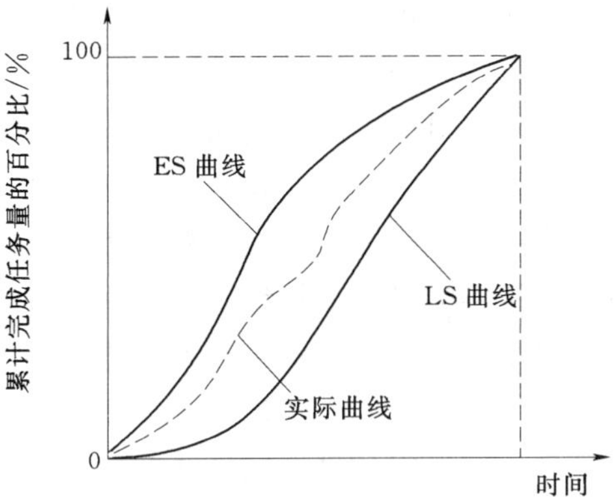

图3.7 “香蕉”形曲线图

在工程项目的实施过程中，进度控制的理想状况是任一时刻按实际进度描绘的点，应落在该香蕉形曲线的区域内。

1. 香蕉形曲线比较法的作用

(1) 利用“香蕉”形曲线进行进度的合理安排。

(2) 进行施工实际进度与计划进度比较。

(3) 确定在检查状态下，后期工程的ES曲线和LS曲线的发展趋势。

2. 香蕉形曲线的绘制方法

香蕉形曲线的绘制方法与S形曲线的作图方法基本一致，所不同之处在于它是分别以工作的最早开始时间和最迟开始时间而绘制的两条S形曲线的结合。其具体步骤如下：

(1) 以工程项目的网络计划为基础，确定该工程项目各项工作的最早开始时间和最迟开始时间E_{Si}、L_{Si}（$i=1, 2, \cdots, n$）。

(2) 确定各项工作在不同时间，计划完成的任务量。分为两种情况：

1) 以工程项目的最早开始时间安排的进度计划，确定各项工作在各单位时间的计划完成任务量，常用Q_{ij}表示，即第i项工作按最早时间开工，在第j时间完成的任务量（$i=1$、2、…、n；$j=1$、2、…、m）。

2) 以工程项目的最迟开始时间安排的进度计划，确定各工作在各单位时间的计划完成任务量。用Q_{ij}表示，即第i项工作按最迟开始时间开工，在第j时间完成的任务量（$i=1$、2、…、n；$j=1$、2、…、m）。

（3）计算工程项目总任务量 Q_0。

（4）计算在 j 时刻完成的总任务量分为两种情况。

（5）分别计算各项工作按最早开始时间和最迟开始时间在 j 时刻完成项目的总任务量。

（6）绘制香蕉形曲线。按最早开始时间（$j=1$、2、…、m）描绘各点，并连接各点得ES曲线；按最迟开始时间（$j=1$、2、…、m）描绘各点，并连接各点得LS曲线，由ES曲线和LS曲线组成香蕉型曲线。

在工程项目实施过程中，按同样的方法，将每次检查的各项工作实际完成的任务量，代入上述各项公式，计算出不同时间实际完成任务量的百分比，并在，香蕉型曲线的平面内给出实际进度曲线，便可以进行实际进度与计划进度的比较。

3.2.1.4 前锋线比较法

工程项目的进度计划用时标网络计划表达时，还可以采用实际进度前锋线进行实际进度与计划进度比较。前锋线比较法是从计划检查时间的坐标点出发，用点划线依次连接各项工作的实际进度点，最后到计划检查时刻的坐标点为止，形成前锋线。前锋线法是通过施工项目实际进度前锋线，判定施工实际进度与计划进度偏差的方法。

采用前锋线比较法进行实际进度与计划进度的比较，其步骤如下：

1. 绘制时标网络计划图

工程项目实际进度前锋线是在时标网络计划图上标示，为清楚起见，可在时标网络计划图的上方和下方各设一时间坐标。

2. 绘制实际进度前锋线

一般从时标网络计划图上方时间坐标的检查日期开始绘制，依次连接相邻工作的实际进展位置点，最后与时标网络计划图下方坐标的检查日期相连接。

工作实际进展位置点的标定方法有两种：

（1）按该工作已完任务量比例进行标定。假设工程项目中各项工作均为匀速进展，根据实际进度检查时刻该工作已完任务量占其计划完成总任务量的比例，在工作箭线上从左至右按相同的比例标定其实际进展位置点。

（2）按尚需作业时间进行标定。当某些工作的持续时间难以按实物工程量来计算而只能凭经验估算时，可以先估算出检查时刻到该工作全部完成尚需作业的时间，然后在该工作箭线上从右向左逆向标定其实际进展位置点。

3. 进行实际进度与计划进度的比较

前锋线可以直观地反映出检查日期有关工作实际进度与计划进度之间的关系。对某项工作来说，其实际进度与计划进度之间的关系可能存在以下3种情况：

（1）工作实际进展位置点落在检查日期的左侧，表明该工作实际进度拖后，拖后的时间为二者之差。

（2）工作实际进展位置点与检查日期重合，表明该工作实际进度与计划进度一致。

（3）工作实际进展位置点落在检查日期的右侧，表明该工作实际进度超前，超前的时间为二者之差。

4. 预测进度偏差对后续工作及总工期的影响

通过实际进度与计划进度的比较确定进度偏差后，还可根据工作的自由时差和总时差预测该进度偏差对后续工作及建设总工期的影响。

前锋线比较法既适用于工作实际进度与计划进度之间的局部比较，又可用来分析和预测工程项目整体进度状况。

例：某分部工程施工网络计划，在第 4 天下班时检查，C 工作完成了该工作的工作量，D 工作完成了该工作的工作量，E 工作已全部完成该工作的工作量，则实际进度前锋线如图 3.8 上点划线构成的折线。

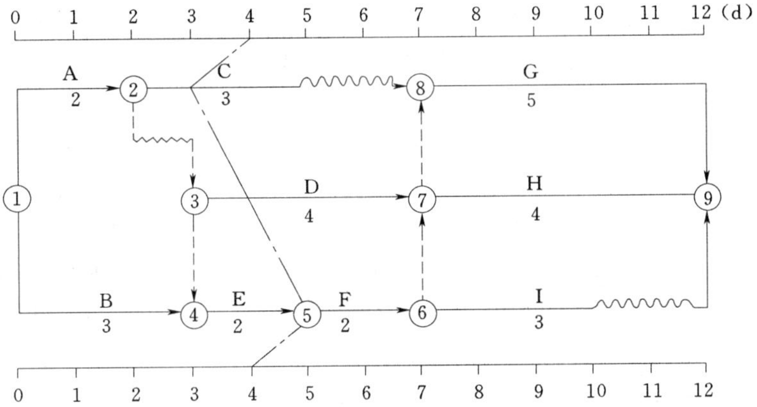

图 3.8　某网络计划前锋线比较图

(1) 工作 C 实际进度拖后 1 天，其总时差和自由时差均为 2 天，既不影响总工期，也不影响其后续工作的正常进行。

(2) 工作 D 实际进度与计划进度相同，对总工期和后续工作均无影响。

(3) 工作 E 实际进度提前 1 天，对总工期无影响，将使其后续工作 F、I 的最早开始时间提前 1 天。

综上所述，该检查时刻各工作的实际进度对总工期无影响，将使工作 F、I 的最早开始时间提前 1 天。

3.2.1.5　列表比较法

当工程项目进度计划用无时间坐标网络计划时，也可以采用列表分析法。也就是记录检查时正在进行的工作名称和已进行的天数，然后列表计算有关参数，根据原有总时差和尚有总时差判断实际进度与计划进度的比较方法。

列表比较法步骤如下：

(1) 计算检查时正在进行的某项工作尚需作业的时间。

(2) 计算检查时应该进行的工作从检查日期到原计划最迟完成时尚余时间。

(3) 计算工作尚有总时差。

(4) 填表分析工作实际进度与计划进度的偏差。可能有以下几种情况。

1) 若工作尚有总时差与原有总时差相等，则说明该工作的实际进度与计划进度一致。

2) 若工作尚有总时差小于原有总时差，但仍为正值，则说明该工作的实际进度比计划进度拖后，产生偏差值为二者之差，但不影响总工期。

3）若尚有总时差为负值，则说明对总工期有影响，应当调整。

3.2.2 施工项目进度计划的检查和调整

施工进度计划由承包商编制完成后，应提交给监理工程师审查，待监理工程师审查确认后即可付诸实施。承包商在执行施工进度计划的过程中，应接受监理工程师的监督与检查。监理工程师应定期向业主报告工程进展情况。

3.2.2.1 施工进度的动态检查

在施工进度计划的实施过程中，由于各种因素的影响，常常会打乱原始计划的安排而出现进度偏差。因此，监理工程师必须对施工进度计划的执行情况进行动态检查，并分析进度偏差产生的原因，以便为施工进度计划的调整提供必要的信息。

1. 施工进度的检查方式

在工程项目施工过程中，监理工程师可以通过以下方式获得其实际进展情况：

（1）定期地、经常地收集有关进度报表资料。工程施工进度报表资料不仅是监理工程师实施进度控制的依据，同时也是其核对工程进度款的依据。一般情况下，进度报表格式由监理单位提供给施工承包商，施工承包商按时填写完后提交给监理工程师核查。报表的内容根据施工对象及承包方式的不同而有所区别，但一般应包括工作的开始时间、完成时间、持续时间、逻辑关系、计划工程量和已完工程量，以及工作时差的利用情况等。承包商若能准确地填报进度报表，监理工程师就能从中了解到建设工程的实际进展情况。

（2）跟踪检查施工实际进度。跟踪检查施工实际进度是项目施工进度控制的关键措施。其目的是收集实际施工进度的有关数据。跟踪检查的时间和收集数据的质量，直接影响控制工作的质量和效果。

一般检查的时间间隔与施工项目的类型、规模、施工条件和对进度执行要求程度有关。通常可以确定每月、半月、旬或周进行一次。若在施工中遇到天气、资源供应等不利因素的严重影响，检查的时间间隔可临时缩短，次数应频繁，甚至可以每日进行检查，或派人员驻现场监督。检查和收集资料的方式一般采用进度报表方式或定期召开进度工作汇报会。为了保证汇报资料的准确性，进度控制的工作人员，要经常到现场察看施工项目的实际进度情况，从而保证经常地、定期地准确掌握施工项目的实际进度。

（3）整理统计检查数据。收集到的施工项目实际进度数据，要进行必要的整理、按计划控制的工作项目进行统计，形成与计划进度具有可比性的数据，相同的量纲和形象进度。一般可以按实物工程量、工作量和劳动消耗量以及累计百分比整理和统计实际检查的数据，以便与相应的计划完成量相对比。

（4）对比实际进度与计划进度。将收集的资料整理和统计成具有与计划进度可比性的数据后，用施工项目实际进度与计划进度的比较方法进行比较。通常用的比较方法有；横道图比较法、S 形曲线比较法和香蕉形曲线比较法、前锋线比较法和列表比较法等。通过比较得出实际进度与计划进度相一致、超前、拖后 3 种情况。

（5）施工项目进度检查结果的处理。施工项目进度检查的结果，按照检查报告制度的规定，形成进度控制报告向有关主管人员和部门汇报。

除上述方式外，由监理工程师定期组织现场施工负责人召开现场会议，也是获得建设工程实际进展情况的一种方式，通过这种面对面的交谈，监理工程师可以从中了解到施工过程中的潜在问题，以便及时采取相应的措施加以预防。

2. 工程施工进度的检查方法

施工进度检查的主要方法是对比法。即利用前述的方法将经过整理的实际进度数据与计划进度数据进行比较，从中发现是否出现进度偏差以及进度偏差的大小。

通过检查分析，如果进度偏差比较小，应在分析其产生原因的基础上采取有效措施，解决矛盾，排除障碍，继续执行原进度计划。如果经过努力，确实不能按原计划实现时，再考虑对原计划进行必要的调整。即适当延长工期，或改变施工速度。计划的调整一般是不可避免的，但应当慎重，尽量减少变更计划性的调整。

3.2.2.2 施工进度偏差对后续工作及工期的影响分析

在工程施工进度计划执行过程中，由于资金、人力、物资的供应和自然条件等因素的影响，往往会使原计划脱离预先设定的目标。计划的平衡是相对的，不平衡是绝对的。因此，要随时掌握工程施工进度，仔细的分析施工计划的实施情况，并及时地进行调整，保证施工进度目标的顺利实现。

当进度计划出现偏差时，需要分析偏差对后续工作产生的影响。

分析的方法主要是利用网络计划中工作的总时差和自由时差来判断。工作的总时差（TF）不影响建设工期，但影响后续工作的最早开始时间，是工作拥有的最大机动时间；而工作的自由时差是指在不影响后续工作最早开始时间的条件下，工作拥有的最大机动时间。利用时差分析进度计划出现的偏差，可以了解进度偏差对进度计划的局部影响（后续工作）和对进度计划的总体影响（工期）。

1. 分析进度偏差的工作是否在关键线路上

如果出现偏差的工作为关键工作，则无论偏差大小，都对后续工作及总工期产生影响，必须采取相应的调整措施，若出现偏差的工作不是关键工作，需要根据偏差值与总时差（TF）和自由时差（FF）的大小关系，确定对后续工作和总工期的影响程度。

2. 分析进度偏差是否大于总时差

如果工作的进度偏差大于该工作的总时差，说明此偏差必将影响后续工作和总工期，必须采取相应的调整措施。若工作的进度偏差小于或等于该工作的总时差，说明此偏差对总工期无影响，但它对后续工作的影响程度，需要根据比较偏差与自由时差的情况来确定。

3. 分析进度偏差是否大于自由时差

如果工作的进度偏差大于该工作的自由时差，说明此偏差对后续工作产生影响，如何调整，应根据后续工作允许影响的程度而定；若工作的进度偏差小于或等于该工作的自由时差，则说明此偏差对后续工作无影响，因此，原进度计划可以不作调整。

经过如此分析，进度控制人员可以确认应该调整产生进度偏差的工作和调整偏差值的大小，以便确定采取调整措施，获得新的符合实际进度情况和计划目标的新进度计划。

进度偏差对后续工作和工期影响分析过程如图 3.9 所示。

3.2.2.3 施工进度计划的调整

通过检查分析，如果发现原有进度计划已不能适应工程实际进度情况时，为了确保进

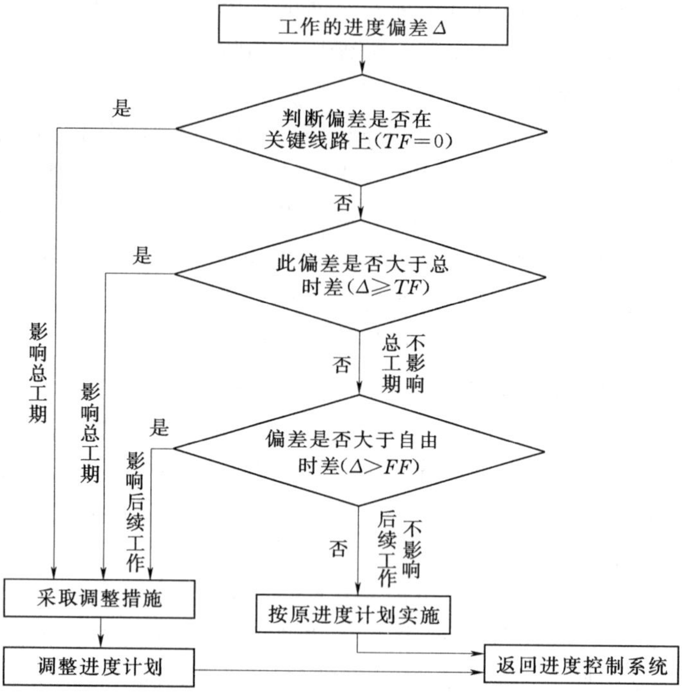

图 3.9　进度偏差对后续工作和工期影响分析过程

度控制目标的实现或需要确定新的计划目标，就必须对原有进度计划进行调整，以形成新的进度计划，作为进度控制的新依据。

在对实施的施工进度计划分析的基础上，应确定调整原计划的方法，一般主要有以下两种：

1. 改变某些工作间的逻辑关系

如果检查的实际施工进度产生的偏差影响了总工期，在工作之间的逻辑关系允许改变的条件下，改变关键线路和超过计划工期的非关键线路上的有关工作之间的逻辑关系，达到缩短工期的目的。用这种方法调整的效果是很显著的，例如可以把依次进行的有关工作改变平行施工或互相搭接施工以及分成几个施工段进行流水施工的等，都可以达到缩短工期的目的。组织搭接施工或平行施工来缩短工期这种方法的特点是不改变工作的持续时间，而只改变工作的开始时间和完成时间。

2. 缩短某些工作的持续时间

这种方法是不改变工作之间的逻辑关系，而是缩短某些工作的持续时间，加快施工进度，并保证实现合同工期的方法。这些被压缩持续时间的工作是位于由于实际施工进度的拖延而引起总工期延长的关键线路和某些非关键线路上的工作。同时，这些工作又是可压缩持续时间的工作。这种方法通常在网络计划图上直接进行，其调整方法与限制条件以及对后续工作的影响程度有关，一般可考虑以下 3 种情况。

(1) 在网络计划中，某项工作进度拖延，但拖延的时间在该工作的总时差范围内，超出自由时差。若用Δ表示此项工作拖延的时间，即 $FF<\Delta<TF$。根据前面的分析，这

种情况不会对总工期产生影响，只对后继工作产生影响。因此，在进行调整前，要确定后续工作允许拖延的时间限制，并作为进度调整的限制条件。

（2）在网络图计划中，某项工作进度的拖延时间大于项目工作的总时差，即$\Delta > TF$。这时该项工作可能在关键线路上（$TF=0$）；也可能在非关键线路上，但拖延的时间超过了总时差（$\Delta > TF$）。调整的方法是，以工期的限制时间作为规定工期，对未实施的网络计划进行工期—费用优化。通过压缩网络图中某些工作的持续时间，使总工期满足建设工期的要求。

（3）在网络计划中工作进度超前。在施工计划阶段所确定的工期目标，往往是综合考虑各方面因素优选的合理工期。因此，只要时间发生变化，无论进度是拖延还是超前，都有可能造成其他目标失控。

监理工程师应针对施工中进度超前的情况进行综合分析，并与承包商协商，对进度方案做出合理的调整，确保合同工期目标的顺利实现。

在缩短某些工作的持续时间时，通常需要采取一定的措施来达到目的。具体措施包括：

1）组织措施。

a. 增加工作面，组织更多的施工队伍。

b. 增加每天的施工时间（如采用三班制等）。

c. 增加劳动力和施工机械的数量。

2）技术措施。

a. 改进施工工艺和施工技术，缩短工艺技术间歇时间。

b. 采用更先进的施工方法，以减少施工过程的数量（如将现浇框架方案改为预制装配方案）。

c. 采用更先进的施工机械。

3）经济措施。

a. 实行包干奖励。

b. 提高奖金数额。

c. 对所采取的技术措施给予相应的经济补偿。

4）其他配套措施。

a. 改善外部配合条件。

b. 改善劳动条件。

c. 实施强有力的调度等。

一般来说，不管采取哪种措施，都会增加费用。因此，在调整施工进度计划时，应利用费用优化的原理选择费用增加量最小的关键工作作为压缩对象。

3.2.3 工程延期事件的处理

在工程项目施工的过程中，合同工期的拖延分为两种：工程延期和工程延误。工程延期指工程工期的延长获得了监理工程师的批准，延长的工期作为合同工期的一部分；工程延误指工程工期的延长是由于非建设单位的原因，依据施工合同的约定，不能获得监理工程师的批准，其延长的工期不能合并为合同工期。因此，监理工程师应加强对施工过程中工期拖延的控制，维护业和主承包商的利益。

3.2.3.1　工期拖延影响因素分析

（1）相关单位影响因素。如业主因使用功能改变要求设计变更；勘察单位提供资料不准确；设计单位的施工图设计有缺陷；申请审批手续的单位延误等。

（2）承包商自身因素影响。如承包商施工技术失误；施工措施不当，施工方案编制缺乏针对性，脱离工程实际，不能正确指导工程施工；应用新技术、新材料、新工艺缺乏经验，施工质量存在缺陷而影响到施工进度；施工安全措施不当；不可靠技术的应用等。

（3）自然环境因素影响。如复杂的工程地质和水文地质条件；气候条件异常；地下埋藏文物的保护、处理；洪水、地震、台风等不可抗力因素等。

（4）社会环境因素影响。如国家政策的变化；临时停水、停电、城市道路和地下管线施工；临近单位工程项目施工干扰等。

（5）材料、设备因素影响。如材料、设备、构配件供应出现脱节，不能满足施工的需要；新材料使用不合理；施工设备不配套或有故障等。

（6）资金因素影响。如资金不到位或资金短缺、金融危机等。

以上因素都可能导致合同工期的拖延。监理工程师应加强控制，将各因素对施工工期的影响降低到最低程度。

3.2.3.2　工程延期的申请与审批

1. 申报工程延期的条件

当承包商提出工程延期要求符合施工合同文件的规定条件时，监理工程师应予以受理。由于以下原因导致工程拖期，承包商有权提出延长工期的申请，监理工程师应按合同规定，批准工程延期时间。

（1）业主未能按合同专用条款的约定提供图纸及开工条件。

（2）业主未能按约定日期支付工程预付款、进度款，致使施工不能正常进行。

（3）工程师未按合同约定提供所需指令、批准等，致使施工不能正常进行。

（4）设计变更和工程量增加。

（5）一周内非承包商原因停水、停电、停气造成停工累计超过 8h。

（6）不可抗力异常恶劣的气候条件。

（7）合同专用条款中约定或工程师同意工期顺延的其他情况。

（8）除承包单位自身以外的其他任何原因。

2. 工程延期的审批程序

工程延期的审批程序如图 3.10 所示。

当工程延期事件发生后，承包商应在合同规定的有效期内形式通向监理工程师发出工程延期意向通知，使监理工程师及时了解所发生的事件，尽早作出一些减少延期损失的决定。随后，承包商应在合同规定的有效期内或监理工程师可能同意的合理期限内，向监理工程师提交详细的申述报告（包括延期理由及证据）。监理工程师收到该报告后应及时进行调查核实，准确地确定出工程延期时间。

当影响工期事件具有持续性时，监理工程师可在收到承包商提交的阶段性工程延期申请表并经过审查后，先由总监理工程师签署工程临时延期审批表并通报业主。临时决定的

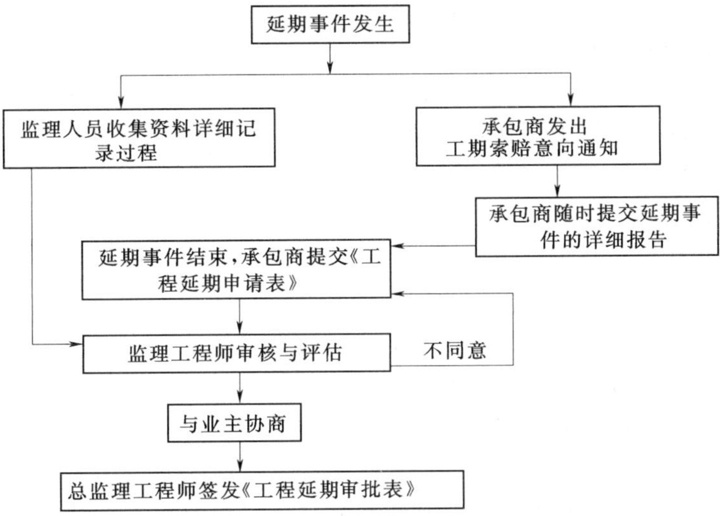

图 3.10 工程延期的审批程序

延期时间不宜太长，一般不超过最终批准的延期时间。待延期事件结束后，承包商应在合同规定的期限内向监理工程师提交最终的工程延期申请详情报告。监理工程师应复查详情报告的全部内容及临时延期情况，然后确定该延期事件所需要的延期时间。

对于某些比较复杂的延期事件，监理工程师可以成立专门小组进行处理。如果对遇到的延期事件一时难以作出结论，即使不属于持续性的事件，也可以采用先作出临时延期的处理决定，然后再与业主和承包商协商做出最后决定办法。这样既可以保证有充足的时间处理延期事件，又可以避免由于处理不及时给工程造成不必要的损失。

监理工程师在处理工程延期事件的过程中，均应与业主和承包单位进行协商，由总监理工程师批准临时工程延期或签署工程最终延期审批表。

3. 工程延期的审批原则

监理工程师在审批工程延期时应遵循以下原则：

(1) 施工合同中有关工程延期的约定。监理工程师批准的工程延期必须符合合同条件。也就是说，导致工期拖延确实属于非承包商的原因，否则不能批准为工程延期。这是监理工程师审批工程延期应当遵循的一条根本原则。

(2) 工期拖延和影响工期事件的事实和程度。延期事件发生的工程部位，无论其是否处在施工进度计划的关键线路上，只有当所延长的时间超过其相应的总时差时，才能批准工程延期。如果延期事件发生在非关键线路上，且延长的时间并未超过总时差时，即使符合批准为工程延期的合同条件，也不能批准工程延期。

在工程施工的过程中，施工进度计划中的关键线路并非固定不变，它会随着工程的进展和情况的变化而发生变化。监理工程师应以承包商提交的、经自己已审核不断调整后的施工进度计划为依据来决定是否批准工程延期。

(3) 影响工期事件对工期影响的实际情况。批准的工程延期必须符合实际情况。为此，承包单位应对延期事件发生后的各类有关细节进行详细记载，并及时向监理工程师提交详细报告。与此同时，监理工程师也应对施工现场进行详细考察和分析，并做好有关记录，以便为合理确定工程延期时间提供可靠依据。

3.2.3.3 工程延期的控制

工程延期事件的发生，不仅影响工程项目施工的正常进行，而且会给业主带来损失。因此，监理工程师应做好以下工作，以减少或避免工程延期事件的发生。

1. 选择合适的时机下达工程开工令

监理工程师在下达工程开工令之前，应充分考虑业主的前期准备工作是否充分。特别是征地、拆迁问题是否已解决，设计图纸能否及时提供，以及付款方面有无问题等，以避免由于上述问题缺乏准备而造成工程延期。

2. 提醒业主履行施工承包合同中所规定的职责

在施工过程中，监理工程师应经常提醒业主履行自己的职责，提前做好施工场地及设计图纸的提供工作，并能及时支付工程进度款，以减少或避免由此而造成的工程延期。

3. 妥善处理工程延期事件

当延期事件发生以后，监理工程师应根据合同规定进行妥善处理。既要尽量减少工程延期时间及其损失，又要在详细调查研究的基础上合理批准工程延期时间。

此外，业主在施工过程中应尽量减少干预、多协调，以避免由于业主的干扰和阻碍而导致延期事件的发生。

3.2.3.4 工期延误的处理

1. 由承包商自身原因造成的工期延误的处理

工期拖延是由于承包商自身的原因所造成的，并且承包商又未采取相应的改变进度拖延状态的措施时，监理工程师通常可以采用下列手段进行处理：

（1）要求承包单位采取措施。监理工程师通过由承包商提交的有关进度的报表、现场跟踪检查工程实际进度、召开工地例会等方法，及时发现承包商的工程进度延误，同时向承包商发出监理工作联系单，督促承包商采取切实措施，防止工程延误事件的继续发生。

（2）拒绝签署工程进度款支付凭证。如果承包商的施工进度拖后且又不采取积极措施，甚至对监理工程师提出的改正要求置之不理的，监理工程师有权拒绝承包商的支付申请，采取拒绝签署工程进度款支付凭证的手段来制约承包商。

（3）工期延误损失赔偿。拒绝承包商的支付申请一般是监理工程师在施工过程中制约承包商延误工期的手段，而工期延误损失赔偿则是当承包商未能按合同规定的工期完成合同范围内的工作时对其的处罚。监理工程师可以按合同规定要求承包商向业主赔偿经济损失。

（4）取消施工承包资格。如果承包商严重违反合同，又不采取补救措施，监理工程师可以建议业主取消其承包资格。

对承包商最严厉的制裁措施就是取消承包资格。取消承包资格就会导致施工合同的解除，承包商就要承担违约责任。不仅要被逐出工地现场，还要赔偿给业主造成的损失。因此，监理工程师应谨慎采用这种处罚措施。

2. 由多方原因共同造成的工期延误的处理

在工程项目实际施工过程中，工期拖延很少是只由一方原因造成的，常常是业主和承包商甚至还有第三方原因共同造成的，故称为“共同延误”。在这些情况下，要具体分析延误事件发生的有效性。因此，处理工程延期应依据以下原则：

(1) 首先判断造成工期拖延最先发生的延误事件，即确定“初始延误”者，它应对工程拖期负责。如果是由于承包商自身的原因先造成的，那么，在初始延误发生作用期间，其他并发的延误者不承担工期拖延责任。

(2) 如果初始延误者是由业主原因造成的，则在业主造成的延误期内，且承包商无过错，那么监理工程师应当批准承包商工期延长要求；若在业主造成的延误期内，由于承包商原因也造成了工期延误，那么监理工程师应按照不利于承包商的原则审批工期的延长。

(3) 如果初始延误者是客观原因，则在客观因素发生影响的时间范围内，且无承包商自身原因影响，承包商可以得到工期延长的补偿；如果承包商自身原因造成的工期延误同时发生，那么监理工程师在审批工期的延长时，也同样遵循不利于承包商的处理原则。

【示例】 工程项目进度控制示例

某实施施工监理的工程，建设单位按照《建设工程施工合同（示范文本）》与甲施工单位签订了施工总承包合同。合同约定：开工日期为 2019 年 3 月 1 日，工期为 302 天：建设单位负责施工现场外道路开通及设备采购；设备安装工程可以分包。

经总监理工程师批准的施工总进度计划如图 3.11 所示（时间单位：d）。

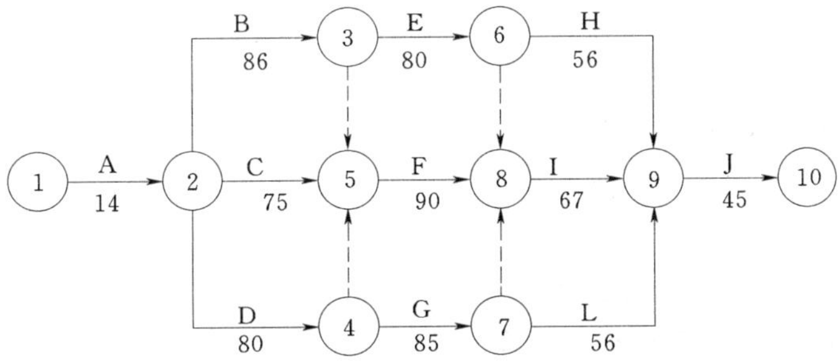

图 3.11 施工总进度计划

工程实施中发生了下列事件：

事件 1：由于施工现场外道路未按约定时间开通，致使甲施工单位无法按期开工。2019 年 2 月 21 日，甲施工单位向项目监理机构提出申请，要求开工日期推迟 3 天，补偿延期开工造成的实际损失 3 万元。经专业监理工程师审查，情况属实。

事件 2：C 工作是土方开挖工程。土方开挖时遇到了难以预料的暴雨天气，工程出现重大安全事故隐患，可能危及作业人员安全，甲施工单位及时报告了项目监理机构。为处理安全事故隐患，C 工作实际持续时间延长了 12 天。甲施工单位申请顺延工期 12 天、补偿直接经济损失 10 万元。

事件 3：F 工作是主体结构工程，甲施工单位计划采用新的施工工艺，并向项目监理机构报送了具体方案，经审批后组织了实施。结果大大降低了施工成本，但 F 工作实际持续时间延长了 5 天，甲施工单位申请须延工期 5 天。

事件 4：甲施工单位将设备安装工程（J 工作）分包给乙施工单位，分包合同工期为 56 天。乙施工单位完成设备安装后，单机无负荷试车没有通过，经分析是设备本身出现问题。经设备制造单位修理，第二次试车合格。由此发生的设备拆除、修理、重新安装和重新试车的各项费用分别为 2 万元、5 万元、3 万元和 1 万元，J 工作实际持续时间延长了 24 天。乙施工单位向甲施工单位提出索赔后，甲施工单位遂向项目监理机构提出了顺延工期和补偿费用的要求。

问题：

（1）事件 1 中，项目监理机构应如何答复甲施工单位的要求？说明理由。

（2）事件 2 中，收到甲施工单位报告后，项目监理机构应采取什么措施？应要求甲施工单位采取什么措施？对于甲施工单位顺延工期及补偿经济损失的申请如何答复？说明理由。

（3）事件 3 中，项目监理机构应按什么程序审批甲施工单位报送的方案？对甲施工单位的顺延工期申请如何答复？说明理由。

（4）事件 4 中，单机无负荷试车应由谁组织？项目监理机构对于甲施工单位顺延工期和补偿费用的要求如何答复？说明理由。根据分包合同，乙施工单位实际可获得的顺延工期和补偿费用分别是多少？说明理由。

解：

（1）答复：同意推迟 3 天开工（或：同意 2019 年 3 月 4 日开工），同意赔偿损失 3 万元。

理由：场外道路没有开通属建设单位责任，且甲施工单位在合同规定的有效期内提出了申请。

（2）采取措施：下达施工暂停令。

要求：撤出危险区域作业人员，制订消除隐患的措施或方案，报项目监理机构批准后实施。

答复：由于难以预料的暴雨天气属不可抗力，施工单位的经济损失不予补偿；因 C 工作延长 12 天，只影响工期 1 天，故只批准顺延工期 1 天。

（3）审批程序：项目监理机构应审查施工单位报审的施工组织设计，并组织专家进行专题论证，并要求施工单位结合专家论证的意见修改后重新向监理机构报审。符合要求时，应由总监理工程师签认后报建设单位。项目监理机构应要求施工单位按已批准的施工组织设计组织施工。施工组织设计需要调整时，项目监理机构应按程序重新审查。

答复：不同意延期申请。

理由：改进施工工艺属甲施工单位自身原因。

（4）甲施工单位组织单机无负荷试车。

1）同意补偿设备拆除、重新安装和试车费用合计 6 万元；（C 工作持续时间延长 12 天后）J 工作持续时间延长 24 天，只影响工期 1 天，同意顺延工期 1 天。

2）因设备本身出现问题，不属于甲施工单位的责任。

3）乙施工单位可顺延工期 24 天，可获得费用补偿 6 万元。因为第一次试车不合格不属于乙施工单位责任。

本 章 小 结

本章要求掌握建筑工程施工阶段的进度控制要求、内容与方法；掌握建筑工程进度计划实施中的监测与调整方法。

建设工程施工阶段的进度控制，首先要确定工程进度控制总目标，然后将总目标层层分解为分目标，并监督其实施。在施工的过程中，要及时收集、整理与进度有关的资料，利用横道图、S形曲线、香蕉曲线等比较方法，发现实际进度和计划进度存在的偏差并加以分析，根据施工的具体情况，对实际进度或计划进度进行调整，采用组织、经济、技术、合同等措施监督承包商按新的进度计划方案执行。监理工程师针对出现的工期拖延，应根据合同规定，分清责任，妥善处理，确保建设工期总目标的顺利实现。

复 习 思 考 题

(1) 简述建筑工程施工进度控制的概念。

(2) 影响建筑工程施工进度因素是什么？

(3) 建筑工程施工进度控制的措施有哪些？

(4) 简述建筑工程施工进度控制的内容包括哪些？

(5) 审核施工进度计划的主要内容有哪些？

(6) 什么是横道进度控制法？

(7) 利用S形曲线控制方法可以获得哪些信息？

(8) 工程延误和工程延期有什么不同？监理工程师对工程延期如何控制？

第4章　建筑工程项目投资控制

4.1　建筑工程项目投资控制的作用与任务

4.1.1　建筑工程项目投资及投资控制的概念

建筑工程项目投资是由设备工器具购置费、建筑安装工程费、工程建设其他费用、预备费（包括基本预备费和涨价预备费）、建设期利息和固定资产投资方向调节税（目前暂不征）组成。

建设投资可以分为静态投资部分和动态投资部分。静态投资部分由建筑安装工程费、设备工器具购置费、工程建设其他费和基本预备费组成。动态投资部分，是指在建设期内，因建设期利息、建设工程需缴纳的固定资产投资方向调节税和国家新批准的税费、汇率、利率变动以及建设期价格变动引起的建设投资增加额，包括涨价预备费、建设期利息和固定资产投资方向调节税。

建设工程投资控制，就是在投资决策阶段、设计阶段、发包阶段、施工阶段以及竣工阶段，把建设工程投资控制在批准的投资限额以内，随时纠正发生的偏差，以保证项目投资管理目标的实现，以求在建设工程中能合理使用人力、物力、财力，取得较好的投资效益和社会效益。

建设工程投资控制的目标，就是通过有效的投资控制工作和具体的投资控制措施，在满足进度和质量要求的前提下，力求使工程实际投资不超过计划投资。“实际投资不超过计划投资”可能表现为以下几种情况：

（1）投资目标分解的各个层次上，实际投资均不超过计划投资。这是最理想的情况，是投资控制追求的最高目标。

（2）在投资目标分解的较低层次上，实际投资在有些情况下超过计划投资，在大多数情况下不超过计划投资，因而在投资目标分解的较高层次上，实际投资不超过计划投资。

（3）实际总投资未超过计划总投资，在投资目标分解的各个层次上，都出现实际投资超过计划投资的情况，但在大多数情况下实际投资未超过计划投资。后两种情况虽然存在局部的超投资现象，但建设工程的实际总投资未超过计划总投资，因而仍然是令人满意的结果。何况，出现这种情况，除了投资控制工作和措施存在一定的问题，有待改进和完善之外，还可能是由于投资目标分解不尽合理所造成的，而投资目标分解绝对合理又是很难做到的。

由建设工程投资控制的目标可知，投资控制是与进度控制和质量控制同时进行的，它是针对整个建设工程目标系统所实施控制活动的一个组成部分，在实施投资控制的同时需要满足预定的进度目标和质量目标。因此，在投资控制的过程中，要协调好与进度控制和质量控制的关系，做到三大目标控制的有机配合和相互平衡，而不能片面强调投资控制。

建设工程投资目标控制是全过程控制，所谓全过程，主要是指建设工程实施的全过程，也可以是工程建设全过程。建设工程的实施阶段包括设计阶段（含设计准备）、招标阶段、施工阶段以及竣工验收和保修阶段。在这几个阶段中都要进行投资控制，但从投资控制的任务来看，主要集中在前三个阶段。

建设工程投资目标控制又是全方位控制，对投资目标进行全方位控制，包括两种含义：一是对按工程内容分解的各项投资进行控制，即对单项工程、单位工程，乃至分项工程的投资进行控制；二是对按总投资构成内容分解的各项费用进行控制，即对建筑安装工程费用、设备和工器具购置费用以及工程建设其他费用等都要进行控制。通常，投资目标全方位控制指对建筑安装工程费用、设备和工器具购置费用以及工程建设其他费用等都要进行控制。

4.1.2 建筑工程投资目标控制的任务

建筑工程投资控制是建设工程监理的一项主要任务，投资控制贯穿于工程建设的各个阶段，也贯穿于监理工程的各个环节。在建设工程的实施阶段中，设计阶段、施工招标阶段、施工阶段的持续时间长，工作内容多，在各个阶段投资控制的任务不同。目前，工程监理主要进行施工阶段的投资控制。

完成施工阶段投资控制的任务，监理工程师应做好以下工作：制定本阶段资金使用计划，并严格进行付款控制。做到不多付、不少付、不重复付；严格控制工程变更，力求减少变更费用；研究确定预防费用索赔的措施，以避免、减少对方的索赔数额；及时处理费用索赔，并协助业主进行反索赔；挖掘节约投资潜力来努力实现实际发生的费用不超过计划投资；根据有关合同的要求，协助做好应由业主方完成的，与工程进展密切相关的各项工作，如按期提交合格施工现场，按质、按量、按期提供材料和设备等工作；做好工程计量工作；审核施工单位提交的工程结算书等。

4.1.3 施工阶段工程投资控制目标的确定

4.1.3.1 资金使用计划的编制

投资控制的目的是为了确保投资目标的实现。因此，监理工程必须编制资金使用计划，合理地确定投资控制目标值，包括投资的目标值、分目标值、各详细目标值。在确定投资控制目标时，应有科学的依据。如果投资目标值与人工单价、材料预算价格、设备价格及各项有关费用和各种取费标准不相适应，那么投资控制目标便没有实现的可能，则控制也是徒劳的。

编制资金使用计划过程中最重要的步骤，就是项目投资目标的分解。根据投资控制目标和要求的不同，投资目标的分解可以分为投资构成分解、按子项目分解、按时间分解3种类型。

1. 按投资构成分解的资金使用计划

工程项目的投资主要分为建筑工程投资、安装工程投资、设备购置投资、工器具购置投资及工程建设其他投资，工程建设其他投资由土地征用费用、建设单位管理费用、勘察设计费用等构成。建筑工程投资、安装工程投资、工器具购置投资可以进一步分解。另外在按项目投资构成分解时，可以根据以往的经验和建立的数据库来确定适当的比例。必要时也可以作一些适当的调整。按投资构成来分解的方法比较适合于有大量经验数据的工程项目。

2. 按子项目分解的资金使用计划

大中型的工程项目通常是由若干单项工程构成的，而每个单项工程包括了多个单位工程，每个单位工程又是由若干个分部分项工程构成的，因此，首先要把项目总投资分解到单项工程和单位工程中。对各个单位工程的建筑安装工程投资还需要进一步分解到分部分项工程。

3. 按时间进度分解的资金使用计划

工程项目的投资总是分阶段、分期支出的，资金应用是否合理与资金的时间安排有密切关系。为了编制项目资金使用计划，并据此筹措资金，尽可能减少资金占用和利息支出，有必要将项目总投资按其使用时间进行分解。

编制按时间进度的资金使用计划，通常可利用控制项目进度的网络图进一步扩充而得。在编制网络计划时应在充分考虑进度控制对项目划分要求的同时，还要考虑确定投资预算对项目划分的要求，要同时兼顾。

4.1.3.2　资金使用计划的形式

1. 按子项目分解得到的资金使用计划表

在完成工程项目投资目标分解之后，接下来就要具体地分配投资，编制工程分项的投资支出计划，从而得到详细的资金使用计划表。其内容一般包括：

(1) 工程分项编码。

(2) 工程内容。

(3) 计量单位。

(4) 工程数量。

(5) 计划综合单价。

(6) 分项总计。

在编制投资支出计划时，要在项目总的方面考虑总的预备费，也要在主要的工程分项中安排适当的不可预见费，避免在具体编制资金使用计划时，可能发现个别单位工程或工程量表中某项内容的工程量计算有较大出入，使原来的投资预算失实，并在项目实施过程中对其尽可能地采取一些措施。

2. 时间—投资累计曲线

通过对项目投资目标按时间进行分解，在网络计划基础上，可获得项目进度计划的横道图。并在此基础上编制资金使用计划。其表示方式有两种：一种是在总体控制时标网络图上表示；另一种是利用时间—投资累计曲线（S 形曲线）表示，见图 4.1。

时间—投资累计曲线绘制步骤如下：

(1) 确定工程项进度计划，编制进度计划的横道图。

(2) 根据每单位时间内完成的实物工程量或投入的人力、物力和财力，计算单位时间（月或旬）的投资，在时标网络图上按时间编制投资支出计划，见图 4.2。

(3) 计算规定时间 t 计划累计完成的投资额。其计算方法：各单位时间计划完成的投资额累加求和，可按式（4.1）计算：

$$Q_t = \sum_{n=1}^{t} q_n \tag{4.1}$$

式中　Q_t——时间 t 计划累计完成投资额；

q_n——单位时间 n 的计划完成投资额；

t——规定计划时刻。

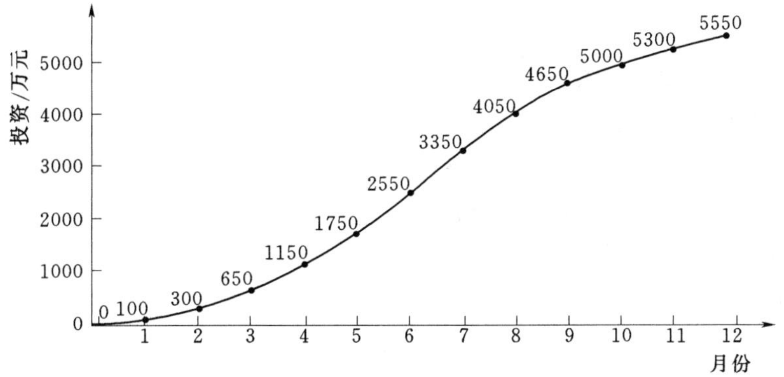

图 4.1　时间—投资累计曲线（S形曲线）

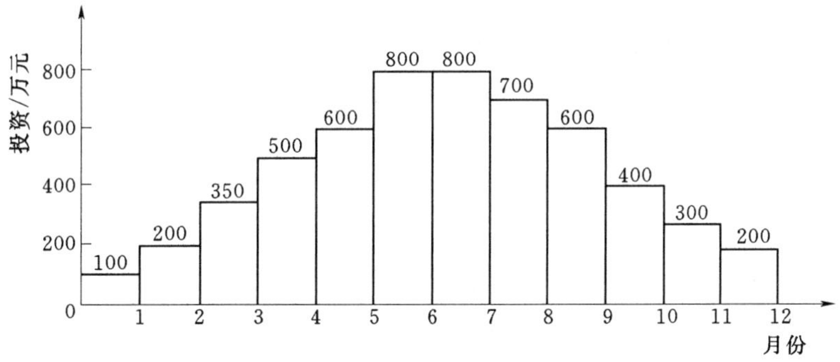

图 4.2　时标网络图按月编制的资金使用计划

（4）按各规定时间的 Q_t 值，绘制 S 形曲线，如图 4.1 所示。

每一条 S 形曲线都对应某一特定的工程进度计划。因为在进度计划的非关键路线中存在许多有时差的工序或工作，因而 S 形曲线（投资计划值曲线）必然包络在由全部工作都按最早开始时间开始和全部工作都按最迟必须开始时间开始的曲线所组成的“香蕉图”内。建设单位可根据编制的投资支出预算来合理安排资金，同时建设单位也可以根据筹措的建设资金来调整 S 形曲线，即通过调整非关键路线上的工作的最早或最迟开工时间，力争将实际的投资支出控制在计划的范围内。

一般而言，所有工作都按最迟开始时间开始，对节约建设单位的建设资金贷款利息是有利的，但同时也降低了项目按期竣工的保证率。因此，监理工程师必须合理地确定投资支出计划，达到既节约投资支出，又能控制项目工期的目的。

3. 综合分解资金使用计划表

将投资目标的不同分解方法相结合；会得到比前者更为详尽、有效的综合分解资金使用计划表。综合分解资金使用计划表一方面有助于检查各单项工程和单位工程的投资构成是否合理，有无缺陷或重复计算；另一方面也可以检查各项具体的投资支出的对象是否明确和落实，并可校核分解的结果是否正确。

4.2　施工阶段投资控制方法

4.2.1　施工阶段投资控制要求

1. 施工准备阶段的工程造价控制

(1) 认真研究施工、监理合同，熟悉图纸、施工组织设计、监理大纲。编制监理规划时，确定工程造价控制目标，并进行分解。

(2) 科学预测、对比分析，编制工程造价控制实施细则，明确监控环节，重点及控制程序，并进行风险分析，拟定索赔防范措施。

(3) 采用经济分析的方法，审查施工组织设计，施工方案的经济合理性。

(4) 加强合同管理，协助业主履行合同义务，按合同要求及时向承包方提供施工条件。

2. 施工阶段的工程造价控制

(1) 施工阶段的工程造价控制包括以下内容。

1) 执行监理规范、合同，按约定的程序，质量不合格的不予计量，按要求审核进度款，签署工程款支付凭证。

2) 逐项分析，计算工程变更和现场签证。

3) 按期召开工地例会，及时做好协调工作，力求避免索赔事件发生。

4) 进行市场调查，了解设备、材料的供应情况及价格。

5) 收集提供索赔证据，进行工程造价超额分析，采取纠偏措施。

(2) 项目监理机构应按下列程序进行工程计量和工程款支付工作。

1) 施工单位统计经专业监理工程师质量验收合格的工程量，按施工合同的约定填报工程量清单和工程款支付申请表。

2) 专业监理工程师进行现场计量，按施工合同的约定审核工程量清单和工程款支付申请表，并报总监理工程师审定。

3) 总监理工程师签署工程款支付证书，并报建设单位。专业监理工程师对施工单位报送的工程款支付申请表进行审核时，应会同施工单位对现场实际完成情况进行计量，对验收手续齐全、资料符合验收要求并符合施工合同规定的计量范围内的工程量予以核定。

3. 竣工阶段的工程造价控制

(1) 督促施工单位编制工程结算书，审核总结算。

(2) 严格执行合同，补充协议及有关价格、费用变更规定，合理确定变更、签证费用及价格调整。

当然，在施工阶段，监理工程师依据承发包双方签订的施工合同的承包方式、合同规定的工期、质量和工程造价、按施工图纸及说明、有关技术标准和技术规范，对工程建设施工全过程进行监督与控制。

在施工阶段进行投资控制的基本原理是在项目施工的过程中，以控制循环理论为指导，把投资计划值作为工程项目投资控制的总目标值，把投资计划值分解作为单位工程和分部分项工程的分目标值，在建设过程的每一个阶段或环节中，将实际支出值和投资计划值进行比较，发现偏离，从组织、经济、技术和合同四个方面，及时采取有效的纠偏措施加以控制。

具体地讲，结合工作实际，对工程造价的控制主要是做好以下几方面工作：

1）对实际完成的分部分项工程量进行计量和审核，对承建单位提交的工程进度付款申请进行审核，并签发付款证明来控制合同价款。

2）做好工程价款预付、工程进度付款、工程款结算、备料款和预付款的合理回扣等审核、签署工作。

3）严格控制工程变更，按合同规定的控制程序和计量方法确定工程变更价款，及时分析工程变更对控制投资的影响。

4）在施工进展过程中进行投资跟踪、动态控制，对投资支出做好分析和预测，即将收集的实际支出数据整理后与投资控制值比较，并预测尚需发生的投资支出值，及时提出报告。

5）做好施工监理记录和收集保存有关资料，依据合同条款，处理建设单位及施工单位的索赔及反索赔事宜。

6）对项目的工程量和投资计划值，按进度要求和项目划分，分解到各单位工程或分部分项工程。

7）对施工组织设计或施工方案进行审查和技术经济分析，积极推广应用新工艺和新材料。同时对设备与主要材料的报验及进货手续严格控制，或建议建设单位采取公开招标方式购买，以确保投资不超标。

8）促进承建单位推行项目法施工，形成项目经理对项目建设的工期、质量、成本的三大目标的全面负责制，协助承建单位改革施工工艺技术，优化施工组织。

建设工程造价的确定与投资控制的实质就是运用科学技术原理和经济及法律手段，解决工程建设活动中的技术与经济、经营与管理等实际问题，只有在项目建设的各个阶段，采用科学的计价方法和切合实际的计价依据，合理确定造价才能有效地控制造价。

4.2.2 施工阶段投资控制流程

投资控制按投资控制流程进行控制，如图 4.3 所示。

4.2.3 施工阶段投资控制方法与手段

4.2.3.1 现场签证的审查

通过核实工程量，进行实物量签认。当质量评为不合格产品，视为无效工程量，则不开据支付凭证。当质量评为合格产品或优良等级的产品时，首先核实工程量并签发计量证书，再按合同单价或总价核实完成的工程投资额，向承建单位开具支付凭证，建设单位依据监理部的支付凭证向承建单位付款，并作为结算的依据。

1. 工程计量的程序

(1)《建设工程施工合同（示范文本）》约定的程序。承包人应按专用条款约定的时

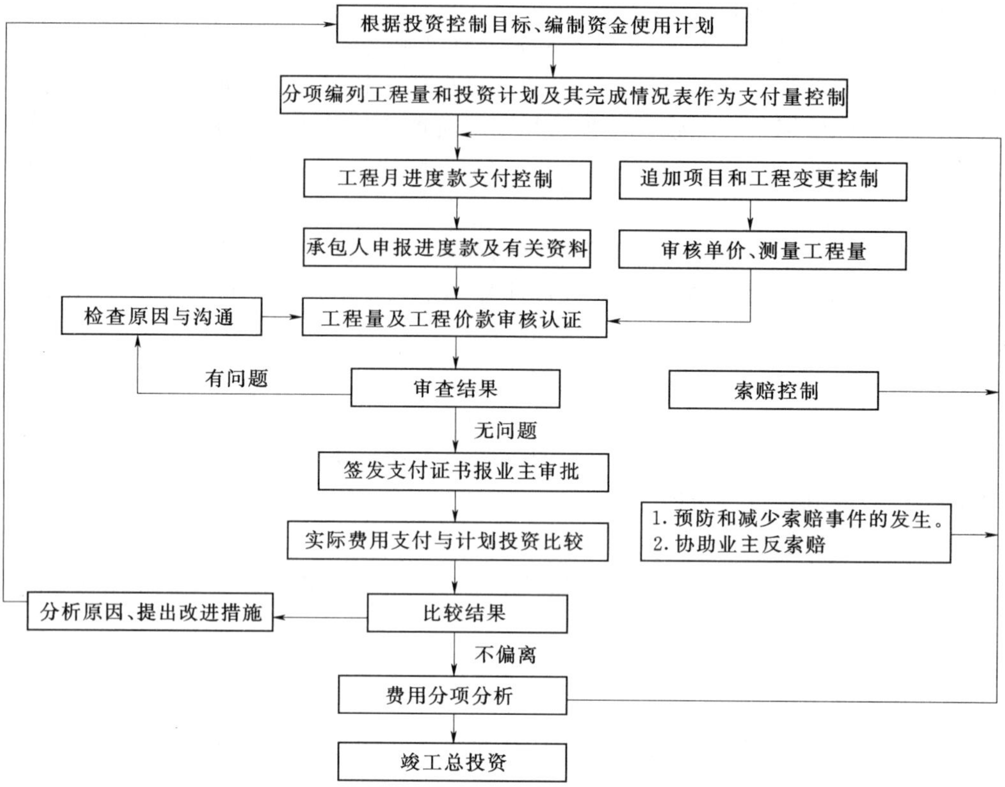

图 4.3　投资控制流程

间，向工程师提交已完工程量的报告，工程师接到报告后 7 天内按设计图纸核实已完工程量，并在计量前 24h 通知承包人，承包人为计量提供便利条件并派人参加。承包人收到通知后不参加计量，计量结果有效，作为工程价款支付的依据。工程师收到承包人报告后 7 天内未进行计量，从第 8 天起；承包人报告中开列的工程量既视为已被确认，作为工程价款支付的依据。工程师不按约定时间通知承包人，使承包人不能参加计量，计量结果无效。对承包人超出设计图纸范围和因承包人原因造成返工的工程量，工程师不予计量。

（2）建设工程监理规范规定的程序。承包单位统计经专业监理工程师质量验收合格的工程量，按施工合同的约定填报工程量清单和工程款支付申请表；专业监理工程师进行现场计量，按施工合同的约定审核工程量清单和工程款支付申请表，并报总监理工程师审定；总监理工程师签署工程款支付证书，并报建设单位。

（3）FIDIC 施工合同约定的工程计量程序。按照 FIDIC 施工合同约定，当工程师要求测量工程的任何部分时，应向承包商代表发出合理通知，承包商代表应：及时亲自或另派合格代表，协助工程师进行测量；提供工程师要求的任何具体材料。如果承包商未能到场或派代表，工程师（或其代表）所作测量、应作为准确予以认可。除合同另有规定外，凡需根据记录进行测量的任何永久工程，此类记录应由工程师准备。当承包商被要求时，应到场与工程师对记录进行检查和协商，达成一致后应在记录上签字。如承包商未到场，应认为该记录准确，予以认可。如果承包商检查后不同意该记录，和（或）不签字表示同意，承包商应向工程师发出通知，说明认为该记录不准确的部分。工程师收到通知后，应审查该记录，进行确认或更改。如果承包商被要求检查记录14天内，没有发出此类通知，该记录应作为准确予以认可。计量控制是投资控制的基础，在计量过程中首先必须遵守计量原则（合同文件中有关计量条款），其次是按设计图纸完成且施工质量检验合格的，并在工程量清单中列有的项目才予以计量。同时也要按监理细则规定好的计量程序进行计量。如在土石方开挖完成后，监理工程师应及时到现场进行土石方鉴定和测量，计量资料完善后方可计量。

2. 工程计量的依据

计量必须以质量合格证书、工程量清单、技术规范的计量支付条款和设计图纸为依据。

(1) 质量合格证书。对于承包商已完的工程，并不是全部进行计量，而只是质量达到合同标准的已完工程才予以计量。所以工程计量必须与质量监理紧密配合并经专业工程师检验，工程质量达到合同规定的标准后，由专业工程师签署报验申请表（质量合格证书），只有质量合格的工程才予以计量。所以说质量监理是计量监理的基础，计量又是质量监理的保障，通过计量支付，强化承包商的质量意识。

(2) 工程量清单前言和技术规范。工程量清单前言和技术规范是确定计量方法的依据。因为工程量清单前言和技术规范的“计量支付”条款规定了清单中每一项工程的计量方法，同时还规定了按规定的计量方法确定的单价所包括的工作内容和范围。

(3) 设计图纸。单价合同以实际完成的工程量进行结算，但被工程师计量的工程数量，并不一定是承包商实际施工的数量。计量的几何尺寸要以设计图纸为依据，工程师对承包商超出设计图纸要求增加的工程量和自身原因造成返工的工程量，不予计量。

3. 工程计量的方法

一般对以下三方面的工程项目进行计量：①工程量清单中的全部项目；②合同文件中规定的项目；③工程变更项目。根据FIDIC合同条件的规定，一般可按照以下方法进行计量：

(1) 均摊法。所谓均摊法，就是对清单中某些项目的合同价款，按合同工期平均计量。

(2) 凭据法。所谓凭据法，就是按照承包商提供的凭据进行计量支付，如建筑工程险保险费、第三方责任险保险费、履约保证金等项目，一般按凭据法进行计量支付。

(3) 断面法。断面法主要用于取土坑或填筑路堤土方的计量。

(4) 图纸法。在工程量清单中，许多项目采取按照设计图纸所示的尺寸进行计量。

(5) 分解计量法。所谓分解计量法，就是将一个项目，根据工序或部位分解为若干子项。对完成的各子项进行计量支付。

(6) 估价法。所谓估价法，就是按合同文件的规定，根据工程师估算的已完成的工程价值支付。按照市场的物价情况，对清单中规定购置的仪器设备分别进行估价，按式（4.2）计量支付金额：

$$F=A\cdot\frac{B}{D} \tag{4.2}$$

式中　F——计算支付的金额；

A——清单所列该项的合同金额；

B——该项实际完成的金额；

D——该项全部仪器设备的总估算价格。

从式（4.2）可知：该项实际完成金额 B 必须按估算各种设备的价格计算，它与承包商购进的价格无关；估算的总价与合同工程量清单的款额无关。

4.2.3.2　工程结算控制

1. 工程预付款及其计算方法

目前我国工程承发包中，一般都实行包工包料，这就需要承包商有一定数量的备料周转金。预付款就成为施工企业为该承包工程项目储备主要材料、结构件所需的流动资金。一般在工程承包合同条款中，会有明文规定发包方在开工前拨付给承包方一定限额的工程预付备料款。凡是没有签订合同或不具备施工条件的工程，发包人不得预付工程款。

（1）预付款限额。按照财政部、原建设部关于《建设工程价款结算暂行办法》（财建〔2004〕369 号）的规定：包工包料的工程预付款按合同约定拨付，原则上预付的比例不低于合同金额的 10%，不高于合同金额的 30%，对重大工程项目，按年度工程计划逐年预付。计价执行《建设工程工程量清单计价规范》（GB 50500—2013）的工程，实体性消耗和非实体性消耗部分应在合同中分别约定预付款比例。

（2）预付款时限。在具备施工条件的前提下，发包人应在双方签订合同后的一个月内或不迟于约定开工日期前 7 天内预付工程款，发包人不按约定预付工程款，承包人可以在预付时间到期后 10 天内向发包人发出要求预付的通知，发包人收到通知后仍不按要求预付工程款，承包人可在发出通知 14 天后停止施工，发包人应从约定应付之日起向承包人支付应付款利息（利率按同期银行贷款利率计），并承担违约责任。

工程预付款仅用于承包人支付施工开始时与本工程有关的动员费用。如承包人滥用此款，发包人有权立即收回。在承包人向发包人提交金额等于预付款数额（发包人认可的银行开出）的银行保函后，发包人应在规定的时间按规定的金额和向承包人支付预付款，在发包人全部扣回预付款之前，该银行保函将一直有效。当预付款被发包人扣回时，银行保函金额相应递减。

（3）预付款限额的计算。预付款限额由下列因素决定：主要材料（包括外购构件）占工程造价的比重，材料储备期，施工工期。

对于施工企业常年应备的预付款限额，可按式（4.3）计算：

$$\text{预付款限额} = \frac{\text{年度承包工程总值} \times \text{主要材料所占比重}}{\text{年度施工日历天数}} \times \text{材料储备天数} \qquad (4.3)$$

一般建筑工程主要材料不应超过当年建筑安置工作量（包括水、电、暖）的 30%，安装工程按年安装工作量的 10%；材料所占比重较多的安装工程按年计划产值的 15%左右拨付。

实际工作中，预付款的数额，可以根据各工程类型、合同工期、承包方式和供应体制等不同条件确定。如工业项目中钢结构和管道安装占比重较大的工程，其主要材料所占比重比一般安装工程要高，因而预付款数额也要相应提高；材料由施工单位自行购买的比由建设单位供应的要高。

对于只包定额工日（不包材料定额，一切材料由建设单位供给）的工程项目，则可以不预付款。

（4）预付款的抵扣方式。发包方拨付给承包方的预付款属于预支性质，那么在工程实施中，随着工程所需主要材料储备的逐渐减少，应以抵充工程价款的方式陆续扣回。扣款的方式如下。

可以从未施工工程尚需要的主要材料及构件的价值相当于备料款数额时起扣，从每次结算工程价款中，按材料比重扣抵工程价款，竣工前全部扣清。其基本表达公式为

$$T=P-\frac{M}{N} \tag{4.4}$$

式中 T——起扣点，即预付款开始扣回时的累计完成工作量金额；

M——预付款的限额；

N——主材比重；

P——承包工程价款总额。

预付的工程款也可以在承包方完成金额累计达到合同总价的一定比例后，由承包人开始向发包方还款，发包人从每次应付给的金额中，扣回工程预付款，发包人至少在合同规定的完工期前3个月将工程预付款的总计金额按逐次分摊的办法扣回。当发包人一次付给承包方的余额少于规定扣回的金额时，其差额应该转入下一次支付中作为债务结转。

在实际工程管理中，情况比较复杂，有些工程工期较短，就无需分期扣回。有些工程工期较长，如跨年度施工，预付备料款可以不扣或少扣，并于次年按应预付款调整，多退少补。具体地说，跨年度工程，预计次年承包工程价值大于或相当于当年承包工程价值时，可以不扣回当年的预付备料款，如小于当年承包工程价值时，应按实际承包工程价值进行调整，在当年扣回部分预付备料款，并将未扣回部分，转入次年，直到竣工年度，再按上述办法扣回。

采取何种方式扣回预付的工程款，必须在合同中约定，并在工程进度款中进行抵扣。

2. 工程价款的主要结算方式

工程价款在项目施工中通常需要发生多次，一直到整个项目全部竣工验收。我国现行工程价款结算根据不同情况，可采取多种方式。

（1）按月结算与支付。即实行按月支付进度款，竣工后清算的办法。若合同工期在两个年度以上的工程，在年终进行工程盘点，办理年度结算。我国建筑安装工程项目中，大部分是采用这种按月结算办法。

（2）分段结算与支付。对当年开工、当年不能竣工的工程按照工程形象进度，划分不同阶段支付工程进度款。具体划分要在合同中明确。分段结算可以按月预支工程款。

（3）竣工后一次结算。当建设项目或单项工程全部建筑安装工程建设期在12个月以内，或者工程承包合同价值在100万元以下的，可以实行工程价款每月月中预支，竣工后一次结算。对于上述3种工程价款主要结算方式的收支确认，财政部在1999年1月1日起实行的《企业会计准则——建造合同》中作了如下规定：

1）实行旬末或月中预支，月终结算，竣工后清算办法的工程合同，应分期确认合同

价款收入的实现，即各月份终了，与发包单位进行已完工程价款结算时，确认为承包合同已完工部分的工程收入实现，本期收入额为月终结算的已完工程价款金额。

2）实行合同完成后一次结算工程价款办法的工程合同，应于合同完成，施工企业与发包单位进行工程合同价款结算时，确认为收入实现，实现的收入额为承发包双方结算的合同价款总额。

3）实行按工程形象进度划分不同阶段、分段结算工程价款办法的工程合同，应按合同规定的形象进度分次确认已完阶段工程收益实现。即：应于完成合同规定的工程形象进度或工程阶段，与发包单位进行工程价款结算时，确认为工程收入的实现。

（4）目标结款方式。是指在工程合同中，将承包工程的内容分解成不同的控制界面，以业主验收控制界面作为支付工程价款的前提条件。即将合同中的工程内容分解成不同的验收单元，当承包商完成单元工程内容并经业主验收后，业主支付构成单元工程内容的工程价款。

目标结款方式下，承包商要想获得工程价款，必须按照合同约定的质量标准完成界面内的工程内容，否则承包商会遭受损失；要想尽早获得工程价款，承包商必须充分发挥自己组织和实施能力，在保证质量的前提下，加快施工进度。承包商拖延工期，业主会推迟付款，这将会增加承包商的运营成本、财务费用，降低收益，客观上使承包商因延迟工期而遭受损失。同样，当承包商积极组织施工，提前完成控制界面内的工程内容，则可提前获得工程价款，增加承包收益，从而增加了有效利润。当然，由于承包商在控制界面内质量达不到合同约定的标准，使业主不予验收，承包商也会因此而遭受损失。所以，目标结款实质上是运用合同手段、财务手段对工程的完成进行主动控制的方式。同时，对控制界面的设定应明确描述，便于量化和进行质量控制，还要适应项目资金的供应周期和支付频率。

3. 工程进度款的支付

建筑安装企业在施工过程中，按每月形象进度或控制界面等完成的工程数量计算各项费用，向建设单位（业主）办理工程进度款的支付（即中间结算）。

以按月结算为例，现行的中间结算办法是，施工企业在月中或旬末向建设单位提出预支账单，预支半月或一旬的工程款，月终再提出工程款结算账单和已完工程月报表，收取当月工程价款，并通过银行进行结算。按月进行结算，并对现场已完工程逐一进行清点，有关资料提出后要交监理工程师和建设单位审查签证。多数情况下是以施工企业提出的统计进度月报表为支取工程款的凭证，即通常所称的工程进度款，如图 4.4 所示。

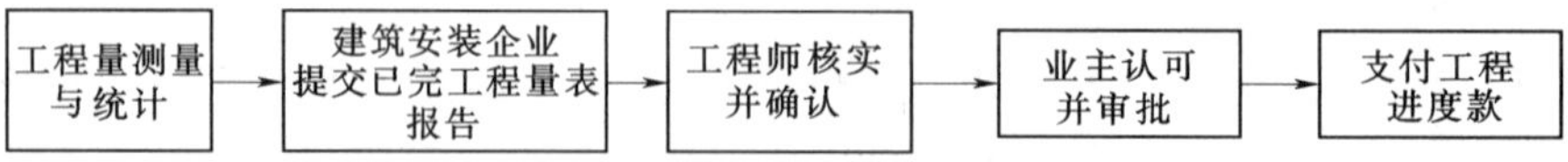

图 4.4　工程进度款支付步骤

工程进度款支付过程中，需遵循以下要求：

（1）工程量计算。财政部、原建设部关于《建设工程价款结算暂行办法》（财建〔2004〕369 号）的规定如下。

1）承包人应按合同约定的方法和时间，向发包人提交已完工程量的报告。发包人接到报告后14天内核实已完工程量（以下称计量），并在计量前1天通知承包人，承包人为计量提供便利条件并派人参加。承包人收到通知后不参加计量，以发包人计量的工程量作为工程价款支付的依据。发包人不按约定时间通知承包人，致使承包人未能参加计量，则计量结果无效。

2）发包人收到承包人报告后14天内未进行计量，从第15天起，承包人报告中开列的工程量即视为已被确认，作为工程价款支付的依据，双方合同另有约定的，按合同执行。

3）发包人对承包人超出设计图纸（含设计变更）范围和（或）因承包人原因造成返工的工程量，发包人一律不予计量。

（2）合同收入组成。财政部制定的《企业会计准则—建造合同》中对合同收入的组成内容进行了解释。合同收入包括两部分内容：

1）合同中规定的初始收入。即建造承包商与客户在双方签订的合同中最初商定的合同总金额，它构成了合同收入的基本内容。

2）追加收入。因合同变更、索赔、奖励等构成的收入，这部分收入并不构成合同双方在签订合同时已在合同中商订的合同总金额，而是在执行合同过程中由于合同变更、索赔、奖励等原因而形成的追加收入。

（3）工程进度款支付时限。财政部、建设部关于《建设工程价款结算暂行办法》（财建〔2004〕369号）的规定如下。

1）根据确定的工程计量结果，承包人向发包人提出支付工程进度款申请，14天内，发包人应按不低于工程价款的60%，不高于工程价款的90%向承包人支付工程进度款。按约定时间发包人应扣回的预付款，与工程进度款同期结算。

2）发包人超过约定的支付时间不支付工程进度款，承包人应及时向发包人发出要求付款的通知，发包人收到承包人通知后仍不能按要求付款，可与承包人协商签订延期付款协议，经承包人同意后可延期支付，协议应明确延期支付的时间和从工程计量结果确认后第15天起计算应付款的利息（利率按同期银行贷款利率计）。

3）发包人不按合同约定支付工程进度款，双方又未达成延期付款协议，导致施工无法进行，承包人可停止施工，由发包人承担违约责任。

4）质量保证金的预留。按规定，工程项目总造价中应预留出一定比例的尾留款作为质量保修费用（又称保留金），待工程项目保修期结束后最后拨付。对于尾留款的扣除，一般有两种做法：①当工程进度款拨付累计额达到该建筑安装工程造价的一定比例（一般为97%）时，停止支付，预留造价部分作为尾留款。②《招标文件范本》规定，尾留款的扣除也可以从发包方向承包方第一次支付的工程进度款开始，在每次承包方应得的工程款中扣留投标书附录中规定金额作为保留金，直至保留金总额达到投标书附录中规定的限额为止。

4. 其他费用的支付

（1）安全施工费用。承包人应按质量要求、安全及消防管理有关规定组织施工，采取严格的安全防护措施，承担由于自身的安全措施不力造成的事故责任和因此发生的费用。非承包人责任造成安全事故，由责任方承担责任和因此发生的费用。

发生重大伤亡及其他安全事故，承包人应按有关规定立即上报有关部门并通知工程师，同时按政府有关部门要求处理，发生的费用由事故责任方承担。

承包人在动力设备、输电线路、地下管道、密封防震车间、易燃易爆地段以及临街交通要道附近施工时，施工开始前应向工程师提出安全保护措施，经工程师认可后实施，防护措施费用由发包人承担。

实施爆破作业，在放射、毒害性环境中施工（含存储、运输、使用）及使用毒害性、腐蚀性物品施工时，承包人应在施工前 14 天以书面形式通知工程师，并提出相应的安全保护措施，经工程师认可后实施。安全保护措施费用由发包人承担。

（2）专利技术及特殊工艺涉及的费用。发包人要求使用专利技术或特殊工艺，必须负责办理相应的申报手续，承担申报、试验、使用等费用。承包人按发包人要求使用，负责试验等有关工作。承包人提出使用专利技术或特殊工艺，报工程师认可后实施。承包人负责办理申报手续并承担有关费用。

（3）文物和地下障碍物涉及的费用。在施工中发现古墓、古建筑遗址等文物及化石或其他有考古、地质研究等价值的物品时，承包人应立即保护好现场并于 4h 内以书面形式通知工程师，工程师应于收到书面通知后 24h 内报告当地文物管理部门，承发包双方应按文物管理部门的要求采取妥善保护措施。发包人承担由此发生的费用，延误的工期相应顺延。

如施工中发现古墓、古建筑遗址等文物及化石或其他有考古、地质研究等价值的物品，隐瞒不报致使文物遭受破坏的，责任方、责任人依法承担相应责任。

施工中发现影响施工的地下障碍物时，承包人应于 8h 内以书面形式通知工程师，同时提出处置方案，工程师收到处置方案后 8h 内予以认可或提出修正方案。发包人承担由此发生的费用，延误的工期相应顺延。

5. 竣工结算及其审查

工程竣工结算是指承包人按照合同规定的内容全部完成所承包的工程，经验收质量合格，并符合合同要求之后，双方应按照约定的合同价款及合同价款调整内容以及索赔事项，进行最终工程价款结算。

（1）竣工结算方式。竣工结算分为单位工程结算、单项工程竣工结算和建设项目竣工总结算。

（2）工程竣工结算编审。

1）单位工程竣工结算由承包人编制，发包人审查；实行总承包的工程，由具体承包人编制，在总包人审查的基础上，发包人审查。

2）单项工程竣工结算或建设项目竣工总结算由总（承）包人编制，发包人可直接进行审查，也可以委托具有相应资质的工程造价咨询机构进行审查。政府投资项目，由同级财政部门审查。单项工程竣工结算或建设项目竣工总结算经发、承包人签字盖章后有效。

3）承包人应在合同约定期限内完成项目竣工结算编制工作，未在规定期限内完成的并且提不出正当理由延期的，责任自负。

（3）工程竣工结算审查期限。单项工程竣工后，承包人应在提交竣工验收报告的同时，向发包人递交竣工结算报告及完整的结算资料，发包人应按以下规定时限进行核对（审查）并提出审查意见。

建设项目竣工总结算在最后一个单项工程竣工结算审查确认后15天内汇总，送发包人后30天内审查完成。

（4）工程竣工价款结算。发包人收到承包人递交的竣工结算报告及完整的结算资料后，应根据《建设工程价款结算暂行办法》规定的期限（合同约定有期限的，从其约定）进行核实，给予确认或者提出修改意见。发包人根据确认的竣工结算报告向承包人支付工程竣工结算价款，保留3%左右的质量保证（保修）金，待工程交付使用一年质保期到期后清算（合同另有约定的，从其约定），质保期内如有返修，发生费用应在质量保证（保修）金内扣除。

发包人收到竣工结算报告及完整的结算资料后，在本办法规定或合同约定期限内，对结算报告及资料没有提出意见，则视同认可。

承包人如未在规定时间内提供完整的工程竣工结算资料，经发包人催促后14天内仍未提供或没有明确答复，发包人有权根据已有资料进行审查，责任由承包人自负。

根据确认的竣工结算报告，发包人向发包人申请支付工程竣工结算款。发包人应在收到申请后15天内支付结算款，到期没有支付的应承担违约责任。承包人可以催告发包人支付结算价款，如达成延期支付协议，发包人应按同期银行贷款利率支付拖欠工程价款的利息。如未达成延期支付协议，承包人可以与发包人协商将该工程折价，或申请人民法院将该工程依法拍卖，承包人就该工程折价或者拍卖的价款优先受偿。

在实际工作中，当年开工、当年竣工的工程，只需办理一次性结算。跨年度的工程，在年终办理一次年终结算，将未完工程结转到下一年度，此时竣工结算等于各年度结算的总和。办理工程价款竣工结算的一般公式为

$$竣工结算工程款＝合同价款＋合同价款调整数额－预付及已结算工程价款－保修金 \tag{4.5}$$

（5）工程竣工结算的审查。工程竣工结算是反映工程项目的实际价格，最终体现工程造价系统控制的效果。要有效控制工程项目竣工结算价，严格审查是竣工结算阶段的一项重要工作。经审查核定的工程竣工结算是核定建设工程造价的依据，也是建设项目验收后编制竣工决算和核定新增固定资产价值的依据。因此，建设单位、监理公司以及审计部门等，都十分重视竣工结算的审核把关。

1）核对合同条款。应核对竣工工程内容是否符合合同条件要求，竣工验收是否合格，只有按合同要求完成全部工程并验收合格才能列入竣工结算。还应按合同约定的结算方法、计价定额、主材价格、取费标准和优惠条款等，对工程竣工结算进行审核，若发现不符合合同约定或有漏洞，应请建设单位与施工单位认真研究，明确结算要求。

2）检查隐蔽验收记录。所有隐蔽工程均需进行验收，是否有工程师的签证确认；审核时应该对隐蔽工程施工记录和验收签证，做到手续完整，工程量与竣工图一致方可列入竣工结算。

3）落实设计变更签证。设计修改变更应由原设计单位出具设计变更通知单和修改图纸，设计、校审人员签字并加盖公章，经建设单位和监理工程师审查同意、签证；重大设计变更应经原审批部门审批，否则不应列入竣工结算。

4）按图核实工程量。应依据竣工图、设计变更单和现场签证等进行核算，并按国家统一规定的计算规则计算工程量。

5）核实单价。结算单价应按现行的计价原则和计价方法确定，不得违背。

6）各项费用计取。建筑安装工程的取费标准应按合同要求或项目建设期间与计价定额配套使用的建筑安装工程费用定额及有关规定执行，要审核各项费率、价格指数或换算系数的使用是否正确，价差调整计算是否符合要求，还要核实特殊费用和计算程序。

实践证明，通过对工程项目结算的审查，一般情况下，经审查的工程结算较编制的工程结算的工程造价资金相差在 10%左右，有的高达 20%，对于控制投入节约资金起到很重要的作用。

4.3 工程变更价款的确定

4.3.1 变更的范围和内容

工程变更包括设计变更、进度计划变更、施工条件变更以及原招标文件和工程量清单中未包括的“新增工程”。

按《中华人民共和国标准施工招标文件（2007 年版）》要求，在履行合同中发生以下情形之一，应按照以下规定进行变更：

（1）取消合同中任何一项工作，但被取消的工作不能转由发包人或其他人实施。

（2）改变合同中任何一项工作的质量或其他特性。

（3）改变合同工程的基线、标高、位置或尺寸。

（4）改变合同中任何一项工作的施工时间或改变已批准的施工工艺或顺序。

（5）为完成工程需要追加的额外工作。

4.3.2 变更权

在履行合同过程中，经发包人同意，监理人可按约定的变更程序向承包人作出变更指示，承包人应遵照执行。没有监理人的变更指示，承包人不得擅自变更。

4.3.3 变更程序

1. 变更的提出

（1）在合同履行过程中，可能发生以上约定变更情形的，监理人可向承包人发出变更意向书。变更意向书应说明变更的具体内容和发包人对变更的时间要求，并附必要的图纸和相关资料。变更意向书应要求承包人提交包括拟实施变更工作的计划、措施和竣工时间等内容的实施方案。发包人同意承包人根据变更意向书要求提交的变更实施方案的，由监理人按约定发出变更指示。

（2）承包人收到监理人按合同约定发出的图纸和文件，经检查认为其中存在约定情形的，可向监理人提出书面变更建议。变更建议应阐明要求变更的依据，并附必要的图纸和说明。监理人收到承包人书面建议后，应与发包人共同研究，确认存在变更的，应在收到承包人书面建议后的 14 天内作出变更指示。经研究后不同意作为变更的，应由监理人书面答复承包人。

(3) 若承包人收到监理人的变更意向书后认为难以实施此项变更，应立即通知监理人，说明原因并附详细依据。监理人与承包人和发包人协商后确定撤销、改变或不改变原变更意向书。

2. 变更估价

(1) 除专用合同条款对期限另有约定外，承包人应在收到变更指示或变更意向书后的14天内，向监理人提交变更报价书，报价内容应根据约定的估价原则，详细开列变更工作的价格组成及其依据，并附必要的施工方法说明和有关图纸。

(2) 变更工作影响工期的，承包人应提出调整工期的具体细节。监理人认为有必要时，可要求承包人提交要求提前或延长工期的施工进度计划及相应施工措施等详细资料。

(3) 除专用合同条款对期限另有约定外，监理人收到承包人变更报价书后的14天内，根据约定的估价原则，按照商定或确定变更价格：

1) 合同约定总监理工程师应对任何事项进行商定或确定时，总监理工程师应与合同当事人协商，尽量达成一致。不能达成一致的，总监理工程师应认真研究后审慎确定。

2) 总监理工程师应将商定或确定的事项通知合同当事人，并附详细依据。对总监理工程师的确定有异议的，构成争议，按照合同约定处理。在争议解决前，双方应暂按总监理工程师的确定执行，按照争议的解决的约定对总监理工程师的确定作出修改的，按修改后的结果执行。

3. 变更指示

(1) 变更指示只能由监理人发出。

(2) 变更指示应说明变更的目的、范围、变更内容以及变更的工程量及其进度和技术要求，并附有关图纸和文件。承包人收到变更指示后，应按变更指示进行变更工作。

4.3.4 变更的估价原则

除专用合同条款另有约定外，因变更引起的价格调整按照以下办法处理。

(1) 已标价工程量清单中有适用于变更工作的子目的，采用该子目的单价。

(2) 已标价工程量清单中无适用于变更工作的子目，但有类似子目的，可在合理范围内参照类似子目的单价，由监理人按商定或确定变更工作的单价。

(3) 已标价工程量清单中无适用或类似子目的单价，可按照成本加利润的原则，由监理人按商定或确定变更工作的单价。

4.3.5 工程价款价差调整的方法

工程价款价差调整的主要方法有工程造价指数调整法、实际价格调整法、调价文件计算法、调值公式法等。

1. 工程造价指数调整法

这种方法是发包方和承包方采用当时的预算（或概算）定额单价计算出承包合同价，待工程竣工时，根据合理的工期及当地工程造价管理部门所公布的该月度（或季度）的工程造价指数，对原承包合同价予以调整，重点调整那些由于实际人工费、材料费、施工机械费等费用上涨及工程变更因素造成的价差，并对承包商给以调价补偿。

2. 实际价格调整法

由于建筑材料市场采购的范围越来越大，有些地区还规定对钢材、木材、水泥等三材的价格采取按实际价格结算的方法。工程承包商可凭发票按实报销。这种方法方便而准确。

但由于是实报实销，因而承包商对降低成本不感兴趣，为了避免副作用，地方主管部门需要定期发布最高限价，合同文件中应规定建设单位或工程师有权要求承包商选择更廉价的供应来源。

3. 调价文件计算法

这种方法是承发包双方采取按当时的预算价格承包，在合同工期内，按照工程造价管理部门调价文件的规定，进行抽料补差（在同一价格期内按所完成的材料用量乘以价差）。也有的地方定期发布主要材料供应价格和管理价格，对这一时期的工程进行抽料补差。

4. 调值公式法

根据国际惯例，对建设项目工程价款的动态结算，一般是采用此方法。实际工作中，绝大多数国际工程项目，甲乙双方在签订合同时就明确列出这一调值公式，并以此作为价差调整的计算依据。

建筑安装工程费用价格调值公式一般包括固定部分、材料部分和人工部分。但当建筑安装工程的规模和复杂性增大时，公式也变得更为复杂。调值公式一般为

$$P=P_0\left(a_0+a_1\frac{A}{A_0}+a_2\frac{B}{B_0}+a_3\frac{C}{C_0}+a_4\frac{D}{D_0}+\cdots\right) \tag{4.6}$$

式中　P——调值后合同价款或工程实际结算款；

P_0——合同价款中工程预算进度款；

a_0——固定要素，代表合同支付中不能调整的部分占合同总价中的比重；

a_1、a_2、a_3、a_4、…——有关各项费用（如人工费用、钢材费用、水泥费用、运输费用等）在合同总价中所占比重：$a_0+a_1+a_2+a_3+a_4+\cdots=1$；

A_0、B_0、C_0、D_0、…——投标截止日期前 28 天与基准日期与 a_1、a_2、a_3、a_4、…对应的各项费用的基期价格指数或价格；

A、B、C、D、…——在工程结算月份与 a_1、a_2、a_3、a_4、…对应的各项费用的基期价格指数或价格。

运用调值公式进行工程价款价差调整时应注意以下内容。

（1）固定要素的取值范围通常在 0.15～0.35 左右。固定要素与调价余额成反比关系，固定要素相当微小的变化，会引起实际调价时很大的费用变动，所以，承包商在调值公式中采用的固定要素取值要尽可能偏小。

（2）调值公式中有关的各项费用，只选择用量大、价格高且具有代表性的一些典型人工费和材料费，通常为钢材、木材、水泥、砂石料等，并用它们的价格指数变化综合代表材料费的价格变化，以便尽量与实际情况接近。

（3）在许多招标文件中要求承包方，在投标中提出各部分成本的比重系数，并在价格分析中予以论证。但也有的是由发包方（业主）在招标文件中即规定一个允许范围，由投标人在此范围内选定。

（4）确定每个品种的系数和固定要素系数，品种的系数要根据该品种价格对总造价的影响程度而定。各品种系数之和加上固定要素系数应等于1。

（5）各项费用的调整应与合同条款规定相吻合。

（6）调整时还要注意地点与时点。地点一般指工程所在地或指定的某地市场价格。时点指的是某月某日的市场价格。这里要确定两个时点价格，即签订合同时间某个时点的市场价格（基础价格）和每次支付前的一定时间的时点价格。

【示例】 工程项目投资控制示例

【示例1】 某工程建设单位与施工单位按照《建设工程施工合同（示范文本）》签订了施工合同，合同工期9个月，合同价840万元，各项工作均按最早时间安排且均匀速施工，经项目监理机构批准的施工进度计划如图4.5所示（时间单位：月），施工单位的报价单（部分）见表4.1。施工合同中约定：预付款按合同价的20%支付，工程款付至合同价的50%时开始扣回预付款，3个月内平均扣回；质量保修金为合同价的5%，从第1个月开始，按月应付款的10%扣留，扣足为止。

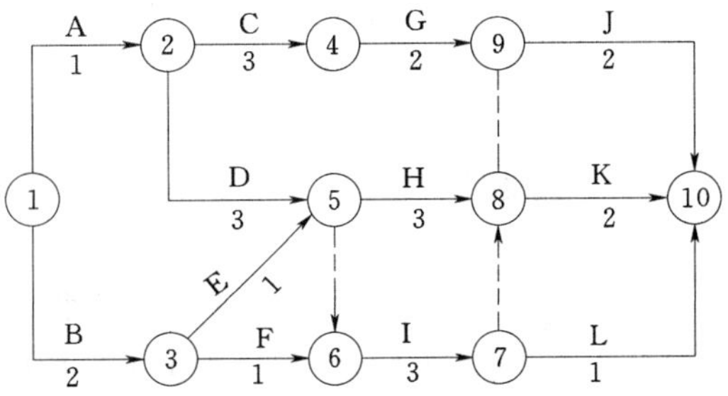

图4.5 施工进度计划（时间单位：月）

表4.1 **施工单位报价单（部分）** 单位：万元

工作	A	B	C	D	E	F
合价	30	54	30	84	300	21

工程于2018年4月1日开工。施工过程中发生了如下事件：

事件1：建设单位接到政府安全管理部门将于7月份对工程现场进行安全施工大检查的通知后，要求施工单位结合现场安全施工状况进行自查，对存在的问题进行整改。施工单位进行了自查整改，向项目监理机构递交了整改报告，同时要求建设单位支付为迎接检查进行整改所发生的2.8万元费用。

事件2：现场浇筑的混凝土楼板出现多条裂缝，经有资质的检测单位检测分析，认定是商品混凝土质量问题。对此，施工单位认为混凝土厂家是建设单位推荐的，建设单位负有推荐不当的责任，应分担检测费用。

事件3：K工作施工中，施工单位按设计文件建议的施工工艺难以施工，故向建设单位书面提出了工程变更的请求。

问题：

（1）批准的施工进度计划中有几条关键线路？列出这些关键线路。

（2）开工后前3个月施工单位每月应获得的工程款为多少？

（3）工程预付款为多少？预付款从何时开始扣回？开工后前3个月总监理工程师每月应签证的工程款为多少？

(4) 分别分析事件 1 和事件 2 中施工单位提出的要求是否合理？说明理由。

(5) 事件 3 中，施工单位提出工程变更的程序是否妥当？说明理由。

解：

(1) 批准的施工进度计划中有 4 条关键线路。关键线路为

A→D→H→K（或：①→②→⑤→⑧→⑩）；

A→D→H→J（或：①→②→⑤→⑧→⑨→⑩）；

A→D→I→K（或：①→②→⑤→⑥→⑦→⑧→⑩）；

A→D→I→J（或：①→②→⑤→⑧→⑦→⑧→⑨→⑩）。

(2) 开工后前 3 个施工单位每月应获得的工程款为

第 1 个月：30＋54×1/2＝57（万元）

第 2 个月：54×1/2＋30×1/3＋84×1/3＝65（万元）

第 3 个月：30×1/3＋84×1/3＋300＋21＝359（万元）

(3) 预付款为

$$840\times20\%=168\text{（万元）}$$

前 3 个月施工单位累计应获得的工程款为

$$57+65+359=481\text{（万元）}>420\text{（}=840\times50\%\text{）（万元）}$$

因此，预付款应从第 3 个月开始扣回。

开工后前 3 个月总监理工程师签证的工程款为

第 1 个月：57－57×10%＝51.3（万元）（或：57×90%＝51.3 万元）

第 2 个月：65－65×10%＝58.5（万元）（或：65×90%＝58.5 万元）

前 2 个月扣留保修金为

$$(57+65)\times10\%=12.2\text{（万元）}$$

应扣保修金总额为

$$840\times5\%=42.0\text{（万元）}$$

$$\text{由于 }359\times10\%=35.9\text{（万元）}>29.8\text{（}=42.0-12.2\text{）（万元）}$$

第 3 个月应签证的工程款为

$$359-(42.0-12.2)-168/3=273.2\text{（万元）}$$

(4) 事件 1 中施工单位提出的要求不合理。因为安全施工自检费用属于建筑安装工程费中的措施费（或该费用已包含在合同价中）。

事件 2 中施工单位提出的要求不合理。因为商品混凝土供货单位与建设单位没有合同关系。

(5) 不妥。提出工程变更应先报项目监理机构。

【示例 2】 某工程，建设单位与施工单位按《建设工程施工合同（示范文本）》签订了施工合同，采用可调价合同形式，工期 20 个月，项目监理机构批准的施工总进度计划如图 4.6 所示，各项工作在其持续时间内均为匀速进行。每月计划完成的投资（部分）见表 4.2。

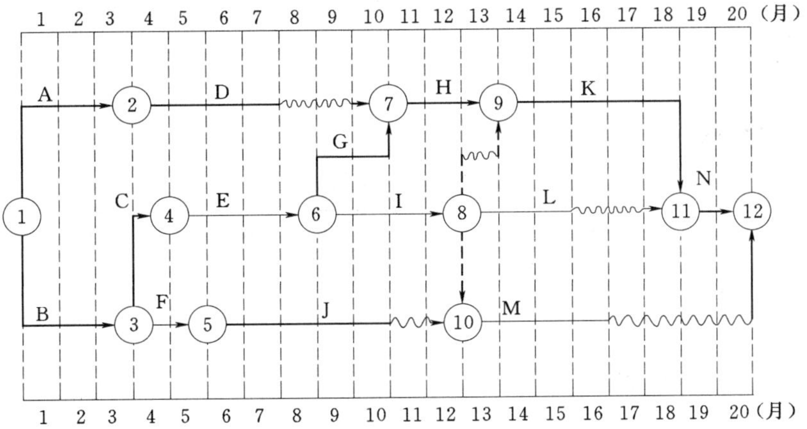

图 4.6　施工总进度计划

表 4.2　　**每月计划完成的投资（部分）**　　单位：万元/月

工作	A	B	C	D	E	F	J
计划完成投资	60	70	90	120	60	150	30

施工过程中发生了如下事件：

事件1：建设单位要求调整场地标高，设计单位修改施工图，致使A工作开始时间推迟1个月，导致施工单位机械闲置和人员窝工损失。

事件2：设计单位修改图纸使C工作工程量发生变化，增加造价10万元，施工单位及时调整部署，如期完成了C工作。

事件3：D、E工作受A工作的影响，开始时间也推迟了1个月。由于物价上涨原因，6～7月D、E工作的实际完成投资较计划完成投资增加了10%，D、E工作均按原持续时间完成；由于施工机械故障，J工作7月实际只完成了计划工程量的80%，J工作持续时间最终延长1个月。

事件4：G、I工作在实施过程中遇到异常恶劣的气候，导致G工作持续时间延长0.5个月；施工单位采取了赶工措施，使I工作能按原持续时间完成，但需增加赶工费0.5万元。

事件5：L工作为隐蔽工程，在验收后项目监理机构对其质量提出了质疑，并要求对该隐蔽工程进行剥离复验。施工单位以该隐蔽工程已经监理工程师验收为由拒绝复验。在项目监理机构坚持下，对该隐蔽工程进行了剥离复验，复验结果工程质量不合格，施工单位进行了整改。

以上事件1～事件4发生后，施工单位均在规定的时间内提出顺延工期和补偿费用要求。

问题：

(1) 事件1中，施工单位顺延工期和补偿费用的要求是否成立？说明理由。

(2) 事件4中，施工单位顺延工期和补偿费用的要求是否成立？说明理由。

(3) 事件5中，施工单位、项目监理机构的做法是否妥当？分别说明理由。

(4) 针对施工过程中发生的事件，项目监理机构应批准的工程延期为多少个月？该工程实际工期为多少个月？

(5) 在表 4.3 中填出空格处的已完工程计划投资和已完工程实际投资，并分析第 7 月末的投资偏差和以投资额表示的进度偏差。

表 4.3　　**1—7 月投资情况**　　单位：万元

月份	第 1 月	第 2 月	第 3 月	第 4 月	第 5 月	第 6 月	第 7 月	合计
拟完工程计划投资	130	130	130	300	330	210	210	1440
已完工程计划投资		130	130					
已完工程实际投资		130	130					

解：

(1) 顺延工期和补偿费用的要求成立。A 工作开始时间推迟属建设单位原因且 A 工作在关键线路上。

(2) 顺延工期要求成立。因该事件为不可抗力事件且 G 工作在关键线路上。

补偿费用要求不成立。因属施工单位自行赶工行为。

(3) 施工单位的做法不妥。施工单位不得拒绝剥离复验。

项目监理机构的做法妥当。对隐蔽工程质量产生质疑时有权进行剥离复验。

(4) 事件 1 发生后应批准工程延期 1 个月。事件 4 发生后应批准工程延期 0.5 个月。其他事件未造成工期延误，故该工程实际工期为 20＋1＋0.5＝21.5（月）。

(5) 在表 4.3 中填出空格处的已完工程计划投资和已完工程实际投资，见表 4.4。

表 4.4　　**1—7 月投资情况**　　单位：万元

月份	第 1 月	第 2 月	第 3 月	第 4 月	第 5 月	第 6 月	第 7 月	合计
拟完工程计划投资	130	130	130	300	330	210	210	1440
已完工程计划投资	70	130	130	300	210	210	204	1254
已完工程实际投资	70	130	130	310	210	228	222	1300

7 月末投资偏差＝1300－1254＝46（万元）＞0，投资超支。

7 月末进度偏差＝1440－1254＝186（万元）＞0，进度拖延。

本 章 小 结

本章要求掌握建筑工程项目投资控制的作用与任务；理解建筑工程投资控制方法和工程变更价款的确定方法。

施工阶段工程投资控制目标是通过有效的投资控制工作和具体的投资控制措施，在满足进度和质量要求的前提下，力求使工程实际投资不超过计划投资。

施工阶段投资控制方法与手段主要是现场签证的审查和工程结算控制。

工程价款价差调整的方法有工程造价指数调整法、实际价格调整法、调价文件计算法、调值公式法等。

复 习 思 考 题

(1) 完成施工阶段投资控制的任务，监理工程师应做好哪些工作?

(2) 按子项目分解得到的资金使用计划表其内容一般包括哪些?

(3) 试述时间——投资累计曲线绘制步骤。

(4) 施工准备阶段的工程造价控制措施有哪些?

(5) 施工阶段的工程造价控制内容有哪些?

(6) 试述项目监理机构进行工程计量和工程款支付工作的程序。

(7) 竣工阶段的工程造价控制措施有哪些?

(8) 试述工程计量的程序。

(9) 工程计量的依据有哪些?

(10) 工程价款的主要结算方式有哪些?

(11) 工程进度款支付过程中，需遵循哪些要求?

(12) 工程进度款支付时限是如何规定的?

(13) 质量保证金的预留如何进行?

(14) 安全施工费用如何支付?

(15) 竣工结算方式有哪些?

(16) 如何编审工程竣工结算?

(17) 如何进行工程竣工结算的审查?

第 5 章　建筑工程项目安全控制

5.1　建筑工程项目安全控制任务

《建设工程安全生产管理条例》提出了监理单位在工程建设中应承担的安全监理责任以及相关法则。明确了监理单位对建设工程安全生产承担三大职责：审核查验职责、安全检查职责和督促整改职责。建设工程安全监理是建设工程监理的重要组成部分，也是建设工程安全生产管理的重要保障。建设工程安全监理的实施，是提高施工现场管理水平的有效方法，也是建设管理体制改革中加强安全管理、控制重大伤亡事故的一种有效手段。

安全监理的具体工作包括以下几个方面：

（1）严格执行《建筑工程安全生产管理条例》，贯彻执行国家现行的安全生产的法律、法规，建设行政主管部门的安全生产的规章制度和建设工程强制性标准。

（2）督促施工单位落实安全生产的组织保证体系，建立健全安全生产责任制。

（3）督促施工单位对工人进行安全生产教育及分部分项工程的安全技术交底。

（4）审核施工方案及安全技术措施。

（5）检查并督促施工单位，按照建筑施工安全技术标准和规范要求，落实分部、分项工程或各工序的安全防护措施。

（6）监督检查施工现场的消防工作、冬季防寒、夏季防暑、文明施工、卫生防疫等各项工作。

（7）进行质量安全综合检查。发现违章冒险作业的要责令其停止作业，发现安全隐患的应要求施工单位整改，情况严重的，应责令停工整改并及时报告建设单位。

（8）施工单位拒不整改或者不停止施工的，监理人员应及时向建设行政主管部门报告。

5.2　建筑工程项目安全监理程序

施工安全监理程序包括以下几个方面。

（1）审查施工单位的有关安全生产的文件：①营业执照；②施工许可证；③安全资质证书；④建筑施工安全监督书；⑤安全生产管理机构的设置及安全专业人员的配备等；⑥安全生产责任制及管理体系；⑦安全生产规章制度；⑧特种作业人员的上岗证及管理情况；⑨各工种的安全生产操作规程；⑩主要施工机械、设备的技术性能及安全条件。

（2）审核施工单位的安全资质和证明文件（总包单位要统一管理分包单位的安全生产工作）。

(3) 审查施工单位的施工组织设计中的安全技术措施或者专项施工方案。

1) 审核施工组织设计中安全技术措施的编写、审批：①安全技术措施应由施工企业工程技术人员编写；②安全技术措施应由施工企业技术、质量、安全、工会、设备等有关部门进行联合会审；③安全技术措施应由具有法人资格的施工企业技术负责人批准；④安全技术措施应由施工企业报建设单位审批认可；⑤安全技术措施变更或修改时，应按原程序由原编制审批人员批准。

2) 审核施工组织设计中安全技术措施或专项施工方案是否符合工程建设强制性标准：

a. 土方工程：地上障碍物的防护措施是否齐全完整；地下隐蔽物的保护措施是否齐全完整；相临建筑物的保护措施是否齐全完整；场区的排水防洪措施是否齐全完整；土方开挖时的施工组织及施工机械的安全生产措施是否齐全完整；基坑的边坡的稳定支护措施和计算书是否齐全完整；基坑四周的安全防护措施是否齐全完整。

b. 脚手架：脚手架设计方案（图）是否齐全完整可行；脚手架设计验算书是否正确齐全完整；脚手架施工方案及验收方案是否齐全完整；脚手架使用安全措施是否齐全完整；脚手架拆除方案是否齐全完整。

c. 模板施工：模板结构设计计算书的荷载取值是否符合工程实际，计算方法是否正确；模板设计应包括支撑系统自身及支撑模板的楼、地面承受能力的强度等；模板设计图包括结构构件大样及支撑系统体系；连接件等的设计是否安全合理，图纸是否齐全；模板设计中安全措施是否周全。

d. 高处作业：临边作业的防护措施是否齐全完整；洞口作业的防护措施是否齐全完整；悬空作业的安全防护措施是否齐全完整。

e. 交叉作业：交叉作业时的安全防护措施是否齐全完整；安全防护棚的设置是否满足安全要求；安全防护棚的搭设方案是否完整齐全。

f. 塔式起重机：地基与基础工程施工是否能满足使用安全和设计需要；起重机拆装的安全措施是否齐全完整；起重机使用过程中的检查维修方案是否齐全完整；起重机驾驶员的安全教育计划和班前检查制度是否齐全；起重机的安全使用制度是否健全。

g. 临时用电：电源的进线、总配电箱的装设位置和线路走向是否合理；负荷计算是否正确完整；选择的导线截面和电气设备的类型规格是否正确；电气平面图、接线系统图是否正确完整；施工用电是否采用 TN－S 接零保护系统；是否实行“一机一闸”制，是否满足分级分段漏电保护；照明用电措施是否满足安全要求。

h. 安全文明管理：检查现场挂牌制度、封闭管理制度、现场围挡措施、总平面布置、现场宿舍、生活设施、保健急救、垃圾污水、放火、宣传等安全文明施工措施是否符合安全文明施工的要求。

(4) 审核安全管理体系和安全专业管理人员资格。

(5) 审核新工艺、新技术、新材料、新结构的使用安全技术方案及安全措施。

(6) 审核安全设施和施工机械、设备的安全控制措施；施工单位应提供安全设施的产地、厂址以及出厂合格证书。

(7) 严格依照法律、法规和工程建设强制性标准实施监理。

(8) 现场监督与检查，发现安全事故隐患时及时下达监理通知，要求施工单位整改或暂停施工：

1）日常现场跟踪监理，根据工程进展情况，监理人员对各工序安全情况进行跟踪监督、现场检查、验证施工人员是否按照安全技术防范措施和操作规程操作施工，发现安全隐患，及时下达监理通知，责令施工企业整改。

2）对主要结构、关键部位的安全状况，除日常跟踪检查外，视施工情况，必要时可做抽检和检测工作。

3）每日将安全检查情况记录在《监理日记》。

4）及时与建设行政主管部门进行沟通，汇报施工现场安全情况，必要时，以书面形式汇报，并做好汇报记录。

（9）施工单位拒不整改或者不停止施工，及时向建设单位和建设行政主管部门报告。

5.3　建设工程项目安全危险源辨识与隐患排查

5.3.1　施工安全危险源辨识与风险评价

5.3.1.1　目的

为了准确的辨识出危险源，进行风险评价，以便采取控制措施。

5.3.1.2　适用范围

适用于所有施工生产、管理、辅助生产、生活场所。

5.3.1.3　危险源的辨识内容

（1）工作环境：包括周围环境、工程地质、地形、自然灾害、气象条件、资源交通、抢险救灾支持条件等。

（2）平面布局：功能分区（生产、管理、辅助生产、生活区）；高温、有害物质、噪声、辐射、易燃、易爆、危险品设施布置；建筑物、构筑物布置；风向、安全距离、卫生防护距离等。

（3）运输路线：施工便道、各施工作业区、作业面、作业点的贯通道路以及与外界联系的交通路线等。

（4）施工工序：物资特性（毒性、腐蚀性、燃爆性）温度、压力、速度、作业及控制条件、事故及失控状态。

（5）施工机具、设备：高温、低温、腐蚀、高压、振动、关键部位的备用设备、控制、操作、检修和故障、失误时的紧急异常情况；机械设备的运动部件和工件、操作条件、检修作业、误运转和误操作；电气设备的断电、触电、火灾、爆炸、误运转和误操作，静电、雷电。

（6）危险性较大设备和高处作业设备：如提升、起重设备等。

（7）特殊装置、设备：锅炉房、危险品库房等。

（8）有害作业部位：粉尘、毒物、噪声、振动、辐射、高温、低温等。

（9）各种设施：管理设施（指挥机关等）、事故应急抢救设施（医院卫生所等）、辅助生产、生活设施等。

（10）劳动组织生理、心理因素和人机工程学因素等。

5.3.1.4 危险源辨识方法

1. 危险因素与危害因素分类

为了便于进行危险源辨识和分析，首先应对危险因素与危害因素进行分类。分类可任选以下两种方法中的一种。

(1) 按导致事故和职业危害和直接原因进行分类，共分为六类：

1) 物理性危险源：①设备、设施缺陷（强度不够、刚度不够、稳定性差、密封不良、应力集中、外形缺陷、外露运动件、制动器缺陷、设备设施其他缺陷），如脚手架、支撑架强度、刚度不够、厂内机动车辆制动不良、起吊钢丝绳磨损严重。②防护缺陷（无防护、防护装置和设施缺陷、防护不当、支撑不当、防护距离不够、其他防护缺陷），如梭矿传动链条无防护罩、洞内爆破作业安全距离不够。③电危害（带电部位裸露、漏电、雷电、静电、电火花、其他电危害），如电线接头未包扎、化纤服装在易燃易爆环境中产生静电。④噪声危害（机械性噪声、电磁性噪声、液体动力性噪声、其他噪声），如手风钻、空压机、通风机工作时发生噪声。⑤振动危害（机械性振动、电磁性振动、液体动力性振动、其他振动），如手风钻工作时的振动。⑥电磁辐射（电离辐射：X射线、γ射线、α粒子、β粒子、质子、中子、高能电子束等；非电离辐射：紫外线、激光、射频辐射、超高压电场），如核子密度仪、激光导向仪发出的辐射。⑦运动物危害（固体抛射物、液体飞溅物、反弹物、岩土滑动、堆料垛滑动、气流卷动、冲击地压、其他运动危害）。⑧明火。⑨能造成灼伤的高温物质（高温气体、高温固体、高温液体、其他高温物质），如气割产生的高温颗粒。⑩能造成冻伤的低温物质（低温气体、低温固体、低温液体、其他低温物质），如氮、氧气泄漏。⑪粉尘与气溶胶（不包括爆炸性、有毒性粉尘与气溶胶），如洞内二氧化硅粉尘。⑫作业环境不良（作业环境不良、基础下沉、安全过道缺陷、采光照明不良、有害光照、通风不良、缺氧、空气质量不良、给排水不良、涌水、强迫体位、气温过高、气温过低、气压过高、气压过低、高温高湿、自然灾害、其他作业环境不良）。⑬信号缺陷（无信号设施、信号选用不当、信号位置不当、信号不清、其他信号缺陷）。⑭标志缺陷（无标志、标志不清楚、标志不规范、标志选用不当、标志位置缺陷、其他标志缺陷）。⑮其他物理性危险因素与危害因素。

2) 化学性危险因素与危害因素：①易燃易爆性物质（易燃易爆性气体、易燃易爆性液体、易燃易爆性粉尘与气溶胶、其他易燃易爆性物质），如火工品、瓦斯。②自燃性物质，如煤。③有毒物质（有毒气体、有毒液体、有毒固体、有毒粉尘与气溶胶、其他有毒物质），如沥青熔化过程中产生毒气。④腐蚀性物质（腐蚀性气体、腐蚀性液体、腐蚀性固体、其他腐蚀性物质），如充电液中的硫酸。⑤其他化学性危险因素与危害因素。

3) 生物性危险因素与危害因素：①致病微生物（细菌、病毒、其他致病微生物）；②传染病媒介物；③致害动物；④致害植物；⑤其他生物性危险因素与危害因素。

4) 心理、生理危险因素与危害因素：①负荷超限（体力负荷超限、听力负荷超限、视力负荷超限、其他负荷超限）；②健康状况异常；③从事禁忌作业；④心理异常（情绪异常、冒险心理、过度紧张、其他心理异常）；⑤辨识功能缺陷（感知延迟、辨识错误、其他辨识功能缺陷）；⑥其他心理、生理性危险因素与危害因素。

5) 行为性危险因素与危害因素：①指挥错误（指挥失误、违章指挥、其他指挥失误）；②操作失误（误操作、违章作业、其他操作失误）；③监护失误；④其他错误。

6）其他行为性危险因素与危害因素。

（2）参照事故类别和职业病类别进行分类，共分为二十类：

1）物体打击：是指失控物体的惯性力造成人身伤亡事故。如落物、滚石、锤击、碎裂、砸伤和造成的伤害，不包括机械设备、车辆、起重机械、坍塌、爆炸引发的物体打击。

2）车辆伤害：是指本企业机动车辆引起的机械伤害事故。如机动车在行驶中的挤、压、撞车或倾覆等事故，在行驶中上下车、搭乘电瓶车、矿车或放飞车引起的事故，以及车辆挂钩、跑车事故。

3）机械伤害：是指机械设备与工具引起的绞、碾、碰、割、戳、切等伤害。如工具或刀具飞出伤人，切削伤人，手或身体被卷入，手或其他部位被刀具碰伤，被转动的机具缠压住等。不包括车辆、起重机械引起的伤害。

4）起重伤害：是指从事各种起重作业时引起的机械伤害事故。不包括触电、检修时制动失灵引起的伤害，上下驾驶室时引起的坠落。

5）触电：指电流流经人身，造成生理伤害的事故，包括雷击伤亡事故。

6）淹溺：包括高处坠落淹溺，不包括矿山、井下、隧道、洞室透水淹溺。

7）灼烫：是指火焰烧伤、高温物体烫伤、化学灼伤（酸、碱、盐、有机物引起的体内外灼伤）、物理灼伤（光、放射性物质引起的体内外灼伤），不包括电灼伤和火灾引起的烧伤。

8）火灾：指造成人员伤亡的企业火灾事故，不包括非企业原因造成的火灾。

9）高处坠落：是指在高处作业中发生坠落造成的伤亡事故，包括脚手架、平台、陡壁施工等高于地面和坠落，也包括由地面坠入坑、洞、沟、升降口、漏斗等情况，不包括触电坠落事故。

10）坍塌：是建筑物、构筑物、堆置物等倒塌以及土石塌方引起的事故。适用于因设计或施工不合理而造成的倒塌，以及土方、岩石发生的塌陷事故。如建筑物倒塌、脚手架倒塌，挖掘沟、坑、洞时土石塌方等情况，不适用于矿山冒顶片帮和爆炸、爆破引起的坍塌。

11）冒顶片帮：指隧道、洞室矿井工作面、巷道侧壁由于支护不当、压力过大造成的坍塌，称为片帮；拱部、顶板垮落为冒顶。二者常同时发生，简称冒顶片帮。

12）透水：指矿山、地下隧道、洞室开采或其他坑道作业时，意外水源带来的伤亡事故。

13）放炮：是指爆破作业中发生的伤亡事故。

14）瓦斯爆炸：指可燃性气体瓦斯、煤尘与空气混合形成了达到燃烧极限的混合物，接触火源时，引起的化学性爆炸事故。

15）火药爆炸：是指火药、炸药及其制品在生产、加工、运输、贮存中发生的爆炸事故。

16）锅炉爆炸：指锅炉发生的物理性爆炸事故。

17）容器爆炸：容器（压力容器、汽瓶的简称）是指比较容易发生事故，且事故危害性较大的承受压力载荷的密闭装置。容器爆炸是指压力容器破裂引起的气体爆炸即物理性爆炸。包括容器内盛装的可燃性液化气在容器破裂后，立即蒸发，与周围的空气形成爆炸性气体混合物，遇到火源时形成的化学爆炸，也称容器的二次爆炸。

18）其他爆炸：不属于上述爆炸的事故。

19）中毒和窒息：指人体接触有毒物质，如在误吃有毒食物或呼吸有毒气体引起的人体急性中毒事故，或在废弃的坑道、横通道、暗井、涵洞、地下管道等不通风的地方工作，因为氧气缺乏有时会发生突然晕到，甚至死亡的事故称为窒息。不适用于病理变化导致的中毒和窒息事故，也不适用于慢性中毒和职业病导致的死亡。

20）其他伤害：凡不属于上述伤害的事故均称为其他伤害。如扭伤、跌伤、冻伤、野兽咬伤、钉子扎伤等。

2. 危险源辨识准备

在危险源辨识前，各单位负责此项工作的人员应做好充分准备：

（1）各级管理者要高度重视，在人员、时间、和其他资源上给予支持和保证。

（2）必须由懂专业、有经验的人员组成辨识小组，如生产经理、技术经理、安全特派员、施工队长、工程师、技术员、安全员、班组长、绞车司机、管库员、调度员、现场施工人员。

（3）识别和应用的法律法规要全，基本覆盖本单位、本项目的所有施工、作业（工作）及设备（设施）。

（4）对参加辨识的员工掌握辨识范围和类别的基本情况，了解法律法规对本单位、本项目安全具体要求。

（5）料准备齐全。

（6）首先确定业务活动内容及活动场所，然后开始对危险源及其潜在风险进行辨识。

3. 危险源辨识方法

（1）调查法：辨识小组按上述内容在现场进行调查、辨识。

（2）安全检查表辨识法：辨识小组按辩识内容编制安全检查表，进行辨识。

（3）经验法：辨识小组按辩识内容，结合以往经验进行辨识。

（4）经辨识的危险源填入《危险源调查表》内。

4. 危险源辨识的确定要点

（1）重大危险源是指能导致重大事故发生的危险因素，具有伤亡人数众多、经济损失严重、社会影响大的特征。

（2）危险险源一般出现在：冒顶、突水涌水、煤层瓦斯、斜竖井提升、掘进爆破、基础开挖、起吊作业、多人高处作业、高压电气、锅炉压力容器、油料、爆破物品贮运等。

（3）危险源的确定要防止遗漏，不仅要分析正常施工、操作时的危险因素，更重要的是要充分考虑组织活动的三种时态（过去、现在、将来）和三钟状态（正常、异常、紧急）下潜在的各种危险，分析支护失效，设备、装置破坏及操作失误可能产生严重后果的危险因素。

5.3.1.5 风险评价办法

（1）风险评价应由有关管理人员、技术人员成立评价小组，在熟悉作业现场、相关法规、标准、评价方法后方能进行。

（2）专家打分评价法。

1）由评价小组（一般 5～7 人）对本单位、本项目已辨识出的危险源进行逐个打分，根据分值大小确定一般危险源和重大危险源。在评价时要考虑：*A* 伤害程度；*B* 风险发生的可能性；*C* 法律法规符合性；*D* 影响程度；*E* 资源消耗等因素。其分值大小见表 5.1。

表 5.1　　危险源评价专家打分法分值表

评价项目	伤害可能的程度	应得分值
A 伤害程度	严重	5
	一般	3
	轻微	1
B 风险发生的可能性	大	5
	中	3
	小	1
C 法律法规符合性	超标	5
	接近标准	3
	达标	1
D 影响范围	周围社区	5
	场界内	3
	操作者本人	1
E 资源消耗	大	3
	中	2
	小	1

2）评价时，对应《危险源评价专家打分法分值表》，几人同时对某一危险源进行打分，然后由主持人将各位专家的分值相加，再除以人数，所得分数即为危险源和级别分数。综合得分在 12 分以下为一般危险源，12 分以上为重大危险源；当 $A=5$ 和 $B=5$ 时，也应定为重大危险源。评价情况填入《危险源（专家打分法）评价表》内。

（3）条件危险性评价法（LEC 法）。

1）作业条件危险性评法用与系统风险有关的三种因素之积来评价操作人员伤亡风险大小，这三种因素是：*L*（事故发生的可能性）、*E*（人员暴露于危险环境中的频繁程度）和 *C*（一旦发生事故可能造成的后果）。其赋分标准见表 5.2～表 5.4。

表 5.2　　事故发生的可能性

L 值	事故发生的可能性	*L* 值	事故发生的可能性
10	完全可以预料	1	可能性小，完全意外
6	相当可能	0.5	很不可能，可以设想
3	可能，但不经常	0.2	极不可能

表 5.3 **人员暴露于危险环境中的频繁程度**

E 值	暴露于危险环境的频繁程度	E 值	暴露于危险环境的频繁程度
10	连续暴露	2	每月 1 次暴露
6	每天工作时间内暴露	1	每年几次暴露
3	每周 1 次，或偶然暴露	0.5	非常罕见暴露

表 5.4 **发生事故可能造成的后果**

C 值	危险严重度因素
100	造成 30 人以上（含 30 人）死亡，或者 100 人以上重伤（包括急性工业中毒，下同），或者 1 亿元以上直接经济损失
40	造成 10～29 人死亡，或者 50～99 人重伤，或者 5000 万元以上 1 亿元以下直接经济损失
15	造成 3～9 人死亡，或者 10～49 人重伤，或者 1000 万元以上 5000 万元以下直接经济损失
7	造成 3 人以下死亡，或者 10 人以下重伤，或者 1000 万元以下直接经济损失
3	无人员死亡，致残或重伤，或很小的财产损失
1	引人注目，不利于基本的安全卫生要求

2）由评价小组专家共同确定每一危险源的 LEC 各项分值，然后再以三个分值的乘积来评价作业条件危险性的大小，即 $D=LEC$。

危险源风险等级划分以作业条件危险性大小 D 值作为标准，按表 5.5 的规定确定。

表 5.5 **作业条件危险性评价法危险性等级划分标准**

D 值区间	危 险 程 度	风险等级
$D>320$	极其危险，不能继续作业	重大风险
$320\geqslant D>160$	高度危险，需立即整改	较大风险
$160\geqslant D>70$	一般危险（或显著危险），需要整改	一般风险
$D\leqslant 70$	稍有危险，需要注意（或可以接受）	低风险

危险源分两个级别，分别为重大危险源和一般危险源。

危险源的风险等级分为四级，由高到低依次为重大风险、较大风险、一般风险和低风险。

重大风险：发生风险事件概率、危害程度均为大，或危害程度为大、发生风险事件概率为中；极其危险，由项目法人组织监理单位、施工单位共同管控，主管部门重点监督检查。

较大风险：发生风险事件概率、危害程度均为中，或危害程度为中、发生风险事件概率为小；高度危险，由监理单位组织施工单位共同管控，项目法人监督。

一般风险：发生风险事件概率为中、危害程度为小；中度危险，由施工单位管控，监理单位监督。

低风险：发生风险事件概率、危害程度均为小；轻度危险，由施工单位自行管控。

5.3.2　施工安全生产事故隐患排查

5.3.2.1　安全生产事故隐患排查的基本概念

安全生产事故隐患是指违反安全生产法律、法规、规章、标准、规程和安全生产管理制度的规定，或者因其他因素在生产经营活动中存在可能导致事故发生的物的危险状态、人的不安全行为和管理上的缺陷。

事故隐患分为一般事故隐患、重大事故隐患。

一般事故隐患是指危害和整改难度较小，发现后能够立即整改排除的隐患。

重大事故隐患重大事故隐患，是指危害和整改难度较大，应当全部或者局部停产停业，并经过一定时间整改治理方能排除的隐患，或者因外部因素影响致使生产经营单位自身难以排除的隐患。

对于重大事故隐患，由单位主要负责人组织制定并实施事故隐患治理方案。在事故隐患治理过程中，事故隐患部门应当采取相应的安全防范措施，防止事故发生。

5.3.2.2　基本要求

（1）工程参建各方应当依照法律、法规、规章、标准和规程的要求从事生产经营活动。严禁非法从事生产经营活动。

（2）工程参建各方是开展事故隐患排查治理的责任主体。

（3）工程参建各方应按照自查自改、检查总结提高的原则，落实企业的安全生产主体责任和项目的事故隐患排查治理工作。

（4）工程参建各方应落实岗位安全职责，保障事故隐患排查治理工作所需资金、设备和人员等有效投入。

（5）工程参建各方应建立事故隐患排查治理制度，确保事故隐患得到及时消除或控制，推进企业安全生产标准化管理。

（6）工程参建各方应主动接受政府部门监督管理和社会监督。

5.3.2.3　参建各方职责

1. 建设单位职责

（1）对建筑工程施工安全生产工作负首要责任，应设立专门的安全生产管理机构，全面协调督促勘察、设计、施工、监理单位组织开展事故隐患排查治理工作。

（2）可委托依法设立的第三方服务机构，为事故隐患排查治理工作提供技术、管理服务，但安全生产责任仍由建设单位承担。

（3）按照规定及合同约定，向施工单位足额及时支付事故隐患排查治理所需相关费用。

2. 勘察、设计单位职责

勘察、设计单位在勘察设计阶段提前识别工程施工中存在的安全风险，考虑施工安全操作和施工安全保障措施的需要，在勘察设计文件中注明涉及施工安全的重点部位和环节，提出保障工程周边环境安全和工程施工安全的措施建议，必要时进行专项设计。

3. 施工单位职责

（1）对施工过程中安全生产工作负主体责任，应将事故隐患排查治理工作纳入企业安全生产责任制。

（2）建立健全事故隐患排查治理各项工作制度，明确安全、技术、成本等部门及岗位的工作职责；制定事故隐患排查治理工作监督检查计划；督促指导项目部开展事故隐患排查治理工作，重点审查重大事故隐患整改情况；定期总结分析事故隐患排查治理情况，持续改进和完善隐患排查治理体系。

（3）制定隐患排查工作计划，组织本单位技术、工程、劳务、物资等管理部门，对施工项目部事故隐患排查治理情况进行督导检查。

（4）积极配合住房和城乡建设部门及其他有关部门依法履行事故隐患监督检查职责，不得拒绝和阻挠。

（5）施工单位主要负责人对本单位事故隐患排查治理工作全面负责，保障事故隐患治理资金投入，及时掌握重大事故隐患治理情况，督促有关部门制定重大事故隐患治理和防范措施，并明确分管负责人。

（6）施工单位分管负责人负责组织检查事故隐患排查治理制度落实情况，定期研究解决事故隐患排查治理工作中出现的问题，及时向主要负责人报告重大情况，对所分管部门和单位的事故隐患排查治理工作负责。

（7）工程项目实行施工总承包的，施工总承包单位应负责协调各分包单位开展事故隐患排查治理工作。各分包单位应服从施工总承包单位的管理，具体负责分包范围内的事故隐患排查治理工作。

（8）施工单位其他负责人按照“一岗双责”要求，对所分管部门和单位的事故隐患排查治理工作负责。

（9）项目负责人对本建筑工程项目安全生产管理全面负责，明确项目管理人员安全职责，落实安全生产管理制度。应按照规定实施项目安全管理，及时排查治理施工现场事故隐患，建立事故隐患排查治理档案；发生事故时，应当按规定及时报告并开展现场救援。

（10）项目专职安全生产管理人员应当每天在施工现场开展事故隐患排查，现场监督危险性较大的分部分项工程安全专项施工方案实施。对检查中发现的事故隐患，应当立即处理；不能处理的，应当及时报告项目负责人和企业安全生产管理机构。项目负责人应当及时处理。

4. 监理单位职责

（1）建立本单位事故隐患排查治理工作制度，将事故隐患排查治理工作列入监理计划，制定相应监理实施细则。

（2）定期对监理单位项目部事故隐患排查治理工作进行检查，确保监理单位项目部事故隐患排查治理制度落实，人员配备齐全。

（3）督促施工单位开展现场事故隐患排查治理工作，定期参加建设单位组织的施工现场事故隐患排查治理工作联合检查。

（4）通过现场巡查、旁站监督、审核查验等方式，检查管控施工单位事故隐患排查治理情况，审查项目部事故隐患排查治理工作的相关资料，参加建设、施工等有关单位组织的事故隐患排查治理联合检查，对发现的事故隐患整改情况进行复查。

（5）发现施工单位一般事故隐患排查治理措施未落实或落实不到位的，要求施工单位限期整改。发现重大事故隐患治理措施未落实或落实不到位的，应要求施工单位暂时停止施工，并及时报告建设单位。施工单位拒不整改或者不停止施工的，应及时报告属地住房城乡建设部门。

5. 安全生产技术服务机构职责

取得国家规定的执业资质，依照法律、法规、规章、国家标准或者行业标准的规定，接受相关单位的委托为其安全生产工作及事故隐患排查治理工作提供技术、管理服务，对出具的报告或意见负责。

5.3.2.4　制度建立

1. 基本要求

(1) 工程参建各方应针对每个工程项目建立项目事故隐患排查治理制度。

(2) 事故隐患排查治理制度的建立，应在安全生产相关政策、标准以及法律法规、规章的指导下形成。

(3) 事故隐患排查治理制度应明确各相关部门、人员的职责与权限、工作内容、工作程序及标准。

(4) 事故隐患排查治理制度应随有关法律法规以及企业生产经营、管理体制的变化，实时更新、修订完善。

(5) 事故隐患排查治理工作必须依据事故隐患排查治理制度开展。

2. 建设单位制度要求

建设单位的事故隐患排查治理制度建立，应覆盖项目全部参建主体的安全生产行为。

3. 施工单位制度要求

(1) 施工单位必须在本单位安全生产体系的基础上，建立健全工程项目的事故隐患排查治理制度，明确事故隐患排查工作的决策、管理、实施的机构或岗位。

(2) 施工单位建立的事故隐患排查治理制度应包括以下内容：①明确各级管理人员及相关部门事故隐患排查治理工作要求、职责范围、管理责任；②按照规定对本单位存在的重大事故隐患作出判定，结合实际编制企业范围隐患清单库，包含一般事故隐患与重大事故隐患目录；③对项目专业承包、劳务承包等企业的事故隐患排查治理工作管理的相关内容；④对重大事故隐患、一般事故隐患的处理措施及流程等事项作出具体规定；⑤事故隐患排查治理专项资金保障措施；⑥对企业相关人员、部门事故隐患排查治理工作进行考核；⑦组织开展相应培训，提高施工现场事故隐患排查治理能力；⑧应当纳入的其他内容。

(3) 施工单位项目部应严格落实企业事故隐患排查治理工作制度，明确各部门、施工班组、管理人员和作业人员的工作职责和任务。制定工程项目事故隐患排查治理工作计划，定期对施工现场事故隐患进行排查。

4. 监理单位制度建立要求

监理单位必须建立健全项目监理部事故隐患排查治理制度，明确责任人、管理职责，并按照相关法律法规、标准规范的要求监督检查项目施工单位的事故隐患排查治理工作。

5. 其他参建单位制度建立要求

工程其他参建各方（安全生产技术服务机构、设备租赁单位等）应根据项目概况和建设、施工总承包、监理单位的事故隐患排查治理制度，建立健全自身的项目事故隐患排查治理制度，明确各相关责任岗位和责任人。

5.3.2.5 事故隐患排查

1. 事故隐患排查类别

(1) 工程参建各方应结合日常安全生产管理工作开展事故隐患排查工作，包括定期事故隐患排查、日常事故隐患排查、季节性及节假日前后事故隐患排查、专项事故隐患排查、事故类比事故隐患排查、综合性事故隐患排查等。

(2) 定期事故隐患排查。根据工程规模、性质及地区气候、地理环境等因素制定的周期性事故隐患排查计划，定期组织对建筑工程施工现场安全生产情况进行的全面性事故隐患排查。

(3) 日常事故隐患排查。施工班组、岗位员工的交接班检查和班中巡回检查，以及项目专职安全管理人员进行的日常性事故隐患排查，重点是对关键装置、关键环节的检查和巡查。

(4) 季节性及节假日前后事故隐患排查。根据工程所在地区的气候环境特点，组织的高温、汛期、冰冻等恶劣天气和重大活动及节假日前后开展的事故隐患排查。

(5) 专项事故隐患排查。对某个专项问题或在施工中存在的普遍性安全问题进行的单项定性或定量事故隐患排查。

(6) 事故类比事故隐患排查。是企业内或同类企业发生事故后，或某一类事故隐患频繁出现而进行的类比事故隐患排查。

(7) 综合性事故隐患排查。由上级主管部门或地方政府有安全生产监督管理职责的部门，对辖区内房屋市政工程安全生产管理情况进行的督查或巡查。

2. 事故隐患排查频次

事故隐患排查的频次应符合以下要求：

(1) 项目专职安全管理人员应结合施工动态进行事故隐患排查，每天不少于1次，并留有记录。

(2) 项目各相关部门负责人应按照岗位责任制要求，每周不少于1次专项事故隐患排查，并建立隐患台账。

(3) 项目负责人应按照岗位责任制要求，每月组织不少于1次事故隐患排查，并建立台账。

(4) 总承包工程项目部应组织各分包单位每周进行不少于1次事故隐患排查，并建立台账。

(5) 施工企业应对工程项目施工现场安全生产情况每月进行不少于1次事故隐患排查，针对事故隐患排查中发现的普遍性、倾向性问题，安全生产状况较差的工程项目，组织专项隐患检查，并建立事故隐患排查台账。

(6) 施工企业应针对承建工程所在地区的气候与环境特点，组织季节性的事故隐患排查，并建立台账。

(7) 当获知同类企业发生伤亡及设备、火灾、爆炸等事故，或当企业某一类隐患在检查中频繁出现时，应举一反三，及时进行事故类比事故隐患排查。

(8) 当发生以下情形之一，施工单位应及时组织进行相关专业的事故隐患排查：

①颁布实施有关新的法律法规、标准规范或原有适用法律法规、标准规范重新修订的；②组织机构和人员发生重大调整的；③施工工艺、设备设施、技术方案、地质条件或施工队伍发生重大改变的；④外部安全生产环境发生重大变化的；⑤发生事故或对事故、事件有新的认识的；⑥气候条件发生大的变化或预报可能发生重大自然灾害的；⑦中止施工后再次恢复施工的。

（9）对于办公区、生活区、已完工区域等不经常发生变化的，可依据实际变化情况确定排查周期，如果发生变化，应及时进行事故隐患排查。

3. 事故隐患排查档案

（1）所有事故隐患排查和整改情况应做好记录，建立事故隐患排查治理档案，保存事故隐患排查和治理活动资料与记录。

（2）对事故隐患排查中发现的问题，应按事故隐患类别分类记录，定期统计，并应分析确定多发和重大事故隐患类别，制定实施治理措施。

（3）鼓励使用现代信息化技术开展事故隐患排查、数据统计分析，提高事故隐患排查工作效率。

5.3.2.6　事故隐患分级

1. 事故隐患分级判定公式

（1）事故隐患特征值（等级）判别公式和判定标准

$$L=D\times C\times Rn$$

式中　L——事故隐患特征值（等级）；

D——事故隐患系数，发生事故所导致的后果的严重程度；

C——事故隐患发生的部位和类别；

Rn——事故隐患发生的相对数量。

1）按事故隐患发生的部位和类别（C）划分为：①一般工程事故隐患，对应系数为 1；②危险性较大的分部分项工程事故隐患，对应系数为 4；③超过一定规模的危险性较大分部分项工程事故隐患，对应系数为 8。

2）按事故隐患在相对范围内存在的数量（Rn）划分为：①个别，指发现的同类事故隐患数量少量存在，或低于受检样本数量的 20%（不含），对应系数为 1；②部分，指发现的同类事故隐患数量较多，或占受检样本数量的 20%～50%（不含）以内，对应系数为 1.5；③普遍，指发现的同类事故隐患数量大量存在，或高于受检样本数量的 50%，对应系数为 2.0。

3）事故隐患系数（D）的取值详见附录 B“各类事故隐患系数数值表”。

2. 事故隐患分级判定

（1）当 $24<L$，判定为一级事故隐患。

（2）当 $12<L\leqslant 24$，判定为二级事故隐患。

（3）当 $4<L\leqslant 12$，判定为三级事故隐患。

（4）当 $L\leqslant 4$ 时，判定为四级事故隐患。

一级事故隐患和二级事故隐患属于重大事故隐患，三级事故隐患和四级事故隐患属于一般事故隐患。

5.3.2.7　事故隐患治理

1. 基本要求

（1）对于排查出的一般事故隐患，由相关责任人或者有关人员立即组织整改，整改完成后由施工单位项目部专职安全管理人员组织相关人员复查，隐患消除后方可进行下一道工序或恢复施工。

（2）对于排查出的重大事故隐患，应及时向本单位上级管理部门和监理单位、建设单位报告，同时局部或全部停止施工。在保证施工安全的前提下实施整改，整改完成后经施工单位安全生产管理部门组织相关技术质量管理人员、安全生产管理人员、工程管理人员等进行复查，复查合格后报总监理工程师进行核查，核查合格后方可进入下一道工序或恢复施工。

（3）事故隐患治理要做到方案科学、资金到位、治理及时、责任到人、限期完成。

2. 基本原则

（1）以人为本原则：在事故隐患治理过程中，应当首先考虑人员的安全，采取相应的安全防范措施，防止事故发生。事故隐患消除前或者消除过程中无法保证安全的，应当从危险区域内撤出作业人员，并疏散可能危及的其他人员，设置警戒标志，暂时停止施工或者停止使用。

（2）立查立改原则：针对排查发现的问题和隐患，根据问题性质的不同，提出立即整改、限期整改等措施要求，定人、定时间、定措施进行整改，直至消除事故隐患。

（3）举一反三原则：对于排查发现的问题和隐患，施工单位应从管理的高度，举一反三，制定整改计划并积极落实整改，全面整治同类隐患，有效控制或消除危险源。

3. 治理目的

（1）消除或减弱生产过程中产生的危险、有害因素。

（2）处置危险有害物，并降低到国家规定的限值内。

（3）预防生产设备装置失灵和操作失误产生的危险、有害因素。

（4）有效地预防重大事故和职业危害的发生。

（5）发生意外事故时，能为遇险人员提供自救和互救的条件。

4. 事故隐患分级治理

（1）发现的一级事故隐患，应由施工企业技术负责人组织落实事故隐患的整改治理工作，并报项目建设单位或监理单位。项目建设单位或监理单位应组织施工单位对一级事故隐患整改完成情况进行验收，建设单位可根据事故隐患治理复杂程度要求相关责任单位组织进行整治效果专家论证。

（2）发现的二级事故隐患，应由项目负责人负责组织落实事故隐患的整改治理工作，并报项目建设单位或监理单位。项目建设单位或监理单位应组织施工单位对二级事故隐患整改完成情况进行验收，并形成书面记录。由施工企业安全管理部门对事故隐患整改落实情况及相关记录台账进行监督和抽查。

（3）发现的三级事故隐患，应由项目安全管理部门负责组织落实事故隐患的整改治理工作，并形成书面记录。项目负责人定期对事故隐患整改落实情况进行监督并抽查。

（4）发现的四级事故隐患，应由相关生产负责人组织立即组织整改和验收，并制定落实该类事故隐患的长效整改治理措施，形成书面记录。由项目安全管理部门定期对事故隐患整改落实情况进行抽查。

(5) 事故隐患排查治理方案应当包括以下内容：①治理的目标和任务；②采取的方法和措施；③经费和物资的落实；④负责治理的机构和人员；⑤治理的时限和要求；⑥安全措施和应急预案。

5.3.3　安全风险分级管控与隐患排查双重预防机制

1. 明确构建双重预防机制的实施主体

根据《中华人民共和国安全生产法》第三条："安全生产工作实施管行业必须管安全、管业务必须管安全、管生产经营必须管安全"及第四十一条："生产经营单位应当建立安全风险分级管控制度，按照安全风险分级采取相应的管控措施。生产经营单位应当建立健全并落实生产安全事故隐患排查治理制度，采取技术、管理措施，及时发现并消除事故隐患"规定，建设单位、施工、监理企业及其他参建企业均属于生产经营单位，履行安全生产主体责任。构建双重预防机制应由建设单位会同施工、监理企业及其他参建企业具体实施。

2. 明确构建双重预防机制的实施内容

(1) 编制项目双重预防机制实施方案。

编制内容：安全风险辨识与管控、事故隐患排查治理、各企业工作分工和奖惩措施等。

编制依据：《安全生产法》第四十一条、建筑施工安全风险分级管控与隐患排查治理工作要求和项目实际等。

编制要求：①方案由施工企业项目经理进行研究、编制，若专业技术能力不足，必须提请公司一级或公司总部技术负责人和安全主管进行研究、编制；②方案应在项目取得施工许可证后、现场实际开工前完成，并留存项目部备查；③方案中建设单位、施工、监理企业工作分工应明确；④方案中的安全风险辨识与管控制度和事故隐患排查治理制度应包括但不限于工作目标、组织领导、排查内容（安全风险辨识内容）、工作步骤、实施方式和工作要求；⑤专项施工方案应当由施工单位技术负责人审核签字、加盖单位公章，并由总监理工程师审查签字、加盖执业印章后方可实施；⑥建设单位应督促施工企业构建双重预防机制，督促监理企业落实现场隐患安全监理责任。对发现的现场隐患未采取有效措施立即整改的，应责令施工单位限期整改，对仍不及时落实整改的，应采取停工措施并向属地政府施工安全监督站及时报告。

(2) 编制填写《建筑施工现场安全风险辨识分级管控台账》见表 5.6。

编制依据：建筑施工安全风险分级管控与隐患排查治理工作要求和项目实际。

编制要求：①表格由施工企业项目部技术负责人和项目经理共同研究、编制，若专业技术能力不足，必须提请公司一级或公司总部技术负责人和安全主管进行研究、编制；②应根据建筑施工安全风险分级管控与隐患排查治理工作要求，查阅具体法律法规和规范标准，结合项目专项方案、图纸和特性完成项目表格编制；③风险辨识数据应明确、各分部分项应完整；④必须在具体分部分项实施前 10 个工作日内完成，需留存项目部备查；⑤风险分级/风险标识应由编制人根据建筑施工安全风险分级管控与隐患排查治理要求和项目实际进行分析研判，从而明确风险分级。

表 5.6　　　　建筑施工现场安全风险辨识分级管控台账

序号	分部分项工程/部位	风险辨识	可能导致事故类型	风险分级/风险标识	主要防范措施	工作依据

（3）编制填写《建筑施工企业安全风险分级管控清单》见表 5.7。

编制依据：建筑施工安全风险分级管控与隐患排查治理工作要求和项目实际。

编制要求：①应由施工企业技术负责人或项目经理填写表格，要求每日更新；②填写人应把危险性较大的分部分项工程单独列出，并于专项施工方案实施的 5 个工作日前，将表格报送属地政府施工安全监督站；③严格落实《建筑施工领域推行风险主动报告的通知》要求，一是由施工单位牵头汇总分包单位和监理单位有关情况，实行危大工程动工前主动报告。包括报告危大工程的专项施工方案、人员到岗承诺书、安全应急预案等，应联同此表格一并报送。二是企业主体责任履行主动报告，施工总承包单位一季度内不少于一次向属地政府安全管理主动报告安全生产主体责任履行情况，包括企业负责人带班检查、项目负责人带班生产、保障安全投入、风险预防和隐患排查治理、应急救援演练、人员教育培训以及危大工程管控措施落实情况。

表 5.7　　　　建筑施工企业安全风险分级管控清单

施工单位：

序号	工程名称	风险部位	计划开工时间	计划结束时间	项目安全员	负责领导	备注

（4）编制填写《安全风险分级管控和隐患排查治理双重预防机制台账》见表 5.8。

编制依据：建筑施工现场安全风险辨识分级管控要求、按照项目双重预防机制实施方案开展的每日、每周、每月安全检查情况。

编制内容：风险辨识、风险等级、检查频率、排查隐患清单、排查人、整改时限、整改人、公司奖惩制度执行情况等。

编制要求：①安全隐患排查人应将排查隐患交于安全资料员收集汇总，并根据检查情况分楼栋每日形成《双重预防机制台账》，各楼栋每个月应单独成册，安全资料员不得编造内容填写。②每栋楼的《双重预防机制台账》中的“风险辨识”“风险分级”“检查频率”“排查人”应在施工前 5 个工作日明确、填写完善，留存项目部备查。③施工单位技术负责人应对照项目《建筑施工现场安全风险辨识分级管控台账》中的“风险辨识”填写《双重预防机制台账》中的“风险辨识”一栏，根据具体楼栋的施工实际，可将不存在的分部分项工程的风险辨识删除；④《双重预防机制台账》中的“风险分级”应和项目《建筑施工现场安全风险辨识分级管控台账》中的“风险分级”一致，由施工单位技术负责人和项目经理进行明确；⑤施工单位技术负责人和项目经理进行应根据安全风险等级和施工现场安全隐患的动态变化规律明确《双重预防机制台账》中的“检查频率”，检查频率原则上分为每日、每周、每月；⑥应根据双重预防机制实施方案，由施工单位项目经理明确各分部分项的排查责任人，按分工开展安全检查。各排查责任人将安全隐患排查情况报安全资料员，由资料员汇总并记录，形成《双重预防机制台账》中的“排查隐患清单”。

表 5.8　　安全风险分级管控和隐患排查治理双重预防机制台账

排查日期：　　　　　　楼栋号：

	风险辨识		风险分级	检查频率	排查隐患清单	排查人	整改时限	整改人	公司奖惩制度执行情况	备注
补充说明		对照《建筑施工安全风险分级管控与隐患排查治理工作指引》中的附表 2 填写	应根据《双重治理体系指引》和项目实际制定风险等级	应根据安全风险动态变化规律、风险等级制定	各分部分项应全覆盖，不留死角，全面排查	现场实际排查人	根据实际整改时间需要制定	实际整改负责人	根据项目部编制奖惩制度执行	
例子	某分部分项 1	具体检查标准 1	一级风险	每日	具体存在问题 1	×××	3 日	×××	排查人严格按照标准 1 查出问题奖励×元	
		具体检查标准 2	二级风险	每周	具体存在问题 2	×××	2 日	×××	排查人未严格按照标准 2 全面查出问题处罚×元	
		具体检查标准 3	三级风险	每月	具体存在问题 3	×××	1 日	×××	…	
	某分部分项 2									

注　每栋楼、每日应单独排出一张治理台账，每个月每栋楼单独成册。

(5) 填写、公示《施工现场安全隐患排查公示牌》见表 5.9。

公示的内容：（包括但不限于）现场隐患所属分部分项、排查隐患内容、隐患部位、隐患等级、排查时间、整改时限、排查责任人、联系方式、整改责任人和整改情况等。

公示的依据：依据《双重预防机制台账》中的“排查隐患清单”，逐一分析、核对。其中半天内可立即整改的立行立改无需公示；需要一天及以上、或安全风险等级较高、或存在即时安全隐患的需填入公示牌，向建筑从业人员公示。

公示的要求：①需要公示的隐患要当天在施工现场显著位置（如每栋单体的安全出入口）设置《公示牌》；②项目经理应每天及时掌握《公示牌》的信息，并对双重预防机制的落实情况负总责；③项目经理应不定期开展督查，根据双重预防机制实施方案和排查责任人、整改责任人的工作情况，落实奖惩措施；④监理企业应依据《双重预防机制台账》及《公示牌》，明确排查监理人员，逐条核查施工单位的发现的现场安全隐患的整改落实情况；⑤监理企业在实施监理过程中，发现存在安全事故隐患的，应当要求施工单位整改；情况严重的，应当要求施工单位暂时停止施工，并及时报告建设单位；施工单位拒不整改或不停止施工时，监理企业应及时向有关主管部门报送监理报告。

表 5.9　　施工现场安全隐患排查公示牌

序号	现场隐患所属分部分项	排查隐患内容	隐患部位	隐患等级	排查时间	整改时限	排查责任人	联系电话	整改责任人	整改情况

注　属同一分部分项的排查隐患内容单行无法填写完全的，可自行加行填写。

5.4 建筑工程项目安全监理工作方法

5.4.1 施工安全控制的方法和手段

我国现行的安全生产方针是“安全第一、预防为主、综合治理”，安全生产的基本原则是：管生产必须管安全、安全一票否决权、职业安全卫生“三同时”、事故处理“四不放过”。

施工过程体现在一系列的现场施工作业和管理活动中，作业和管理活动的效果将直接影响到施工过程的施工安全，监理工程师对施工过程的安全监理应着重体现在对作业和管理活动的控制上。为确保建设工程施工安全，监理工程师要对施工过程进行全过程、全方位的控制，对整个施工过程要按事前、事中及事后进行控制，重点要突出事前和事中控制，这与安全生产方针所凸显的“预防”相符合。同时要采取组织措施、技术措施、经济措施、合同措施等方法，加强对施工安全的控制。确保安全控制横向到边、纵向到底，贯穿、覆盖于整个工程项目。

监理人员对施工安全的控制主要体现在监理人员对施工安全所承担的三大监理职责：审核查验职责、安全检查职责和督促整改职责，即施工过程安全监理的方法和手段，具体阐述如下。

5.4.1.1 审核技术文件、报告和报表

对技术文件、报告和报表的审核，是监理工程师对建设工程施工安全进行全面监督检查和控制的重要手段。审核内容：有关技术证明文件、专项施工方案、有关安全物资的检验报告、反映工序施工安全的图表、有关安全设施和施工机械验收核查资料等。

5.4.1.2 现场安全检查和监督

(1) 现场安全检查的内容：①监督、检查在施工作业和管理过程中，施工人员、机械设备、材料、施工方法、施工工艺、施工操作以及施工环境条件等是否均处于良好的状态，是否符合保证工程施工安全的要求，若发现有问题要及时纠偏和加以控制；②对于重要的和对工程施工安全有重大影响的工序、工程部位、作业活动，监理人员还应在现场对施工过程进行监控；③对安全记录资料进行检查，确保各项安全管理制度的有效落实。

(2) 现场安全检查的类型有日常安全检查、定期安全检查、专业性安全检查、季节性及节假日后安全检查等。

(3) 现场安全检查的方式：

1）旁站。旁站是指在关键部位或关键工序施工过程中，由监理人员在现场进行的监督活动。在施工阶段，许多建设工程安全事故隐患是由于现场施工或操作不当或不符合标准、规范、规程所致，违章操作或违章指挥往往带来安全事故的发生。一旦安全事故发生后，就会造成人员伤亡或直接经济损失。通过监理人员有效的现场旁站监督和检查，及时发现存在的安全问题并及时解决问题，能有效地避免安全事故的发生。确定旁站的工程部位、工艺和作业活动，应根据每个建设工程的特点、重大危险源部位、施工单位安全管理水平等决定。一般而言，高空作业、爆破作业、深基础工程、地下暗挖工程、起重吊装工程、起重机械安装拆卸施工等高危作业应进行旁站监控。

2）巡视。巡视是监理人员对正在施工的部位及工序现场进行的定期或不定期的监督活动。巡视不限于某一部位及工艺过程，其检查范围是施工现场的所有生产安全状况。

3）平行检验。平行检验是监理人员利用一定的检查检测手段，在施工单位自检的基础上，按照一定的比例独立进行检查和检测的活动。平行检验在安全技术复核及复验工作中采用较多，是监理人员对安全设施、施工机械等进行安全验收核查，做出独立判断的重要依据之一。

5.4.1.3　安全隐患的处理

监理人员应按下列规定对事故安全隐患处理：

（1）监理人员应区别“通病”、“顽症”、首次出现、不可抗力等类型，要求施工单位修订和完善安全整改措施。

（2）监理人员对检查发现的安全事故隐患应立即发出安全隐患整改通知单。督促施工单位对安全隐患原因进行分析，制定纠正和预防措施。安全事故整改措施经监理人员确认后实施。

（3）监理人员对检查发现的违章指挥和违章作业行为应立即向责任人当场指出，督促立即纠正。

（4）监理人员对事故安全整改措施的实施过程和实施效果进行跟踪检查，保存检查记录。

5.4.1.4　工地例会和安全专题会议

（1）工地例会是施工过程中参加建设工程各方沟通情况，解决分歧、形成共识、做出决定的主要渠道。通过工地例会，监理人员分析施工过程的安全状况，指出存在的安全问题，提出整改意见，要求施工单位限期整改完成。

（2）针对某些专门安全问题，监理人员还应组织专题会议，集中解决较重大或普遍存在的安全问题。

5.4.1.5　规定安全监理工作程序

规定双方必须遵守的安全监理工作程序，这也是监理人员按规定的程序进行安全控制的必要手段。

5.4.1.6　安全生产奖惩制

执行安全生产协议书中安全生产奖惩制，确保施工过程中的安全，促使施工生产顺利进行。

5.4.2 危险性较大的分部分项工程安全管理

5.4.2.1 危险性较大的分部分项工程

危险性较大的分部分项工程（简称危大工程），是指施工过程中容易导致人员群死群伤或者造成重大经济损失的分部分项工程。

危大工程根据危险等级分危险性较大的分部分项工程和超过一定规模的危险性较大的分部分项工程，见表5.10、表5.11。

危险性较大的分部分项工程范围：《关于印发〈危险性较大的分部分项工程安全管理办法〉的通知》（建质〔2009〕87号）文中7类22项；《关于实施〈危险性较大的分部分项工程安全管理规定〉有关问题的通知》建办质〔2018〕31号中7类22项。

表5.10　危险性较大的分部分项工程范围

序号	内容	具体要求
1	基坑工程	（1）开挖深度超过3m（含3m）的基坑（槽）的土方开挖、支护、降水工程。 （2）开挖深度虽未超过3m，但地质条件、周围环境和地下管线复杂，或影响毗邻建、构筑物安全的基坑（槽）的土方开挖、支护、降水工程
2	模板工程及支撑体系	（1）各类工具式模板工程：包括滑模、爬模、飞模、隧道模等工程。 （2）混凝土模板支撑工程：搭设高度5m及以上，或搭设跨度10m及以上，或施工总荷载（荷载效应基本组合的设计值，以下简称设计值）10kN/m^{2}及以上，或集中线荷载（设计值）15kN/m及以上，或高度大于支撑水平投影宽度且相对独立无联系构件的混凝土模板支撑工程。 （3）承重支撑体系：用于钢结构安装等满堂支撑体系
3	起重吊装及起重机械安装拆卸工程	（1）采用非常规起重设备、方法，且单件起吊重量在10kN及以上的起重吊装工程。 （2）采用起重机械进行安装的工程。 （3）起重机械安装和拆卸工程
4	脚手架工程	（1）搭设高度24m及以上的落地式钢管脚手架工程（包括采光井、电梯井脚手架）。 （2）附着式升降脚手架工程。 （3）悬挑式脚手架工程。 （4）高处作业吊篮。 （5）卸料平台、操作平台工程。 （6）异型脚手架工程
5	拆除工程	可能影响行人、交通、电力设施、通讯设施或其它建、构筑物安全的拆除工程
6	暗挖工程	采用矿山法、盾构法、顶管法施工的隧道、洞室工程
7	其他	（1）建筑幕墙安装工程。 （2）钢结构、网架和索膜结构安装工程。 （3）人工挖孔桩工程。 （4）水下作业工程。 （5）装配式建筑混凝土预制构件安装工程。 （6）采用新技术、新工艺、新材料、新设备可能影响工程施工安全，尚无国家、行业及地方技术标准的分部分项工程

表5.11 超过一定规模的危险性较大的分部分项工程范围

序号	内容	具体要求
1	基坑工程	开挖深度超过5m（含5m）的基坑（槽）的土方开挖、支护、降水工程
2	模板工程及支撑体系	（1）各类工具式模板工程：包括滑模、爬模、飞模、隧道模等工程。 （2）混凝土模板支撑工程：搭设高度8m及以上，或搭设跨度18m及以上，或施工总荷载（设计值）$15kN/m^2$及以上，或集中线荷载（设计值）20kN/m及以上。 （3）承重支撑体系：用于钢结构安装等满堂支撑体系，承受单点集中荷载7kN及以上
3	起重吊装及起重机械安装拆卸工程	（1）采用非常规起重设备、方法，且单件起吊重量在100kN及以上的起重吊装工程。 （2）起重量300kN及以上，或搭设总高度200m及以上，或搭设基础标高在200m及以上的起重机械安装和拆卸工程
4	脚手架工程	（1）搭设高度50m及以上的落地式钢管脚手架工程。 （2）提升高度在150m及以上的附着式升降脚手架工程或附着式升降操作平台工程。 （3）分段架体搭设高度20m及以上的悬挑式脚手架工程
5	拆除工程	（1）码头、桥梁、高架、烟囱、水塔或拆除中容易引起有毒有害气（液）体或粉尘扩散、易燃易爆事故发生的特殊建、构筑物的拆除工程。 （2）文物保护建筑、优秀历史建筑或历史文化风貌区影响范围内的拆除工程
6	暗挖工程	采用矿山法、盾构法、顶管法施工的隧道、洞室工程
7	其他	（1）施工高度50m及以上的建筑幕墙安装工程。 （2）跨度36m及以上的钢结构安装工程，或跨度60m及以上的网架和索膜结构安装工程。 （3）开挖深度16m及以上的人工挖孔桩工程。 （4）水下作业工程。 （5）重量1000kN及以上的大型结构整体顶升、平移、转体等施工工艺。 （6）采用新技术、新工艺、新材料、新设备可能影响工程施工安全，尚无国家、行业及地方技术标准的分部分项工程

5.4.2.2 危大工程专项施工方案

1. 专项施工方案编制要求

施工单位应当在危大工程施工前组织工程技术人员编制专项施工方案。实行施工总承包的，专项施工方案应当由施工总承包单位组织编制。危大工程实行分包的，专项施工方案可以由相关专业分包单位组织编制。

专项施工方案应当由施工单位技术负责人审核签字、加盖单位公章，并由总监理工程师审查签字、加盖执业印章后方可实施。危大工程实行分包并由分包单位编制专项施工方案的，专项施工方案应当由总承包单位技术负责人及分包单位技术负责人共同审核签字并加盖单位公章。

2. 专项施工方案内容

危大工程专项施工方案的主要内容应当包括：

（1）工程概况：危大工程概况和特点、场地及周边环境情况、施工平面布置、施工要求和技术保证条件等。

（2）编制依据：相关法律、法规、标准、规范、规范性文件及施工图设计文件、专项设计方案（仅针对实行专项设计的危大工程）、施工组织设计等。

（3）施工计划：包括施工进度计划、材料与设备计划等。

（4）施工工艺技术：技术参数、工艺流程、施工方法、操作要求、检查要求等。

(5) 施工安全保证措施：组织和技术保障措施、监测监控措施等。

(6) 施工管理及作业人员配备和分工：包括施工管理人员、专职安全生产管理人员、特种作业人员、其他作业人员等的配备和分工。

(7) 验收要求：验收标准、验收程序、验收内容、验收人员等。

(8) 应急处置措施。

(9) 计算书及相关施工图纸等。

3. 专项施工方案审核

(1) 达到一定规模的危大工程。对达到一定规模危险性较大的分部分项工程专项施工方案应由施工单位技术负责人组织施工技术安全、质量等部门的专业技术人员进行审核，经审核合格的。应由施工单位技术负责人签字确认。实行分包的。应由总承包单位和分包单位技术负责人共同签字确认。

不需专家论证的专项施工方案，经施工单位审核合格后应报监理单位，由项目总监理工程师审核签字，并报项目法人备案，如图5.1所示。

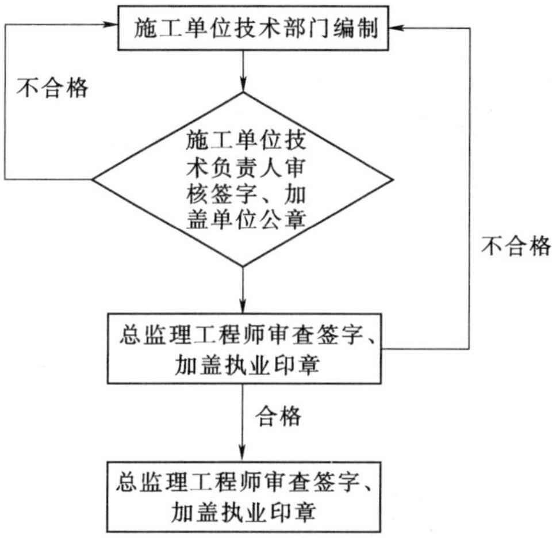

图5.1 达到一定规模危大工程专项施工方案编审程序

(2) 超过一定规模的危大工程。对于超过一定规模的危大工程，施工单位应当组织召开专家论证会对专项施工方案进行论证。实行施工总承包的，由施工总承包单位组织召开专家论证会。专家论证前专项施工方案应当通过施工单位审核和总监理工程师审查。专家应当从地方人民政府住房城乡建设主管部门建立的专家库中选取，符合专业要求且人数不得少于5名。与本工程有利害关系的人员不得以专家身份参加专家论证会。

专家论证会后，应当形成论证报告，对专项施工方案提出通过、修改后通过或者不通过的一致意见。专家对论证报告负责并签字确认。专项施工方案经论证需修改后通过的，施工单位应当根据论证报告修改完善后，重新履行规定的程序，如图5.2所示。

专项施工方案经论证不通过的，施工单位修改后应当按照本规定的要求重新组织专家论证。

5.4.2.3 危大工程管理

(1) 施工单位对危大工程的管理。

1) 施工单位应当在施工现场显著位置公告危大工程名称、施工时间和具体责任人员，并在危险区域设置安全警示标志。

2) 专项施工方案实施前，编制人员或者项目技术负责人应当向施工现场管理人员进行方案交底。

施工现场管理人员应当向作业人员进行安全技术交底，并由双方和项目专职安全生产

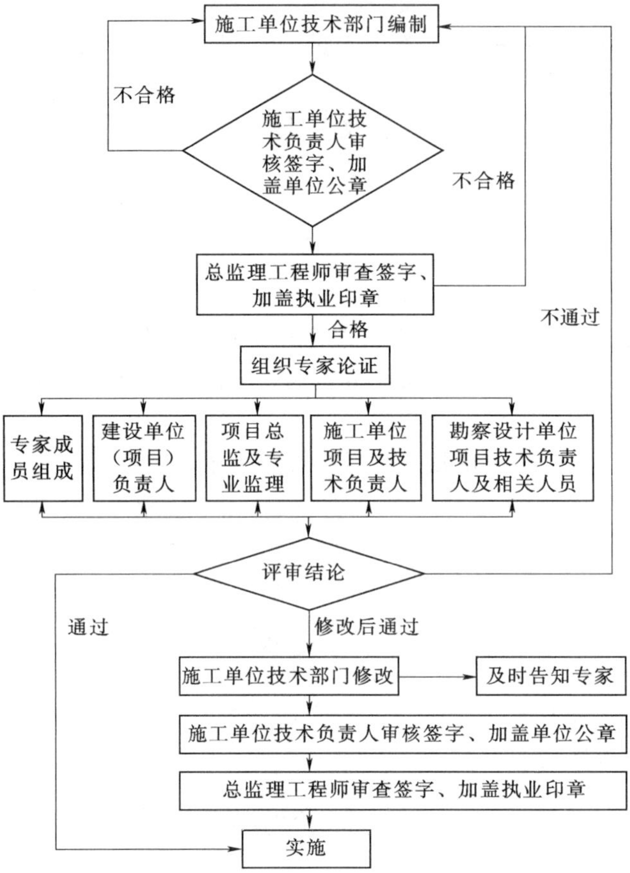

图 5.2　超过一定规模危大工程专项施工方案编审程序

管理人员共同签字确认。

3）施工单位应当严格按照专项施工方案组织施工，不得擅自修改专项施工方案。

因规划调整、设计变更等原因确需调整的，修改后的专项施工方案应当按照本规定重新审核和论证。涉及资金或者工期调整的，建设单位应当按照约定予以调整。

4）施工单位应当对危大工程施工作业人员进行登记，项目负责人应当在施工现场履职。

项目专职安全生产管理人员应当对专项施工方案实施情况进行现场监督，对未按照专项施工方案施工的，应当要求立即整改，并及时报告项目负责人，项目负责人应当及时组织限期整改。

施工单位应当按照规定对危大工程进行施工监测和安全巡视，发现危及人身安全的紧急情况，应当立即组织作业人员撤离危险区域。

（2）监理单位对危大工程的管理。

1）监理单位应当结合危大工程专项施工方案编制监理实施细则，并对危大工程施工实施专项巡视检查。

2）监理单位发现施工单位未按照专项施工方案施工的，应当要求其进行整改；情节严重的，应当要求其暂停施工，并及时报告建设单位。施工单位拒不整改或者不停止施工的，监理单位应当及时报告建设单位和工程所在地住房城乡建设主管部门。

3）对于按照规定需要进行第三方监测的危大工程，建设单位应当委托具有相应勘察资质的单位进行监测。

监测单位应当编制监测方案。监测方案由监测单位技术负责人审核签字并加盖单位公章，报送监理单位后方可实施。

监测单位应当按照监测方案开展监测，及时向建设单位报送监测成果，并对监测成果负责；发现异常时，及时向建设、设计、施工、监理单位报告，建设单位应当立即组织相关单位采取处置措施。

4）对于按照规定需要验收的危大工程，施工单位、监理单位应当组织相关人员进行验收。验收合格的，经施工单位项目技术负责人及总监理工程师签字确认后，方可进入下一道工序。

危大工程验收合格后，施工单位应当在施工现场明显位置设置验收标识牌，公示验收时间及责任人员。

5.5 建设工程项目现场安全控制

5.5.1 做好现场安全控制的宣传工作

想要做好工地现场安全的控制工作，首先要有一个良好的工作条件和氛围。在这方面，现场的监理人员要通过主动、积极的工作来创造和争取。首先，监理应该向施工单位宣传《中华人民共和国建筑法》《建设工程安全生产管理条例》等国家法规，包括很多地方政府制定的安全生产法规，宣传施工安全的有关规定和重要性，说明施工安全与单位以及个人的关系，引起工程项目建设参与者的高度重视。

建设单位作为工程款的支付方，它在工地安全问题上是最具有权利及影响力的，监理单位必须要争取业主对安全工作的支持。现在有不少项目业主想要工程以最低价格及在最快的时间内完工，这直接影响施工单位安全施工的开支和导致削减安全基本要求，甚至有些时候业主的要求是不利于工地施工的安全标准。在这种情况下，监理人员应该及时、耐心地和业主说明当中的利弊，争取建设单位创造和提供施工安全的环境条件，如设立安全生产奖罚制度，对施工单位安全工作表现佳的予以一定的奖励，相反就给予处罚。

在进行施工安全控制工作时，要注意形成书面文件，如召开安全生产专题会议形成的会议纪要、工程业务联系单、监理工作联系单、建设单位与总承包单位的安全生产协议书，总承包单位和分包单位的安全生产协议书等。

5.5.2 安全隐患的整改控制

《建设工程安全生产管理条例》规定：在实施监理过程中，监理单位发现存在安全事故隐患的，应当要求施工单位整改；情况严重的，应当要求施工单位暂时停止施工，并及时报告建设单位。

安全检查的方法如下：

（1）资料性审核。

1）施工单位资质和管理层人员资质、特殊工种人员上岗审核。

2）各种重要施工机械安装及整体提升脚手架、模板等自升式架设设施的合格性审核（施工单位应出具检测部门的合格性检测证明。

3）重要的施工安全制度及安全技术交底。

4）施工单位安全管理、责任、检查、教育制度等。

（2）验收性检查。

1）各种施工质量验收规范明文规定需要验收的事项，如模板工程、土方开挖工程等一些既涉及施工质量又涉及施工安全的项目。

2）某些分项工程开工前的开工条件验收。

3）为迎接政府或建设单位上级主管部门各种检查验收而由监理单位提前组织进行的

内部验收等。

一般情况下，验收性检查后都会有书面验收意见或验收总结会议，对于发现的安全隐患可以通过验收记录或验收会议纪要的形式要求施工单位整改。

（3）定期检查。定期检查一般由建设单位、施工单位、监理单位三方共同参加，监理机构应规定定期现场检查的周期，通常有：

1）季节转换时的现场准备检查。

2）每月评比检查。

3）每周例行检查等。季节转换检查主要检查因季节转换可能导致的不安全因素的预防情况，如冬雨季的现场防滑设施检查，夏季预防高温措施检查等；每月评比检查适合于多施工单位的施工现场，通过评比能起到表扬先进、督促落后作用；每周例行检查一般安排在周例会前进行，对检查中发现的问题便于及时在例会上提出改进要求。所有定期检查都应召开总结会议，并编制会议纪要。

（4）日常检查。日常检查通常与监理机构的现场日常巡查相结合，安全检查作为其中的一项内容。对日常检查中发现的安全隐患，及时填写《建筑工程施工安全自查表》（表 5.12），并及时报告总监理工程师，由总监理工程师及时发出整改通知。

表 5.12　建筑工程施工安全自查表（监理单位用表）

检查时间：

建设项目名称			
监理单位		项目总监	
施工单位		项目经理	
质监部门		监督员	
序号	检　查　内　容	检查情况	检查人
1	项目总监是否具有资格证书		
2	项目监理人员是否具有资格证书		
3	对施工企业的施工组织设计及专项方案是否进行审核批准		
4	对工程现场的安全生产检查记录		
5	对存在的安全隐患是否提出整改或停工的要求		
6	对施工单位提出整改后拒不整改或不停止施工时，是否及时向建设行政主管部门报告		
整改情况	监理员（签名）：　现场监理工程师（签名）：		
监理单位意见	总监理工程师（签名）： 单位负责人（签名）：		

如遇到下列情况，监理人员要直接下达暂停施工令，并及时向项目总监和建设单位汇报：

1）施工中出现安全异常，经提出后，施工单位未采取改进措施或改进措施不符合要求时。

2）对已发生的工程事故未进行有效处理而继续作业时。

3）安全措施未经自检而擅自使用时。

4）擅自变更设计图纸进行施工时。

5）使用没有合格证明的材料或擅自替换、变更工程材料时。

6）未经安全资质审查的分包单位的施工人员进入施工现场施工时。

7）出现安全事故时。

5.5.3 施工单位拒不整改时及时向政府有关部门报告

在施工单位拒不整改或不停止施工时，监理单位应及时向有关部门报告。为此，监理机构应与各级质量安全监督站建立良好的工作关系和通畅的联系机制，这在实际操作中是不存在问题的。关键的问题是在必要时如何真正使用好这条沟通渠道。对一些理解上有争议的问题，还可以通过咨询他们来解决。

5.5.4 确立监理机构内部的安全控制责任制度

监理机构中各监理人员的工作将直接决定安全控制的效果。由于专业知识的限制，任何监理人员不可能样样精通，因此有必要进行安全控制的职责分工，建立监理机构内部的安全控制责任制度。

在确立安全控制，责任制度时，可以由各专业监理工程师负责本专业施工范围内的安全控制工作，包括日常检查、定期检查、登记备案制度等，并及时向总监理工程师汇报检查结果。对所发现的问题应及时提醒总监注意。总监理工程师则负责全面的组织、协调及内部工作检查。对各专业所发生的安全事故，在监理机构内部，各专业监理工程师应负直接监理责任，总监理工程师负管理责任。对一些大型群体项目，总监理工程师应做好监理人员分工安排；而对某些可能同时涉及多个专业的检查，项目总监理工程师应明确其中的分工协作方法和相应的责任划分。

【示例】 工程项目安全控制示例

某工程安全监理方案

1 工程概况（略）

2 安全监理工作范围

根据委托方（业主）要求，安全监理工作范围为：完成对某标段工程的前期施工准备阶段及施工阶段，实施安全、文明施工方面的监理（详见合同专用条款）。

3 安全监理工作内容

3.1 施工准备阶段的安全监理工作

3.1.1 协助建设单位与施工承包单位签订工程项目施工安全协议书。

3.1.2 审查专业分包和劳务分包单位资质，其中包括安全施工资质。

3.1.3 审查电工、焊工、架子工、起重工、塔吊司机及指挥人员、爆破工等特种作业人员上岗证，督促施工企业雇佣具备安全生产基本知识的一线操作人员。

3.1.4 督促施工承包单位建立、健全施工现场安全生产保证体系；督促施工承包单位检查各分包企业的安全生产制度。

3.1.5 审核施工承包单位编制的施工组织设计、安全技术措施、高危作业安全施工及应急抢险预案。

3.1.6 督促施工承包单位做好逐级安全交底工作。

3.2 施工过程中安全监理的主要工作

3.2.1 监督施工承包单位按照工程建设强制性标准和专项安全施工方案组织施工，制止违规施工作业。

3.2.2 对施工过程中的高危作业等进行巡视检查，每天不少于一次，发现严重违规施工和存在安全事故隐患的，应当要求施工承包单位整改，并检查整改结果，签署复查意见；情况严重的，由总监下达工程暂停施工令并报告建设单位；施工承包单位拒不整改的应及时向安全监督部门报告。

3.2.3 督促施工承包单位进行安全自检工作；参加施工现场的安全生产检查。

3.2.4 复核施工承包单位施工机械、安全设施的验收手续，并签署意见。未经安全监理人员签署认可的不得投入使用。

3.2.5 安全监理人员应对高危作业的关键工序实施现场跟班监督检查。如施工临时用电、土方开挖、模板、大型机械吊（安）装、脚手架（爬架）特殊爆破等。

3.2.6 督促施工承包单位加强施工现场危险物品管理和安全使用，建立消防管理制度，动火证手续办理。

4 安全管理目标

4.1 对施工单位施工行为的要求

4.1.1 无重大伤亡事故（包括本单位职工，分包队伍职工及民工）。

4.1.2 争创市级安全标准化管理（达标）工地。

4.1.3 争创市级文明工地。

4.2 对施工单位职业安全健康方针及目标要求

4.2.1 方针：提高安全意识，保护施工人员身体健康。

4.2.2 目标：无火灾事故、无重大交通事故、无社会伤害事故、杜绝重伤、死亡事故；控制轻伤事故。

5 安全监理工作依据

5.1 政策、法规

5.1.1 执行的国家有关法律、法规：《中华人民共和国刑法》《中华人民共和国安全生产法》《中华人民共和国建筑法》《中华人民共和国劳动法》《中华人民共和国消防法》《建设工程安全生产管理条例》。

5.1.2 国家、地方强制性条文标准、规范。

5.2 合同和招标、投标文件及其他相关附件

5.2.1 招标、投标文件及附件。

5.2.2 依法施工监理合同及其附件。

5.3 其他

5.3.1 经审批同意的施工单位编制的施工组织设计、专项安全技术方案、应急预案。

5.3.2 建设单位认可的监理规划。

5.3.3 其他相关上级政府主管部门与建设单位文件。

5.4 设计图纸

由建设单位提供认可的本工程施工设计图纸、工程建设规划许可及其他勘察、设计、管线等批准文件。

5.5 已颁布标准及有关规定（略）

6 项目监理机构的组织形式

6.1 监理组织机构图（略）

6.2 监理项目组安全监理网络机构图

7 项目监理机构的人员岗位职责

7.1 总监理工程师安全监理岗位职责

7.1.1 确定项目安全监理机构人员的分工和职责。

7.1.2 主持编写项目监理规划，其中包含安全监理方案，审批项目安全监理实施细则。

7.1.3 对承包单位进行安全资质审查确定，未经总监理工程师同意，不得擅自转包、分包工程。

7.1.4 检查和监督安全监理人员的工作，对不称职的人员应调换其工作。

7.1.5 主持工地安全监理工作会议，签发项目监理机构的安全监理文件和指令。

7.1.6 审定承包单位提交的施工组织设计、专项安全技术措施、工程应急预案。

7.1.7 参与安全事故的调查。

7.1.8 组织编写并签发安全监理月报、安全监理工作阶段报告、专题报告和项目安全监理工作总结。

7.1.9 主持整理工程项目的安全监理资料。

7.2 总监理工程师代表安全监理职责

7.2.1 负责总监理工程师指定或交办的监理工作。

7.2.2 按总监理工程师的授权，行使总监理工程师的部分职责和权利。

7.3 安全监理人员岗位职责

7.3.1 审查专业分包和劳务分包单位资质，并提出审查意见。

7.3.2 协助建设单位与承包商签订安全生产协议书和安全抵押金合同，并督促实施。

7.3.3 监督施工承包单位按照工程建设强制性标准和专项安全施工方案组织施工，制止违规施工作业。

7.3.4 审核承包单位提出的安全技术措施、高危作业专项安全施工方案及工程应急预案。

7.3.5 复核施工承包单位施工机械、安全设施的验收手续，并签署意见。

7.3.6 参加施工现场的安全检查，检查分部、分项工程安全状况和签署安全评价意见。

7.3.7 参与工程事故分析和处理，督促安全技术防范措施实施和验收。

7.3.8 督促施工承包单位做好逐级安全交底工作。

7.3.9　施工单位对高危作业等进行巡视检查，监理单位对关键工序实施现场跟班督促巡视检查。

7.3.10　督促承包单位及时整理现场安全管理文件、档案、台账等资料。

7.4　兼职安全监理人员岗位职责

7.4.1　协助专职安全监理工程师做好下列工作：

（1）监督施工承包单位按照工程建设强制性标准和专项安全施工方案组织施工，制止违规施工作业。

（2）对施工过程中的高危作业等进行巡视检查，对高危作业等关键工序实施现场跟班监督检查，必要时进行旁站监理。

（3）督促施工承包单位进行安全自检自查工作及整改消项。

8　安全、文明监理工作主要流程

8.1　安全文明施工监理工作流程（略）

8.2　现场巡视、旁站安全监理工作流程（略）

8.3　特种作业人员、特种岗位人员监理审核工作流程（略）

9　安全监理工作要点

9.1　施工现场安全管理规范

9.1.1　严格执行建设工程承发包管理办法。对于承发包商工程在开工前均对承包商进行严格资质审查，签订安全协议书，并对其缴付安全生产风险抵押金，严禁层层转包，“以包带管”，切实落实安全生产总包责任制和贯彻“管生产必须管安全”的原则，分包单位按照分包合同的约定对总包单位负责。

9.1.2　工程施工的施工总包单位，必须成立有主要领导参加的“安全生产领导小组”，建立安全生产网络，建立、健全安全生产责任制、安全操作规程，并要制定相应的经济制约措施。安全责任要层层签约，从而保证安全教育、安全管理规章制度的落实。安全生产工作的布置、交底、检查、措施、隐患整改等各项工作要作到及时到位，责任到人，使安全管理真正做到“纵向到底、横向到边”。

9.1.3　施工单位在开工前要制定好各项施工组织设计（包括分部分项），并有报批手续，在分部分项施工作业前应对作业人员进行分部分项安全技术交底。以上两项交底，均应有双方签字，并归入内业台账。同时根据工程的特点制定相应的专门的专项安全技术措施，（专项施工方案）具体措施要有针对性、有效可靠。

9.1.4　施工前督促检查，项目经理必须向全体施工人员进行安全生产总交底，还应对设备安全、用电安全、防火防爆、高处作业、饮食卫生、季节性防护、个人防护用品使用、劳动者休息时间、职工的安全健康及对特殊工种人员提出具体的要求，均要有双方签字，并归入内业台账。

9.1.5　依照施工图纸，施工单位在开工前主动请有关管线单位配合、建立地下管线监护交底卡，并摸清所有管线的种类、数量、埋深及走向，具体作业时间时要有切实可行的保护措施，对情况复杂，较危险的区域，应向管线单位及有关部门提出申请，要求派员到现场监护，确保不发生人身伤亡及管线事故。

9.1.6　控制施工中的安全劳动防护用品，必须严格按市建委和市建管办有关文件要求实施，产品必须持政府有关部门及行业协会指定检测单位的检测合格证书，严格控制进货渠道，防止假冒伪劣商品进入施工现场，把好劳动用品、安全工具器材的质量关，施工机具的检验、合格、准用关。

9.1.7 施工中必须实施的专项施工组织设计包括内容如下：①临时施工用电；②脚手架（高度大于等于20m）；③特殊类脚手架［吊、挂、爬、挑、架（承重架）］；④基坑支护（深度大于等于5m）；⑤模板工程；⑥起重吊装；⑦土方开挖；⑧拆除爆破。

9.2 文明施工管理

按照167号国际劳工公约《施工安全与卫生公约》的要求，施工现场不但要做到遵章守纪、安全生产，同时还要做到文明施工。

9.2.1 开工前必须按要求搞好“三通一平”和施工组织设计，施工组织设计中要有文明施工措施。

9.2.2 文明施工必须坚持五个标准

（1）封闭施工。特别是中心城区内施工区域要全封闭隔离施工，不要把道路、交通区域与施工区域混在一起，加强工地保安，出入口设警卫岗。

（2）要满足交通组织的需要。要有一套科学、合理的交通组织方案，使施工对交通影响最小。

（3）“清洁运输”。中心城区主要干道的渣土、构料、土方运输逐步实行封闭式运输管理，车辆驶入工地前要清冲，防止泥土污染环境。

（4）环境影响最小化。把施工对周围环境的影响降低到最低限度。

（5）减少对市民生活和出行的影响。施工单位要把困难留给自己，把方便留给群众。

9.2.3 围栏、围墙要稳固、整洁、美观。市区围栏围墙高度段应不小于2.5m，有宣传标语。设置“九牌二图”［施工单位及工地名称牌、工程概况牌、安全生产六大纪律牌、防火须知牌、十项安全技术措施牌、工地管理人员名称牌、安全生产和重大事故记数牌（①安全无伤亡事故日期记数牌；②管线无重大事故日期记数牌）、施工总平面图、施工现场卫生包干图］、“七不”宣传牌。另外需设置的工程管理相关图包括施工形象进度图、交通、施工、人行通道图、临时排水、封启排水管道图、公用管线分布图、消防器材布置图、电气线路布置图、安全生产、文明施工管理网络图、劳动保护管理网络图、安全生产管理目标牌、安全生产保证体系要素分配牌。标牌应规范整齐。

9.2.4 按规定使用劳动防护用品，进入工地必须戴安全帽；严禁赤脚或穿高跟鞋、拖鞋进入施工现场；管理人员必须佩戴胸卡。

9.2.5 施工场地内道路要畅通，地面要平整，并尽量硬化；排水要通畅，要有防止泥浆、污物堵塞排水管道的措施；按要求张挂各种安全标示牌或标语，设宣传栏、读报栏或黑板报并设有吸烟处；温暖季节时要有绿化布置。

9.2.6 施工场内，建筑材料、构件和料具要按施工现场平面图的布置要求堆放整齐，并挂物料名称、品种、规格等标牌。建筑垃圾分类集中堆放清运，做到工完场地清。易燃易爆物品分类存放。

9.2.7 施工作业区内与办公、生活区应明显分开。在建工程严禁兼做住宿和办公地点使用。办公区房间标牌应醒目，办公室内张挂各种图表要规范整齐。办公室应设电话和值班人员。宿舍内生活用品放置整齐。宿舍周围环境卫生、安全。生活区垃圾装入容器，并及时清理。

9.2.8 食堂厨房应有纱门、纱窗，地面应为水泥抹平，墙面灶面贴瓷砖、顶棚进行防掉尘掉水处理。食堂炊事人员必须持有卫生部门核发的健康合格证，穿戴工作服、帽、口罩（三白），保持个人卫生。餐具放置整齐有序，及时消毒。保证供应卫生饮水，饭菜应卫生可口。

9.2.9 工地内要配备经培训的急救人员、保健医药箱和急救器材并制定急救措施。要开展卫生、防病自救、互救宣传教育，生活区内还应设置一线操作工人浴房、学习和娱乐场所。

9.2.10 施工要有防粉尘、防噪音、防扰民措施，夜间（22时至次日凌晨6时）未经许可不得施工。

9.2.11 施工单位应该遵守有关环境保护的法律、法规的规定，采取控制施工现场的各种粉尘、废气、废水、固体废物以及噪声、震动对环境的污染和危害的措施。委托政府有关检测部门进行测试。

9.2.12 施工现场对毗邻的市政设施、地铁轻轨、建筑物、构筑物和特殊环境可能造成损害的，施工单位应当采取安全保护措施。

9.2.13 施工现场必须做到“两通、三无、五必须”，即：施工现场人行道畅通；施工工地沿线单位和居民出入通道畅通；施工中无管线事故；施工中无重大工伤事故；施工现场周围道路平整无积水；施工区域与非施工区域必须严格隔离；施工现场必须做到挂牌施工和管理人员佩卡上岗；工地现场施工材料必须堆放整齐；工地生活设施必须清洁文明；工地现场必须开展以创建文明工地为主要内容的思想政治工作。创造一个安全文明的良好作业环境。

9.3 安全用电管理

9.3.1 临时用电设备在5台及5台以上或设备总容量在50kW及50kW以上者，应编制临时用电施工组织设计。并经主管部门审批。

9.3.2 装、维修或拆除临时用电工程，必须由电工完成。电工作业必须佩戴必要的个人防护用品，并严格遵守电工安全操作规程持证上岗，现场的电器设备，输配电线路的维修，抢修必须配有至少两名电工，做好监护工作。电工必须严格按“装的安全、用的正确、修的及时、拆的彻底”的16字方针进行日常操作。

9.3.3 施工现场临时用电必须建立安全技术档案。制订电气安全操作规程、电气安装规程、运行管理规定、电气维修检查制度，电工交接班记录、接地电阻测试记录和漏电开关测试记录。

9.3.4 在施工现场专用的电源中性点直接接地的220/380V用电线路中必须采用TN－S接零保护系统，严禁采用TN－C接零保护系统。电气设备的金属外壳必须与保护零线连接。

9.3.5 架空线必须采用绝缘导线。电缆干线及需要三相四线制配电的电缆线路必须采用五芯电缆，不得采用四芯电缆或“4＋1”电缆。电缆挂设、埋设符合规定。

9.3.6 配电系统必须设置总配电箱、分配电箱、开关箱，实行“三级配电二级保护”。每台用电设备必须有各自专用的开关箱，必须实行“一机、一闸、一漏、一箱”制。除照明器外，严禁用同一个开关箱直接控制二台及二台以上用电设备（含插座）。各类电箱必须使用市建委推荐的标准电箱。

9.3.7 选用的电动建筑机械、手持式电动工具及其用电安全装置应符合相应的国家现行有关强制性标准的规定，并具有产品合格证和使用说明书。建立和执行专人专机责任制，并定期检查和维修保养，要有记录，不可带隐患或故障使用。夜间施工必须有电工值班保证现场有足够照明。

9.3.8 照明灯具的金属外壳必须做保护接零。单相回路的照明开关箱内必须装设漏电保护器或漏电断路器，严禁使用室外不低于3m，室内不低于2.4m固定“小太阳”灯具。

9.3.9 配电室应靠近电源，并应设在灰尘少、潮气少及振动少的地方。要有操作保养制度。现场及生活区要有安全用电警示牌等，配备消防器材。组织职工学习消防知识和掌握触电抢救能力。电器严禁安装在易燃材料上。

9.4 施工机械安全管理

9.4.1 各类大、中、小型机具设备、压力容器、机动车辆，包括外借设备的进场，均要严格检验。若有安全防护保险装置不全、失灵漏油不准进场。进场的设备均要有安全操作规程和应配的消防器材。

9.4.2 各类有牌照的运吊设备、车辆均应牌照齐全，主动报验验审，张挂《安全检验合格证书》。

9.4.3 机操人员必须认真遵守安全操作规程，穿戴好个人保护用品，持证上岗，每天作业要正确填写运转记录和例保记录。运吊设备上不准站人。

9.4.4 各类运吊设备及车辆在使用过程中发生故障，应有操作人员、驾驶人员及时填写报修单，以便及时维修保养，不准违章作业，以免发生设备事故和人身伤害事故。凡已维修或例保的运吊设备、车辆均应在设备台账中如实记载。

9.4.5 现场的大、中、小型机具设备及车辆必须设有专人负责、司机、指挥配备齐全，严禁无证指挥、无证操作。

9.4.6 大、中、小型机具设备使用前，应认真进行安全交底，积极配合做好管线保护、现场围护工作。大、中、小型机具设备的使用要密切注意环境、气候的影响，遇突发情况或台风、暴雨、严寒天气均要有切实可靠的防护措施。

9.4.7 外借或出借大、中、小型机具设备，双方必须签订协议，在租赁管理、使用和维修方面，要明确各自的权利、义务和安全责任。

9.4.8 机操人员、驾驶员、不得随意经常加班加点，要认真做好季节性的劳动保护，保证精力充裕，做到上下班次交接，认真做好安全交底。

9.4.9 木工间、钢筋制作间要有安全管理制度及安全作业规程，弯管钳、电焊机、电刨、电锯等金属外壳均要有可靠的保护接零，所有机具传动部位的防护罩均需齐全可靠，砂轮机、焊机不准放于木工间内，木工间要有禁烟标志，电线不可随地拖拉，刨花必须每天清扫处理，并配有相应的消防器材。

9.5 高空作业安全管理

9.5.1 严格执行《建筑施工高处作业安全技术规范》(JGJ 80—2016)。

9.5.2 高处作业的安全技术措施及其所需料具，必须列入工程的施工组织设计。结构模板工程施工必须制定详细施工方案并报有关部门批准，不得随意更改方案。

9.5.3 地面与地下的脚手架搭设，均须执行《建筑施工门式钢管脚手架安全技术标准》（JGJ/T 128—2019）或《建筑施工扣件式钢管脚手架安全技术规范》（JGJ 130—2011）。

9.5.4 基坑四周作业平台和现浇梁上的临边防护必须及时到位，且可靠有效。

9.5.5 所有预留洞口的安全防护措施必须及时到位，且可靠有效。

9.5.6 临边与洞口的防护栏杆一律使用钢管设置，并刷上黑、黄醒目标识的油化，不得用钢筋、毛竹、红白带或其他物品代替。

9.5.7 所有施工脚手、临边与洞口的防护必须设立挡脚板设置绿色密目网。

9.5.8 凡2m以上高处作业且安全防护设施尚未到位的情况下，所有作业人员必须正确系好安全带。

9.5.9 及时设置脚手上下、基坑上下以及基坑内结构钢筋绑扎、模板搭设时的人行通道，且安全可靠。

9.5.10 杜绝施工人员在钢支撑或结构排架上堆放钢筋、木料、模板、钢管、扣件等物品，严禁钢支撑上走人，以防高空坠物伤人。

9.5.11 工具应放入工具袋；传递物件严禁乱抛；严禁随意向下方抛物品。

9.5.12 无总包项目经理批准，任何人不得私自拆除安全防护设施。

9.5.13 所有管理资料及时纳入安全生产保证体系台账，台账必须齐全、正确。

9.6 深基坑作业安全管理

9.6.1 严格按地铁基坑工程施工规程进行施工作业。

9.6.2 努力做好深基坑开挖施工动态过程中的控制工作。

9.6.3 严格按照施工单位技术主管部门负责人审定的《施工组织设计》方案实施施工，严禁在施工作业中随意更改施工方案，必须时报市、区建委、科技委和组织专家组讨论通过。

9.6.4 深基坑施工组织设计（或方案）必须报安监站备案，并必须配有行之有效的应急预案。

9.6.5 坚持落实深基坑施工“作业任务单”和“开挖、支撑记录表”制度。

9.6.6 基坑支撑必须做到及时、有效、优质，以确保工程施工和周边环境的安全，尤其是地铁轨道交通的安全。

9.6.7 严禁超挖，放坡要符合规范。严禁坡顶和基坑周边超重堆载。

9.6.8 具有良好的降、排水措施。边挖土边做好纵横向排水沟的开挖工作，设置定量的集水井并及时抽水。

9.6.9 基坑临边防护措施的设置必须及时牢固，无总承包项目经理的批准，任何人不得私自拆除。

9.6.10 基坑内施工脚手架、模板排架搭设必须满足安全要求，应有专项施工方案并坚持经严格检验合格后方可投入使用的原则。

9.6.11 及时按规范设置下基坑及其他人行通道，做到安全、可靠、人性化。

9.6.12 钢支撑上的余土必须及时清理，进行余土清理时必须配备有效的防坠落安全措施。

9.6.13 加强日常的安全检查工作，确保各类安全防护措施的可靠与完好，杜绝各类违章作业现象。

9.6.14 做好对附近建筑物、基坑边地下管线的沉降监测和连续墙的位移监测等工作，必须将深基坑的作业风险控制在安全范围内。

9.6.15 各类管理资料必须分类纳入安全生产保证体系内业台账。

9.7 特殊工种管理

9.7.1 加强对电工、焊工、起重工及架子工的安全宣传教育，督促他们严格执行安全操作规程和自觉遵守有关的安全规定，并根据规定建立健全必要的内业资料。

9.7.2 特殊工种必须经培训合格持证上岗，必须持有效证件作业。在特殊区域或特别危险场所工作，要先进行安全交底，要有可靠的劳动保护及安全防护措施。

9.7.3 对所有的施工现场特殊工种，必须按单位、分工种进行登记造册，详细填写已审日期及下次复审日期，并且每位特种作业人员均有证件复印件附后，保证每位特种作业人员审证不脱期，对过期不审或审证不合格者，不准从事原来的工种。

9.7.4 严禁特殊工种作业人员只挂名不跟班现象，或一名特种作业人员几个工地挂名现象产生。

9.8 脚手架安全管理

9.8.1 严格按照《建筑施工门式钢管脚手架安全技术标准》（JGJ 128—2019）和《建筑施工扣件式钢管脚手架安全技术规范》（JGJ 130—2011）进行施工作业。

9.8.2 施工脚手架搭设，必须严格按照施工组织设计符合标准搭设。由专职架设工进行搭设，搭设完毕，必须有专人验收合格并签证、挂牌后方可正式起用。

9.8.3 剪刀撑的搭接长度不应小于1m，应采用不少于2个旋转扣件固定，端部扣件盖板的边缘至杆距离不应小于100mm。

9.8.4 连墙件的设置应从地层第一步纵向水平杆处开始设。

9.8.5 脚手架底部必须设置纵向、横向扫地杆。纵向扫地杆和扣件应用直角固定在距底座不大于200mm处的立杆上。横向扫地杆应紧靠纵向扫地杆下方的立杆上。

9.9 消防安全管理

9.9.1 拟订年度消防工作计划，组织实施日常消防安全管理工作。建立、健全各项消防安全制度和保障消防安全的操作规程。消防安全制度主要包括以下内容：①消防安全教育、培训；②防火巡查、检查；③安全疏散设施管理；④消防值班；⑤消防设施、器材围护；⑥火灾隐患整改；⑦动火、用电安全管理；⑧易燃易爆危险物品和场所防火防爆；⑨专职和义务消防队的组织管理；⑩灭火和应急疏散预案演练；⑪燃气和电气设备的检查和管理；⑫消防安全工作考评和奖惩；⑬形成消防安全管理网络。

9.9.2 建立防火领导小组，建立义务消防队，配备相应的消防装备、器材，每月对消防器材进行检查，定期进行维修保养，确保消防设施和器材完好、有效。组织开展消防业务学习和灭火技能训练，提高预防和扑救火灾的能力。配合甲方和防火监督处每年进行一次消防演练，不断完善预案。

9.9.3　确定消防安全重点部位，设置防火标志，实行严格管理。发现火险隐患必须及时消除。一时难以消除的隐患，要定人员、定项目、定措施、限期整改。施工单位至少每月进行一次防火检查，对重点部位应进行每日防火巡查。危险品库及变配电间要独立设置，要保证和其他建筑物有 10m 以上安全距离并应有管理规章制度，有持证人员专管。现场露天不准存放油桶及各种易燃易爆物品。要确保整个场容场貌的形象。以上所有区域应配备相应足够的消防器材（约 50m 一个），并设专人保养和管理。

9.9.4　严格控制现场动火作业管理制度。动火人员应当遵守消防法规，落实相应的安全措施，必须执行三级动火审批制度。作业人员必须将个人的有效证件和三级动火证随身携带，如未携带将视做无证动火。动火前落实监护人，在确认无火灾、爆炸危险后方可动火施工，严格按照《施工现场动用明火管理规定》动用明火。施工区内禁止学习、见习、实习人员专业。加强施工现场的安全管理和检查，严格按照安全操作规程作业，确保安全施工。

9.9.5　施工单位填写《安全管理周报》《防火工作月报》报监理单位、建设单位。重大信息及时报告。

9.9.6　建设单位对施工单位贯彻落实防火工作的情况进行检查，监理单位配合，对乙方有关人员发生的违章、违法行为及相关问题，则有权教育、制止和责成其限期整改，对仍不听劝阻的单位必要时可按违约责任给予相应的经济处理。如施工单位在责任区域内发生重、特大火灾事故的，可按其造成的后果和影响，对其进行违约责任经济处理。违约责任的经济处理款直接从发包工程安全抵押金中扣除。

9.9.7　施工现场搭建临时设施、危险品仓库、使用液化气、氧气、乙炔瓶等必须符合规定并且到轨道交通防火监督处办理报审手续。

9.9.8　严格按照规定使用电气设备，防止因使用不当而引起的电气火灾事故。宿舍内严禁堆放油漆、氧气、乙炔瓶等危险物品。施工区域内的材料堆放不得影响消防通道和灭火器材的使用。

9.9.9　一旦工地上发生火灾事故，应当立即实施灭火，抢救人员务必做到及时报警，迅速扑救火灾，及时疏散人员。火灾扑灭后，应保护现场，接受事故调查，如实提供火灾事故的情况，协助公安消防机构调查火灾原因，核定火灾损失，查明火灾事故责任。未经公安消防机构同意，不得擅自清理火灾现场，接受公安、消防部门防火监督处处理。

9.10　伤亡事故上报及处理

9.10.1　施工现场发生职工伤亡事故、急性中毒事故，总包单位或事故现场有关人员，应立即直接或逐级报告企业负责人同时上报监理单位、建设单位，同时报施工安监部门/建设单位，同时填写《建设系统死亡（重伤）事故快报表》。

9.10.2　重伤、死亡事故，现场必须做好抢救人员和保护好现场工作以防事故扩大及调查处理。若发生触电事故应首先切断电源，若发生中毒事故，立即联系急救部门（医院）进行抢救，不可蛮干以免事故进一步扩大。

9.10.3　重伤、死亡事故发生，企业（总包单位）按《生产安全事故报告和调查处理条例》要及时组织成立事故调查小组，组织对事故技术、设备鉴定，查明事故发生的原因，人员伤亡，经济损失情况；查明事故性质和责任人及单位，确定事故的责任人；提出事故的处理意见和防范措施的建议；写出事故调查报告。

9.10.4 事故调查小组必须坚持“实事求是，尊重科学”和“四不放过”原则，任何人或组织不得阻碍调查小组的正常工作。

9.11 加强安全教育和安全培训

《建筑法》第五章第四十六条明文规定：“建筑施工企业应当建立健全劳动安全生产教育培训制度，加强对职工安全生产的教育培训；未经安全生产教育培训的人员，不得上岗作业”。《中华人民共和国劳动法》第六章第五十二条规定，“用人单位必须建立、健全劳动安全卫生制度，严格执行国家劳动安全卫生规程和标准，对劳动者进行安全卫生教育，防止劳动过程中的事故，减少职业危害”；第五十五条规定，“从事特种作业的劳动者必须经过专门培训并取得特种作业资格”。根据这两法，建设部印发了《建筑业企业职工安全培训教育暂行规定》；国家经贸委13号令《特种作业人员安全技术培训考核管理办法》都对安全教育培训提出了具体实施办法；通过加强安全教育培训，普及安全生产知识，提高全员的安全意识。

10 安全的资料管理（略）

11 工程突发事故监理工作应急预案（略）

本章小结

本章要求掌握建筑工程项目施工现场安全管理的基本要求、基本方法，安全监理的程序、要求、方法；理解安全生产控制方法、手段。

建筑工程安全生产控制要求掌握施工机械和工器具的有关安全生产要求、施工安全生产要求、建筑施工防火要求、脚手架的安全要求。

建筑工程施工现场安全管理方面，要健全完善建筑工程安全生产管理制度，能进行危险源辨识与风险评价，各方面施工安全技术措施要到位，安全检查要经常化、制度化，建立施工阶段项目监理机构安全监理管理体系，切实进行监理机构的安全管理。

复习思考题

1. 建筑工程安全控制工作的重要性有哪些？
2. 建筑工程施工安全监理责任有哪些？
3. 安全监理的具体工作有哪些？
4. 试述施工阶段安全监理的程序。
5. 试述施工安全危险源的分析和预控方法。
6. 监理人员控制施工安全的方法和手段有哪些？
7. 安全检查方法有哪些？

第6章　建筑工程项目合同管理

6.1　合同法律

6.1.1　合同的概念、条款和形式

6.1.1.1　合同的概念

合同也称为契约、协议，是反映交易的法律形式。《中华人民共和国民法典》（以下简称《民法典》）规定：合同是平等主体的自然人、法人及其他组织之间设立、变更、终止民事权利义务关系的协议。

（1）合同一般具有以下特点。

1）合同是当事人协商一致的协议，是双方或多方的民事法律行为。

2）合同的主体是自然人、法人和其他组织等民事主体。

3）合同的内容是有关设立、变更和终止民事权利义务关系的约定，通过合同条款具体体现出来。

4）合同须依法成立，只有依法成立的合同对当事人才具有法律约束力。

（2）订立合同应遵循以下基本原则。

1）平等原则。合同当事人的法律地位平等，即享有民事权利和承担民事义务的资格是平等的，一方不得将自己的意志强加给另一方。

2）自愿原则。合同当事人依法享有自愿订立合同的权利，不受任何单位和个人的非法干预。

3）公平原则。合同当事人应当遵循公平原则确定各方的权利和义务。

4）诚实信用原则。合同当事人行使权利、履行义务应当遵循诚实信用原则。它要求人们在订立和履行合同中讲究信用，恪守诺言，诚实不欺。

5）遵守法律法规和公序良俗原则。合同的订立和履行，应当遵守法律法规和公序良俗。公序良俗从词意上理解就是公共秩序和善良风俗。公序良俗原则要求当事人订立、履行合同时，不但应当遵守法律、法规，而且应当尊重社会公德，不得扰乱社会经济秩序，损害社会公共利益。

6.1.1.2　合同条款

合同的组成包括合同的主体、客体和内容。合同的主体即合同的当事人，就是权利义务的主体。合同的客体是指当事人权利义务所共同指向的对象即标的。合同的内容是指当事人享有的权利和承担的义务。《民法典》第十二条规定：“合同的内容由当事人约定，一般包括以下条款：当事人的名称或者姓名和住所；标的；数量；价款或者报酬；履行的期限、地点和方式；违约责任；解决争议的方法。”

1. 合同条款的概念

当事人依法订立合同，意思表示一致，便形成合同条款，构成作为法律行为的合同内容。合同条款规定了当事人各方的权利和义务，成为法律关系意义上的合同内容。

2. 合同条款的内容

(1) 当事人的名称或者姓名和住所。合同当事人是自然人的，要写明该自然人的姓名和住所；当事人是法人或其他组织的，要写明该法人或该组织的名称和住所。

(2) 标的。标的是合同权利义务指向的对象。没有标的或标的不明确，当事人的权利和义务就无所指向，合同就无法履行。

(3) 数量。数量是对标的计量，以数字和计量单位来衡量标的的尺度。

(4) 质量。质量是标的的内在素质和外观形态的综合。如产品的品种、规格、执行标准等，当事人约定质量条款时，必须符合国家有关的规定和要求。

(5) 价款或报酬。合同中的价款或报酬，是当事人一方向交付标的的另一方支付的货币。

(6) 履行期限、地点和方式。履行期限是合同当事人履行义务的时间界限，是确定当事人是否按时履行或迟延履行的客观标准，也是当事人主张自己合同权利的时间依据。当事人也应在合同中约定交付标的或者支付价款的地方以及以何种方式来完成合同的义务。

(7) 违约责任。违约责任是当事人一方或双方，不履行合同或不能完全履行合同，按照法律规定或合同约定应当承担的经济制裁。

(8) 解决争议的方法。我国有关法律规定，争议解决的方法有：和解、调解、仲裁和诉讼，这是合同发生争议时维护当事人合法权益的有效途径。

6.1.1.3 合同形式

(1) 合同的形式，又称合同的方式，是当事人意思表示一致的表现形式，是合同内容的外部表现，是合同内容的载体。

(2) 合同形式的种类。

1) 口头形式。当事人只以口头语言的意思表示达成协议。

2) 书面形式。当事人以文字表述协议内容的合同。

3) 其他形式。其他形式的合同是当事人的行为或者特定情形推定成立的合同。

6.1.2 合同的成立

1. 合同成立概述

(1) 合同的成立是指订约当事人就合同的主要条款达成一致的意思表示。

(2) 合同成立的条件。

1) 存在双方或多方订约当事人。

2) 当事人订立合同必须是“依法”进行。

3) 当事人必须就合同的主要条款协商一致。

4) 合同的成立应具备要约和承诺阶段。

以上只是合同的一般成立要件。实际上由于合同的性质和内容不同，许多合同还可能具有其特定的成立要件。

2. 要约

(1) 要约是一方当事人以缔结合同为目的，向对方当事人所作的意思表示。发出要约的人称为要约人，接受要约的人则称为受要约人或相对人。

(2) 要约的主要构成要件。

1) 要约是由具有订约能力的特定人作出的意思表示。

2) 要约必须具有订立合同的意图。

3) 要约必须向要约人希望与其缔结合同的受要约人发出。

4) 要约的内容必须具体确定。

只有具备上述 4 个要件，才能构成一个有效的要约，并使要约发出后产生应有的拘束力。如果当事人一方所作的是“希望他人向自己发出要约的意思表示”则是要约邀请。如寄送价目表、拍卖公告、招标公告、招股说明书等。

(3) 要约的法律效力。

1) 要约的生效时间。要约到达受要约人时生效。

2) 要约法律效力的内容。要约在发出以后即对要约人和受要约人产生一定的拘束力。

(4) 要约的撤回和撤销。

1) 所谓要约的撤回是指要约人在发出要约以后，要约未到达受要约人之前，有权宣告取消要约。根据要约的形式拘束力，任何一项要约都是可以撤回的，只要撤回的通知先于或同时与要约到达受要约人，便能产生撤回的效力。由于撤回是在要约到达受要约人之前作出的，因此在撤回时要约并没有生效，撤回要约也不会影响到受要约人的利益。

2) 所谓要约的撤销，是指要约人在要约到达受要约人并生效以后，将该项要约取消，从而使要约的效力归于消灭。《民法典》第四百七十六条规定：“要约可以撤销。撤销要约的通知应当在受要约人发出承诺通知之前到达受要约人”。但是，如果要约中规定了承诺期限或者以其他形式表明要约是不可撤销的，或者尽管没有明示要约是不可撤销，但受要约人有理由相信要约是不可撤销的，并且已经为履行合同作了准备工作，则不可撤销要约。如果受要约人在收到要约以后，基于对要约的信赖，已为准备承诺支付了一定的费用，在要约撤销以后应有权要求要约人给予适当补偿。

(5) 要约失效。所谓要约失效，是指要约丧失了法律拘束力，即不再对要约人和受要约人产生拘束力。要约失效以后，受要约人也丧失了其承诺的能力，即使其向要约人表示了承诺，也不能导致合同的成立。要约失效的 4 种情形：

1) 拒绝要约的通知到达要约人。

2) 要约人依法撤销要约。

3) 承诺期限届满，受要约人未作出承诺。

4) 受要约人对要约的内容作出实质性变更。

3. 承诺

(1) 所谓承诺，是指受要约人同意要约的意思表示，即承诺是指受要约人同意接受要约的条件以缔结合同的意思表示。承诺的法律效力在于一经承诺并送达要约人，合同便告成立。

(2) 承诺的构成要件。

1）承诺必须由受要约人向要约人作出。

2）承诺必须在规定的期限内达到要约人。

3）承诺的内容必须与要约的内容一致。

4）承诺的方式必须符合要约的要求。

（3）承诺的效力。

1）生效时间。承诺通知到达要约人时生效。

2）效力。承诺的效果在于使合同成立，即一旦承诺生效，合同便宣告成立。《民法典》对合同成立的时间规定了以下四种情况：①承诺通知到达要约人时生效。②当事人采用合同书形式订立合同的，自双方当事人签字或者盖章时合同成立。③当事人采用信件、数据电文等形式订立合同的，可以在合同成立之前要求签订确认书。签订确认书时合同成立。④法律、行政法规规定或者当事人约定采用书面形式订立合同，当事人未采用书面形式但一方已经履行主要义务，对方接受的，该合同成立。

（4）承诺的撤回。所谓承诺撤回，是指受要约人在发出承诺通知以后，在承诺正式生效之前撤回其承诺。《合同法》规定“承诺可以撤回。撤回承诺的通知应当在承诺通知到达要约人之前或者与承诺通知同时到达要约人”。

6.1.3 格式条款合同

1．概念

格式条款合同，是指合同当事人一方（如某些垄断性企业）为了重复使用而事先拟定出一定格式的文本。文本中的合同条款在未与另一方协商一致的前提下已经确定且不可更改。格式条款合同又称为格式合同或标准合同。

合同示范文本，是指由一定机关事先拟定的对当事人订立相关合同起示范作用的合同文本。《民法典》第四百七十条规定：“当事人可以参照各类合同的示范文本订立合同”。此类合同文本中的合同条款有些内容是拟定好的，有些内容是没有拟定需要当事人双方协商一致填写的。合同示范文本只对当事人订立合同时参考使用，因此，合同示范文本与格式合同不同。

2．格式合同的特征

（1）要约对象的广泛性或持续性。

（2）格式合同承诺内容的确定性。

（3）格式合同的高效性和低成本性。

（4）格式合同当事人双方经济地位的不平衡性。

（5）格式合同条款具有事先确定性和普遍性。

3．格式条款提供者的义务

《民法典》规定：“采用格式条款订立合同的，提供格式条款的一方应当遵循公平原则确定当事人之间的权利和义务，并采取合理的方式提请对方注意免除或者限制其责任的条款，按照对方的要求，对该条款予以说明”。

4．格式合同的效力

由于格式合同在订立的时候未与对方进行必要的协商，从而使制定者在制定时为了自身的利益尽量使自己的权利较多、责任更少，从而很容易产生对对方当事人利益的侵害。

《民法典》第四百九十六条格式条款是当事人为了重复使用而预先拟定，并在订立合同时未与对方协商的条款。

采用格式条款订立合同的，提供格式条款的一方应当遵循公平原则确定当事人之间的权利和义务，并采取合理的方式提示对方注意免除或者减轻其责任等与对方有重大利害关系的条款，按照对方的要求，对该条款予以说明。提供格式条款的一方未履行提示或者说明义务，致使对方没有注意或者理解与其有重大利害关系的条款的，对方可以主张该条款不成为合同的内容。

第四百九十七条　有下列情形之一的，该格式条款无效：

（一）具有本法第一编第六章第三节和本法第五百零六条规定的无效情形；

（二）提供格式条款一方不合理地免除或者减轻其责任、加重对方责任、限制对方主要权利；

（三）提供格式条款一方排除对方主要权利。

第六章　民事法律行为

第三节　民事法律行为的效力

第一百四十三条　具备下列条件的民事法律行为有效：

（一）行为人具有相应的民事行为能力；

（二）意思表示真实；

（三）不违反法律、行政法规的强制性规定，不违背公序良俗。

第一百四十四条　无民事行为能力人实施的民事法律行为无效。

第一百四十五条　限制民事行为能力人实施的纯获利益的民事法律行为或者与其年龄、智力、精神健康状况相适应的民事法律行为有效；实施的其他民事法律行为经法定代理人同意或者追认后有效。

相对人可以催告法定代理人自收到通知之日起三十日内予以追认。法定代理人未作表示的，视为拒绝追认。民事法律行为被追认前，善意相对人有撤销的权利。撤销应当以通知的方式作出。

第一百四十六条　行为人与相对人以虚假的意思表示实施的民事法律行为无效。

以虚假的意思表示隐藏的民事法律行为的效力，依照有关法律规定处理。

第一百四十七条　基于重大误解实施的民事法律行为，行为人有权请求人民法院或者仲裁机构予以撤销。

第一百四十八条　一方以欺诈手段，使对方在违背真实意思的情况下实施的民事法律行为，受欺诈方有权请求人民法院或者仲裁机构予以撤销。

第一百四十九条　第三人实施欺诈行为，使一方在违背真实意思的情况下实施的民事法律行为，对方知道或者应当知道该欺诈行为的，受欺诈方有权请求人民法院或者仲裁机构予以撤销。

第一百五十条　一方或者第三人以胁迫手段，使对方在违背真实意思的情况下实施的民事法律行为，受胁迫方有权请求人民法院或者仲裁机构予以撤销。

第一百五十一条 一方利用对方处于危困状态、缺乏判断能力等情形，致使民事法律行为成立时显失公平的，受损害方有权请求人民法院或者仲裁机构予以撤销。

第一百五十二条 有下列情形之一的，撤销权消灭：

（一）当事人自知道或者应当知道撤销事由之日起一年内、重大误解的当事人自知道或者应当知道撤销事由之日起九十日内没有行使撤销权；

（二）当事人受胁迫，自胁迫行为终止之日起一年内没有行使撤销权；

（三）当事人知道撤销事由后明确表示或者以自己的行为表明放弃撤销权。

当事人自民事法律行为发生之日起五年内没有行使撤销权的，撤销权消灭。

第一百五十三条 违反法律、行政法规的强制性规定的民事法律行为无效。但是，该强制性规定不导致该民事法律行为无效的除外。

违背公序良俗的民事法律行为无效。

第一百五十四条 行为人与相对人恶意串通，损害他人合法权益的民事法律行为无效。

第一百五十五条 无效的或者被撤销的民事法律行为自始没有法律约束力。

第一百五十六条 民事法律行为部分无效，不影响其他部分效力的，其他部分仍然有效。

第一百五十七条 民事法律行为无效、被撤销或者确定不发生效力后，行为人因该行为取得的财产，应当予以返还；不能返还或者没有必要返还的，应当折价补偿。有过错的一方应当赔偿对方由此所受到的损失；各方都有过错的，应当各自承担相应的责任。法律另有规定的，依照其规定。

第五百零六条 合同中的下列免责条款无效：

（一）造成对方人身损害的；

（二）因故意或者重大过失造成对方财产损失的。

5. 格式条款争议的处理

《民法典》在兼顾双方利益的基础上规定了一项特殊的解释原则即："对格式条款的理解发生争议时，应当按照通常的理解予以解释"。对格式条款有两种以上解释的，有两个规则：①应当作出不利于提供格式条款一方的解释；②格式条款文本和非格式条款文本不一致的，应采用非格式条款。

6.1.4 合同的效力

1. 合同生效的概念和内容

(1) 所谓合同生效，是指已经成立的合同在当事人之间产生了一定的法律拘束力，也就是通常所说的法律效力。

(2) 合同对当事人的拘束力具体体现为权利和义务两方面。

1) 从权利方面来说，合同当事人依据法律和合同的规定所产生的权利依法受法律保护。

2) 从义务方面来说，合同对当事人的拘束力表现在两个方面：一方面，当事人根据合同所产生的义务具有法律的强制性。根据《民法典》第五百零九条的规定："当事人应当按照约定全面履行自己的义务"。另一方面，如果当事人违反合同义务的规定则应当承担违约责任。

2. 合同的生效要件

合同生效要件是判断合同是否具有法律效力的标准。合同生效应当具备以下条件：

(1) 行为人具有相应的民事行为能力。行为人必须具备一定的独立表达自己的意思和理解自己的行为的性质和后果的能力。

(2) 意思表示真实。

(3) 不违反法律和社会公共利益。

(4) 合同必须具备法律所要求的形式。我国法律承认当事人可以依法选择合同的形式。但如果法律对合同的形式作出了特殊规定，当事人必须遵守法律规定。如有些合同依照法律规定，当事人在签订书面合同后还必须登记，方为有效。又如我国《民法典》第七百八十九条规定："建设工程合同应当采用书面形式"。

3. 无效合同

(1) 所谓无效合同，是指合同虽然已经成立，但因其在内容和形式上违反了法律、行政法规的强制性规定或社会公共利益，因此应确认无效。

(2) 无效合同的范围。

1) 一方以欺诈、胁迫的手段订立合同，损害国家利益。

2) 恶意串通，损害国家、集体或者第三人利益。

3) 以合法形式掩盖非法目的。

4) 损害社会公共利益。

5) 违反法律、行政法规的强行性规定。

4. 效力待定的合同

(1) 有些合同的效力较为复杂，不能直接判断是否生效，而与合同的一些后续行为有关，这类合同即为效力待定的合同。

(2) 效力待定合同的范围。

1) 限制民事行为能力人订立的合同。

2) 无代理权人订立的合同。

3) 法定代表人、负责人越权订立的合同。

4) 无处分权人处分他人财产订立的合同。

5. 可变更、可撤销的合同

(1) 可变更、可撤销的合同，是指当事人订立的合同内容有欠缺或意思表示不真实，当事人可依照自己的意思使合同的内容变更或者使合同的效力归于消灭的合同。如果合同当事人对合同的可变更或可撤销生产争议，人民法院或者仲裁机构有权变更或者撤销合同。

(2) 撤销权的行使。撤销权人必须在规定的期限内行使撤销权。我国《民法典》规定，具有撤销权的当事人自知道或者应当知道撤销事由之日起一年内没有行使撤销权或具有撤销权的当事人知道撤销事由后明确表示或者以自己的行为放弃撤销权，则撤销权消灭。

(3) 可变更、可撤销合同的范围。

1）因重大误解而订立的合同。

2）在订立合同时显失公平的合同。

3）因欺诈、胁迫而订立的合同。

4）乘人之危而订立的合同。

6. 合同被确认无效或被撤销的后果

无效的合同或者被撤销的合同自始没有法律约束力。因此合同被确认无效或被撤销以后，将溯及既往，自合同成立之日起就是无效的，而不是从确认合同无效之日起无效。合同无效或者被撤销后，因该合同取得的财产，应当予以返还；不能返还或者没有必要返还的，应当折价补偿。有过错的一方应当赔偿对方因此所受到的损失，双方都有过错的，应当各自承担相应的责任。

6.1.5 合同的履行

合同的履行是指合同各方当事人按照合同的规定，全面履行各自的义务，实现各自的权利，使各方的目的得以实现的行为。合同依法成立，当事人就应当按照合同的规定，全面履行自己的义务。

1. 合同的履行原则

(1) 实际履行原则。实际履行是指当事人应严格按照合同规定的标的履行。这一原则要求：

1）合同当事人须严格按照约定的标的履行，不能以其他标的代替。

2）合同当事人一方不履行合同时，他方可以要求继续实际履行。

(2) 协作履行原则。协作履行是指合同的当事人在合同的履行中应相互协作，讲求诚实信用。

(3) 经济合理原则。经济合理原则要求当事人履行债务时，要讲求经济效益，要从整体和国家的利益出发。

(4) 适当履行原则。适当履行原则，是指当事人应按照法律的规定或合同的约定全面、正确的履行债务，故又称全面履行或正确履行原则。

(5) 情势变更原则。情势变更原则，是指合同成立后至履行前，发生当事人在订约当时所预料不及的客观情况，致使按原合同履行显失公平时，当事人可不履行原合同而是变更或解除合同。

2. 合同的履行

(1) 履行主体。履行主体是指履行合同义务和接受合同义务的履行人。在一般情况下债都是由债务人向债权人履行义务，由债权人接受债务人的履行。债务人和债权人就是履行主体。

(2) 履行标的。履行标的是指债务人向债权人履行义务应交付的对象，又称给付标的。合同当事人必须严格按照合同约定的标的履行义务，这是实际履行原则的要求。只有在法律规定或者合同约定允许以其他标的代替履行时，债务人才可经债权人同意后以其他标的履行。如果合同中对标的物的质量规定不明确，按照国家质量标准履行；没有国家质量标准的，按部颁标准或者专业标准履行；没有部颁标准或者专业标准的，按照通常标准或者符合合同目的的特定标准履行。

在支付标的价款或酬金时，当事人应按照合同约定的标准和计算方法确定的价款来履行。合同中价款约定不明确的，按照订立合同时履行地市场价格履行；依法应当执行政府定价或者政府指导价的，按照规定执行。逾期交货的，遇价格上涨时，按原价格执行；价格下降时，按新价格执行。逾期提货或逾期付款的，遇价格上涨时，按新价格执行；价格下降时，按原价格执行。

(3) 履行期限。履行期限是指债务人向债权人履行义务和债权人接受债务人履行的时间。履行期限可以是具体的某一日期，也可以是某一期间。

合同当事人必须严格按合同中约定的履行期限履行合同。如果合同中约定的期限不明确，当事人又协商不成的，则合同债务人可以随时向债权人履行义务，债权人也可以随时要求债务人履行义务，但应当给对方必要的准备时间。

(4) 履行地点。履行地点是指债务人履行义务和债权人接受履行的地方。当事人应当在法定或约定的履行地点履行。如果履行地点不明确时，按照法律规定："给付货币的，在接受给付一方的所在地履行，其他标的在履行义务一方的所在地履行"。但标的为工程项目和建筑物的，应在标的的所在地履行。

(5) 履行方法。履行方法是指债务人履行义务的方式。履行方法是由法律规定或合同约定的，债的性质和内容不同，其履行方法也不同。

6.1.6　合同履行中的抗辩权

1. 概述

合同履行中的抗辩权是指在双务合同中，当事人一方有依法对抗对方要求或否认对方权力主张的权利。

2. 同时履行抗辩权

(1) 同时履行抗辩权，是指当事人互负债务，没有先后履行顺序的，应当同时履行。一方在对方履行之前有权拒绝其履行要求。一方在对方履行债务不符合约定时，有权拒绝其相应的履行要求。

(2) 同时履行抗辩权的构成要件。

1) 须由同一双务合同互负债务。

2) 须双方互负的债务均已届清偿期。

3) 须对方未履行债务或履行债务不符合约定。

4) 须对方的对待给付是可能履行的义务。

(3) 同时履行抗辩制度的适用范围：同时履行抗辩制度主要用于双务合同，如买卖、租赁、承揽、有偿委托、保险、雇佣、劳动等合同。

3. 后履行抗辩权

(1) 后履行抗辩权，是指当事人互负债务，有先后履行顺序的，先履行一方未履行的，后履行一方有权拒绝其履行请求。先履行一方履行债务不符合约定的，后履行一方有权拒绝其相应的履行要求。

(2) 后履行抗辩权的构成要件：

1) 须双方当事人互负债务。

2) 两个债务须有先后履行顺序。

3）先履行一方未履行或其履行不符合约定。

4. 不安抗辩权

(1）不安抗辩权，是指在双务合同中，当事人互负债务，合同约定有先后履行顺序的，先履行债务的当事人一方应当先履行其债务。但在应当先履行债务的当事人一方，有确切证据证明对方有丧失或者可能丧失履行债务能力的情况下，可以中止履行其债务。

(2）不安抗辩权的构成要件。

1）须双方当事人互负债务。

2）后履行债务的当事人一方的债务尚未届至履行期限。

3）后履行债务的一方当事人有丧失或者可能丧失履行债务能力的情况。

(3）不安抗辩权的法律规定。《民法典》第五百二十七条规定："应当先履行债务的当事人，有确切证据证明对方有下列情形之一的，可以中止履行：

1）经营状况严重恶化。

2）转移财产、抽逃资金，以逃避债务。

3）丧失商业信誉。

4）有丧失或者可能丧失履行债务能力的其他情形。

当事人没有确切证据中止履行的，应当承担违约责任。

《民法典》第五百二十八条规定："当事人依照本法第六十八条的规定中止履行的，应当及时通知对方。对方提供适当担保时，应当恢复履行。中止履行后，对方在合理期限内未恢复履行能力并且未提供适当担保的，中止履行的一方可以解除合同。"

6.1.7 合同履行中的债权的保全

在合同履行过程中，为了保护债权人的合法权益，防止因债务人的财产不当减少，而危害债权人的债权时，法律规定允许债权人为保全其债权的实现可行使代位权和撤销权。债权人的代位权和撤销权，是债权的一般保证措施，即称为债权的保全。关于债权，债权人只能向债务人请求履行，原则上是不涉及第三人的。但是，当债务人与第三人的行为危害到债权人的利益时，法律规定允许债权人对债务与第三人的行为行使一定的权利，以排除对其债权的危害。

1. 债权人的代位权

(1）债权人的代位权，是指债权人为了保障其债权不受损害，而以自己的名义代替债务人行使债权的权利。

(2）债权人行使代位权的法律规定。《民法典》第五百三十五条规定："因债务人怠于行使其到期债权，对债权人造成损害的，债权人可以向人民法院请求以自己的名义代位行使债务人的债权，但该债权专属于债务人自身的除外。

代位权的行使范围以债权人的债权为限。债权人行使代位权的必要费用，由债务人负担"。

(3）代位权的行使应具备的法定条件。

1）债务人怠于行使其债权。

2）债务人怠于行使权利的行为对债权人造成损害。

3）债权人有保全债权的必要。

(4) 债权人行使代位权的效力。

1) 债权人行使代位权的必要费用由债务人承担。

2) 债权人行使债务人的债权的范围要适度，以足以保全其债权为限。

债权人行使代位权应当以自己的名义行使，而不是以债务人的名义行使。代位权的行使须通过诉讼程序进行。

2. 债权人的撤销权

(1) 债权人的撤销权，是指当债务人处分自己的财产的行为足以影响债权人利益时，债权人享有的予以撤销该行为的权利。

(2) 债权人行使撤销权的法律规定。《民法典》第五百三十九条规定："债务人以明显不合理的低价转让财产、以明显不合理的高价受让他人财产或者为他人的债务提供担保，影响债权人的债权实现，债务人的相对人知道或者应当知道该情形的，债权人可以请求人民法院撤销债务人的行为。"第五百四十条规定："撤销权的行使范围以债权人的债权为限。债权人行使撤销权的必要费用，由债务人负担。"

(3) 债权人的撤销权成立要件。

1) 债务人实施了一定的危害债权人的行为。

2) 债务人在实施危害债权人的行为时其主观上具有恶意。

(4) 债权人撤销权的行使。债权人撤销权的行使必须由享有撤销权的债权人以自己的名义，向人民法院提出诉讼，请求法院撤销债务人危害其债权的行为。因行使撤销权而取得的财产价值应与债权人的债权价值相当。债权人行使撤销权发生的必要费用由债务人承担。

(5) 债权人行使撤销权的期限。《民法典》第五百四十一条规定："撤销权自债权人知道或者应当知道撤销事由之日起一年内行使。自债务人的行为发生之日起五年内没有行使撤销权的，该撤销权消灭。"

法律规定的债权人撤销权行使的期限，即为撤销权行使的除斥期间，也就是法律规定撤销权于存续期间届满当然消灭的期间。法律规定一方面赋予债权人一定的撤销权，以保护其债权不受侵害；另一方面又对其行使时间进行限制，即规定除斥期间，其目的是为了维护交易的稳定状态和平衡各方当事人的利益。

6.1.8　合同的解除

1. 概念

合同解除是指对已经发生法律效力，但尚未履行或者尚未完全履行的合同，因当事人一方的意思表示或者双方的协议而使债权债务关系提前归于消灭的行为。合同解除可分为约定解除和法定解除两类。

合同一经成立即具有法律约束力，任何一方都不得擅自解除。但是，当事人在订立合同后，由于主观和客观情况的变化，有时会发生原合同的全部履行或部分履行成为不必要或不可能的情况，需要解除合同，以减少不必要的经济损失或收到更好的经济效益，以有利于稳定和维护正常的市场经济秩序。因此，在符合法定条件下，允许当事人依照法定程序解除合同。

合同解除后，尚未履行的，终止履行；已经履行的，根据履行情况和合同性质，当事人可以要求恢复原状、采取其他补救措施，并有权要求赔偿损失。

2. 约定解除

约定解除是当事人通过行使约定的解除权或者双方协商决定而进行的合同解除。当事人协商一致可以解除合同，即合同的协商解除。当事人也可以约定一方解除合同的条件，解除合同条件成就时，解除权人可以解除合同，即合同约定解除权的解除。

3. 法定解除

法定解除是指解除条件是由法律直接规定的。当法律规定的解除条件具备时，当事人可以解除合同。

6.1.9 违约责任

1. 违约行为

（1）违约行为是指违反合同义务的行为。这里的合同义务，既包括当事人在合同中约定的义务，又包括法律直接规定的义务，还包括根据法律原则和精神的要求，当事人所必须遵守的义务。

（2）违约行为的种类。

1）预期违约亦称先期违约，包括明示毁约和默示毁约两种。所谓明示毁约，是指在合同履行期到来之前，一方当事人无正当理由而明确、肯定地向另一方表示他将不履行合同。所谓默示毁约，是指在履行期到来之前，一方当事人有确凿的证据证明另一方当事人在履行期到来时将不履行或不能履行合同，而另一方又不愿提供必要的履约担保。预期违约表现为未来将不履行合同义务，而不是实际违反合同义务。

2）实际违约包括拒绝履行、不适当履行、迟延履行、其他违约行为。

2. 违约责任

（1）违约责任是指合同当事人不履行合同义务或者履行合同义务不符合约定时，依法产生的法律责任。

（2）违约责任的承担方式。

1）继续履行合同。是指违反合同的当事人不论是否已经承担赔偿金或者违约金责任，都必须根据对方的要求，在自己能够履行的条件下，对原合同未履行的部分继续履行。

2）采取补救措施。是指在违反合同的事实发生后，为防止损失发生或者扩大，而由违反合同行为人采取修理、重作、更换等措施。

3）赔偿损失。是指当事人一方违反合同造成对方损失时，应以其相应价值的财产予以补偿。赔偿损失应以实际损失为依据。

3. 免责事由

（1）免责事由。免责事由又称免责条件，是指法律明文规定的当事人对其不履行合同不承担违约责任的条件。

（2）我国法律规定的免责条件主要有以下四种。

1）不可抗力。是指不能预见、不能避免并不能克服的客观情况。

2）货物的合理损耗。

3）受害人的过错。指受害人对于违约行为或者违约损害后果的发生或扩大存在过错。受害人的过错可以成为违约方全部或者部分免除责任的依据。

4）免责条款。就是当事人用协议排除或限制其未来可能发生违约责任的合同条款。当事人可以在订立合同时约定免责条款，只要有免责条款的情形，即使当事人有违约行为，也不承担违约责任。但合同中的免除造成对方人身伤害、因故意或者重大过失造成对方财产损失的违约责任的免责条款无效，当事人对此类损害仍应当承担违约责任。

6.1.10　合同争议的解决

合同争议是指当事人双方对合同订立和履行情况以及不履行合同的后果所产生的纠纷。对合同订立产生的争议，一般是对合同是否已经成立及合同的效力产生的纠纷；对合同履行情况产生的争议，往往是对合同是否已经履行或者是否已按合同约定履行产生的纠纷；而对不履行合同的后果产生的争议，则是对没有履行合同或者没有完全履行合同的责任，应由哪一方承担责任和如何承担责任而产生的纠纷。由于种种原因，使合同当事人之间对享有权利和承担义务而产生分歧，是不可能完全避免的。选择适当的解决方式，及时解决合同争议，不仅关系到维护当事人的合法权益，而且对维护社会经济秩序也有重要作用。《民法典》规定："当事人可以通过和解或者调解解决合同争议。""当事人不愿和解、调解或者和解、调解不成的，可以根据仲裁协议向仲裁机构申请仲裁。涉外合同的当事人可以根据仲裁协议向中国仲裁机构或者其他仲裁机构申请仲裁。当事人没有订立仲裁协议或者仲裁协议无效的，可以向人民法院起诉。当事人应当履行发生法律效力的判决、仲裁裁决、调解书；拒不履行的，对方可以请求人民法院执行。"根据上述规定，合同争议的解决方式主要有和解、调解、仲裁和诉讼等。

1. 和解

和解是指合同双方当事人自愿直接进行接触，友好磋商，互相都作一定的让步，在彼此认为可以接受的基础上达成和解协议，解决纠纷。通过和解解决纠纷的好处是：方式简便易行，不需要通过仲裁或司法程序，可省去仲裁或诉讼的麻烦和费用；而且气氛友好，有利于双方今后继续发展友好合作关系。

2. 调解

调解是指由第三人从中调停，促使双方当事人解决纷争的一种方式。调解的主要特点是：灵活简便，不需要经过纷繁的诉讼或仲裁程序。在调解中，调解人的存在对纠纷的解决起重要作用。他除了转达双方当事人的意见外，还可提出自己的解决方案，促使双方解决纠纷。调解是在当事人自愿的基础上进行的，任何一方当事人不能迫使他方接受调解。需注意的是，调解这一途径不是合同当事人解决纠纷的必经程序，不得进行强行调解。正因为经调解达成的调解协议完全出于当事人的自愿，所以一般都自觉履行。

3. 仲裁

仲裁是指对经济合同纠纷，依照双方当事人在合同中订立的仲裁条款或事后达成的仲裁协议，由仲裁机构进行裁决的一种法律制度。仲裁裁决具有强制性执行的法律效力，对双方当事人均具有约束力，如果败诉方不主动执行，胜诉方可向法院提出申请，要求予以强制执行。

凡经仲裁机构裁决的经济合同纠纷，当事人不得向人民法院起诉，也不得再申请仲裁。

4．诉讼

诉讼是指发生合同争议后，当事人一方向有管辖权的人民法院起诉，请求法院按照法律规定作出判决，解决纠纷。法院审理合同纠纷案件时，按照民事诉讼法的程序执行。对合同纠纷案件的双方当事人可以进行调解，调解不成才进行判决。当事人对判决不服的可在法定期限内向上一级人民法院上诉。上诉后作出的判决为终审判决，立即生效交付执行。诉讼方式的最大特点是强制性。一方面，在双方当事人之间没有仲裁协议的情况下，一方当事人向法院起诉，无须征得他方的同意，如另一方当事人拒不出庭，法院可发出传票强令其出庭；另一方面，法院作出生效的判决具有强制拘束力，败诉方必须无条件予以执行。

国家发展和改革委员会、财政部、建设部、铁道部、交通部、信息产业部、水利部、民用航空总局、广播电影电视总局联合制定的《〈标准施工招标资格预审文件〉和〈标准施工招标文件〉试行规定》规定：发包人和承包人在履行合同中发生争议的，可以友好协商解决或者提请争议评审组评审。合同当事人友好协商解决不成、不愿提请争议评审或者不接受争议评审组意见的，可在专用合同条款中约定采用一种方式解决：向约定的仲裁委员会申请仲裁、向有管辖权的人民法院提起诉讼。

（1）友好解决。在提请争议评审、仲裁或者诉讼前，以及在争议评审、仲裁或诉讼过程中，发包人和承包人均可共同努力友好协商解决争议。

（2）争议评审。

1）采用争议评审的，发包人和承包人应在开工日后的28天内或在争议发生后，协商成立争议评审组。争议评审组由有合同管理和工程实践经验的专家组成。

2）合同双方的争议，应首先由申请人向争议评审组提交一份详细的评审申请报告，并附必要的文件、图纸和证明材料，申请人还应将上述报告的副本同时提交给被申请人和监理人。

3）被申请人在收到申请人评审申请报告副本后的28天内，向争议评审组提交一份答辩报告，并附证明材料。被申请人应将答辩报告的副本同时提交给申请人和监理人。

4）除专用合同条款另有约定外，争议评审组在收到合同双方报告后的14天内，邀请双方代表和有关人员举行调查会，向双方调查争议细节；必要时争议评审组可要求双方进一步提供补充材料。

5）除专用合同条款另有约定外，在调查会结束后的14天内，争议评审组应在不受任何干扰的情况下进行独立、公正的评审，作出书面评审意见，并说明理由。在争议评审期间，争议双方暂按总监理工程师的确定执行。

6）发包人和承包人接受评审意见的，由监理人根据评审意见拟定执行协议，经争议双方签字后作为合同的补充文件，并遵照执行。

7）发包人或承包人不接受评审意见，并要求提交仲裁或提起诉讼的，应在收到评审意见后的14天内将仲裁或起诉意向书面通知另一方，并抄送监理人，但在仲裁或诉讼结束前应暂按总监理工程师的确定执行。

6.2 建筑工程合同

6.2.1 FIDIC《施工合同条件》

1. FIDIC 简介

FIDIC 是国际咨询工程师联合会（Federation Internationale Des Ingenieurs Conseils）的法文名称的缩写，它是各国咨询工程师协会创建的，其目标是共同促进成员协会的专业影响，并向各成员协会传播他们感兴趣的信息。第二次世界大战以后，成员的数目迅速发展，到 20 世纪末，已成为拥有遍布全球 67 个成员的协会，是世界上最具有权威性的国际工程咨询工程师组织。

FIDIC 下设 5 个永久性专业委员会，即业主与咨询工程师关系委员会（CCRC）、合同委员会（CC）、风险管理委员会（RMC）、质量管理委员会（QMC）和环境委员会（ENVC）。各专业委员会编制出版了许多规范性的和指南性的文件。

目前，最新的 FIDIC 工程合同条件（1999 年版）为一系列的标准合同范本：《施工合同条件》（新红皮书）、《生产设备和设计—施工合同条件》（新黄皮书）、《设计采购施工（EPC）/交钥匙工程合同条件》（银皮书）和《简明合同格式》（绿皮书）。

新版 FIDIC 合同继承了以往 FIDIC 合同条件的优点，并根据多年来在实践中取得的经验以及专家、学者和相关各方的意见和建议，做出了重大的调整。在结构、布局和措辞等做了重大的修改：统一了条款、定义和措辞；条款数目统一为 20 条。此次出版的新红皮书和新黄皮书，不是在原有合同条件基础上修改的，而是进行了重新编写。银皮书和绿皮书是首次推出的。

2006 年 3 月，FIDIC 又对 1999 年版进行了一些修订，发布了第二版，但 FIDIC 声明，其 1999 年版本仍应该在非多边开发银行贷款项目中应用，2006 年的版本仅供多边开发银行贷款项目使用。

（1）《施工合同条件》（新红皮书）“推荐用于由雇主或其代表工程师设计的建筑或工程项目。这种合同的通常情况是，由承包商按照雇主提供的设计进行工程施工。但该工程可以包含由承包商设计的土木、机械、电气和（或）构筑物的某些部分”。

（2）《生产设备和设计—施工合同条件》（新黄皮书）“推荐用于电气和（或）机械生产设备供货和建筑或工程的设计与施工。这种合同的通常情况是，由承包商按照雇主要求，设计和提供生产设备和（或）其他工程；可以包括土木、机械、电气和（或）构筑物的任何组合”。

（3）《设计采购施工（EPC）/交钥匙工程合同条件》（银皮书）“可适用于以交钥匙方式提供加工或动力设备、工厂或类似设施、基础设施项目或其他类型发展项目，这种方式：①项目的最终价格和要求的工期具有更大程度的确定性；②由承包商承担项目的设计和实施的全部职责，雇主卷入很少。交钥匙工程的通常情况是，由承包商进行全部设计、采购和施工（EPC），提供一个配备完善的设施，（转动钥匙）即可运行。”

（4）《简明合同格式》（绿皮书），这是一本全新的合同条件。“推荐用于资本金额较小的建筑或工程项目。根据项目的类型和具体情况，这种格式也可用于较大资本金额的合同，特别是适用于简单或重复性的工程或工期较短的工程。这种合同的通常情况是，由承包商按照雇主或其代表（如有时）提供的设计进行工程施工，但这种格式也可适用于包括或全部是，由承包商设计的土木、机械、电气和（或）建筑物的合同”。

FIDIC 合同的最大特点是：程序公开、机会均等，这是它的合理性，对任何人都不持偏见。这种开放公平及高透明度的工作原则亦符合世界贸易组织政府采购协议的原则，所以 FIDIC 合同才在国际工程中得到了广泛的应用。

2. FIDIC《施工合同条件》概述

《施工合同条件》（新红皮书）（1999 年版）的名称是：由业主设计的房屋和工程施工合同条件，与原来的《土木工程施工合同条件》（1988 年第四版）相比，新《施工合同条件》有如下特点。

（1）合同的适用条件更广泛。《施工合同条件》不仅适用于建筑工程施工，也可以用于安装工程施工。

（2）通用条件条款结构发生了改变。通用条件条款的标题分别为：一般规定，业主，监理工程师，承包商，指定分包商，职员和劳工，永久设备、材料和工艺，开工、延误和暂停，竣工检验，业主的接收，缺陷责任，测量和估价，变更和调整，合同价格和支付，业主提出终止，承包商提出暂停和终止，风险和责任，保险，不可抗力，索赔、争端和仲裁共计 20 条 247 款。比《土木工程施工合同条件》的条目数少，但条款数多，克服了合同履行过程中发生的某一事件往往涉及排列序号不在一起的很多条款，尽可能将相关内容归列在同一主题下。

（3）对业主、承包商双方的权利和义务作了更严格明确的规定。在业主方面，新红皮书对业主的职责、权力、义务有了更严格的要求，如对业主资金安排、支付时间和补偿、业主违约等方面的内容进行了补充和细化；承包商方面，对承包商的工作提出了更严格的要求，如承包商应将质量保证体系和月进度报告的所有细节都提供给监理工程师、在何种条件下将没收履约保证金、工程检验维修的期限等。

（4）对监理工程师的职权规定得更为明确，强调建立以监理工程师为核心的项目管理模式。

通用条款内明确规定，监理工程师应履行施工合同中赋予他的职责，行使合同中明确规定的或必然隐含的赋予他的权力。如果要求监理工程师在行使施工合同中某些规定权力之前需先得业主的批准，则应在业主与承包商签订合同的专用条款的相应条款内注明。合同履行过程中业主或承包商的各类要求均应提交监理工程师，由其做出决定；除非按照解决合同争议的条款将该事件提交争端裁决委员会或仲裁机构解决外，对监理工程师做出的每一项决定，各方均应遵守。业主与承包商协商达成一致以前，不得对监理工程师的权力加以进一步限制。

通用条件的相关条款同时规定，每当监理工程师需要对某一事项做出商定或决定时，应首先与合同双方协商并尽力达成一致，如果不能达成一致，则应按照合同规定并适当考虑所有有关情况后再做出公正的决定。

（5）增加了部分新内容。增加的内容包括：业主的资金安排、业主的索赔、承包商要求的变更、质量管理体系、知识产权、争端裁决委员会（DBA）的工作步骤等，使条款涵盖的范围更为全面、合理。新红皮书共定义了 58 个关键词，并将定义的关键词分为六大类编排，条理清晰，其中 30 个关键词是“红皮书”（即《土木工程施工合同条件》）没有的。

（6）通用条件的条款更具备操作性。通用条件条款约定更为细致和便于操作。如将预付款支付与扣还、调价公式等编入了通用条件的条款。

3. FIDIC《施工合同条件》的内容

FIDIC《施工合同条件》包括三部分内容：通用条件，专用条件编制指南，投标书、合同协议和争端评审协议格式。

（1）第一部分：通用条件。通用条件包括了每个土木工程施工合同应有的条款，全面地规定了合同双方的权利和义务、风险和责任，确定了合同管理的内容及做法。这部分可以不经任何改动附入招标文件。

（2）第二部分：专用条件编制指南。专用条件的作用是对第一部分通用条件进行修改和补充，它的编号与其所修改或补充的通用条件的各条相对应。通用条件和专用条件是一个整体，相互补充和说明，形成描述合同双方权利和义务的合同条件。对每一个项目，都有必要准备专用条件。必须把相同编号的通用条件和专用条件一起阅读，才能全面正确地理解该条款的内容和用意。如果通用条件和专用条件有矛盾，则专用条件优先于通用条件。

（3）第三部分：投标书、合同协议和争端评审协议格式。

4. FIDIC《施工合同条件》的适用条件

（1）必须要由独立的监理工程师来进行施工监督管理。从某种意义来讲，也可以说 FIDIC 条款是专门为监理工程师进行施工管理而编写的。换言之，工程项目必须实行建设监理制。

（2）业主应采用竞争性招标方式选择承包单位，可以采用公开招标（无限制招标）或邀请招标（有限制招标）。

（3）适用于单价合同。FIDIC 合同的最大特点是单价合同，它强调“量价分离”，即工程数量与单价分开，投标时承包商报的不是总价，而是单价，单价乘以工程量清单中的工程数量后才汇总出工程的总标价。FIDIC 合同在《投标者须知》中都会明文规定，合同单价的地位高于一切。如果标书中单价与总价发生矛盾，应以单价为准。对于没有填报单价或价格的工程内容，业主在合同实施过程中将不予支付，并认为该项工程内容的单价或价格已包含在其他工程内容单价或价格中。因此必须注意，填上的单价就是支付的法律依据。

（4）要求有较完整的设计文件（包括规范、图纸、工程量清单等）。

6.2.2　建设工程施工合同

6.2.2.1　建设工程施工合同的概念

建设工程施工合同是发包人与承包人就完成具体工程项目的建筑施工、设备安装、设备调试、工程保修等工作内容，确定双方权利和义务的协议。施工合同是建设工程合同的一种，它与其他建设工程合同一样是双务有偿合同，在订立时应遵守自愿、公平、诚实信用等原则。

建设工程施工合同是建设工程的主要合同之一，其标的是将设计图纸变为满足功能、质量、进度、投资等发包人投资预期目的的建筑产品。

6.2.2.2 建设工程施工合同的特点

1. 合同标底的特殊性

施工合同的标的是各类建筑产品，建筑产品是不动产，建造过程中往往受到自然条件、地质水文条件、社会条件、人为条件等因素的影响。这就决定了每个施工合同的标的物不同于工厂批量生产的产品，具有单件性的特点。所谓“单件性”指不同地点建造的相同类型和级别的建筑，施工过程中所遇到的情况不尽相同，在甲工程施工中遇到的困难在乙工程施工中不一定发生，而在乙工程施工中可能出现甲工程施工中没有发生过的问题。

2. 合同履行期限的长期性

建筑物的施工由于结构复杂、体积大、建筑材料类型多、工作量大，使得工期都较长（与一般工业产品的生产相比）。在工程的施工过程中，还可能因为不可抗力、工程变更、材料供应不及时等原因而导致工期顺延。所有这些情况，决定了施工合同的履行期限具有长期性。

3. 合同内容的多样性和复杂性

虽然施工合同的当事人只有两方，但其涉及的主体却有许多种。与大多数合同相比较，施工合同的履行期限长、标的额大，涉及的法律关系则包括了劳动关系、保险关系、运输关系等具有多样性和复杂性。这就要求施工合同的内容尽量详尽。施工合同除了应当具备合同的一般内容外，还应对安全施工、专利技术使用、发现地下障碍和文物、工程分包、不可抗力、工程设计变更、材料设备的供应、运输、验收等内容作出规定。所有这些，都决定了施工合同的内容具有多样性和复杂性的特点。

6.2.2.3 建设工程施工合同的内容

1. 合同协议书

合同协议书指双方就最后达成协议所签订的书面文件。它规定了合同当事人双方最主要的权利、义务，规定了组成合同的文件及合同当事人对履行合同义务的承诺，并且合同当事人应在这份文件上签字盖章。合同协议书对双方均有法律约束力。

2. 中标通知书

中标通知书指建设单位发给承包单位表示正式接受其投标书的函件。中标通知书是建设单位的承诺，其附件中包含已被接受的投标书，以及双方协商一致对投标书所作修改的确认。中标通知书中还应写明合同价格以及有关履约担保等问题。

3. 投标书及附件

投标书指承包单位根据合同的各项规定，为工程的实施、完工和修补缺陷向建设单位提交并被接受的投标报价书、已标价的工程量清单和经建设单位确认进入合同的其他文件。投标书是投标者提交的最重要的单项文件。在投标书中投标者要确认已阅读了招标文件并理解了招标文件的要求，并申明其为了承担和完成合同规定的全部义务所需的投标金额，这个金额必须和工程量清单中所列的总价相一致。

投标书附件指包括在投标报价书内的附件，它列出了合同条款所规定的一些主要数据。

4. 合同条款

指由建设单位拟定或选定，经双方协商达成一致意见的条款。它规定了合同当事人双方的权利和义务。合同条款一般包含两部分：即第一部分“通用条款”和第二部分“专用条款”。

5. 规范

规范指施工合同中涉及的工程规范和技术标准。规范一般是国家规定强制执行的，规范规定了合同中工程的工艺标准和技术要求。此外，对承包单位提供的材料质量和工艺标准，也作出了明确的规定，规范通常还包括计量方法。

6. 图纸

图纸指监理工程师根据合同正式向承包单位提供的所有图纸、设计书和技术资料，以及由承包单位提出并经监理工程师批准的所有图纸、设计书及其他技术资料。图纸应足够详细准确，以便承包单位在参照了规范和工程量清单后，能确定合同所包括的工程的性质和范围。

7. 工程量清单

工程量清单指已标价的完整的工程量表，它列有按照合同应实施的工作的说明、估算的工程量以及由投标者填写的单价和总价，它是投标文件的组成部分。

8. 其他

其他指没有列入中标通知书或合同协议书中的其他文件。例如招标补遗书、合同谈判备忘录，及在合同履行中，承发包双方有关工程的洽商、变更、会议纪要等书面协议或文件也是合同文件的组成部分。

6.2.2.4　合同文件的优先次序

一般来说，构成合同的各种文件，是一个整体，应能相互解释，互为说明。但由于合同文件内容众多、篇幅庞大，很难避免彼此之间出现解释不清或有异议甚至出现互相矛盾的情况。因此，合同条款中必须规定合同文件的优先次序，即当不同文件出现模糊或矛盾时，以哪个文件为准。《建设工程施工合同（示范文本）》（GF—2017—0201）规定，组成合同的各种文件优先解释顺序如下：

（1）合同协议书。

（2）中标通知书（如果有）。

（3）投标函及其附录（如果有）。

（4）专用合同条款及其附件。

（5）通用合同条款。

（6）技术标准和要求。

（7）图纸。

（8）已标价工程量清单或预算书。

（9）其他合同文件。

上述各项合同文件包括合同当事人就该项合同文件所作出的补充和修改，属于同一类内容的文件，应以最新签署的为准。

在合同订立及履行过程中形成的与合同有关的文件均构成合同文件的组成部分，并根据其性质确定优先解释顺序。

如果建设单位选定不同于上述的优先次序，则应当在专用条款中予以说明；建设单位也可将对出现的含糊或异议的解释和校正权赋予监理工程师，即由监理工程师向承包单位发布指令，对这种含糊和异议加以解释和校正。

6.2.2.5 《建设工程施工合同（示范文本）》(GF—2017—0201) 简介

根据有关工程建设施工的法律、法规，结合我国工程建设施工的实际情况，并借鉴了国际上广泛使用的土木工程施工合同（特别是 FIDIC 土木工程施工合同条件），建设部、国家工商行政管理局 1999 年 12 月 24 日发布了《建设工程施工合同（示范文本）》(GF—1999—0201)。配合建设工程施工合同的操作运用，建设部和国家工商管理总局于 2003 年颁布了《建设工程施工专业分包合同（示范文本）》(GF—2003—0213) 和《建设工程施工劳务分包合同（示范文本）》(GF—2003—0214) 两个合同范本。住房和城乡建设部、国家工商行政管理总局对《建设工程施工合同（示范文本）》(GF—1999—0201) 进行了修订，制定了《建设工程施工合同（示范文本）》(GF—2013—0201)（以下简称《合同示范文本》），自 2013 年 7 月 1 日起执行。

1. 建设工程施工合同（示范文本）结构

《合同示范文本》由协议书、通用合同条款和专用合同条款三部分组成，并附有 11 个附件，见表 6.1。

表 6.1　　建设工程施工合同示范文本内容

组成文件	文件内容
协议书	一、工程概况 包括：工程名称、工程地点、工程内容、工程立项批准文号、资金来源、工程内容、工程承包范围等。 二、合同工期 包括开工日期、竣工日期、合同工期总日历天数。 三、质量标准 四、签约合同价与合同价格形式 包括签约合同价（其中安全文明施工费、材料和工程设备暂估价金额、专业工程暂估价金额、暂列金额)、合同价格形式。 五、项目经理 六、合同文件构成 协议书与下列文件一起构成合同文件： (1) 中标通知书（如果有）； (2) 投标函及其附录（如果有）； (3) 专用合同条款及其附件； (4) 通用合同条款； (5) 技术标准和要求； (6) 图纸； (7) 已标价工程量清单或预算书； (8) 其他合同文件。 七、承诺 1. 发包人承诺按照法律规定履行项目审批手续、筹集工程建设资金，并按照合同约定的期限和方式支付合同价款。 2. 承包人承诺按照法律规定及合同约定组织完成工程施工，确保工程质量和安全，不进行转包及违法分包，并在缺陷责任期及保修期内承担相应的工程维修责任。 3. 发包人和承包人通过招投标形式签订合同的，双方理解并承诺不再就同一工程另行签订与合同实质性内容相背离的协议。 八、词语含义 九、签订时间 十、签订地点 十一、补充协议 十二、合同生效 十三、合同份数

续表

组成文件	文　件　内　容
通用合同条款	1. 一般约定 1.1　词语定义与解释 1.2　语言文字 1.3　法律 1.4　标准和规范 1.5　合同文件的优先顺序 1.6　图纸和承包人文件 1.7　联络 1.8　严禁贿赂 1.9　化石、文物 1.10　交通运输 1.11　知识产权 1.12　保密 1.13　工程量清单错误的修正 2. 发包人 2.1　许可或批准 2.2　发包人代表 2.3　发包人人员 2.4　施工现场、施工条件和基础资料的提供 2.5　资金来源证明及支付担保 2.6　支付合同价款 2.7　组织竣工验收 2.8　现场统一管理协议 3. 承包人 3.1　承包人的一般义务 3.2　项目经理 3.3　承包人人员 3.4　承包人现场查勘 3.5　分包 3.6　工程照管与成品、半成品保护 3.7　履约担保 3.8　联合体 4. 监理人 4.1　监理人的一般规定 4.2　监理人员 4.3　监理人的指示 4.4　商定或确定 5. 工程质量 5.1　质量要求 5.2　质量保证措施 5.3　隐蔽工程检查 5.4　不合格工程的处理 5.5　质量争议检测 6. 安全文明施工与环境保护 6.1　安全文明施工 6.2　职业健康 6.3　环境保护

续表

组成文件	文件内容
通用合同条款	7. 工期和进度 7.1 施工组织设计 7.2 施工进度计划 7.3 开工 7.4 测量放线 7.5 工期延误 7.6 不利物质条件 7.7 异常恶劣的气候条件 7.8 暂停施工 7.9 提前竣工 8. 材料与设备 8.1 发包人供应材料与工程设备 8.2 承包人采购材料与工程设备 8.3 材料与工程设备的接收与拒收 8.4 材料与工程设备的保管与使用 8.5 禁止使用不合格的材料和工程设备 8.6 样品 8.7 材料与工程设备的替代 8.8 施工设备和临时设施 8.9 材料与设备专用要求 9. 试验与检验 9.1 试验设备与试验人员 9.2 取样 9.3 材料、工程设备和工程的试验和检验 9.4 现场工艺试验 10. 变更 10.1 变更的范围 10.2 变更权 10.3 变更程序 10.4 变更估价 10.5 承包人的合理化建议 10.6 变更引起的工期调整 10.7 暂估价 10.8 暂列金额 10.9 计日工 11. 价格调整 11.1 市场价格波动引起的调整 11.2 法律变化引起的调整 12. 合同价格、计量与支付 12.1 合同价格形式 12.2 预付款 12.3 计量 12.4 工程进度款支付 12.5 支付账户 13. 验收和工程试车 13.1 分部分项工程验收

续表

组成文件	文件内容
通用合同条款	13.2　竣工验收 13.3　工程试车 13.4　提前交付单位工程的验收 13.5　施工期运行 13.6　竣工退场 14. 竣工结算 14.1　竣工结算申请 14.2　竣工结算审核 14.3　甩项竣工协议 14.4　最终结清 15. 缺陷责任与保修 15.1　工程保修的原则 15.2　缺陷责任期 15.3　质量保证金 15.4　保修 16. 违约 16.1　发包人违约 16.2　承包人违约 16.3　第三人造成的违约 17. 不可抗力 17.1　不可抗力的确认 17.2　不可抗力的通知 17.3　不可抗力后果的承担 17.4　因不可抗力解除合同 18. 保险 18.1　工程保险 18.2　工伤保险 18.3　其他保险 18.4　持续保险 18.5　保险凭证 18.6　未按约定投保的补救 18.7　通知义务 19. 索赔 19.1　承包人的索赔 19.2　对承包人索赔的处理 19.3　发包人的索赔 19.4　对发包人索赔的处理 19.5　提出索赔的期限 20. 争议解决 20.1　和解 20.2　调解 20.3　争议评审 20.4　仲裁或诉讼 20.5　争议解决条款效力
专用合同条款	《专用合同条款》的条款号与《通用合同条款》相一致，但主要是空格，由当事人根据工程的具体情况予以明确或者对《通用合同条款》进行修改

续表

组成文件	文件内容
附件	专用合同条款附件： 附件1：承包人承揽工程项目一览表 附件2：发包人供应材料设备一览表 附件3：工程质量保修书 附件4：主要建设工程文件目录 附件5：承包人用于本工程施工的机械设备表 附件6：承包人主要施工管理人员表 附件7：分包人主要施工管理人员表 附件8：履约担保格式 附件9：预付款担保格式 附件10：支付担保格式 附件11：暂估价一览表

(1)《协议书》是《示范文本》中总纲性文件。主要包括工程概况、合同工期、质量标准、签约合同价和合同价格形式、项目经理、合同文件构成、承诺以及合同生效条件等重要内容，集中约定了合同当事人基本的合同权利义务。

(2)《通用合同条款》是合同当事人根据《建筑法》《合同法》等法律法规的规定，就工程建设的实施及相关事项，对合同当事人的权利义务作出的原则性约定。

通用合同条款共计20条，具体条款分别包括一般约定，发包人，承包人，监理人，工程质量，安全文明施工与环境保护，工期和进度，材料与设备，试验与检验，变更，价格调整，合同价格、计量与支付，验收和工程试车，竣工结算，缺陷责任与保修，违约，不可抗力，保险，索赔和争议解决。前述条款安排既考虑了现行法律法规对工程建设的有关要求，也考虑了建设工程施工管理的特殊需要。

(3)《专用合同条款》是对通用合同条款原则性约定的细化、完善、补充、修改或另行约定的条款。合同当事人可以根据不同建设工程的特点及具体情况，通过双方的谈判、协商对相应的专用合同条款进行修改补充。在使用专用合同条款时，应注意以下事项：

1）专用合同条款的编号应与相应的通用合同条款的编号一致。

2）合同当事人可以通过对专用合同条款的修改，满足具体建设工程的特殊要求，避免直接修改通用合同条款。

3）在专用合同条款中有横道线的地方，合同当事人可针对相应的通用合同条款进行细化、完善、补充、修改或另行约定；如无细化、完善、补充、修改或另行约定，则填写“无”或划“/”。

2. 施工合同双方的义务

了解施工合同中承发包双方的一般权利和义务，是建筑施工企业项目经理最基本的要求。在市场经济条件下，施工任务的最终确认是以施工合同为依据的，项目经理必须代表施工企业（承包人）完成应当由施工企业完成的工作；了解发包人的工作则是项目经理在施工中要求发包人合作的基础，也是维护己方权益的基础。《示范文本》规定了施工合同双方的一般权利和义务。

（1）发包人义务。根据专用条款约定的内容和时间，发包人完成以下义务。

1）许可或批准。发包人应遵守法律，并办理法律规定由其办理的许可、批准或备案，包括但不限于建设用地规划许可证，建设工程规划许可证，建设工程施工许可证，施工所需临时用水、临时用电、中断道路交通、临时占用土地等许可和批准。发包人应协助承包人办理法律规定的有关施工证件和批件。

因发包人原因未能及时办理完毕前述许可、批准或备案，由发包人承担由此增加的费用和（或）延误的工期，并支付承包人合理的利润。

2）发包人代表。发包人应在专用合同条款中明确其派驻施工现场的发包人代表的姓名、职务、联系方式及授权范围等事项。发包人代表在发包人的授权范围内，负责处理合同履行过程中与发包人有关的具体事宜。发包人代表在授权范围内的行为由发包人承担法律责任。发包人更换发包人代表的，应提前 7 天书面通知承包人。

发包人代表不能按照合同约定履行其职责及义务，并导致合同无法继续正常履行的，承包人可以要求发包人撤换发包人代表。

不属于法定必须监理的工程，监理人的职权可以由发包人代表或发包人指定的其他人员行使。

3）发包人人员。发包人应要求在施工现场的发包人人员遵守法律及有关安全、质量、环境保护、文明施工等规定，并保障承包人免于承受因发包人人员未遵守上述要求给承包人造成的损失和责任。

发包人人员包括发包人代表及其他由发包人派驻施工现场的人员。

4）施工现场、施工条件和基础资料的提供。

a. 提供施工现场。除专用合同条款另有约定外，发包人应最迟于开工日期 7 天前向承包人移交施工现场。

b. 提供施工条件。除专用合同条款另有约定外，发包人应负责提供施工所需要的条件，包括：将施工用水、电力、通信线路等施工所必需的条件接至施工现场内；保证向承包人提供正常施工所需要的进入施工现场的交通条件；协调处理施工现场周围地下管线和邻近建筑物、构筑物、古树名木的保护工作，并承担相关费用；按照专用合同条款约定应提供的其他设施和条件。

c. 提供基础资料。发包人应当在移交施工现场前向承包人提供施工现场及工程施工所必需的毗邻区域内供水、排水、供电、供气、供热、通信、广播电视等地下管线资料，气象和水文观测资料，地质勘察资料，相邻建筑物、构筑物和地下工程等有关基础资料，并对所提供资料的真实性、准确性和完整性负责。

按照法律规定确需在开工后方能提供的基础资料，发包人应尽其努力及时地在相应工程施工前的合理期限内提供，合理期限应以不影响承包人的正常施工为限。

d. 逾期提供的责任。因发包人原因未能按合同约定及时向承包人提供施工现场、施工条件、基础资料的，由发包人承担由此增加的费用和（或）延误的工期。

5）资金来源证明及支付担保。除专用合同条款另有约定外，发包人应在收到承包人要求提供资金来源证明的书面通知后 28 天内，向承包人提供能够按照合同约定支付合同价款的相应资金来源证明。

除专用合同条款另有约定外，发包人要求承包人提供履约担保的，发包人应当向承包人提供支付担保。支付担保可以采用银行保函或担保公司担保等形式，具体由合同当事人在专用合同条款中约定。

6）支付合同价款。发包人应按合同约定向承包人及时支付合同价款。

7）组织竣工验收。发包人应按合同约定及时组织竣工验收。

8）现场统一管理协议。发包人应与承包人、由发包人直接发包的专业工程的承包人签订施工现场统一管理协议，明确各方的权利义务。施工现场统一管理协议作为专用合同条款的附件。

（2）承包人。承包人旨在协议书中约定，被发包人接受的具有工程承包主体资格的当事人以及取得该当事人资格的合法继承人。《建筑法》规定：承包人必须具有企业法人资格，同时持有工商行政管理机关核发的营业执照和建设行政主管部门颁发的资格证书，在核准的资质等级许可范围内承揽工程。

承包人按照合同规定进行施工、竣工，并承担工程质量保修责任。承包人的工程范围有合同协议书约定或由工程项目一览表确定，并应按专用条款约定的内容和时间完成以下义务。

1）承包人的一般义务。承包人在履行合同过程中应遵守法律和工程建设标准规范，并履行以下义务。

a. 办理法律规定应由承包人办理的许可和批准，并将办理结果书面报送发包人留存。

b. 按法律规定和合同约定完成工程，并在保修期内承担保修义务。

c. 按法律规定和合同约定采取施工安全和环境保护措施，办理工伤保险，确保工程及人员、材料、设备和设施的安全。

d. 按合同约定的工作内容和施工进度要求，编制施工组织设计和施工措施计划，并对所有施工作业和施工方法的完备性和安全可靠性负责。

e. 在进行合同约定的各项工作时，不得侵害发包人与他人使用公用道路、水源、市政管网等公共设施的权利，避免对邻近的公共设施产生干扰。承包人占用或使用他人的施工场地，影响他人作业或生活的，应承担相应责任。

f. 按照第 6.3 款（环境保护）约定负责施工场地及其周边环境与生态的保护工作。

g. 按第 6.1 款（安全文明施工）约定采取施工安全措施，确保工程及其人员、材料、设备和设施的安全，防止因工程施工造成的人身伤害和财产损失。

h. 将发包人按合同约定支付的各项价款专用于合同工程，且应及时支付其雇用人员工资，并及时向分包人支付合同价款。

i. 按照法律规定和合同约定编制竣工资料，完成竣工资料立卷及归档，并按专用合同条款约定的竣工资料的套数、内容、时间等要求移交发包人。

j. 应履行的其他义务。

2）项目经理。

a. 项目经理应为合同当事人所确认的人选，并在专用合同条款中明确项目经理的姓名、职称、注册执业证书编号、联系方式及授权范围等事项，项目经理经承包人授权后代表承包人负责履行合同。项目经理应是承包人正式聘用的员工，承包人应向发包人提交项目经理与承包人之间的劳动合同，以及承包人为项目经理缴纳社会保险的有效证明。承包人不提交上述文件的，项目经理无权履行职责，发包人有权要求更换项目经理，由此增加的费用和（或）延误的工期由承包人承担。

项目经理应常驻施工现场，且每月在施工现场时间不得少于专用合同条款约定的天数。项目经理不得同时担任其他项目的项目经理。项目经理确需离开施工现场时，应事先通知监理人，并取得发包人的书面同意。项目经理的通知中应当载明临时代行其职责的人员的注册执业资格、管理经验等资料，该人员应具备履行相应职责的能力。

承包人违反上述约定的，应按照专用合同条款的约定，承担违约责任。

b. 项目经理按合同约定组织工程实施。在紧急情况下为确保施工安全和人员安全，在无法与发包人代表和总监理工程师及时取得联系时，项目经理有权采取必要的措施保证与工程有关的人身、财产和工程的安全，但应在 48 小时内向发包人代表和总监理工程师提交书面报告。

c. 承包人需要更换项目经理的，应提前 14 天书面通知发包人和监理人，并征得发包人书面同意。通知中应当载明继任项目经理的注册执业资格、管理经验等资料，继任项目经理继续履行第 3.2.1 项约定的职责。未经发包人书面同意，承包人不得擅自更换项目经理。承包人擅自更换项目经理的，应按照专用合同条款的约定承担违约责任。

d. 发包人有权书面通知承包人更换其认为不称职的项目经理，通知中应当载明要求更换的理由。承包人应在接到更换通知后 14 天内向发包人提出书面的改进报告。发包人收到改进报告后仍要求更换的，承包人应在接到第二次更换通知的 28 天内进行更换，并将新任命的项目经理的注册执业资格、管理经验等资料书面通知发包人。继任项目经理继续履行第 3.2.1 项约定的职责。承包人无正当理由拒绝更换项目经理的，应按照专用合同条款的约定承担违约责任。

e. 项目经理因特殊情况授权其下属人员履行其某项工作职责的，该下属人员应具备履行相应职责的能力，并应提前 7 天将上述人员的姓名和授权范围书面通知监理人，并征得发包人书面同意。

3）承包人人员。

a. 除专用合同条款另有约定外，承包人应在接到开工通知后 7 天内，向监理人提交承包人项目管理机构及施工现场人员安排的报告，其内容应包括合同管理、施工、技术、材料、质量、安全、财务等主要施工管理人员名单及其岗位、注册执业资格等，以及各工种技术工人的安排情况，并同时提交主要施工管理人员与承包人之间的劳动关系证明和缴纳社会保险的有效证明。

b. 承包人派驻到施工现场的主要施工管理人员应相对稳定。施工过程中如有变动，承包人应及时向监理人提交施工现场人员变动情况的报告。承包人更换主要施工管理人员时，应提前 7 天书面通知监理人，并征得发包人书面同意。通知中应当载明继任人员的注册执业资格、管理经验等资料。特殊工种作业人员均应持有相应的资格证明，监理人可以随时检查。

c. 发包人对于承包人主要施工管理人员的资格或能力有异议的，承包人应提供资料证明被质疑人员有能力完成其岗位工作或不存在发包人所质疑的情形。发包人要求撤换不能按照合同约定履行职责及义务的主要施工管理人员的，承包人应当撤换。承包人无正当理由拒绝撤换的，应按照专用合同条款的约定承担违约责任。

d. 除专用合同条款另有约定外，承包人的主要施工管理人员离开施工现场每月累计不超过5天的，应报监理人同意；离开施工现场每月累计超过5天的，应通知监理人，并征得发包人书面同意。主要施工管理人员离开施工现场前应指定一名有经验的人员临时代行其职责，该人员应具备履行相应职责的资格和能力，且应征得监理人或发包人的同意。

e. 承包人擅自更换主要施工管理人员，或前述人员未经监理人或发包人同意擅自离开施工现场的，应按照专用合同条款约定承担违约责任。

4）承包人现场查勘。承包人应对基于发包人提交的基础资料所作出的解释和推断负责，但因基础资料存在错误、遗漏导致承包人解释或推断失实的，由发包人承担责任。

承包人应对施工现场和施工条件进行查勘，并充分了解工程所在地的气象条件、交通条件、风俗习惯以及其他与完成合同工作有关的其他资料。因承包人未能充分查勘、了解前述情况或未能充分估计前述情况所可能产生后果的，承包人承担由此增加的费用和（或）延误的工期。

5）分包。

a. 分包的一般约定。承包人不得将其承包的全部工程转包给第三人，或将其承包的全部工程肢解后以分包的名义转包给第三人。承包人不得将工程主体结构、关键性工作及专用合同条款中禁止分包的专业工程分包给第三人，主体结构、关键性工作的范围由合同当事人按照法律规定在专用合同条款中予以明确。

承包人不得以劳务分包的名义转包或违法分包工程。

b. 分包的确定。承包人应按专用合同条款的约定进行分包，确定分包人。已标价工程量清单或预算书中给定暂估价的专业工程，按照第10.7款（暂估价）确定分包人。按照合同约定进行分包的，承包人应确保分包人具有相应的资质和能力。工程分包不减轻或免除承包人的责任和义务，承包人和分包人就分包工程向发包人承担连带责任。除合同另有约定外，承包人应在分包合同签订后7天内向发包人和监理人提交分包合同副本。

c. 分包管理。承包人应向监理人提交分包人的主要施工管理人员表，并对分包人的施工人员进行实名制管理，包括但不限于进出场管理、登记造册以及各种证照的办理。

d. 分包合同价款。

除以下约定的情况或专用合同条款另有约定外，分包合同价款由承包人与分包人结算，未经承包人同意，发包人不得向分包人支付分包工程价款：

生效法律文书要求发包人向分包人支付分包合同价款的，发包人有权从应付承包人工程款中扣除该部分款项。

e. 分包合同权益的转让。分包人在分包合同项下的义务持续到缺陷责任期届满以后的，发包人有权在缺陷责任期届满前，要求承包人将其在分包合同项下的权益转让给发包人，承包人应当转让。除转让合同另有约定外，转让合同生效后，由分包人向发包人履行义务。

6）工程照管与成品、半成品保护。

a. 除专用合同条款另有约定外，自发包人向承包人移交施工现场之日起，承包人应负责照管工程及工程相关的材料、工程设备，直到颁发工程接收证书之日止。

b. 在承包人负责照管期间，因承包人原因造成工程、材料、工程设备损坏的，由承包人负责修复或更换，并承担由此增加的费用和（或）延误的工期。

c. 对合同内分期完成的成品和半成品，在工程接收证书颁发前，由承包人承担保护责任。因承包人原因造成成品或半成品损坏的，由承包人负责修复或更换，并承担由此增加的费用和（或）延误的工期。

7）履约担保。发包人需要承包人提供履约担保的，由合同当事人在专用合同条款中约定履约担保的方式、金额及期限等。履约担保可以采用银行保函或担保公司担保等形式，具体由合同当事人在专用合同条款中约定。

因承包人原因导致工期延长的，继续提供履约担保所增加的费用由承包人承担；非因承包人原因导致工期延长的，继续提供履约担保所增加的费用由发包人承担。

8）联合体。

a. 联合体各方应共同与发包人签订合同协议书。联合体各方应为履行合同向发包人承担连带责任。

b. 联合体协议经发包人确认后作为合同附件。在履行合同过程中，未经发包人同意，不得修改联合体协议。

c. 联合体牵头人负责与发包人和监理人联系，并接受指示，负责组织联合体各成员全面履行合同。

6.2.3　建设工程委托监理合同

1. 建设工程委托监理合同的概念

建设工程委托监理合同简称监理合同，是指工程建设单位聘请监理单位代其对工程项目进行管理，明确双方权利、义务的协议。建设单位称委托人、监理单位称受托人或监理人。

2. 建设工程委托监理合同的特点

监理合同是委托合同的一种，除具有委托合同的共同特点外，还具有以下特点。

（1）监理合同的当事人双方应当是具有民事权利能力和民事行为能力、取得法人资格的企事业单位、其他社会组织，个人在法律允许范围内也可以成为合同当事人。作为委托人必须是有国家批准的建设项目，落实投资计划的企事业单位、其他社会组织及个人，作为受托人必须是依法成立具有法人资格的监理单位，并且所承担的工程监理业务应与监理单位资质等级和业务范围相符合。

（2）监理合同的订立必须符合工程项目建设程序，遵守有关法律、行政法规。

（3）委托监理合同的标的是服务。工程建设实施阶段所签订的其他合同，如勘查设计合同、施工承包合同、物资采购合同、加工承揽合同的标的物是产生新的物质或信息成果，而监理合同的标的是服务，即监理工程师凭据自己的知识、经验、技能受业主委托为其所签订的其他合同的履行实施监督和管理。因此《民法典》将监理合同划入委托合同的范畴。

3. 建设工程委托监理合同的内容

监理合同是委托任务履行过程中当事人双方的行为准则，因此内容应全面、用词要严谨。合同内容包括以下几个方面。

(1) 合同内所涉及的词语定义和遵循的法规。

(2) 委托工作的范围。委托人委托监理业务的范围可以非常广泛。从工程建设各阶段来说，可以包括建设前期与决策阶段的咨询服务，勘察设计阶段、施工准备阶段、施工阶段、项目收尾阶段和保修阶段的全过程的项目监理工作或某些阶段的监理工作。在某一阶段内，又可以进行投资、质量、工期的三大控制及信息、合同、安全的三项管理，以及对参加建设项目的有关方之间进行组织与协调（“三控制”、“三管理”、“一协调”）。但就具体项目而言，要根据工程的特点，监理人的能力，建设工程不同阶段的监理任务等诸方面因素，将委托的监理任务详细写入合同的专用条件。

(3) 对监理工作的要求。

(4) 监理合同的履行期限和地点。

(5) 委托人的权利。

1) 委托人有选定工程总承包人，以及与其订立合同的权利。

2) 委托人有对工程规模、设计标准、规划设计、生产工艺设计和设计使用功能要求的认定权，以及对工程设计变更的审批权。

3) 监理人调换总监理工程师需事先经委托人同意。

4) 委托人有权要求监理人提供监理工作月报及监理业务范围内的专项报告。

5) 当委托人发现监理人员不按监理合同履行监理职责，或与承包人串通给委托人或工程造成损失的，委托人有权要求监理人更换监理人员，直到解除合同并要求监理人承担相应的赔偿责任或连带赔偿责任。

(6) 委托人的义务。

1) 委托人在监理人开展监理业务之前应向监理人支付预付款。

2) 委托人应当负责工程建设的所有外部关系的协调，为监理工作提供外部条件。如将部分或全部协调工作委托监理人承担，则应在专用条款中明确委托的工作和相应的报酬。

3) 委托人应当在双方约定的时间内免费向监理人提供与工程有关的为监理工作所需要的工程资料。

4) 委托人应当在专用条款约定的时间内就监理人书面提交并要求做出决定的一切事宜做出书面决定。

5) 委托人应当授权一名熟悉工程情况、能在规定时间内做出决定的常驻代表（在专用条款中规定），负责与监理人联系。更换常驻代表，要提前通知监理人。

6) 委托人应当将授予监理人的监理权利，以及监理人主要成员的职能分工、监理权限及时书面通知已选定的合同承包人，并在与第三人签订的合同中予以明确。

7) 委托人应当在不影响监理人开展监理工作的时间内提供如下资料：①与本工程合作的原材料、购配件、设备等生产厂家名录；②与本工程有关的协作单位、配合单位的名录。

8）委托人应免费向监理人提供办公用房、通信设施、监理人员工地住房及合同专用条款约定的设施。对监理人自备的设施给予合理的经济补偿。

9）根据情况需要，如果双方约定，由委托人免费向监理人提供其他人员，应在监理合同专用条件中予以明确。

（7）监理人的权利。

1）选择工程总承包人的建议权。

2）选择工程分包人的认可权。

3）对工程建设有关事项包括工程规模、设计标准、规划设计、生产工艺设计和使用功能要求，向委托人的建议权。

4）对工程设计中的技术问题，按照安全和优化的原则，向设计人提出建议，如果提出的建议可能会提高工程造价或延长工期，应当事先征得委托人的同意。当发现工程设计不符合国家颁布的设计工程质量标准或设计合同约定的质量标准时，监理人应当书面报告委托人并要求设计人更正。

5）审批工程施工组织设计和技术方案，按照保质量、保工期和降低成本的原则，向承包人提出建议，并向委托人提出书面报告。

6）主持工程建设有关协作单位的组织协调，重要协调事项应当事先向委托人报告。

7）征得委托人同意，监理人有权发布开工令、停工令、复工令，但应当事先向委托人报告。如在紧急情况下未能事先报告时，则应在 24 小时内向委托人作出书面报告。

8）工程上使用的材料和施工质量的检验权。对于不符合设计要求和合同约定及国家质量标准的材料、构配件、设备，有权通知承包人停止使用。对于不符合规范和质量标准的工序、分部、分项工程和不安全施工作业、有权通知承包人停工整改、返工。承包人得到监理机构复工令后才能复工。

9）工程施工进度的检查、监督权，以及工程实际竣工日期提前或超过工程施工合同规定的竣工期限的签认权。

10）在工程施工合同约定的工程价格范围内，工程款支付的审核和签认权，以及工程结算的复核确认权与否决权。未经总监理工程师签字确认，委托人不支付工程款。

11）监理人在委托人授权下可对任何承包人合同规定的义务提出变更。如果由此严重影响了工程费用或质量、或进度，则这种变更须经委托人事先批准。在紧急情况下未能事先报委托人批准时，监理人就所作的变更也应尽快通知委托人。在监理过程中如发现工程承包人员工作不力，监理机构可要求承包人调换有关人员。

12）在委托的工程范围内，委托人或承包人对对方的任何意见和要求（包括索赔要求），均必须首先向监理机构提出，由监理机构研究处置意见，再同双方协商确定。当委托人和承包人发生争执时，监理机构应根据自己的职能，以独立的身份判断，公正地进行调解。当双方的争议由政府建设行政主管部门调解、仲裁机构仲裁或诉讼时，应当提供作证的事实材料。

（8）监理人义务。

1）监理人按合同约定派出监理工作需要的监理机构及监理人员。向委托人报送委派的总监理工程师及其监理机构的主要成员名单、监理规划，完成监理合同专用条件中约定的监理工程范围内的监理业务。在履行合同义务期间，应按合同约定定期向委托人报告监理工作。

2）监理人在履行合同义务期间，应认真勤奋的工作，为委托人提供与其水平相适应的咨询意见，公正维护各方的合法利益。

3）监理人使用委托人提供的设施和物品属委托人的财产。在监理工作完成或中止时，应将其设施和剩余的物品按合同约定的时间和方式移交给委托人。

4）在合同期内和合同终止后，未征得有关方同意，不得泄露与本工程、本合同业务有关的保密资料。

（9）委托人责任。

1）委托人应当履行委托监理合同约定的义务，如有违反则应当承担违约责任，赔偿给监理人造成的经济损失。

2）监理人处理委托业务时，因非监理人原因的事由受到损失的，可向委托人要求补偿损失。

3）委托人如果向监理人提出赔偿的要求不能成立，则应当补偿由该索赔所引起的监理人的各种费用支出。

（10）监理人责任。

1）监理人的责任期即委托监理合同有效期。在监理过程中，如果因工程建设进度的推迟或延误而超过书面约定的日期，双方应进一步约定相应延长的合同期。

2）监理人在责任期内，应当履行约定的义务。如果因监理人过失而造成了委托人的经济损失，应当向委托人赔偿。累计赔偿总额不应超过监理报酬总额（除去税金）。

3）监理人对承包人违反合同规定的质量和要求完工（交货，交图）时限，不承担责任。因不可抗力导致委托监理合同不能全部或部分履行，监理人不承担责任。但对违反认真工作规定引起的与之有关的事宜，向委托人承担赔偿责任。

4）监理人向委托人提出赔偿要求不能成立时，监理人应当补偿由于该索赔所导致委托人的各种费用支出。

（11）合同生效、变更与终止。

（12）监理报酬。

1）监理报酬的构成。监理报酬由直接成本、间接成本、税金和利润构成。

2）监理报酬的计算方法。①按照监理工程概预算的百分比计算。此方法比较方便、科学，是最常用的一种计算方法。②按照参与监理工作的年度平均人数计算。此方法主要适用于单工种或临时性，或不宜按工程概预算的百分比计取监理酬金的监理项目。③由委托人和监理人按商定的其他方法计算。④中外合资、合作、外商独资的建设工程项目，监理酬金的计算方法，由双方参照国际标准协商确定。

（13）争议的解决。因违反或终止合同而引起的对损失或损害的任何赔偿，应首先通过双方协商友好解决。如协商未达成一致，可提交主管部门协调。仍不能达成一致时，根据约定提交仲裁机构仲裁或向法院起诉。

4.《建设工程监理合同（示范文本）》简介

《建设工程委托监理合同（示范文本）》（GF—2012—0202）是住房和城乡建设部和

国家工商行政管理总局联合制定并颁布，要求在全国范围内推广使用的示范文本。使用示范文本以后，使当事人订立合同时更加认真、更加规范，对于当事人在订立合同时明确各自的权利和义务、减少合同约定缺款少项、防止合同纠纷，起到了积极作用。

《建设工程监理合同（示范文本）》由以下三部分组成：

（1）协议书（下称“合同”）。“合同”是一个总的协议，是纲领性的法律文件。其中明确了当事人双方确定的委托监理工程的概况（工程名称、地点、工程规模、总投资），委托人向监理人支付报酬的期限和方式，合同签订、生效、完成日期，双方愿意履行约定的各项义务的承诺。经双方当事人在合同上填写具体规定的内容并签字盖章后，即发生法律效力。合同包括工程概况、词语限定、组成本合同的文件、总监理工程师、签约酬金、期限、双方承诺、合同订立等内容。

（2）通用条件。通用条件的内容涵盖了合同中所用词语和定义，适用范围和法规，签约双方的责任、权利和义务，合同生效、变更与终止，监理报酬，争议的解决以及其他一些事项。它是委托监理合同的通用文件，适用于各类建设工程项目管理，各个委托人、监理人都应遵守。

（3）专用条件。专用条件是对通用条件的补充和修正。由于通用条件适用于各种专业和专业项目的建设工程监理，其中某些条款规定得比较笼统，需要在签订具体工程项目监理合同时，结合地域特点、专业特点和工程项目的特点，对通用条件的某些条款进行补充和修改。

所谓“补充”是指对通用条件中某些条款，在条款确定的原则下，在专用条件的条款中进一步明确具体内容，使两个条件中相同序号的条款共同组成一条内容完备的条款。所谓“修改”是指通用条件中规定的程序方面的内容，如果双方认为不合适，可以协议进行修改。

6.3 建筑工程施工合同管理

6.3.1 工程延期与工程延误的处理

（1）工程延期与工程延误的概念。工程延期是指由于承包人以外的原因造成工期拖延；工程延误是指由于承包人自身的原因造成工期拖延。如果由于承包人以外的原因造成工程拖延，承包人有权提出延长工期的申请。监理工程师应根据合同规定，审批工程延期时间，并纳入合同工期，作为合同工期的一部分。即新的合同工期应等于原定的合同工期加监理工程师批准的工程延期时间。

（2）承包单位由于以下原因可以向监理单位提出工程延期（工期索赔）要求。

1）建设单位未能按施工合同专用条款的约定提供施工图及其他开工所需的条件。

2）建设单位未能按约定日期支付工程预付款、工程进度款，致使施工不能正常进行。

3）监理工程师未能按施工合同的约定提供所需的指令、批准等，致使施工不能正常进行。

4）由于设计发生重大变更，或工程量有大量增加。

5）一周内由于非承包单位原因停水、停电、停气造成停工累计超过 8 小时。

6）由于不可抗力造成停工。

7）施工合同专用条款中约定或监理工程师同意工程延期的其他情况。

（3）监理单位受理工程延期的条件。

1）工程延期事件发生后，如该事件具有持续影响，承包单位应在施工合同规定的期限内提交《工程临时/最终延期报审表》。

2）承包单位在工程延期事件持续时间内向项目监理机构陆续报送有关的详细资料及证明材料。

3）工程延期事件终结后，承包单位向项目监理机构提交最终的《工程临时/最终延期报审表》。

（4）工程延期事件发生后，监理单位应采取的工作步骤。

1）对承包单位最初提交的《工程临时/最终延期报审表》，经初步审查同意后，由总监理工程师签发《工程临时/最终延期报审表》。

2）及时与建设单位协商，转交有关报告与资料。

3）进行调查研究，收集有关资料，做好记录。

4）对发生工程延期的原因进行分析，提出尽可能减少损失的建议，督促承包单位采取措施尽量减轻对工程的影响。

5）审查承包单位提交的最终《工程临时/最终延期报审表》及有关资料，在施工合同约定的时限内予以审批。

（5）监理单位审核工程延期的原则。

1）情况属实。

2）施工合同中有明确的条款依据。

3）工程延期事件必须发生在被批准的工程进度网络计划的关键线路上。

（6）工程延期事件终止后，监理单位与建设单位和承包单位协商一致，审定延期日数，向承包单位签发《工程临时/最终延期报审表》同意意见。

（7）承包单位编制新的总进度计划或修订原进度计划交监理单位审批，如涉及费用索赔时按有关规定办理。

（8）工期延误的处理。当出现工期延误时，监理工程师有权要求承包单位采取有效措施加快施工进度。

如果经过一段时间后，实际进度没有明显改进，仍然落后于计划进度，而且将影响工程按期竣工时，监理工程师应要求承包单位修改进度计划，并提交监理工程师重新确认。

监理工程师对修改后的施工进度计划的确认，并不是对工程延期的批准，他只是要求承包单位在合理的状态下组织施工。因此，监理工程师对进度计划的确认，并不能解除承包单位应负的一切责任，承包单位需要承担赶工的全部额外开支和延误工期的损失赔偿。

监理工程师对于施工进度的拖延，是否批准为工程延期，对承包单位和业主都十分重要。如果承包单位得到监理工程师批准的工程延期，不仅可以不赔偿由于工期延长而支付的误期损失费，而且由业主承担由于工期延长所增加的费用。因此，监理工程师应按照合同的有关规定，公正区分工程延误和工程延期，并合理地批准工程延期时间。

6.3.2 工程暂停及复工

在施工过程中，有些情况会导致暂停施工。暂停施工当然会影响工程进度，作为监理工程师应当尽量避免暂停施工。根据建设工程监理规范的规定，《工程暂停令》应由总监理工程师签发，总监理工程在签发《工程暂停令》时应根据工程暂停后的影响范围和影响程度，按照施工合同和委托监理合同的约定，征求建设单位同意后签发，或签发后向建设单位通报。

(1) 在发生下列情况下，总监理工程师可下达《工程暂停令》。

1) 应建设单位的要求暂停施工，且工程需要停工时。

2) 发现严重的质量隐患，或发生严重的工程质量事故，需要进行停工处理时。

3) 发现严重的安全隐患，或发生严重的安全事故，需要停工处理时。

4) 发现建筑材料、构配件、设备质量严重不合格。

5) 承包单位未经许可擅自施工，或拒绝项目监理机构管理。

6) 其他必须暂停施工的紧急事件。

(2) 总监理工程师在签发《工程暂停令》时，应根据停工的原因、影响范围和影响程度，明确指出工程项目的停工范围。

(3) 如由于承包单位原因暂停施工，承包单位应全力以赴，排除停工原因进行整改，争取尽早复工，建设、监理单位予以密切配合。如由于建设单位原因暂停施工，建设单位应全力以赴，排除停工原因，争取尽快复工，承包、监理单位予以密切配合。

(4) 如由于建设单位原因或其他非承包单位原因导致工程暂停时，总监理工程师在签发《工程暂停令》之前应就有关工期和费用等事项与承包单位进行协商。暂停施工前及停工期间，项目监理机构应如实记录所发生的情况。在施工暂停原因被排除后具备复工条件时，总监理工程师应及时通知承包单位复工。

(5) 如果由于承包单位原因导致工程暂停，在具备复工条件时，项目监理机构应审查承包单位报送的《工程复工报审表》及有关资料，同意后总监理工程师签批《工程复工报审表》，指令承包单位复工。

(6) 在工程暂停期间，总监理工程师宜会同有关各方，按照施工合同的约定处理因工程暂停所引起的工期、费用等有关事项。

6.3.3 工程变更的管理

施工合同范本中将工程变更分为工程设计变更和其他变更两类。其他变更是指合同履行中发包人要求变更工程质量标准及其他实质性变更。发生这类情况后，由当事人双方协商解决。工程施工中经常发生设计变更，对此通用条款作出了较详细的规定。

监理工程师在合同履行管理中应严格控制变更，施工中承包人未得到监理工程师的同意不允许对工程设计随意变更。如果由于承包人擅自变更设计，发生的费用和因此而导致发包人的损失，应由承包人承担，延误的工期不予顺延。

6.3.3.1 监理工程师指示的设计变更

施工合同范本通用条款中明确规定，监理工程师依据工程项目的需要和施工现场的实际情况，可以就以下方面向承包人发出变更通知：

(1) 更改工程有关部分的标高、基线、位置和尺寸。

(2) 增减合同中约定的工程量。

(3) 改变有关工程的施工时间和顺序。

(4) 其他有关工程变更需要的附加工作。

6.3.3.2 设计变更程序

1. 发包人要求的设计变更

施工中发包人需对原工程设计进行变更，应提前 14 天以书面形式向承包人发出变更通知。变更超过原设计标准或批准的建设规模时，发包人应报规划管理部门和其他有关部门重新审查批准，并由原设计单位提供变更的相应图纸和说明。

监理工程师向承包人发出设计变更通知后，承包人按照监理工程师发出的变更通知及有关要求，进行所需的变更。

因设计变更导致合同价款的增减及造成的承包人损失由发包人承担，延误的工期相应顺延。

2. 承包人要求的设计变更

施工中承包人不得因施工方便而要求对原工程设计进行变更。

承包人在施工中提出的合理化建议被发包人采纳，若建议涉及对设计图纸或施工组织设计的变更及材料、设备的换用，则须经监理工程师同意。未经监理工程师同意承包人擅自更改或换用，承包人应承担由此发生的费用，并赔偿发包人的有关损失，延误的工期不予顺延。监理工程师同意采用承包人的合理化建议，所发生费用和获得收益的分担或分享，由发包人和承包人另行约定。

6.3.3.3 变更价款的确定

1. 确定变更价款的程序

(1) 承包人在工程变更确定后 14 天内，可提出变更涉及的追加合同价款要求的报告，经监理工程师确认后相应调整合同价款。如果承包人在双方确定变更后的 14 天内，未向监理工程师提出变更工程价款的报告，视为该项变更不涉及合同价款的调整。

(2) 监理工程师应在收到承包人的变更合同价款报告后 14 天内，对承包人的要求予以确认或作出其他答复。监理工程师无正当理由不确认或不答复时，自承包人的报告送达之日起 14 天后，视为变更价款报告已被确认。

(3) 监理工程师确认增加的工程变更价款作为合同价款，与工程进度款同期支付。监理工程师不同意承包人提出的变更价款，按合同约定的争议条款处理。

因承包人自身原因导致的工程变更，承包人无权要求追加合同价款。如由于承包人原因实际施工进度滞后于计划进度，使某工程部位的施工与其他承包人的施工发生干扰，监理工程师发布指示改变了他的施工时间和顺序导致施工成本的增加或效率降低，承包人无权要求补偿。

2. 确定变更价款的原则

确定变更价款时，应维持承包人投标报价单内的竞争性水平。

(1) 合同中已有适用于变更工程的价格，按合同已有的价格变更合同价款。

(2) 合同中只有类似于变更工程的价格，可以参照类似价格变更合同价款。

(3) 合同中没有适用或类似于变更工程的价格，由承包人提出适当的变更价格，与发包人协商，经监理工程师确认后执行。

6.3.4　违约管理

6.3.4.1　对发包人的违约管理

1. 发包人的违约行为

发包人应当完成合同中约定的义务。如果发包人不履行合同义务或不按合同约定履行义务，则应承担相应的民事责任。发包人的违约行为包括：

(1) 发包人不按时支付工程预付款。

(2) 发包人不按合同约定支付工程款。

(3) 发包人无正当理由不支付工程竣工结算价款。

(4) 发包人其他不履行合同义务或者不按合同约定履行义务的情况。

同时，合同约定应当由监理工程师完成的工作，监理工程师没有完成或者没有按照约定完成，给承包人造成损失的，也应当由发包人承担违约责任。因为监理工程师是代表发包人进行工作的，其行为与合同约定不符时，应视为发包人的违约。发包人承担违约责任后，可以根据监理委托合同或者监理的管理制度追究监理工程师的相应责任。

2. 发包人承担违约责任的方式

发包人承担违约责任的方式有以下几种。

(1) 赔偿损失。赔偿损失是发包人承担违约责任的主要方式，其目的是补偿因违约给承包人造成的经济损失。承、发包人双方应当在合同专用条款内约定发包人赔偿承包人损失的计算方法。损失赔偿额应相当于因违约所造成的损失，包括合同履行后可以获得的利益，但不得超过发包人在订立合同时预见或者应当预见到的因违约可能造成的损失。

(2) 支付违约金。支付违约金的目的是补偿承包人的损失，双方可在专用条款中约定违约金的数额或计算方法，并随当月工程款予以支付。

(3) 顺延工期。对于因为发包人违约而延误的工期，应当相应顺延。

(4) 继续履行。承包人要求继续履行合同的，发包人应当在承担上述违约责任后继续履行。

6.3.4.2　承包人的违约管理

1. 承包人的违约行为

承包人的违约行为主要包括以下几个方面。

(1) 因承包人原因工程质量达不到协议书约定的质量标准。

(2) 因承包人原因不能按照协议书约定的竣工日期或监理工程师同意顺延后的工期竣工。

(3) 其他承包人不履行合同义务或不按约定履行义务的情况。

2. 承包人承担违约责任的方式

(1) 赔偿损失。承、发包人双方应当在合同专用条款内约定承包人赔偿发包人损失的计算方法。损失赔偿额应相当于违约所造成的损失，包括合同履行后发包人可以获得的利益，但不得超过承包人在订立合同时预见或者应当预见到的违约可能造成的损失。

(2) 支付违约金。双方可以在专用条款内约定承包人应当支付违约金的数额或计算方法。

(3) 采取补救措施。对于施工质量不符合要求的违约，发包人有权要求承包人采取返工、修理、更换等补救措施。

(4) 继续履行。如果发包人要求继续履行合同的，承包人应当在承担上述违约责任后继续履行施工合同。

6.3.4.3 由担保方承担责任

在施工合同中，一方违约后，另一方可按双方约定的担保条款，要求提供担保的第三方承担相应责任。

6.3.4.4 违约的处理程序

(1) 受损失一方提出书面文件通知项目监理机构。

(2) 项目监理机构对违约事件进行调查研究，提出处理方案，组织双方进行协商。如能协商一致，双方签订书面协议，并执行协议；调解不成可按合同争议有关规定处理。

任何一方要求全部或部分解除合同时，监理工程师应慎重处理，以尽量减少经济损失为原则。

6.3.5 工程索赔的处理

6.3.5.1 索赔的概念

索赔是当事人在合同实施过程中，根据法律、合同规定及惯例，对不应由自己承担责任的情况造成的损失，向合同的另一方当事人提出给予赔偿或补偿要求的行为。在工程建设的各个阶段，都有可能发生索赔，但在施工阶段发生较多。

对施工合同的双方来说，都有通过索赔维护自己合法利益的权利，依据双方约定的合同责任，构成正确履行合同义务的制约关系。

6.3.5.2 索赔的特征

(1) 索赔是双向的，不仅承包人可以向发包人索赔，发包人同样也可以向承包人索赔。由于实践中发包人向承包人索赔发生的频率相对较低，而且在索赔处理中，发包人始终处于主动和有利地位，对承包人的违约行为他可以直接从应付工程款中扣抵、扣留保留金或通过履约保函向银行索赔来实现自己的索赔要求。因此在工程实践中大量发生的、处理比较困难的是承包人向发包人的索赔，也是监理工程师进行合同管理的重点内容之一。承包人的索赔范围非常广泛，一般只要因非承包人自身责任造成其工期延长或成本增加，都有可能向发包人提出索赔。有时发包人违反合同，如未及时交付施工图纸、合格施工现场、决策错误等造成工程修改、停工、返工、窝工，未按合同规定支付工程款等，承包人可向发包人提出赔偿要求；也可能由于发包人应承担风险的原因，如恶劣气候条件影响、国家法规修改等造成承包人损失或损害时，承包人也会向发包人提出补偿要求。

(2) 只有实际发生了经济损失或权利损害，一方才能向对方索赔。经济损失是指非自身原因造成合同外的额外支出，如人工费、材料费、机械费、管理费等额外开支；权利损害是指虽然没有经济上的损失，但造成了一方权利上的损害，如由于恶劣气候条件对工程进度的不利影响，承包人有权要求工期延长等。因此发生了实际的经济损失或权利损害，应是一方提出索赔的一个基本前提条件。有时上述两者同时存在，如发包人未及时交付合格的施工现场，既造成承包人的经济损失，又侵犯了承包人的工期权利，因此，承包人既要求经济赔偿，又要求工期延长；有时两者则可单独存在，如恶劣气候条件影响、不可抗力事件等，承包人根据合同规定或惯例则只能要求工期延长，不应要求经济补偿。

(3) 索赔是单方面行为。合同当事人一方提出索赔要求，对对方尚未形成约束力，这种索赔要求能否得到最终实现，必须要通过确认（如双方协商、谈判、调解或仲裁、诉讼）后才能实现。

许多人一听到“索赔”两字，很容易联想到争议的仲裁、诉讼或双方激烈的对抗，因此往往认为应当尽可能避免索赔，担心因索赔而影响双方的合作或感情。实质上索赔是一种正当的权利或要求，是合情、合理、合法的行为，它是在正确履行合同的基础上争取合理的补偿，不是无中生有，无理争利。索赔同守约、合作并不矛盾、对立，索赔本身就是市场经济中合作的一部分，只要是符合有关规定的、合法的或者符合有关惯例的，就应该理直气壮地、主动地向对方索赔。大部分索赔都可以通过协商谈判和调解等方式获得解决，只有在双方坚持己见而无法达成一致时，才会提交仲裁或诉诸法院求得解决，即使诉诸法律程序，也应当被看成是遵法守约的正当行为。

6.3.5.3 索赔事件

索赔事件是指那些合同规定一旦发生时承包商可向业主提出索赔的事实。根据《施工合同》的规定，在施工合同履行过程中承包商可能提出的索赔事件有以下几种：

(1) 业主没有按合同规定交付设计资料、设计图纸，致使工程延期。在施工合同履行过程中由于上述原因引起索赔的现象经常发生，如业主延迟交付上述有关资料、图纸，业主提供的资料与图纸有错误，合同规定应一次性全部交齐而业主分批交付等。

(2) 业主未按合同规定的日期交付施工场地、行使的道路，未按时接通水、电、气等，使承包商的施工人员和设备不能进场，工程由此不能按期开工而延误工期。

(3) 工程地质与合同规定不符，出现异常情况。如在施工过程中，地下发现图纸未标明的管线、古墓或其他文物、障碍等，而必须进行特殊处理或采取加固地基的措施时，承包商可援引不利现场的条款进行索赔。

(4) 业主或监理工程师发布指令改变原合同规定的施工顺序，打乱施工部署。

(5) 工程变更。在合同履行过程中，业主或监理工程师指令增加、减少或删除部分工程，或指令提高工程质量标准、提高装饰标准，可导致承包商索赔。

(6) 附加工程。在施工合同履行过程中，业主指令增加附加工程项目，或要求承包商提供合同规定以外的服务项目。

(7) 由于设计变更、设计错误、业主或监理工程师错误的指令造成工程修改、报废、返工、窝工等。

(8) 由于非承包商的原因，业主或监理工程师指令暂停施工。

(9) 由于业主或监理工程师的特殊要求，如指令承包商进行合同规定以外的检查、试验，造成工程损坏或费用增加，而最终承包商的工程质量符合合同要求的。

(10) 业主拖延合同责任范围内的工作，造成工程停工。如业主拖延图纸的批准、拖延隐蔽工程验收、拖延对承包商所提问题的答复，造成工程停工。

(11) 业主未按合同规定的时间和数量支付工程款。

(12) 物价大幅度上涨，造成材料、设备价格以及工人工资大幅度上涨。

(13) 国家法令和计划修改，如提高税收等。

(14) 在保修期间，由于业主使用不当或其他非承包商施工质量原因造成损坏，业主要求承包商修理。

(15) 业主在验收前或交付使用前，使用已完或未完工程造成损坏。

除上述常见索赔事件外，承包商还可以援引其他事项向业主索赔，如进行道义索赔或非合同规定索赔等。

6.3.5.4 监理工程师处理索赔的原则

(1) 公正的原则。

(2) 及时履行职责的原则。

(3) 协商一致的原则。

(4) 诚实信用的原则。

6.3.5.5 施工索赔的分类

1. 按索赔的合同依据分类

(1) 合同中明示的索赔。合同中明示的索赔是指承包人所提出的索赔要求，在该工程项目的合同文件中有文字依据，承包人可以据此提出索赔要求，并取得经济补偿。这些在合同文件中有文字规定的合同条款，称为明示条款。

(2) 合同中默示的索赔。合同中默示的索赔，即承包人的该项索赔要求，虽然在工程项目的合同条款中没有专门的文字叙述，但可以根据该合同的某些条款的含义，推论出承包人有索赔权。这种索赔要求，同样有法律效力，有权得到相应的经济或工期补偿。这种有经济补偿或工期补偿含义的条款，在合同管理工作中被称为“默示条款”或称为“隐含条款”。

2. 按索赔目的分类

(1) 工期索赔。由于非承包人责任的原因而导致施工进程延误，要求批准顺延合同工期的索赔，称之为工期索赔。工期索赔形式上是对权利的要求，以避免在原定合同竣工日不能完工时，被发包人追究拖期违约责任。一旦获得批准合同工期顺延后，承包人不仅免除了承担拖期违约赔偿费的风险，而且可能提前工期得到奖励，最终仍反映在经济收益上。

(2) 费用索赔。费用索赔的目的是要求经济补偿。当施工的客观条件改变导致承包人增加开支，要求对超出计划成本的附加开支给予补偿，以挽回不应由他承担的经济损失。

3. 按索赔事件的性质分类

(1) 工程延期索赔。因发包人未按合同要求提供施工条件，如未及时交付设计图纸、施工现场、道路等，或因发包人指令工程暂停或不可抗力事件等非承包人原因造成工期拖延的，承包人对此提出索赔。这是工程中常见的一类索赔。

(2) 工程变更索赔。由于发包人或监理工程师指令增加工程量或增加附加工程、修改设计、变更工程施工顺序等，造成工期延长和费用增加，承包人对此提出索赔。

(3) 合同被迫终止的索赔。由于发包人或承包人违约以及不可抗力事件等原因造成合同非正常终止，无责任的受害方因其蒙受经济损失而向对方提出索赔。

(4) 工程加速索赔。由于发包人或监理工程师指令承包人加快施工速度，缩短工期，引起承包人人、财、物的额外开支而提出的索赔。

(5) 意外风险和不可预见因素索赔。在工程实施过程中，因人力不可抗拒的自然灾害、特殊风险以及一个有经验的承包人通常不能合理预见的不利施工条件或外界障碍，如地下水、地质断层、溶洞、地下障碍物等引起的索赔。

(6) 其他索赔。如因货币贬值、汇率变化、物价、工资上涨、政策法令变化等原因引起的索赔。

6.3.5.6 索赔程序

1. 承包人提出索赔要求

(1) 发出索赔意向通知。索赔事件发生后，承包人应在索赔事件发生后的 28 天内向监理工程师递交索赔意向通知，声明将对此事件提出索赔。该意向通知是承包人就具体的索赔事件向监理工程师和发包人表示的索赔愿望和要求。如果超过这个期限，监理工程师和发包人有权拒绝承包人的索赔要求。索赔事件发生后，承包人有义务做好现场施工的同期记录，监理工程师有权随时检查和调阅，以判断索赔事件造成的实际损害。

(2) 递交索赔报告。索赔意向通知提交后的 28 天内，或监理工程师可能同意的其他合理时间，承包人应递送正式的索赔报告。索赔报告的内容应包括：事件发生的原因，对其权益影响的证据资料，索赔的依据，此项索赔要求补偿的款项和工期展延天数的详细计算等有关材料。

如果索赔事件的影响持续存在，28 天内还不能算出索赔额和工期展延天数时，承包人应按监理工程师合理要求的时间间隔（一般为 28 天），定期陆续报出每一个时间段内的索赔证据资料和索赔要求。在该项索赔事件的影响结束后的 28 天内，报出最终详细报告，提出索赔论证资料和累计索赔额。

承包人发出索赔意向通知后，可以在监理工程师指示的其他合理时间内再报送正式索赔报告，也就是说，监理工程师在索赔事件发生后有权不马上处理该项索赔。如果索赔事件发生时，现场施工非常紧张，监理工程师不希望立即处理索赔而分散各方抓施工管理的精力，可通知承包人将索赔的处理留待施工不太紧张时再去解决。但承包人的索赔意向通知必须在事件发生后的 28 天内提出，包括因对变更估价双方不能取得一致意见，而先按监理工程师单方面决定的单价或价格执行时，承包人提出的保留索赔权利的意向通知。如果承包人未能按规定时间提出索赔意向和索赔报告，则他就失去了就该项事件请求补偿的索赔权力。此时他所受到损害的补偿，将不超过监理工程师认为应主动给予的补偿额。

2. 监理工程师审核索赔申请

(1) 监理工程师审核承包人的索赔申请。接到承包人的索赔意向通知后，监理工程师应建立自己的索赔档案，密切关注事件的影响，在检查承包人的同期记录时，随时就记录内容提出他的不同意见或他希望应予以增加的记录项目。

在接到正式索赔报告以后，认真研究承包人报送的索赔资料。首先在不确认责任归属的情况下，客观分析事件发生的原因，重温合同的有关条款，研究承包人的索赔证据，并检查他的同期记录；其次通过对事件的分析，监理工程师再依据合同条款划清责任界限，必要时还可以要求承包人进一步提供补充资料。尤其是对承包人与发包人或工程师都负有一定责任的事件影响，更应划出各方应该承担合同责任的比例。最后再审查承包人提出的索赔补偿要求，剔除其中的不合理部分，拟定自己计算的合理索赔款额和工期顺延天数。

《施工合同》规定，监理工程师收到承包人递交的索赔报告和有关资料后，应在 28 天内给予答复，或要求承包人进一步补充索赔理由和证据。如果在 28 天内既未予答复，也未对承包人作进一步要求的话，则视为承包人提出的该项索赔要求已经认可。

（2）监理工程师判定承包人索赔成立的条件。

1）与合同相对照，事件已造成了承包人施工成本的额外支出，或工期损失。

2）造成费用增加或工期损失的原因，按合同约定不属于承包人的行为责任或风险责任。

3）承包人按合同规定的程序提交了索赔意向通知和索赔报告。

上述 3 个条件没有先后主次之分，应当同时具备。只有工程师认定索赔成立后，才按一定程序处理。

（3）监理工程师索赔处理的原则。

1）公正原则。

2）及时履行职责原则。

3）协商一致原则。监理工程师在处理和解决索赔问题时应及时地与业主和承包人沟通，保持经常性的联系。在作出决定，特别是调整价格、决定工期和费用补偿，做调解决定时，应充分地与合同双方协商，最好达成一致，取得共识。这是避免索赔争执的最有效的办法。

4）诚实信用原则。

（4）承包人的索赔依据资料主要包括合同文件、经监理工程师批准的施工进度计划、合同履行过程中的来往函件、施工现场记录、施工会议记录、工程照片、监理工程师发布的各种书面指令、中期支付工程进度款的支付证书、检查和试验记录、监理会议纪要、项目监理机构的监理日志和监理人员的监理日记、汇率变化表、各类财务凭证、其他有关资料。

3. *确定合理的补偿额*

监理工程师核查后初步确定应予以补偿的额度往往与承包人的索赔报告中要求的额度不一致，甚至差额较大。主要原因大多为对承担事件损害责任的界限划分不一致，索赔证据不充分，索赔计算的依据和方法分歧较大等，因此双方应就索赔的处理进行协商。

对于持续影响时间超过 28 天以上的工期延误事件，当索赔条件成立时，对承包人每隔 28 天报送的阶段索赔临时报告审查后，每次均应作出批准临时延长工期的决定，并于事件影响结束后 28 天内承包人提出最终的索赔报告后，批准顺延工期总天数。应当注意的是，最终批准的总顺延天数，不应少于以前各阶段已同意顺延天数之和。规定承包人在事件影响期间必须每隔 28 天提出一次阶段索赔报告，可以使监理工程师能及时根据同期记录批准该阶段应予顺延工期的天数，避免事件影响时间太长而不能准确确定索赔值。

在经过认真分析研究，与承包人、发包人广泛讨论后，监理工程师应该向发包人和承包人提出自己的《索赔处理决定》。监理工程师收到承包人送交的索赔报告和有关资料后，于 28 天内给予答复或要求承包人进一步补充索赔理由和证据。监理工程师在《工程延期审批表》和《费用索赔审批表》中应该简明地叙述索赔事项、理由和建议给予补偿的金额及延长的工期，论述承包人索赔的合理方面及不合理方面。通过协商达不成共识时，承包人仅有权得到所提供的证据满足监理工程师认为索赔成立那部分的付款和工期顺延。不论监理工程师与承包人协商是否达成一致，还是他单方面作出的处理决定，批准给予补偿的款额和顺延工期的天数如果在授权范围之内，则可将此结果通知承包人，并抄送发包人。补偿款将计入下月支付工程进度款的支付证书内，顺延的工期加到原合同工期中去。如果批准的额度超过监理工程师权限，则应报请发包人批准。

通常，监理工程师的处理决定不是终局性的，对发包人和承包人都不具有强制性的约束力。承包人或发包人对监理工程师的决定不满意，可以按合同中的争议条款提交约定的仲裁机构仲裁或诉讼。

4. 发包人审查索赔处理

当工程师确定的索赔额超过其权限范围时，必须报请发包人批准。

发包人首先根据事件发生的原因、责任范围、合同条款审核承包人的索赔申请和监理工程师的处理报告，再依据工程建设的目的、投资控制、竣工投产日期要求以及针对承包人在施工中的缺陷或违反合同规定等有关情况，决定是否同意监理工程师的处理意见。索赔报告经发包人同意后，监理工程师即可签发有关证书。

5. 承包人是否接受最终索赔处理

承包人接受最终索赔处理决定，索赔事件的处理即告结束。如果承包人不同意，就会导致合同争议。通过协商双方达成互谅互让的解决方案，是处理争议的最理想方式。如达不成谅解，承包人有权提交仲裁或诉讼解决。

6.3.5.7 发包人的索赔

《施工合同》规定，承包人未能按合同约定履行自己的各项义务或发生错误而给发包人造成损失时，发包人也应按合同约定向承包人提出索赔。FIDIC《施工合同条件》中，业主的索赔主要限于施工质量缺陷和拖延工期等违约行为导致的业主损失。

发生索赔事件后，监理人应及时书面通知承包人，详细说明发包人有权得到的索赔金额和（或）延长缺陷责任期的细节和依据。发包人提出索赔的期限和要求与约定相同，延长缺陷责任期的通知应在缺陷责任期届满前发出。

监理人按商定或确定发包人从承包人处得到赔付的金额和（或）缺陷责任期的延长期。承包人应付给发包人的金额可从拟支付给承包人的合同价款中扣除，或由承包人以其他方式支付给发包人。

6.3.5.8 工程索赔管理

1. 工程索赔证据管理

任何索赔事件的确立，都必须有正当合理的索赔理由。而对正当索赔理由的说明必须具有证据，索赔证据应真实、全面、及时、相互关联和具有法律效力等。因此对承包商而言，要索赔成功，对索赔证据的管理十分重要。常见的索赔证据有：

（1）招标文件、施工合同文本及附件，其他各种签约（如备忘录、修正案等），经业主认可的工程实施计划、各种工程图纸（包括图纸修改指令）、技术规范等。承包人的报价文件，包括各种工程预算和其他作为报价依据的资料等。这些索赔证据可在索赔报告中直接引用。

（2）来往信件及各种会谈纪要。如业主的变更指令、信件、通知。在合同履行过程中，业主、监理工程师和承包人定期或不定期的会谈所做出的决议或决定，是对合同的进一步补充，应作为合同的组成部分。一般会谈或谈话的纪要只有经过各方签署后才可作为索赔的依据。

（3）施工进度计划和实际施工的进度记录。总进度计划、开工后的具体进度安排是索赔的重要证据。

（4）施工现场的有关文件。如施工日志、施工记录、备忘录、各种签证及各种工程统计资料，如周报、旬报、月报等，还有工程照片。

（5）气象资料、工程检查验收报告和各种技术鉴定报告，工程中送停水、送停电、道路开通和封闭的记录和证明。

（6）建筑材料和设备的采购、订货、运输、进场、使用方面的记录、凭证和报表等。

（7）国家有关政策、法令、法律文件，官方的物价指数、工资指数，各种会计核算资料，只需引用文件号、条款号即可，在报告后附上复印件。

总之，索赔一定要有证据，证据是索赔报告的重要组成部分，证据不足或没有证据，索赔就不能成立。施工索赔是利用经济杠杆进行项目管理的有效手段，对承包人、发包人和监理工程师来说，处理索赔问题水平的高低，反映了他们对工程项目管理水平的高低。由于索赔是合同管理的重要环节，也是挽回成本损失的重要手段，所以随着建筑市场的建立和发展，它将成为项目管理中越来越重要的问题。

2. 索赔报告的编写

索赔报告是向对方提出索赔要求的书面文件，是承包人对索赔事件的处理结果，也是业主审议承包人索赔请求的主要依据。它的具体内容，将随着索赔事件的性质和特点而有所不同。索赔报告应充满说服力、合情合理、有理有据，逻辑性强，能说服工程师、业主、调解人、仲裁人，同时又应该是具有法律效力的正规书面文件。一个完整的索赔报告应包括以下四个方面的内容。

（1）总论。主要包括序言，索赔事件概述，索赔要求，索赔报告编写及审核人员名单。总论部分应该是叙述客观事实，合理引用合同规定，说明要求赔偿金额及工期。所以首先应言简意赅地论述索赔事件的发生时间与过程；施工单位为该索赔事件所付出的努力和附加开支；施工单位的具体索赔要求。最后，附上索赔报告编写组主要人员及审核人员的名单，注明有关人员的职称、职务及施工经验，以表示该索赔报告的严肃性和权威性。需要注意的是对索赔事件的叙述必须清楚、明确，责任分析应准确，不可用含混的字眼及自我批评式的语言，否则会丧失自己在索赔中的有利地位。

（2）索赔理由。这部分主要是说明承包人具有的索赔权利，索赔理由主要来自该工程项目的合同文件，并参照有关法律规定。该部分中施工单位可以直接引用合同中的具体条款，说明自己理应获得经济补偿或工期延长，这是索赔能否成立的关键。

索赔理由因各个索赔事件的特点而有所不同。通常是按照索赔事件发生、发展、处理和最终解决的过程编写，并明确全文引用有关的合同条款或合同变更和补充协议条文，使业主和工程师能历史地、全面地、逻辑地了解索赔事件的始末，并充分认识该项索赔的合理合法性。一般地说应包括以下内容：索赔事件的发生经过；递交索赔意向书的时间、地点、人员；索赔事件的处理过程；索赔要求的合同根据；所附的证据资料等。

（3）索赔计算。承包人的索赔要求都会表现为一定的具体索赔款额，计算时，施工单位必须阐明索赔款的要求总额；各项索赔款的计算过程，如额外开支的人工费、材料费、管理费和利润损失；阐明各项开支的计算依据及证据资料，同时施工单位还应注意采用合适的计价方法。至于计算时采用哪一种计价方法，应根据索赔事件的特点及自己所掌握的证据资料等因素来选择。其次，还应注意每项开支款的合理性和相应的证据资料的名称及编号。

索赔计算的目的，是以具体的计算方法和计算过程，说明自己应得到经济补偿的款额或延长时间。如果说索赔理由的任务是解决索赔能否成立，则索赔计算就是要决定应得到多少索赔款额和工期补偿。前者是定性的，后者是定量的，所以计算要合理、准确，切忌采用笼统的计价方法和不实的开支款额。

（4）证据。包括该索赔事件所涉及的一切证据资料，以及对这些证据的详细说明，证据是索赔报告的重要组成部分，没有翔实可靠的证据，索赔是不能成功的。应注意引用确凿的证据和有效力的证据。对重要的证据资料最好附以文字证明或确认件。如有关的记录、协议、纪要必须是双方签署的；工程中的重大事件、特殊情况的记录、统计必须由工程师签证认可。

3．索赔费用的计算

（1）索赔费用的组成。索赔费用的主要组成部分，与建设工程施工承包合同价的组成部分相似。按照我国现行规定，建筑安装工程合同价一般包括直接费、间接费、计划利润和税金。而国际上的惯例是将建筑安装工程合同价分为直接费、间接费、利润三部分。

从原则上说，凡是承包人有索赔权的工程成本的增加，都可以列入索赔的费用。但是，对于不同原因引起的索赔，索赔费用的内容将有所不同。按照国际惯例，索赔费用中主要包括以下项目：

1）人工费。包括完成增加工作内容的人工费、停工损失费和工作效率降低的损失费等累计，但不能简单地采用计日工费计算。

2）设备费。由于完成额外工作增加的机械台班费、机械折旧费、设备租赁费等。

3）材料费。主要是由于索赔事件而增加的材料费、客观原因导致的材料价格上涨。

4）保函手续费。工程延期时，保函手续费相应增加，反之，取消部分工程且发包人与承包人达成提前竣工协议时，承包人的保函金额应相应折减，则计入合同价的保函手续费也要扣减。

5）贷款利息。由于工程变更和工期延误增加的投资利息和施工过程中业主错误扣款的利息。计算时间可采用不同的标准，如可以按照当时银行贷款利率或按照双方协议的利率执行。

6）利润。一般来说，由于工程变更和施工条件的变化引起的索赔；由于业主的原因终止或者放弃合同的，索赔时均可以列入利润。而对于工程延误的索赔，工程师很难同意在费用索赔中加进利润损失。

7）管理费。分为现场管理费和公司管理费两部分，由于二者的计算方法不一样，所以在审核过程中应区别对待。

（2）索赔费用计算方法。常用的索赔费用计算方法有分项法、总费用法、修正总费用法等。

1）分项法。是按照每个索赔事件所引起损失的费用项目分别分析计算索赔值，然后将各费用项目的索赔值汇总，得到总索赔费用值。这种方法的索赔费用主要包括该项工程实施中所发生的额外人工费用、材料费、施工机械使用费、间接费和利润等。索赔的依据是承包人为某项索赔事件所支付的实际开支，所以施工过程中对第一手资料的收集整理就显得非常重要。计算时注意不要遗漏费用项目。

2）总费用法。又称总成本法，是指当发生多起索赔事件后，重新计算出该工程的实际总费用，再从中减去投标报价时的估算总费用，得出索赔值。

索赔金额为实际总费用减去投资报价估算总费用。

此方法适用于施工中受到严重干扰，使多个索赔事件混杂在一起，导致难以准确地进行分项记录和收集资料，也不容易分项计算出具体的损失费用的索赔。需要注意的是承包人投标报价是合理的，能反映实际情况，同时还必须出具翔实的证据，证明其索赔金额的合理性。

3）修正总费用法。这种方法是对总费用法的改进，即在总费用计算的原则上，去掉一些不确定和不合理的可能因素，对总费用进行相应的调整和修改，使其更加合理。修正时只计算受影响时段内的某项工作所受影响的损失，能相当准确地反映出实际增加的费用。

索赔金额为某项工作调整后实际总费用减去该项工作的报价总费用。

4. 工期索赔的计算

在工程项目施工中，由于各种未能预见因素的影响，使承包人不能在合同规定的工期内完成工程，造成工期延长。

工期延长对合同双方都会造成损失：业主由于工程不能及时交付使用，投入生产，而失去盈利的机会；承包人因工期延长要增加支付现场工人的工资、机械停置费和其他附加费用开支等，最终还可能要支付合同规定的误期违约金。

工期索赔的计算主要有网络图分析法和比例分析法两种。

（1）网络图分析法。是利用施工进度计划的网络图，分析索赔事件对其关键线路的影响。如果延误的工作为关键工作，则总延误的时间为批准顺延的工期；如果延误的工作为非关键工作，当该工作由于延误超过时差限制而成为关键工作时，可以批准延误时间与时差的差值；若该工作延误后仍为非关键工作，则不存在工期索赔问题。

（2）比例分析法。在实际工程中，干扰事件常常仅影响某些单项工程、单位工程，或分部分项工程的工期，要分析它们对总工期的影响，可以采用较简单的比例分析法。计算的公式为

$$\text{工期索赔值}=\frac{\text{受干扰部分工程的合同价}}{\text{原合同价格}}\times\text{该受干扰部分工期拖延时间} \tag{6.1}$$

对于已知额外增加工程量的工程：

$$\text{工期索赔值}=\frac{\text{额外增加的工程量价格}}{\text{原合同价格}}\times\text{原合同总工期} \tag{6.2}$$

实践证明，用调解方式解决纠纷，程序简便，当事人易于接受，解决纠纷迅速及时，不至于久拖不决，从而避免经济损失的扩大。也有利于消除当事人双方之间的隔阂和对立，调整和改善当事人之间的关系，促进了解，加强协作。还由于调解协议是在分清是非、明确责任，在当事人双方共同提高认识的基础上自愿达成的，所以可以使纠纷得到比较彻底的解决，协议的内容也比较容易全面履行。

合同争议的调解，可以分为社会调解、行政调解、仲裁调解和司法调解。

(1) 社会调解。社会调解是指根据当事人的请求，由社会组织或个人主持进行的调解。

(2) 行政调解。行政调解是指根据一方或双方当事人的申请，当事人双方在其上级机关或业务主管部门主持下，通过说服教育、相互协商、自愿达成协议，从而解决合同纠纷的一种方式。

(3) 仲裁调解。仲裁调解是指根据当事人的请求，由仲裁庭主持进行的调解。

(4) 司法调解。司法调解是指由国家司法机关主持进行的调解。在诉讼开始以后到作出判决之前，当事人随时可以向人民法院申请调解，人民法院认为可以调解时也随时可以调解。也就是说，法院在对案件的审理过程中，不论是准备阶段，还是在庭审阶段都可以进行调解，一审程序、二审程序和再审程序，均是如此。申请调解，是合同当事人的一项诉讼权利，人民法院在判决生效之前的任何阶段，都要注意贯彻“调解为主”的方针。

无论采用何种调解方法，都应遵守自愿和合法两项原则。

自愿原则具体包括两个方面的内容：一是纠纷的调解必须出于当事人双方自愿。合同纠纷发生后能否进行调解，完全取决于当事人双方的意愿。如果纠纷当事人双方或一方根本不愿用调解方式解决纠纷，就不能进行调解；二是调解协议的达成也必须出于当事人双方的自愿。达成协议，平息纠纷，是进行调解的目的。因此，调解人在调解过程中要竭尽全力，促使当事人双方互谅互让，达成协议。其中包括对当事人双方进行说服教育、耐心疏导，晓之以理、动之以情，还包括向当事人双方提出建议方案等。但是，进行这些工作不能带有强制性。调解人既不能代替当事人达成协议，也不能把自己的意志强加于人。纠纷当事人不论是对协议的全部内容有意见，还是对协议部分内容有意见而坚持不下的协议均不能成立。

合法原则是合同纠纷调解活动的主要原则。国家现行的法律、法规是调解纠纷的依据，当事人双方达成协议的内容，不得同法律、法规相违背。

调解成功，制作调解书，由双方当事人和参加调解的人员签字盖章。重要纠纷的调解书，要加盖参加调解单位的公章。调解书具有法律效力。但是，社会调解和行政调解达成的调解协议或制作的调解书没有强制执行的法律效力，如果当事人一方或双方反悔，不能申请法院予以强制执行，而只能再通过其他方式解决纠纷；仲裁调解达成的调解协议和制作的调解书，一经作出便立即产生法律效力，一方当事人不履行，对方即可申请人民法院强制执行。法院调解所达成的协议和制作的调解书，也具有与仲裁调解书相同的法律效力，但是其性质是一种司法文书。

6.3.8　合同的解除

合同订立后，当事人应当按照合同的约定履行。但是，在一定的条件下，合同没有履行或者没有完全履行，当事人也可以解除合同。

6.3.8.1 可以解除合同的情形

1. 合同的协商解除

施工合同当事人协商一致，可以解除。这是在合同成立以后、履行完毕以前，双方当事人通过协商而同意终止合同关系的解除。当事人的这项权利是合同中意思自治的具体体现。

2. 发生不可抗力时合同的解除

因为不可抗力或者非合同当事人的原因，造成工程停建或缓建，致使合同无法履行，合同双方可以解除合同。

3. 当事人违约时合同的解除

(1) 当事人不按合同约定支付工程款（进度款），双方又未达成延期付款协议，导致施工无法进行，《施工合同》规定，承包人停止施工超过56天，发包人仍不支付工程款（进度款），承包人有权解除合同。

(2) 承包人将其承包的全部工程转包给他人，或者肢解以后以分包的名义分别转包给他人，发包人有权解除合同。

(3) 合同当事人一方的其他违约致使合同无法履行，合同双方可以解除合同。

6.3.8.2 当事人一方主张解除合同的程序

《施工合同》规定，一方主张解除合同的，应向对方发出解除合同的书面通知，并在发出通知前7天告知对方，通知到达对方时合同解除。对解除合同有异议的，按照解决合同争议程序处理。

6.3.8.3 合同解除后的善后处理

合同解除后，当事人双方约定的结算和清理条款仍然有效。承包人应当妥善做好已完工程和已购材料、设备的保护和移交工作，按照发包人要求，将自有机械设备和人员撤出施工场地。发包人应为承包人撤出提供必要条件，支付所发生的费用，并按合同约定支付已完工程价款。已经订货的材料、设备由订货方负责退货或解除订货合同，不能退还的货款和退货、解除订货合同发生的费用，由发包人承担。但未及时退货造成的损失由责任方承担。除此之外，有过错的一方应当赔偿因合同解除给对方造成的损失。

6.4 风险与保险

6.4.1 工程风险

6.4.1.1 工程风险的概念

工程实施过程中，由于自然、社会条件复杂多变，影响因素众多，因此人们将面临很多在招、投标时难以或不可能完全确定的问题，这种不确定性就是风险。风险一旦发生，就会导致成本增加或延误工期，造成承担风险一方的经济损失。但是，风险又是与盈利并存的，如果某一种风险没有出现，或者控制恰当，减少甚至避免了损失，则承担此风险的一方就可能由此而取得效益，这就是“风险——效益原理”。如在施工承包合同中，如果采用的是不可调价的合同，即工程的单价或价格均不因物价或劳务价格的涨落而调整，也就是说物价涨落的风险由承包商承担。这种情况下，承包商在投标时必然要考虑到这一风险，而适当提高标价以覆盖万一出现物价上涨而引起的损失。实施过程中，如果物价上涨的幅度超过了所考虑的额度，则承包商会受到损失；如果物价涨幅小于这一额度或没有上涨，则承包商将会由于承担此风险而获得部分效益。反之，如果采用的是可调价合同，则物价涨落的风险将由业主承担。这种情况下，合同价格将会因承包商不考虑包含这一风险而有所降低。同样，在合同实施过程中，如果物价不上涨或物价反而下跌，则业主将由于合同价格的减少而少支付工程款；反之，业主将必须在原合同价格上再增加支付一笔款额。

6.4.1.2　风险的种类

从产生风险原因的性质可将风险分成以下几类。

（1）政治风险。指工程所在地的政治背景与变化可能带来的风险。这个问题对于承包商承包国际工程尤为突出，因为业主国的一些政治变动，如战争和内乱、没收外资、拒付债务、政局变化等，都可能给承包商带来不可弥补的损失。

（2）经济风险。指国家或社会一些大的经济因素变化而带来的风险，如通货膨胀引起材料价格和工资的大幅度上涨，外汇比率变化带来的损失，国家或地区有关政策法规如税收、保险等变化，而引起的额外费用等。

（3）自然风险。指自然因素带来的风险，如施工过程中出现超标准洪水、暴雨、地震、飓风等。

（4）技术风险。指一些技术条件的不确定性可能带来的风险，如勘测资料未能全面正确反映或解释失误的地质情况，采用新技术、设计文件、技术规范的失误等。

（5）商务风险。指合同条款中有关经济方面的条款及规定可能带来的风险，如支付、工程变更、索赔、风险分配、担保、违约责任，费用和法规变化、货币及汇率等方面的条款。这类风险包含条款中写明分配的、由于条款有缺陷而引起的、或者撰写方有意设置的，如所谓“开脱责任”条款等。

（6）对方的资质和信誉风险。指合同一方的业务能力、管理能力、财务能力等有缺陷或者不圆满履行合同而给另一方带来的风险。在施工合同中，业主和承包商不仅要相互考虑到对方，同时也必须考虑到监理工程师在这方面的情况。

（7）其他风险。如工程所在地公众的习俗和对工程的态度，当地运输和生活供应条件等，都可能带来一定的风险。

6.4.1.3　风险的分配

风险分配是指在合同条款中写明，上述各种风险由合同哪一方承担，承担什么责任。这是合同条款的核心问题之一。

根据风险管理理论，风险分配应遵循下述三个原则：

（1）风险分配应能有利于降低工程造价和顺利履行合同。

（2）合同双方中，谁能更有效地防止和控制某种风险或减少该风险引起的损失，就由谁承担该风险。

（3）风险分配应能有助于调动承担方的积极性，认真做好风险管理工程，从而降低成本，节约投资。

从上述原则出发，施工承包合同中的风险分配通常是双方各自承担自己责任范围内的风险，对于双方均无法控制的自然和社会因素引起的风险则由业主承担，因为承包商很难将这些风险事先估入合同价格中，若由承包商承担这些风险，则势必增加其投标报价，当风险不发生时，反而增加工程造价；风险估计不足时，则又会造成承包商亏损，而招致工程不能顺利进行。

1. 业主的风险

(1) 不可抗力的社会因素或自然因素造成的损失和损坏，前者如战争、暴乱、罢工等；后者如洪水、地震、飓风等。但工程所在国国外的战争、承包商自身工人的动乱以及承包商延误履行合同后发生的情况等均除外。

(2) 不可预见的施工现场条件的变化。指施工过程中出现了招标文件中未提及的不利的现场条件，或招标文件中虽提及，但与实际出现的情况差别很大，且这些情况在招、投标时又是很难预见到的，由此而造成的损失或损害。在实际工程中，这类问题多是出现在地下的情况，如开挖现场出现的岩石，其高程与招标文件所述的高程差别很大；实际遇到的地下水在水量、水质、位置等方面均与招标文件提供的数据相差很大；设计指定的料场，其土石料不能满足强度或其他技术指标的要求；开挖现场发现了古代建筑遗迹、文物或化石；开挖中遇到有毒气体等。

(3) 工程量变化。是指对单价合同而言，合同价是按工程量清单上的估计工程量计算的，而支付价是按施工中实际完成的工程量计算的，由于两种工程量不一致而引起合同价格变化的风险。如采用总价合同，则此项风险由承包商承担。另一种情况是当某项作业其工程量变化甚大，而导致施工方案变化引起的合同价格变化。

(4) 设计文件有缺陷而造成的损失或成本增加，由承包商负责的设计除外。

(5) 国家或地方的法规变化导致的损失或成本增加，承包商延误履行合同后发生的除外。

(6) 监理工程师认为一个有经验的承包方也无法预测或防范的其他灾害造成的损失和损害。

2. 承包人的风险

(1) 投标文件的缺陷。指由于对招标文件的错误理解，或者勘察现场时的疏忽，或者投标中的漏项等造成投标文件有缺陷而引起的损失或成本增加。

(2) 对业主提供的水文、气象、地质等原始资料分析、运用不当而造成的损失和损害。

(3) 由于施工措施失误、技术不当、管理不善、控制不严等造成施工中的一切损失和损害。

(4) 分包人工作失误造成的损失和损害。

6.4.1.4 风险管理的基本理论

1. 风险管理概述

风险管理是对可能发生的风险进行预测、识别、分析、评估，并在此基础上进行有效处置，以最低成本实现最大目标保障。

工程风险管理是降低工程中风险发生的可能性，减轻或消除风险的影响，以最低成本取得对工程目标保障的满意结果。

工程风险管理的目标是控制和处理项目风险、防止和减少损失、保障工程的顺利进行。

2. 风险的识别与预测

工程风险的识别与预测就是对风险源、风险因素、风险后果等作出定性估计、感性认识和经验判断。对类似工程的各种统计资料进行分析、归纳和整理，发现各种风险的损害情况。

3. 风险源的分析

风险产生和存在的原因称为风险源。风险源分为自然原因和人为原因。

(1) 自然原因包括地震及其引发的海啸、滑坡、泥石流等水文地质灾害；台风、龙卷风、暴风雨、暴风雪、严寒、酷热等气象灾害。

(2) 人为原因包括设计错误、施工管理的问题和错误、施工操作的错误等。

在风险的识别和分析时，应将工程分解，逐个比较查找和风险识别，然后再逐项查找风险源。

4. 风险的评估

风险的评估是以风险识别和风险分析为基础对风险发生的几率和风险可能造成损失的严重性所给予的综合评价。

5. 风险的控制和对策

(1) 风险的控制。风险控制是指为减少风险、避免事故发生所采取的措施和行动。它是在风险识别和风险评估的基础上实施的。

在建设工程中，部分风险是可以控制的，只要消除或减少相应风险源，就可以减少风险、避免事故发生。

但是有些风险是人类无法避免的，如地震和台风等。通常将这类风险称为不可抗力。对于这些，我们可以根据其发生几率、特点和损失情况等采取对策，以尽量减少损失。

(2) 风险的对策。风险控制所依据的策略和指导思想称为风险对策。常用的风险对策有以下几种。

1) 风险回避。指根据风险发生的几率及其可能发生事故的大小，并根据自身条件而采取的避免和改变行动方向的策略。如用风险小的施工方案代替风险较大的施工方案。风险回避表面上看是消极的，甚至会损失一定利益，但从风险防范来讲不失为一种积极措施。

2) 风险损失控制。指事前预防或减少风险发生几率，同时考虑风险无法回避时采取可能的手段减少风险损失程度的策略。如对于安全生产事故很难完全避免，通过严格执行操作规程和提供完善的安全设施，有助于减少事故发生几率和一旦发生也能减轻损失。

3) 风险自担。指知道有风险，采取自己承受风险而不采取回避和转移等其他手段的策略。经权衡承担风险损失和回避转移等其他手段发生的费用后，认为承担风险有利。

4) 风险转移。指借助某些技术和经济手段，将风险由它人承担的策略。风险转移是转移者和被转移者风险共担、利益机遇共享的机制。最常见的方式是保险。此外，可以用联合投标的方式来转移风险，达到风险共担、利益机遇共享的结果。

6.4.2 工程保险

6.4.2.1 工程保险的概念与种类

工程保险是指业主或承包人向专门保险机构（保险公司）缴纳一定的保险费，由保险公司建立保险基金，一旦发生所投保的风险事件造成财产或人身伤亡，即由保险公司用保险基金予以补偿的一种制度。它实质上是一种风险转移，即业主和承包人通过投保，将原应承担的风险责任转移给保险公司承担。土木工程一般规模较大、工期较长、涉及面广、潜伏的风险因素多，因此着眼于可能发生的不利情况和意外不测，业主和承包人参加工程保险，只需付出少量的保险费，可换得遭受大量损失时得到补偿的保障，从而增强抵御风险的能力。所以国际工程承包业务中，通常都包含有工程保险，大多数标准合同条款，还规定了必须投保的险种。

工程保险可以分成两大类，凡合同规定必须投保的险种，称为合同规定的保险或强制性保险，其他的保险均称为非合同规定的保险或选择性保险。FIDIC《施工合同条件》和部颁条款规定必须投保的险种是：工程和施工设备的保险、人身事故险和第三方责任险。

6.4.2.2 工程和施工设备的保险

工程和施工设备的保险也称“工程一切险”，是一种综合性的保险，它是对建设工程项目提供全面的保障。

1. 工程一切险的承保范围

(1) 工程本身。指由承包商和分包商为履行合同而实施的全部工程，还包括预备工程：如土方、水准测量；临时工程：如引水、保护堤和全部存放于工地的为施工所必需的材料等。

(2) 施工用设施。包括活动房、存料房、配料棚、搅拌站、脚手架、水电供应及其他类似设施。

(3) 施工设备。包括大型施工机械、吊车及不能在公路上行驶的工地用车辆，不管这些机具属承包人所有还是其租赁物资。

(4) 场地清理费。这是指在发生灾害事故后场地上产生了大量的残砾，为清理工地现场而必须支付的一笔费用。

(5) 工地内现有的建筑物。指不在承包工程的范围内，工地内已有的建筑物或财产。

(6) 由被保险人看管或监护的停放于工地的财产。

工程一切险承保的危险与损害涉及面很广。凡保险单中列举的除外情况之外的一切事故损失全在保险范围内，包括下述原因造成的损失：火灾、爆炸、雷击、飞机坠毁及灭火或其他救助所造成的损失；海啸、洪水、潮水、水灾、地震、暴雨、风暴、雪崩、地崩、山崩、冻灾、冰雹及其他自然灾害；一般性盗窃和抢劫；由于工人、技术人员缺乏经验、疏忽或无能力等导致的施工低劣而造成的损失；其他意外事件。

建筑材料在工地范围内的运输过程中遭受的损失和破坏以及施工设备和机具在装卸时发生的损失等，亦可纳入工程险的承保范围。

2. 工程一切险的除外责任

按照国除惯例，属于除外责任的情况通常有以下几种。

(1) 由军事行动、战争或其他类似事件、罢工、骚动、或当局命令停工等情况造成的损失（有些国家规定投保罢工骚乱险）。

(2) 因被保险人的严重失职或蓄意破坏而造成的损失。

(3) 因原子核裂变或聚变而造成的损失。

(4) 由于罚款及其他非实质性损失。

(5) 因施工设备本身原因即无外界原因情况下造成的损失。但因这些损失而导致的建筑事故则不属于除外情况。

(6) 因设计错误（结构缺陷）而造成的损失。

(7) 因纠正或修复工程差错（例如因使用有缺陷或非标准材料而导致的差错）而增加的支出。

3. 工程一切险的保险期

工程一切险自工程开工之日或在开工之前工程用料卸放于工地之日开始生效，两者以先发生者为准。开工日包括地基基础施工在内（如果地基亦在保险范围内）。施工设备保险自其卸放于工地之日起生效。保险终止日应为工程竣工验收合格之日或者保险单上列出的终止日。同样，两者也以先发生者为准。

实践中，工程一切险的保险终止常有三种情况。

(1) 保险标的的工程中有一部分先验收或投入使用。这种情况下，自该部分验收或投入使用之日起自动终止该部分的保险责任，但在保险单中应注明这种部分保险责任自动终止条款。

(2) 含安装工程项目的建筑工程一切险的保险单通常规定有试运行期（一般为一个月）。

(3) 工程验收后通常还有一个保修期。保修期内是否强制投保，各国规定不一样。保修期的保险自工程验收合格或投入使用之日起生效，直至规定的保修期满之日终止。

4. 工程一切险的保险金额

工程一切险的保险金额按照不同的保险标的确定。

(1) 合同标的工程的保险总金额，即建成该工程的总价值，包括建筑所需材料设备费、施工费、运杂费、税款以及其他有关费用在内，如有临时工程，还应注明临时工程部分的保险金额。

(2) 施工设备及临时工程，这些物资一般是承包商的财产，其价值不包括在承包工程的合同价格中，应另列专项投保。这类物资的投保金额一般按重置价值，即按重新换置同一型号、规格、性能或类似型号、规格、性能的机器、设备及装置的价格，包括出厂价、运费、关税、安装费及其他必要的费用计算重置价值。

(3) 场地清理费，按工程的具体情况由保险公司与投保人协商确定。场地残物的清理不仅限于合同标的工程，而且包括工程的邻近地区和业主的原有财产存放区。场地清理费的保险金额一般不超过工程总保额的5%（大型工程）或10%（中小工程）。

5. 工程一切险的免赔额

工程保险还有一个特点，就是保险公司要求投保人根据其不同的损失，自负一定的责任。这笔由被保险人承担的损失额称为免赔额。工程本身的免赔额为保险金额的0.5%～2%；施工机具设备等的免赔额为保险金额的5%；第三者责任险中财产损失的免赔额为每次事故赔偿限额的1%～2%，但人身伤害没有免赔额。

保险人向被保险人支付为修复保险标的遭受损失所需的费用时，必须扣除免赔额。

6. 工程一切险的保险费率

建筑工程一切险没有固定的费率表，其具体费率系根据以下因素结合参考费率表制定：

(1) 风险性质（气候影响和地质构造如地震、洪水或水灾等）。

(2) 工程本身的危险程度。工程的性质，工程的技术特征及所用的材料，工程的建筑方法等。

(3) 工地及邻近地区的自然地理条件，有无特别危险存在。

(4) 巨灾的可能性，最大可能损失程度及工地现场管理和安全条件。

(5) 工期（包括试运行期）的长短及施工季节，保修期长短及其责任大小。

(6) 承包人及其他与工程有直接关系的各方的资信、技术水平及经验。

(7) 同类工程以往的损失记录。

(8) 免赔额的高低及特种危险的赔偿限额。

7. 工程一切险的投保人名义

按一般惯例，工程保险由承包商投保，负责与保险公司签订保险单并支付保险费。近年来由于业主希望能全面保护其工程投资，特别是在一个建设项目分成多个合同段的情况下，各承包商分别投保，可能产生重复投保或漏保，致使增加了保险费或得不到应有的赔偿额，有逐渐改由业主投保的趋势。工程险保险单生效后，投保人就成为被保险人。对工程险而言，业主和承包商都应是被保险人。所以无论谁去投保，工程险投保人的名义都应是业主和承包商双方的共同名义。为了避免相互之间追偿责任，大部分保险单都加上共保交叉责任条款。根据这一条款，每一被保险人如同各自有一张单独的保单，其责任部分的损失都可以获得相应赔偿。如果各个被保险人发生相互之间的责任事故，每一责任的被保险人都可以在保单项下获得保障。这样，这些事故造成的损失，都可以由出保单的公司负责赔偿，无须根据责任在相互之间进行追偿。

至于施工设备的保险，由于受益人只是承包商，故可以承包商名义投保。

6.4.2.3 人员伤亡和财产损失的保险

1. 人身事故险

人身事故险指承包商对他为工程施工所雇用的职工进行的人身事故保险；有分包商的工程项目，分包商也应对其雇用人员进行此项保险。

对于每一职工的人身事故保险金额，应按工程所在国的有关法律来确定，但不得低于这些法律所规定的最低限额。其保险期应为该职工在现场的全部时间。投保人名义为承包人或分包人。

一般来说，业主和监理单位也应为其在现场工作人员投保人身事故险。

2. 第三方责任保险

第三方责任保险指履行合同过程中，因意外事故而引起工地上及附近地区的任何人员（不包括承包商雇用人员）的伤亡及任何财产（不包括工程及施工设备）的损失进行的责任保险。

一般来讲，第三方指不属于施工承包合同双方当事人的人员。但当未为业主和监理工程师人员专门投保时，第三方保险也包括对业主和监理工程师人员由于进行施工而造成的人员伤亡或财产损失进行保险。对于领有公共交通和运输用执照的车辆事故造成的第三方的损失，不属于第三方责任险范围。有些国际工程施工合同中，还要求第三方责任险包括施工人员在国内家庭的人身伤亡和财产损失。

第三方责任险的保险金额由业主与承包商协商确定。第三方责任险以业主和承包商的共同名义投保，一般可在投保工程一切险时附带投保。

6.4.2.4　保险的管理

(1) 承包人应在合同规定的时间内，向业主提交合同要求的各项保险单的副本，并通知监理工程师。保险单的内容必须与合同的规定相一致。

(2) 如果在施工过程中，工程的性质、范围或进度发生变化，承包人必须及时通知保险公司并办理补充保险手续，确保保险在整个工期内保持有效。但在通知保险公司前，应先征得业主同意，并通知监理工程师。

(3) 每份保险单都应规定，补偿的货币种类应与修复损失或损害所需的货币种类相一致。

(4) 如果承包人未能按合同规定的时间、内容等进行投保并保持其有效，业主可以代为进行此项工作，为此而支付的任何保险费用，可以从任何应付或将付给承包人的款额中扣回。

(5) 如承包人未能按合同要求办理保险并使之保持有效，而业主未同意删减此项保险，也未办理此项保险，则任何通过此类保险本可取得的赔偿应由承包人承担。

(6) 如保险公司的赔偿费不能满足修复损失或损害所需的全部费用，则不足的部分费用应由承包人和业主按照各自根据合同应负的义务和责任分别承担。

(7) 业主和承包人均应遵守保险单规定的条件，任何一方违反保险单规定的条件而导致得不到保险赔偿费时，应赔偿由此造成另一方的损失。

(8) 保险费的处理可以有多种方法。

1) 各项保险费都纳入管理费中，在工程量清单中不单列。

2) 各项保险费均在工程量清单中单列。

3) 某些保险费，如工程险、第三方责任险，列入工程量清单；而施工设备险、承包人人员事故险的保险费分别计入施工设备的运行费中和摊入人工费中等。

采用何种方法应在招标文件中予以规定。

【示例 1】　工程项目合同管理示例

某工程建设项目，业主与施工单位按《施工合同》签订了工程施工合同，工程未进行投保保险。在工程施工过程中，遭受暴风雨不可抗力的袭击，造成了相应的损失，施工单位及时向监理工程师提出索赔要求，并附有索赔有关的资料证据。索赔报告中的基本要求如下：

（1）遭暴风雨袭击不是因施工单位原因造成的损失，故应由业主承担赔偿责任。

（2）给已建部分工程造成损失18万元，应由业主承担修复的经济责任，施工单位不承担修复的经济责任。

（3）施工单位人员因此灾害导致数人受伤，处理伤病医疗费用和补偿金总计3万元，业主应给予赔偿。

（4）施工单位进场在使用的机械、设备受到损坏，造成损失8万元；由于现场停工造成台班费损失4.2万元，业主应负担赔偿和修复的经济责任；工人窝工费3.8万元，业主应予支付。

（5）因暴风雨造成现场停工8天，要求合同工期顺延8天。

（6）由于工程遭到破坏，清理现场需费用2.4万元，业主应予支付。

问题：监理工程师接到施工单位提交的索赔申请后，应进行哪些工作？如何处理施工单位提出的要求？

要点分析：要解决这些问题，监理工程师必须清楚索赔的处理程序和不可抗力发生的风险承担的原则。

（1）监理工程师接到索赔申请通知后应进行以下主要工作。

1）进行调查、取证。

2）审查索赔成立条件，确定索赔是否成立。

3）分清责任，认可合理索赔。

4）与施工单位协商，统一意见。

5）签发索赔报告，处理意见报业主核准。

（2）不可抗力风险承担责任的原则。

1）工程本身的损害由业主承担。

2）人员伤亡由其所属单位负责，并承担相应费用。

3）造成施工单位机械、设备的损坏及停工等损失，由施工单位承担。

4）所需清理、恢复工作的费用，由业主承担。

5）工期给予顺延。

（3）对于本案例，具体处理方法如下。

1）经济损失按上述原则由双方分别承担，工期延误应予以签证顺延。

2）因工程修复、重建的18万元工程款应由业主承担。

3）索赔不予认可，损失由施工单位承担。

4）索赔不予认可，由施工单位承担。

5）认可顺延合同工期8天。

6）清理现场费用，由业主承担。

【示例2】 某工程项目的一工业厂房于2018年3月15日开工，2018年11月15日竣工，验收合格后即投产使用。2021年2月，该厂房供热系统的供热管道部分出现漏水，业主进行了停产检修，经检查发现漏水的原因是原施工单位所用管材管壁太薄，与原设计文件要求不符。监理单位进一步查证，施工单位向监理工程师报验的材料与其在工程上实际使用的管材不符。如果全部更换厂房供热管道需工程费人民币 30 万元，同时造成该厂部分车间停产，损失人民币 20 万元。

业主就此事件提出如下要求：

(1) 要求施工单位全部返工更换厂房供热管道，并赔偿停产损失的 60%（计人民币 12 万元）。

(2) 要求监理公司对全部返工工程免费监理，并对停产损失承担连带赔偿责任，赔偿停产损失的 40%（计人民币 8 万元）。

施工单位对业主的要求答复如下：

该厂房供热系统已超过国家规定的保修期，不予保修，也不同意返工，更不同意赔偿停产损失。

监理单位对业主的要求答复如下：

监理工程师已对施工单位报验的管材进行了检查，符合质量标准，已履行了监理职责。施工单位擅自更换管材，由施工单位负责，监理单位不承担任何责任。

问题：

(1) 依据现行法律和法规，请指出业主的要求和施工单位、监理单位的答复中各有哪些错误，为什么？

(2) 简述施工单位和监理单位各应承担什么责任，为什么？

要点分析：

(1) 业主要求施工单位“赔偿停产损失的 60%（计人民币 12 万元）”是错误的，应由施工单位赔偿全部损失（计人民币 20 万元）。业主要求监理单位“承担连带赔偿责任”也是错误的，依据有关法规监理单位对因施工单位的责任引起的损失不应负连带赔偿责任。业主对监理单位“赔偿停产损失的 40%（计人民币 8 万元）”计算方法错误，按照委托监理合同示范文本的规定，监理单位赔偿总额累计不应超过监理报酬总额（扣除税金）。

施工单位“不予保修”的答复错误，因施工单位使用不合格的材料造成的工程质量不合格，不应有保修期限的规定而不承担责任。施工单位“不予返工”的答复错误，按现行法律规定，对不合格工程施工单位应予返工。“更不同意支付停产损失”的答复也是错误的，按现行法律法规规定，工程质量不合格造成的损失应由责任方赔偿。

监理单位答复“已履行了职责”不正确，在监理过程中监理工程师对施工单位使用的工程材料擅自更换的控制有失职。监理单位答复“不承担任何责任”也是错误的，监理单位应承担相应的监理失职责任。

(2) 依据现行法律、法规，施工单位应承担全部责任。因施工单位故意违约，造成工程质量不合格。依据现行法律、法规（如《建设工程质量管理条例》第六十七条），因监理单位未能及时发现管道施工过程中的质量问题，但监理单位未与施工单位故意串通、弄虚作假，也未将不合格材料按照合格材料签字，监理单位只承担失职责任。

【示例 3】　某房产公司开发一框架结构高层写字楼工程项目，在委托设计单位完成施工图设计后，通过招标方式选择监理单位和施工单位。

中标的施工单位在投标书中提出了桩基础工程、防水工程等的分包计划。在签订施工合同时业主考虑到过多分包可能会影响工期，只同意桩基础工程的分包，而施工单位坚持都应分包。

在施工过程中，房产公司根据预售客户的要求，对某楼层的使用功能进行调整（工程变更）。

在主体结构施工完成时，由于房产公司资金周转出现了问题，无法按施工合同及时支付施工单位的工程款。施工单位由于未得到房产公司的付款，从而也没有按分包合同规定的时间向分包单位付款。

由于该工程的钢筋混凝土工程比较多，项目监理部在总监理工程师的指导下，十分注重现场监理人员旁站监理工作的组织和实施，确保了工程质量和工期。

问题：

(1) 该房产公司应先选定监理单位还是先选定施工单位？为什么？

(2) 房产公司不同意桩基础工程以外其他分包的做法有理吗？为什么？

(3) 根据施工合同示范文本和监理规范，项目监理机构对房产公司提出的工程变更按什么程序处理？

(4) 施工单位由于未得到房产公司的付款，从而也没有按分包合同规定的时间向分包单位付款。妥当吗？为什么？

(5) 旁站监理人员的主要职责有哪些？

要点分析：

(1) 房产公司应先选定监理单位。

1) 先选定监理单位，可以协助业主进行招标，有利于优选出最佳的施工单位。

2) 根据《建设工程委托监理合同（示范文本）》和有关规定引申出应先选定监理单位。

(2) 无理。因为招标书是要约，房产公司合法地向施工单位发出的中标通知书即为承诺，房产公司应根据招标书和中标通知书为依据签订施工合同。

(3) 根据《建设工程施工合同（示范文本）》，应在工程变更前14天以书面形式向施工单位发出变更的通知。根据《建设工程监理规范》，项目监理机构应按下列程序处理工程变更：

1) 建设单位应将拟提出的工程变更提交总监理工程师，由总监理工程师组织专业监理工程师审查，审查同意后由建设单位转交原设计单位编制设计变更文件；当工程变更涉及安全、环保等内容时，应按规定经有关部门审定。

2) 项目监理机构应了解实际情况和收集与工程变更有关的资料。

3) 总监理工程师根据实际情况、设计变更文件和有关资料，按照施工合同的有关条款，在指定专业监理工程师完成一些具体工作后，对工程变更的费用和工期作出评估。

4) 总监理工程师就工程变更的费用和工期与承包单位和建设单位进行协调。

5) 总监理工程师签发工程变更单。

6) 项目监理机构应根据工程变更单监督承包单位实施。

(4) 不妥。因为建设单位根据施工合同与施工单位进行结算，分包单位根据分包合同与施工单位进行结算，两者在付款上没有前因后果关系，施工单位未得到房产公司的付款不能成为不向分包单位付款的理由。

(5) 旁站监理人员的主要职责包括以下几方面。

1) 检查施工企业现场质检人员到岗、特殊工种人员持证上岗以及施工机械、建筑材料准备情况。

2) 在现场跟班监督关键部位、关键工序的施工执行施工方案以及工程建设强制性标准情况。

3) 检查进场建筑材料、建筑构配件、设备和商品混凝土的质量检验报告等，并可在现场监督施工企业进行检验或者委托具有资格的第三方进行复验。

4) 做好旁站监理记录和监理日记，保存旁站监理原始资料。

本 章 小 结

本章要求掌握建筑工程项目施工合同管理的基本要求、基本方法；理解建设工程合同的内容、合同订立、执行、解除等的基本要求；了解《民法典》有关建设工程的基本条款、了解风险与保险的基本知识。

合同依法成立后，当事人应当按照合同的规定，全面履行自己的义务。由于种种原因，合同当事人之间对享有权利和承担义务而产生分歧，是不可能完全避免的，当事人可以通过和解或者调解解决合同争议，当事人不愿和解、调解或者和解、调解不成的，可以根据仲裁协议向仲裁机构申请仲裁，当事人没有订立仲裁协议或者仲裁协议无效的，可以向人民法院起诉。

FIDIC《施工合同条件》程序公开，机会均等，对任何人不持偏见，对业主和承包商双方的权利和义务作出了严格明确的规定，风险分担公平合理；对监理工程师的职权做出了明确规定，强调建立以监理工程师为核心的项目管理模式，监理工程师履行合同中赋予他的职责，行使合同中明确规定的或必然隐含的赋予他的权力。建设工程施工合同的标的是各类建筑产品，建造过程中往往受到自然条件、地质水文条件、社会条件、人为条件等因素的影响，因此施工合同影响因素多，履行期限长，标的数额大，涉及的法律关系多且内容复杂，包括安全施工、专利技术使用、发现地下障碍和文物、工程分包、不可抗力、工程设计变更、材料设备的供应、运输、验收等内容。为了避免施工合同的编制者遗漏某些方面的重要条款和条款约定责任不公平，国家住房与城乡建设部、国家工商行政管理总局制定了《建设工程施工合同（示范文本）》（GF—2013—0201），由合同协议书、通用合同条款和专用合同条款三部分组成，并附有 11 个附件。建设工程委托监理合同是指建设单位聘请监理单位对工程项目进行管理，明确双方权利、义务的协议，主要内容包括：委托工作的范围；对监理工作的要求；委托人的权利；委托人的义务；监理人的权利；监理人的义务；委托人的责任；监理人的责任；监理报酬和争议的解决。

建设工程施工合同管理包括工程延期与工程延误的处理，工程暂停及复工的处理，工程变更的管理，对发包人的违约管理，对承包人的违约管理，对工程索赔的处理，监理工程师如何预防和减少索赔，仲裁的原则，仲裁的执行，合同争议的调解，合同的解除等。

工程实施过程中，由于自然、社会条件复杂多变，影响因素众多，所以人们面临许多风险，风险一旦发生，就会导致成本增加或工期延误，造成承担风险一方的经济损失。工程保险实质上是一种风险转移，即业主和承包人通过投保，将原应承担的风险责任转移给保险公司承担。

复 习 思 考 题

(1) 什么是合同？合同一般具有哪些特点？
(2) 订立合同应遵循哪些基本原则？
(3) 简述合同的主体、客体和内容的概念。
(4) 合同条款主要应包括哪些内容？
(5) 简述合同形式的概念。
(6) 合同成立的条件是什么？
(7) 什么叫要约？要约的构成要件有哪些？
(8) 简述要约的撤回和撤销的概念。
(9) 简述要约失效的概念。
(10) 什么叫承诺？承诺的构成要件有哪些？承诺的生效时间如何确定？
(11) 简述承诺撤回的概念。
(12) 什么叫格式条款合同？格式条款合同有哪些特征？
(13) 格式条款争议的处理原则是什么？
(14) 简述合同生效的概念。合同生效应具备哪些条件？
(15) 什么是无效合同？如何判定合同无效？
(16) 简述可变更、可撤销合同的概念。
(17) 简述合同履行的概念和履行的原则。
(18) 简述合同履行中的抗辩权。
(19) 简述合同履行中债权人的代位权和撤销权。
(20) 简述合同解除的概念。
(21) 简述合同的约定解除和法定解除。
(22) 简述违约责任的概念和违约责任的承担方式。
(23) 合同争议的解决方式有哪几种？
(24) FIDIC《施工合同条件》由哪几部分内容组成？
(25) 建设工程施工合同一般包括哪些内容？
(26) 建设工程监理合同一般包括哪些内容？
(27)《建设工程施工合同（示范文本）》由哪几部分组成？
(28)《建设工程监理合同（示范文本）》由哪几部分组成？
(29) 简述工程延期与工程延误的概念。
(30) 简述监理工程师对工程延期和工程延误的处理。
(31) 简述监理工程师对工程暂停及复工的处理。

(32) 监理工程师如何处理设计变更?
(33) 工程变更价款如何确定?
(34) 简述监理工程师对承包人的违约管理。
(35) 简述索赔的概念和特征。
(36) 简述监理工程师处理索赔的原则、工程索赔的程序。
(37) 什么是合同争议?
(38) 什么是合同争议的和解、调解、仲裁和诉讼?
(39) 简述仲裁的原则。
(40) 什么情况下可申请撤销仲裁裁决?
(41) 可以解除合同的情形有哪些?
(42) 简述工程风险的概念和种类。
(43) 工程施工中业主的风险有哪些? 承包人的风险有哪些?
(44) 简述工程保险的概念和种类。
(45) 简述工程一切险的承保范围。
(46) 什么是第三方责任保险?

第7章 监理信息管理、资料管理与组织协调工作

7.1 项目监理机构的信息管理

7.1.1 信息管理有关基本概念

7.1.1.1 数据

数据是客观实体属性的反映，是一组表示数量、行为和目标，可以记录下来加以鉴别的符号。

数据，首先是客观实体属性的反映，客观实体通过各个角度的属性的描述，反映与其他实体的区别。如在反映某个建筑工程质量时，我们通过对设计、施工单位资质人员、施工设备、使用的材料、构配件、施工方法、工程地质、天气、水文等各个角度的数据搜集汇总起来，就很好地反映了该工程的总体质量。这里，各个角度的数据，即是建筑工程这个实体的各种属性的反映。

数据有多种形态，这里所提到的数据是广义的数据概念，包括文字、数值、语言、图表、图形、颜色等多种形态。现有计算机对此类数据都可以加以处理，如施工图纸、管理人员发出的指令、施工进度的网络图、管理的直方图、月报表等都是数据。

7.1.1.2 信息

信息和数据是不可分割的。信息来源于数据，又高于数据，信息是数据的灵魂，数据是信息的载体。对信息有不同的定义，从辩证唯物主义的角度出发，可以给信息如下的定义：

信息是对数据的解释，反映了事物（事件）的客观规律，为使用者提供决策和管理所需要的依据。

我们使用信息的目的是为决策和管理服务。信息是决策和管理的基础，决策和管理依赖信息，正确的信息才能保证决策的正确，不正确的信息则会造成决策的失误，管理则更离不开信息。传统的管理是定性分析，现代的管理则是定量管理，定量管理离不开系统信息的支持。

1. 信息的时态

信息有三个时态：信息的过去时是知识，现代时是数据，将来时是情报。

（1）信息的过去时是知识。知识是前人经验的总结，是人类对自然界规律的认识和掌握，是一种系统化的信息。

（2）信息的现在时是数据。数据是人类生产实践中不断产生信息的载体，我们要用动态的眼光来看待数据，把握住数据的动态节奏，就掌握了信息的变化。

（3）信息的将来时是情报。情报代表信息的趋势和前沿，情报往往要用特定的手段获取，有特定的使用范围、特定的目的、特定的时间、特定的传递方式，带有特定的机密性。

2. 信息的特点

信息具有的特点有真实性、系统性、时效性、不完全性和层次性。

7.1.1.3 信息管理

信息管理是指信息的收集、整理、处理、存储、传递与应用等一系列工作的总称。项目监理机构的信息管理工作一般包括以下工作。

1. 建立信息的编码系统

编码是指设计代码，而代码指的是代表事物名称、属性和状态的符号与数字。使用代码既可以为事物提供一个精炼而不含混的记号，又可以提高数据处理的效率。

2. 明确信息流程

信息流程反映了工程项目建设中各参加部门、各单位间的关系。为了保证监理工作顺利进行，必须使监理信息在工程项目管理的各级各部门之间、内部组织与外部环境之间流动，称为“信息流”。在监理工作中一般有3种信息流。

(1) 项目监理机构各级之间的纵向信息流。主要是指从总监理工程师、总监办公室、子项目监理组或职能部门、专项监理组及至监理员等各上下级之间的信息流。

(2) 项目监理机构各级之间的横向信息流。主要是指从子项目监理组或职能部门、专项监理组及至监理员等各同级之间的信息流。

(3) 项目监理机构内部组织与建设工程各参建单位之间的信息流。主要是指从项目监理机构、建设单位、施工单位、设计单位、各设备材料供应商之间的信息流。

3种信息流都应有明晰的流线，并保证畅通。

3. 监理信息的收集

信息管理工作的质量好坏，很大程度上取决于原始资料的全面性和可靠性。因此，建立一套完善的信息采集制度是极其必要的。信息的收集工作必须把握信息来源，做到收集及时、准确。

4. 监理信息的处理

信息处理一般包括收集、加工、传输、存储、检索和输出六项内容。

(1) 收集。是指对原始信息的收集，是很重要的基础工作。

(2) 加工。是信息处理的基本内容，其目的是通过加工为监理工程师提供有用的信息。

(3) 传输。是指信息借助于一定的载体在监理工作的各参加部门、各单位之间的传输。通过传输，形成各种信息流，畅通的信息流是监理工作顺利进行的重要保证。

(4) 存储。是指对处理后的信息的分类保存。

(5) 检索。监理工作中既然存储了大量的信息，为了查找方便，就需要拟定一套科学的、迅速查找的方法和手段，这就称之为信息的检索。

(6) 输出。是指将信息按照需要编印成各类报表和文件，以供监理人员在监理工作中使用。

7.1.2 建设工程项目管理中的信息

7.1.2.1 建设工程项目信息的形式

由于建设工程信息管理工作涉及多部门、多环节、多专业、多渠道，工程信息量大，来源广泛，形式多样，主要信息形态有下列形式：文字图形信息、语言信息和新技术信息。

7.1.2.2 建设工程项目信息的分类原则和方法

信息分类是指：在一个信息管理系统中，将各种信息按一定的原则和方法进行区分和归类，并建立起一定的分类系统和排列顺序，以便管理和使用信息。

1. 信息分类的原则

对建设项目的信息进行分类必须遵循以下基本原则：稳定性、兼容性、可扩展性、逻辑性原则、综合实用性。

2. 项目信息分类基本方法

根据国际上的发展和研究，建设工程项目信息分类有两种基本方法：

(1) 线分类法又名层级分类法或树状结构分类法。它是将分类对象按所选定的若干属性或特征（作为分类的划分基础）逐次地分成相应的若干个层级目录，并排列成一个有层次的、逐级展开的树状信息分类体系。

(2) 面分类法是将所选定的分类对象的若干个属性或特征视为若干个“面”，每个“面”中又可以分成许多彼此独立的若干个类目。

7.1.2.3 建设工程项目信息的分类

建设工程项目监理过程中，涉及大量的信息，这些信息依据不同标准可划分如下。

1. 按照建设工程的目标划分

(1) 投资控制信息是指与投资控制直接有关的信息。

(2) 质量控制信息指建设工程项目质量有关的信息。

(3) 进度控制信息指与进度相关的信息。

(4) 合同管理信息指建设工程相关的各种合同信息。

2. 按照建设工程项目信息的来源划分

(1) 项目内部信息，指建设工程项目各个阶段、各个环节、各有关单位发生的信息总体。

(2) 项目外部信息，来自项目外部环境的信息称为外部信息。

3. 按照信息的稳定程度划分

(1) 固定信息，指在一定时间内相对稳定不变的信息。

(2) 流动信息，指在不断变化的动态信息。

4. 按照信息的层次划分

(1) 战略性信息，指该项目建设过程中的战略决策所需的信息、投资总额、建设总工期、承包商的选定、合同价的确定等信息。

(2) 管理型信息，指项目年度进度计划、财务计划等。

(3) 业务性信息，指各业务部门的日常信息，较具体，精度较高。

5. 按照信息的性质划分

将建设项目信息按项目管理功能划分为：组织类信息、管理类信息、经济类信息和技术类信息四大类。

6. 按其他标准划分

(1) 按照信息范围的不同，可以把建设工程项目信息分为精细的信息和摘要的信息两类。

（2）按照信息时间的不同，可以把建设工程项目信息分为历史性信息、即时信息和预测性信息三大类。

（3）按照监理阶段的不同，可以把建设工程项目信息分为计划的、作业的、核算的报告的信息。

（4）按照对信息的期待性不同，可以把建设工程项目信息分为预知的和突发的信息两类。

7.1.3　建设工程信息管理流程

建设工程的参建各方对数据和信息的收集是不同的，有不同的来源、不同的角度、不同的处理方法，但要求各方相同的数据和信息应该规范。

建设工程参建各方在不同的时期对数据和信息收集也是不同的，侧重点有不同，但也要规范信息行为。

从监理的角度，建设工程的信息收集由于介入阶段不同，决定了收集不同的内容。监理单位介入的阶段有：项目决策阶段、项目设计阶段、项目施工招投标阶段、项目施工阶段等多个阶段。各个不同阶段，与建设单位签订的监理合同内容也不尽相同，因此收集信息要根据具体情况决定。

7.1.3.1　项目决策阶段的信息收集

在项目决策阶段，信息收集从以下几方面进行：

（1）项目相关市场方面的信息。如产品预计进入市场后的市场占有率、社会需求量、预计产品价格变化趋势、影响市场渗透的因素、产品的生命周期等。

（2）项目资源相关方面的信息。如资金筹措渠道、方式，原辅料、矿藏来源，劳力，水、电、气供应等。

（3）自然环境相关方面的信息。如城市交通、运输、气象、地质、水文、地形地貌、废料处理可能性等。

（4）新技术、新设备、新工艺、新材料，专业配套能力方面的信息。

（5）政治环境，社会治安状况，当地法律、政策、教育的信息。

7.1.3.2　设计阶段的信息收集

监理单位在设计阶段的信息收集要从以下几个方面进行。

（1）可行性研究报告，前期相关文件资料，存在的疑点和建设单位的意图，建设单位前期准备和项目审批完成的情况。

（2）同类工程相关信息：建筑规模，结构形式，造价构成，工艺、设备的选型，地质处理方式及实际效果，建设工期，采用新材料、新工艺、新设备、新技术的实际效果及存在问题，技术经济指标。

（3）拟建工程所在地相关信息：地质、水文情况，地形地貌、地下埋设和人防设施情况；城市拆迁政策和拆迁户数，青苗补偿，周围环境（水电气、道路等的接入点，周围建设、交通、学校、医院、商业、绿化、消防、排污）。

（4）勘察、测量、设计单位相关信息：同类工程完成情况，实际效果，完成该工程的能力，人员构成，设备投入，质量管理体系完善情况，创新能力，收费情况，施工期技术服务主动性和处理发生问题的能力，设计深度和技术文件质量，专业配套能力，设计概算和施工图预算编制能力，合同履约情况，采用设计新技术、新设备能力等。

(5) 工程所在地政府相关信息：国家和地方政策、法律、法规、规范规程、环保政策、政府服务情况和限制等。

(6) 设计中的设计进度计划，设计质量保证体系，设计合同执行情况，偏差产生的原因，纠偏措施，专业间设计交接情况，执行规范、规程、技术标准，特别是强制性规范执行的情况，设计概算和施工图预算结果，了解超限额的原因，了解各设计工序对投资的控制等。

7.1.3.3 施工招投标阶段的信息收集

施工招投标阶段信息收集从以下几方面进行：

(1) 工程地质、水文地质勘察报告，施工图设计及施工图预算、设计概算，设计、地质勘察、测绘的审批报告等方面的信息，特别是该建设工程有别于其他同类工程的技术要求、材料、设备、工艺、质量要求有关信息。

(2) 建设单位建设前期报审文件：立项文件，建设用地、征地、拆迁文件。

(3) 工程造价的市场变化规律及所在地区的材料、构件、设备、劳动力差异。

(4) 当地施工单位管理水平，质量保证体系、施工质量、设备、机具能力。

(5) 该工程适用的规范、规程、标准，特别是强制性规范。

(6) 所在地关于招投标有关法规、规定，国际招标、国际贷款指定适用的范本，该工程适用的建筑施工合同范本及特殊条款。

(7) 所在地招投标代理机构能力、特点，所在地招投标管理机构及管理程序。

(8) 该建设工程采用的新技术、新设备、新材料、新工艺，投标单位对“四新”的处理能力和了解程度、经验、措施。

7.1.3.4 施工阶段的信息收集

施工阶段的信息收集，可从施工准备期、施工实施期、竣工保修期3个子阶段分别进行。

1. 施工准备期

施工准备期指从建设工程合同签订到项目开工这个阶段，在施工招投标阶段监理未介入时，该阶段是施工阶段监理信息收集的关键阶段，监理工程师应该从如下几点入手收集信息。

(1) 监理大纲；施工图设计及施工图预算，特别要掌握结构特点，掌握工程难点、特点，掌握工业工程的工艺流程特点、设备特点，了解工程预算体系（按单位工程、分部工程、分项工程分解）；了解施工合同。

(2) 施工单位项目经理部组成，进场人员资质；进场设备的规格型号、保修记录；施工场地的准备情况；施工单位质量保证体系及施工单位的施工组织设计，特殊工程的技术方案，施工进度网络计划图表；进场材料、构件管理制度；安全保安措施；数据和信息管理制度；检测和检验、试验程序和设备；承包单位和分包单位的资质等施工单位信息。

(3) 建设工程场地的地质、水文、测量、气象数据；地上、地下管线，地下洞室，地上原有建筑物及周围建筑物、树木、道路；建筑红线，标高、坐标；水、电、气管道的引入标志；地质勘察报告、地形测量图及标桩等环境信息。

(4) 施工图的会审和交底记录；开工前的监理交底记录；对施工单位提交的施工组织设计按照项目监理部要求进行修改的情况；施工单位提交的开工报告及实际准备情况。

(5) 该工程需遵循的相关建筑法律、法规和规范、规程，有关质量检验、控制的技术法规和质量验收标准。

2. 施工实施期

施工实施期，信息来源相对比较稳定，主要是施工过程中随时产生的数据，由施工单位层层收集上来，比较单纯，容易实现规范化。

施工实施期收集的信息应该分类并由专门的部门或专人分级管理，项目监理部可从下列几个方面收集信息。

(1) 施工单位人员、设备、水、电、气等能源的动态信息。

(2) 施工期气象的中长期趋势及同期历史数据，每天不同时段动态信息，特别在气候对施工质量影响较大的情况下，更要加强收集气象数据。

(3) 建筑原材料、半成品、成品、构配件等工程物资的进场、加工、保管、使用等信息。

(4) 项目经理部管理程序；质量、进度、投资的事前、事中、事后控制措施；数据采集来源及采集、处理、存储、传递方式；工序间交接制度；事故处理制度；施工组织设计及技术方案执行的情况；工地文明施工及安全措施等。

(5) 施工中需要执行的国家和地方规范、规程、标准；施工合同执行情况。

(6) 施工中发生的工程数据，如地基验槽及处理记录，工序间交接记录，隐蔽工程检查记录等。

(7) 建筑材料必试项目有关信息：如水泥、砖、砂石、钢筋、外加剂、混凝土、防水材料、回填土、饰面板、玻璃幕墙等。

(8) 设备安装的试运行和测试项目有关信息：如电气接地电阻、绝缘电阻测试，管道通水通气、通风试验，电梯施工试验，消防报警、自动喷淋系统联动试验等。

(9) 施工索赔相关信息：索赔程序，索赔依据，索赔证据，索赔处理意见等。

3. 竣工保修期

该阶段要收集的信息包括以下几方面。

(1) 工程准备阶段文件，如立项文件，建设用地、征地、拆迁文件，开工审批文件等。

(2) 监理文件，如监理规划、监理实施细则、有关质量问题和质量事故的相关记录、监理工作总结以及监理过程中各种控制和审批文件等。

(3) 施工资料，分为建筑安装工程和市政基础设施工程两大类分别收集。

(4) 竣工图，分建筑安装工程和市政基础设施工程两大类分别收集。

(5) 竣工验收资料，如工程竣工总结、竣工验收备案表、电子档案等。

在竣工保修期，监理单位按照现行《建设工程文件归档整理规范》(GB/T 50328—2014) 收集监理文件并协助建设单位督促施工单位完善全部资料的收集、汇总和归类整理。

7.2　项目监理机构的资料管理

7.2.1　建设工程文件档案资料概念与特征

7.2.1.1　建设工程文件概念

建设工程文件指在工程建设过程中形成的各种形式的信息记录，包括工程准备阶段文件、监理文件、施工文件、竣工图和竣工验收文件，也可简称为工程文件。

（1）工程准备阶段文件。工程开工以前，在立项、审批、征地、勘察、设计、招投标等工程准备阶段形成的文件。

（2）监理文件。监理单位在工程设计、施工等阶段监理过程中形成的文件。

（3）施工文件。施工单位在工程施工过程中形成的文件。

（4）竣工图。工程竣工验收后，真实反映建设工程项目施工结果的图样。

（5）竣工验收文件。建设工程项目竣工验收活动中形成的文件。

7.2.1.2 建设工程档案概念

建设工程档案指在工程建设活动中直接形成的具有归档保存价值的文字、图表、声像等各种形式的历史记录，也可简称工程档案。

7.2.1.3 建设工程文件档案资料

建设工程文件和档案组成建设工程文件档案资料。

7.2.1.4 建设工程文件档案资料载体

（1）纸质载体。以纸张为基础的载体形式。

（2）缩微品载体。以胶片为基础，利用缩微技术对工程资料进行保存的载体形式。

（3）光盘载体。以光盘为基础，利用计算机技术对工程资料进行存储的形式。

（4）磁性载体。以磁性记录材料（磁带、磁盘等）为基础，对工程资料的电子文件、声音、图像进行存储的方式。

7.2.1.5 建设工程文件档案资料特征

建设工程文件和档案资料有以下方面的特征：分散性和复杂性、继承性和时效性、全面性和真实性、随机性、多专业性和综合性。

7.2.1.6 工程文件归档范围

（1）对与工程建设有关的重要活动，记载工程建设主要过程和现状、具有保存价值的各种载体的文件，均应收集齐全，整理立卷后归档。

（2）工程文件的具体归档范围按照现行《建设工程文件归档整理规范》（GB/T 50328—2019）中“建设工程文件归档范围和保管期限表”共五大类执行。

7.2.2 建设工程文件档案资料管理职责

建设工程档案资料的管理涉及建设单位、监理单位、施工单位等以及地方城建档案管理部门。对于一个建设工程而言，归档有三方面含义。

（1）建设、勘察、设计、施工、监理等单位将本单位在工程建设过程中形成的文件向本单位档案管理机构移交。

（2）勘察、设计、施工、监理等单位将本单位在工程建设过程中形成的文件向建设单位档案管理机构移交。

（3）建设单位按照现行《建设工程文件归档整理规范》（GB/T 50328—2019）要求将汇总的该建设工程文件档案向地方城建档案管理部门移交。

7.2.2.1 通用职责

（1）工程各参建单位填写的建设工程档案应以施工及验收规范、工程合同、设计文件、工程施工质量验收统一标准等为依据。

（2）工程档案资料应随工程进度及时收集、整理，并应按专业归类，认真书写，字迹清楚，项目齐全、准确、真实，无未了事项。表格应采用统一表格，特殊要求需增加的表格应统一归类。

（3）工程档案资料进行分级管理，建设工程项目各单位技术负责人负责本单位工程档案资料的全过程组织工作并负责审核，各相关单位档案管理员负责工程档案资料的收集、整理工作。

（4）对工程档案资料进行涂改、伪造、随意抽撤或损毁、丢失等，应按有关规定予以处罚，情节严重的，应依法追究法律责任。

7.2.2.2　建设单位职责

（1）在工程招标及与勘察、设计、监理、施工等单位签订协议、合同时，应对工程文件的套数、费用、质量、移交时间等提出明确要求。

（2）收集和整理工程准备阶段、竣工验收阶段形成的文件，并应进行立卷归档。

（3）负责组织、监督和检查勘察、设计、施工、监理等单位的工程文件的形成、积累和立卷归档工作。也可委托监理单位监督、检查工程文件的形成、积累和立卷归档工作。

（4）收集和汇总勘察、设计、施工、监理等单位立卷归档的工程档案。

（5）在组织工程竣工验收前，应提请当地城建档案管理部门对工程档案进行预验收；未取得工程档案验收认可文件，不得组织工程竣工验收。

（6）对列入当地城建档案管理部门接收范围的工程，工程竣工验收 3 个月内，向当地城建档案管理部门移交一套符合规定的工程文件。

（7）必须向参与工程建设的勘察设计、施工、监理等单位提供与建设工程有关的原始资料，原始资料必须真实、准确、齐全。

（8）可委托承包单位、监理单位组织工程档案的编制工作；负责组织竣工图的绘制工作，也可委托承包单位、监理单位、设计单位完成，收费标准按照所在地相关文件执行。

7.2.2.3　监理单位职责

（1）应设专人负责监理资料的收集、整理和归档工作，在项目监理部，监理资料的管理应由总监理工程师负责，并指定专人具体实施，监理资料应在各阶段监理工作结束后及时整理归档。

（2）监理资料必须及时整理、真实完整、分类有序。在设计阶段，对勘察、测绘、设计单位的工程文件的形成、积累和立卷归档进行监督、检查；在施工阶段，对施工单位的工程文件的形成、积累、立卷归档进行监督、检查。

（3）可以按照委托监理合同的约定，接受建设单位的委托，监督、检查工程文件的形成积累和立卷归档工作。

（4）编制的监理文件的套数、提交内容，提交时间，应按照现行《建设工程文件归档整理规范》（GB/T 50328—2019）和各地城建档案管理部门的要求，编制移交清单，双方签字、盖章后，及时移交建设单位，由建设单位收集和汇总。监理公司档案部门需要的监理档案，按照《建设工程监理规范》（GB/T 50319—2013）的要求，及时由项目监理部提供。

7.2.2.4 施工单位职责

(1) 实行技术负责人负责制，逐级建立、健全施工文件管理岗位责任制，配备专职档案管理员，负责施工资料的管理工作。工程项目的施工文件应设专门的部门（专人）负责收集和整理。

(2) 建设工程实行总承包的，总承包单位负责收集、汇总各分包单位形成的工程档案，各分包单位应将本单位形成的工程文件整理、立卷后及时移交总承包单位。建设工程项目由几个单位承包的，各承包单位负责收集、整理、立卷其承包项目的工程文件，并应及时向建设单位移交，各承包单位应保证归档文件的完整、准确、系统，能够全面反映工程建设活动的全过程。

(3) 可以按照施工合同的约定，接受建设单位的委托进行工程档案的组织、编制工作。

(4) 按要求在竣工前将施工文件整理汇总完毕，再移交建设单位进行工程竣工验收。

(5) 负责编制的施工文件的套数不得少于地方城建档案管理部门要求，但应有完整施工文件移交建设单位及自行保存，保存期可根据工程性质以及地方城建档案管理部门有关要求确定。如建设单位对施工文件的编制套数有特殊要求的，可另行约定。

7.2.2.5 地方城建档案管理部门职责

(1) 负责接收和保管所辖范围应当永久和长期保存的工程档案和有关资料。

(2) 负责对城建档案工作进行业务指导，监督和检查有关城建档案法规的实施。

(3) 列入向本部门报送工程档案范围的工程项目，其竣工验收应有本部门参加并负责对移交的工程档案进行验收。

7.2.3 建设工程档案编制质量要求与组卷方法

对建设工程档案编制质量要求与组卷方法，应该按照建设部和国家质量检验检疫总局于 2002 年 1 月 10 日联合发布，2002 年 5 月 1 日实施的《建设工程文件归档整理规范》(GB/T 50328—2019) 国家标准，此外，尚应执行《科学技术档案案卷构成的一般要求》(GB/T 11822—2008)《技术制图　复制图的折叠方法》(GB 10609.3—2009)《城市建设档案卷质量规定》(建办〔1995〕697 号) 等规范或文件的规定及各省（自治区、直辖市）地方相应的地方规范执行。

7.2.3.1 归档文件的质量要求

(1) 归档的工程文件一般应为原件。

(2) 工程文件的内容及其深度必须符合国家有关工程勘察、设计、施工、监理等方面的技术规范、标准和规程。

(3) 工程文件的内容必须真实、准确，与工程实际相符合。

(4) 工程文件应采用耐久性强的书写材料，如碳素墨水、蓝黑墨水，不得使用易褪色的书写材料，如红色墨水、纯蓝墨水、圆珠笔、复写纸、铅笔等。

(5) 工程文件应字迹清楚，图样清晰，图表整洁，签字盖章手续完备。

(6) 工程文件中文字材料幅画尺寸规格宜为 A4 幅面 (297mm×210mm)。图纸宜采用国家标准图幅。

(7) 工程文件的纸张应采用能够长期保存的韧力大、耐久性强的纸张。图纸一般采用蓝晒图，竣工图应是新蓝图。计算机出图必须清晰，不得使用计算机所出图纸的复印件。

(8) 所有竣工图均应加盖竣工图章。

(9) 利用施工图改绘竣工图，必须标明变更修改依据；凡施工图结构、工艺、平面布置等有重大改变，或变更部分超过图面1/3的，应当重新绘制竣工图。

(10) 不同幅面的工程图纸应按《技术制图　复制图的折叠方法》(GB 10609.3—89)统一折叠成A4幅画，图标栏露在外面。

(11) 工程档案资料的缩微制品，必须按国家缩微标准进行制作，主要技术指标（解像力、密度、海波残留量等）要符合国家标准，保证质量，以适应长期安全保管。

(12) 工程档案资料的照片（含底片）及声像档案，要求图像清晰，声音清楚，文字说明或内容准确。

(13) 工程文件应采用打印的形式并使用档案规定用笔，手工签字，在不能够使用原件时，应在复印件或抄件上加盖公章并注明原件保存处。

7.2.3.2 归档工程文件的组卷要求

1. 立卷的原则和方法

(1) 立卷应遵循工程文件的自然形成规律，保持卷内文件的有机联系，便于档案的保管和利用。

(2) 一个建设工程由多个单位工程组成时，工程文件应按单位工程组卷。

(3) 立卷采用如下方法：

1) 工程文件可按建设程序划分为工程准备阶段的文件、监理文件、施工文件、竣工图、竣工验收文件五部分。

2) 工程准备阶段文件可按单位工程、分部工程、专业、形成单位等组卷。

3) 监理文件可按单位工程、分部工程、专业、阶段等组卷。

4) 施工文件可按单位工程、分部工程、专业、阶段等组卷。

5) 竣工图可按单位工程、专业等组卷。

6) 竣工验收文件可按单位工程、专业等组卷。

(4) 立卷过程中宜遵循下列要求：

1) 案卷不宜过厚，一般不超过40mm。

2) 案卷内不应有重份文件，不同载体的文件一般应分别组卷。

2. 卷内文件的排列

(1) 文字材料按事项、专业顺序排列。同一事项的请示与批复、同一文件的印本与定稿、主件与附件不能分开，并按批复在前、请示在后，印本在前、定稿在后，主件在前、附件在后的顺序排列。

(2) 图纸按专业排列，同专业图纸按图号顺序排列。

(3) 既有文字材料又有图纸的案卷，文字材料排前，图纸排后。

3. 案卷的编目

(1) 编制卷内文件页号应符合下列规定。

1) 卷内文件均按有书写内容的页面编号。每卷单独编号，页号从“1”开始。

2) 页号编写位置：单页书写的文字在右下角；双面书写的文件，正面在右下角，背面在左下角。折叠后的图纸一律在右下角。

3）成套图纸或印刷成册的科技文件材料，自成一卷的，原目录可代替卷内目录，不必重新编写页码。

4）案卷封面、卷内目录、卷内备考表不编写页号。

（2）卷内目录的编制应符合下列规定。

1）卷内目录式样宜符合现行《建设工程文件归档整理规范》（GB/T 50328—2001）中附录B的要求。

2）序号：以一份文件为单位，用阿拉伯数字从“1”依次标注。

3）责任者：填写文件的直接形成单位和个人。有多个责任者时，选择两个主要责任者，其余用“等”代替。

4）文件编号：填写工程文件原有的文号或图号。

5）文件题名：填写文件标题的全称。

6）日期：填写文件形成的日期。

7）页次：填写文件在卷内所排列的起始页号。最后一份文件填写起止页号。

8）卷内目录排列在卷内文件之前。

（3）卷内备考表的编制应符合下列规定。

1）卷内备考表的式样宜符合现行《建设工程文件归档整理规范》（GB/T 50328—2001）中附录C的要求。

2）卷内备考表主要标明卷内文件的总页数、各类文件数（照片张数），以及立卷单位对案卷情况的说明。

3）卷内备考表排列在卷内文件的尾页之后。

（4）案卷封面的编制应符合下列规定。

1）案卷封面印刷在卷盒、卷夹的正表面，也可采用内封面形式。案卷封面的式样宜符合现行《建设工程文件归档整理规范》（GB/T 50328—2001）中附录D的要求。

2）案卷封面的内容应包括：档号、档案馆代号、案卷题名、编制单位、起止日期密级、保管期限、共几卷、第几卷。

3）档号应由分类号、项目号和案卷号组成。档号由档案保管单位填写。

4）档案馆代号应填写国家给定的本档案馆的编号。档案馆代号由档案馆填写。

5）案卷题名应简明、准确地揭示卷内文件的内容。案卷题名应包括工程名称、专业名称、卷内文件的内容。

6）编制单位应填写案卷内文件的形成单位或主要责任者。

7）起止日期应填写案卷内全部文件形成的起止日期。

8）保管期限分为永久、长期、短期3种期限。各类文件的保管期限见现行《建设工程文件归档整理规范》（GB/T 50328—2001）中附录A的要求。永久是指工程档案需永久保存。长期是指工程档案的保存期等于该工程的使用寿命。短期是指工程档案保存20年以下。同一案卷内有不同保管期限的文件，该案卷保管期限应从长。

9）工程档案套数一般不少于两套，一套由建设单位保管，另一套原件要求移交当地城建档案管理部门保存，接受范围规范规定可以各城市根据本地情况适当拓宽和缩减，具体可向建设工程所在地城建档案管理部门询问。

10）密级分为绝密、机密、秘密 3 种。同一案卷内有不同密级的文件，应以高密级为该卷密级。

（5）卷内目录、卷内备考表、卷内封面应采用 70g 以上白色书写纸制作，幅画统一采用 A4 幅画。

7.2.4　建设工程档案验收与移交

1. 验收

（1）列入城建档案管理部门档案接收范围的工程，建设单位在组织工程竣工验收前，应提请城建档案管理部门对工程档案进行预验收。建设单位未取得城建档案管理部门出具的认可文件，不得组织工程竣工验收。

（2）城建档案管理部门在进行工程档案预验收时，应重点验收以下内容。

1）工程档案分类齐全、系统完整。

2）工程档案的内容真实、准确地反映工程建设活动和工程实际状况。

3）工程档案已整理立卷，立卷符合现行《建设工程文件归档整理规范》（GB/T 50328—2001）的规定。

4）竣工图绘制方法、图式及规格等符合专业技术要求，图面整洁，盖有竣工图章。

5）文件的形成、来源符合实际，要求单位或个人签章的文件，其签章手续完备。

6）文件材质、幅面、书写、绘图、用墨、托裱等符合要求。

工程档案由建设单位进行验收，属于向地方城建档案管理部门报送工程档案的工程项目还应会同地方城建档案管理部门共同验收。

（3）国家、省（自治区、直辖市）重点工程项目或一些特大型、大型的工程项目的预验收和验收，必须有地方城建档案管理部门参加。

（4）为确保工程档案的质量，各编制单位、地方城建档案管理部门、建设行政管理部门等要对工程档案进行严格检查、验收。编制单位、制图人、审核人、技术负责人必须进行签字或盖章。对不符合技术要求的，一律退回编制单位进行改正、补齐，问题严重者可令其重做。不符合要求者，不能交工验收。

（5）凡报送的工程档案，如验收不合格将其退回建设单位，由建设单位责成责任者重新进行编制，待达到要求后重新报送。检查验收人员应对接收的档案负责。

（6）地方城建档案管理部门负责工程档案的最后验收。并对编制报送工程档案进行业务指导、督促和检查。

2. 移交

（1）列入城建档案管理部门接收范围的工程，建设单位在工程竣工验收后 3 个月内向城建档案管理部门移交一套符合规定的工程档案。

（2）停建、缓建工程的工程档案，暂由建设单位保管。

（3）对改建、扩建和维修工程，建设单位应当组织设计单位、监理单位、施工单位据实修改、补充和完善工程档案。对改变的部位，应当重新编写工程档案，并在工程竣工验收后 3 个月内向城建档案管理部门移交。

（4）建设单位向城建档案管理部门移交工程档案时，应办理移交手续，填写移交目录，双方签字、盖章后交接。

（5）施工单位、监理单位等有关单位应在工程竣工验收前将工程档案按合同或协议规定的时间、套数移交给建设单位，办理移交手续。

7.2.5 建设工程监理文件档案资料管理

建设工程监理文件档案资料管理主要内容包括监理文件档案资料收、发文与登记：监理文件档案资料传阅；监理文件档案资料分类存放；监理文件档案资料归档、借阅、更改与作废。

1. 监理文件和档案收文与登记

所有收文应在收文登记表上进行登记（按监理信息分类别进行登记）。应记录文件名称、文件摘要信息、文件的发放单位（部门）文件编号以及收文日期，必要时应注明接收文件的具体时间，最后由项目监理部负责收文人员签字。

监理信息在有追溯性要求的情况下，应注意核查所填部分内容是否可追溯。如材料报审表中是否明确注明该材料所使用的具体部位，以及该材料质保证明的原件保存处等。

如不同类型的监理信息之间存在相互对照或追溯关系时（如监理工程师通知单和监理工程师通知回复单），在分类存放的情况下，应在文件和记录上注明相关信息的编号和存放处。

资料管理人员应检查文件档案资料的各项内容填写和记录真实完整，签字认可人员应为符合相关规定的责任人员，并且不得以盖章和打印代替手写签认。文件档案资料以及存储介质质量应符合要求，所有文件档案必须使用符合档案归档要求的碳素墨水填写或打印生成，以适应长时间保存的要求。

有关工程建设照片及声像资料等应注明拍摄日期及所反映工程建设部位等摘要信息。收文登记后应交给项目总监或由其授权的监理工程师进行处理，重要文件内容应在监理日记中记录。

部分收文如涉及建设单位的工程建设指令或设计单位的技术核定单以及其他重要文件，应将复印件在项目监理部专栏内予以公布。

2. 监理文件档案资料传阅与登记

由建设工程项目监理部总监理工程师或其授权的监理工程师确定文件、记录是否需传阅，如需传阅应确定传阅人员名单和范围，并注明在文件传阅纸上，随同文件和记录进行传阅。也可按文件传阅纸样式刻制方形图章，盖在文件空白处，代替文件传阅纸。每位传阅人员阅后应在文件传阅纸上签名，并注明日期。文件和记录传阅期限不应超过该文件的处理期限。传阅完毕后，文件原件应交还信息管理人员归档。

3. 监理文件资料发文与登记

发文由总监理工程师或其授权的监理工程师签名，并加盖项目监理部图章，对盖章工作应进行专项登记。如为紧急处理的文件，应在文件首页标注“急件”字样。

所有发文按监理信息资料分类和编码要求进行分类编码，并在发文登记表上登记。登记内容包括：文件资料的分类编码、发文文件名称、摘要信息、接收文件的单位（部门）名称、发文日期（强调时效性的文件应注明发文的具体时间）。收件人收到文件后应签名。

发文应留有底稿，并附一份文件传阅纸，信息管理人员根据文件签发人指示确定文件责任人和相关传阅人员。文件传阅过程中，每位传阅人员阅后应签名并注明日期。发文的传阅期限不应超过其处理期限。重要文件的发文内容应在监理日记中予以记录。

项目监理部的信息管理人员应及时将发文原件归人相应的资料柜（夹）中，并在目录清单中予以记录。

4. 监理文件档案资料分类存放

监理文件档案经收/发文、登记和传阅工作程序后，必须使用科学的分类方法进行存放，这样既可满足项目实施过程查阅、求证的需要，又方便项目竣工后文件和档案的归档和移交。项目监理部应备有存放监理信息的专用资料柜和用于监理信息分类归档存放的专用资料夹。在大中型项目中应采用计算机对监理信息进行辅助管理。

信息管理人员则应根据项目规模规划各资料柜和资料夹内容。

文件和档案资料应保持清晰，不得随意涂改记录，保存过程中应保持记录介质的清洁和不破损。

项目建设过程中文件和档案的具体分类原则应根据工程特点制定，监理单位的技术管理部门可以明确本单位文件档案资料管理的框架性原则，以便统一管理并体现出企业的特色。

5. 监理文件档案资料归档

监理文件档案资料归档内容、组卷方法以及监理档案的验收、移交和管理工作，应根据现行《建设工程监理规范》（GB/T 50319—2013）及《建设工程文件归档整理规范》（GB/T 50328—2001）并参考工程项目所在地区建设工程行政主管部门、建设监理行业主管部门、地方城市建设档案管理部门的规定执行。

对一些需连续产生的监理信息，如对其有统计要求，在归档过程中应对该类信息建立相关的统计汇总表格以便进行核查和统计，并及时发现错漏之处，从而保证该类监理信息的完整性。

监理文件档案资料的归档保存中应严格按照保存原件为主、复印件为辅和按照一定顺序归档的原则。如在监理实践中出现作废和遗失等情况，应明确地记录作废和遗失原因、处理的过程。

如采用计算机对监理信息进行辅助管理的，当相关的文件和记录经相关责任人员签字确定、正式生效并已存入项目部相关资料夹中时，计算机管理人员应将储存在计算机中的相关文件和记录改变其文件属性为“只读”，并将保存的、目录记录在书面文件上以便于进行查阅。在项目文件档案资料归档前不得将计算机中保存的有效文件和记录删除。

按照现行《建设工程文件归档整理规范》（GB/T 50328—2001），监理文件有十大类27个，要求在不同的单位归档保存，现分述如下。

（1）监理规划。

1）监理规划（建设单位长期保存，监理单位短期保存，送城建档案管理部门保存）。

2）监理实施细则（建设单位长期保存，监理单位短期保存，送城建档案管理部门保存）。

3）监理部总控制计划等（建设单位长期保存，监理单位短期保存）。

（2）监理月报中的有关质量问题（建设单位长期保存，监理单位长期保存，送城建档案管理部门保存）。

(3) 监理会议纪要中的有关质量问题（建设单位长期保存，监理单位长期保存，送城建档案管理部门保存）。

(4) 进度控制。

1) 工程开工/复工审批表（建设单位长期保存，监理单位长期保存，送城建档案管理部门保存）。

2) 工程开工/复工暂停令（建设单位长期保存，监理单位长期保存，送城建档案管理部门保存）。

(5) 质量控制。

1) 不合格项目通知（建设单位长期保存，监理单位长期保存，送城建档案管理部门保存）。

2) 质量事故报告及处理意见（建设单位长期保存，监理单位长期保存，送城建档案管理部门保存）。

(6) 造价控制。

1) 预付款报审与支付（建设单位短期保存）。

2) 月付款报审与支付（建设单位短期保存）。

3) 设计变更、洽商费用报审与签认（建设单位长期保存）。

4) 工程竣工决算审核意见书（建设单位长期保存，送城建档案管理部门保存）。

(7) 分包资质。

1) 分包单位资质材料（建设单位长期保存）。

2) 供货单位资质材料（建设单位长期保存）。

3) 试验等单位资质材料（建设单位长期保存）。

(8) 监理通知。

1) 有关进度控制的监理通知（建设单位、监理单位长期保存）。

2) 有关质量控制的监理通知（建设单位、监理单位长期保存）。

3) 有关造价控制的监理通知（建设单位、监理单位长期保存）。

(9) 合同与其他事项管理。

1) 工程延期报告及审批（建设单位永久保存，监理单位长期保存，送城建档案管理部门保存）。

2) 费用索赔报告及审批（建设单位、监理单位长期保存）。

3) 合同争议、违约报告及处理意见（建设单位永久保存，监理单位长期保存，送城建档案管理部门保存）。

4) 合同变更材料（建设单位、监理单位长期保存，送城建档案管理部门保存）。

(10) 监理工作总结。

1) 专题总结（建设单位长期保存，监理单位短期保存）。

2) 月报总结（建设单位长期保存，监理单位短期保存）。

3) 工程竣工总结（建设单位、监理单位长期保存，送城建档案管理部门保存）。

4) 质量评估报告（建设单位、监理单位长期保存，送城建档案管理部门保存）。

6. 监理文件档案资料借阅、更改与作废

项目监理部存放的文件和档案原则上不得外借，如政府部门、建设单位或施工单位确有需要，应经过总监理工程师或其授权的监理工程师同意，并在信息管理部门办理借阅手续。监理人员在项目实施过程中需要借阅文件和档案时，应填写文件借阅单，并明确归还时间。信息管理人员办理有关借阅手续后，应在文件夹的内附目录上作特殊标记，避免其他监理人员查阅该文件时，因找不到文件引起工作混乱。

监理文件档案的更改应由原制定部门相应责任人执行，涉及审批程序的，由原审批责任人执行。若指定其他责任人进行更改和审批时，新责任人必须获得所依据的背景资料监理文件档案更改后，由信息管理部门填写监理文件档案更改通知单，并负责发放新版本文件。发放过程中必须保证项目参建单位中所有相关部门都得到相应文件的有效版本。文件档案换发新版时，应由信息管理部门负责将原版本收回作废。考虑到日后有可能出现追溯需求，信息管理部门可以保存作废文件的样本以备查阅。

7.2.6　监理工作的基本表式

建设工程监理在施工阶段的基本表式按照《建设工程监理规范》（GB/T 50319—2013）附录（见附录）执行，该类表式可以一表多用，由于各行业各部门各地区已经各自形成一套表式，使得建设工程参建各方的信息行为不规范、不协调，因此，建立一套通用的，适合建设、监理、施工、供货各方，适合各个行业、各个专业的统一表式已显示充分的必要性，可以大大提高我国建设工程信息的标准化、规范化。根据《建设工程监理规范》（GB/T 50319—2013）规范中基本表式有三类：

A 类表共 8 个表（A1～A8），为监理单位用表，是监理单位与承包单位之间的联系表由监理单位填写，向承包单位发出的指令或批复。

B 类表共 14 个表（B1～B14），为承包单位用表，是承包单位与监理单位之间的联系表，由承包单位填写，向监理单位提交申请或回复。

C 类表共 3 个表（C1、C2、C3），为各方通用表，是工程项目监理单位、承包单位、建设单位等各有关单位之间的联系表。

7.2.7　监理规划

监理规划应在签订委托监理合同，收到施工合同、施工组织设计（技术方案）设计图纸文件后一个月内，由总监理工程师组织完成该工程项目的监理规划编制工作，经监理公司技术负责人审核批准后，在监理交底会前报送建设单位。

监理规划的内容应有针对性，做到控制目标明确、措施有效、工作程序合理、工作制度健全、职责分工清楚，对监理实践有指导作用。监理规划应有时效性，在项目实施过程中，应根据情况的变化作必要的调整、修改，经原审批程序批准后，再次报送建设单位。

7.2.8　监理实施细则

对于技术复杂、专业性强的工程项目应编制《监理实施细则》，监理实施细则应符合监理规划的要求，并结合专业特点，做到详细、具体、具有可操作性，监理实施细则也要根据实际情况的变化进行修改、补充和完善，内容主要有：专业工作特点，监理工作流程，监理控制要点及目标值，监理工作方法及措施。

7.2.9　监理日记

监理日记由专业监理工程师和监理员书写，监理日记和施工日记一样，都是反映工程施工过程的实录，一个同样的施工行为，往往两本日记可能记载有不同的结论，事后在工程发现问题时，日记就起了重要的作用，因此，认真、及时、真实、详细、全面地做好监理日记，对发现问题，解决问题，甚至仲裁、起诉都有作用。

监理日记有不同角度的记录，项目总监理工程师可以指定一名监理工程师对项目每天总的情况进行记录，通称为项目监理日志；专业工程监理工程师可以从专业的角度进行记录；监理员可以从负责的单位工程、分部工程、分项工程的具体部位施工情况进行记录，侧重点不同，记录的内容、范围也不同。

7.2.10　监理例会会议纪要

监理例会是履约各方沟通情况，交流信息、协调处理、研究解决合同履行中存在的各方面问题的主要协调方式。会议纪要由项目监理部根据会议记录整理，例会上意见不一致的重大问题，应将各方的主要观点，特别是相互对立的意见记入“其他事项”中。会议纪要的内容应准确如实，简明扼要，经总监理工程师审阅，与会各方代表会签，发至合同有关各方，并应有签收手续。

7.2.11　监理月报

监理月报由项目总监理工程师组织编写，由总监理工程师盘认，报送建设单位和本监理单位，报送时间由监理单位和建设单位协商确定，一般在收到承包单位项目经理部报送来的工程进度，汇总了本月已完工程量和本月计划完成工程量的工程量表、工程款支付申请表等相关资料后，在最短的时间内提交，大约在5～7天。

7.2.12　监理工作总结

监理总结有工程竣工总结、专题总结、月报总结三类，按照《建设工程文件归档整理规范》（GB/T 50328—2001）的要求，三类总结在建设单位都属于要长期保存的归档文件，专题总结和月报总结在监理单位是短期保存的归档文件，而工程竣工总结属于要报送城建档案管理部门的监理归档文件。

7.3　项目监理机构的组织协调工作

建设工程监理目标的实现，需要监理工程师扎实的专业知识和对监理程序的有效执行，此外，还要求监理工程师有较强的组织协调能力。通过组织协调，使影响监理目标实现的各方主体有机配合，使监理工作实施和运行过程顺利。

7.3.1　建设工程监理组织协调概述

1. 组织协调的概念

协调就是联结、联合、调和所有的活动及力量，使各方配合得适当，其目的是促使各方协同一致，以实现预定目标。协调工作应贯穿于整个建设工程实施及其管理过程中。

建设工程系统就是一个由人员、物质、信息等构成的人为组织系统。用系统方法分析，建设工程的协调一般有三大类：一是“人员/人员界面”；二是“系统/系统界面”；三是“系统/环境界面”。

建设工程组织是由各类人员组成的工作班子，由于每个人的性格、习惯、能力、岗位、任务、作用的不同，即使只有两个人在一起工作，也有潜在的人员矛盾或危机。这种人和人之间的间隔，就是所谓的“人员/人员界面”。

建设工程系统是由若干个子项目组成的完整体系，子项目即子系统。由于子系统的功能、目标不同，容易产生各自为政的趋势和相互推诿的现象。这种子系统和子系统之间的间隔，就是所谓的“系统/系统界面”。

建设工程系统是一个典型的开放系统。它具有环境适应性，能主动从外部世界取得必要的能量、物质和信息。在取得的过程中，不可能没有障碍和阻力。这种系统与环境之间的间隔，就是所谓的“系统/环境界面”。

项目监理机构的协调管理就是在“人员/人员界面”“系统/系统界面”“系统/环境界面”之间，对所有的活动及力量进行联结、联合、调和的工作。系统方法强调，要把系统作为一个整体来研究和处理，因为总体的作用规模要比各子系统的作用规模之和大。为了顺利实现建设工程系统目标，必须重视协调管理，发挥系统整体功能。在建设工程监理中，要保证项目的参与各方围绕建设工程开展工作，使项目目标顺利实现。组织协调工作最为重要，也最为困难，是监理工作能否成功的关键，只有通过积极的组织协调才能实现整个系统全面协调控制的目的。

2. 组织协调的范围和层次

从系统方法的角度看，项目监理机构协调的范围分为系统内部的协调和系统外部的协调，系统外部协调又分为近外层协调和远外层协调。近外层和远外层的主要区别是，建设工程与近外层关联单位一般有合同关系，与远外层关联单位一般没有合同关系。

7.3.2　项目监理机构组织协调的工作内容

1. 项目监理机构内部的协调

(1) 项目监理机构内部人际关系的协调。项目监理机构是由人组成的工作体系，工作效率很大程度上取决于人际关系的协调程度，总监理工程师应首先抓好人际关系的协调，激励项目监理机构成员。

1) 在人员安排上要量才录用。对项目监理机构各种人员，要根据每个人的专长进行安排，做到人尽其才。人员的搭配应注意能力互补和性格互补，人员配置应尽可能少而精，防止力不胜任和忙闲不均现象。

2) 在工作委任上要职责分明。对项目监理机构内的每一个岗位，都应订立明确的目标和岗位责任制，应通过职能清理，使管理职能不重不漏，做到事事有人管，人人有专责，同时明确岗位职权。

3) 在成绩评价上要实事求是。谁都希望自己的工作做出成绩，并得到肯定。但工作成绩的取得，不仅需要主观努力，而且需要一定的工作条件和相互配合。要发扬民主作风，实事求是评价，以免人员无功自傲或有功受屈，使每个人热爱自己的工作，并对工作充满信心和希望。

4）在矛盾调解上要恰到好处。人员之间的矛盾总是存在的，一旦出现矛盾就应进行调解，要多听取项目监理机构成员的意见和建议，及时沟通，使人员始终处于团结、和谐、热情高涨的工作气氛之中。

（2）项目监理机构内部组织关系的协调。项目监理机构是由若干部门（专业组）组成的工作体系。每个专业组都有自己的目标和任务。如果每个子系统都从建设工程的整体利益出发，理解和履行自己的职责，则整个系统就会处于有序的良性状态，否则，整个系统便处于无序的紊乱状态，导致功能失调，效率下降。

项目监理机构内部组织关系的协调可从以下几方面进行：

1）在职能划分的基础上设置组织机构，根据工程对象及委托监理合同所规定的工作内容。确定职能划分，并相应设置配套的组织机构。

2）明确规定每个部门的目标、职责和权限，最好以规章制度的形式作出明文规定。

3）事先约定各个部门在工作中的相互关系。在工程建设中许多工作是由多个部门共同完成的，其中有主办，牵头和协作、配合之分，事先约定，才不至于出现误事、脱节等贻误工作的现象。

4）建立信息沟通制度，如采用工作例会、业务碰头会、发会议纪要、工作流程图或信息传递卡等方式来沟通信息，这样可使局部了解全局，服从并适应全局需要。

5）及时消除工作中的矛盾或冲突。总监理工程师应采用民主的作风，注意从心理学、行为科学的角度激励各个成员的工作积极性；采用公开的信息政策，让大家了解建设工程实施情况、遇到的问题或危机；经常性地指导工作，和成员一起商讨遇到的问题，多倾听他们的意见、建议，鼓励大家同舟共济。

（3）项目监理机构内部需求关系的协调。建设工程监理实施中有人员需求、试验设备需求、材料需求等，而资源是有限的，因此内部需求平衡至关重要。需求关系的协调可从以下环节进行：

1）对监理设备、材料的平衡。建设工程监理开始时，要做好监理规划和监理实施细则的编写工作，提出合理的监理资源配置，要注意抓住期限上的及时性、规格上的明确性、数量上的准确性、质量上的规定性。

2）对监理人员的平衡。要抓住调度环节，注意各专业监理工程师的配合。一个工程包括多个分部分项工程，复杂性和技术要求各不相同，这就存在监理人员配备、衔接和调度问题。如土建工程的主体阶段，主要是钢筋混凝土工程或预应力钢筋混凝土工程；设备安装阶段，材料、工艺和测试手段就不同；还有配套、辅助工程等。监理力量的安排必须考虑到工程进展情况，做出合理的安排，以保证工程监理目标的实现。

2. 与业主的协调

监理实践证明，监理目标的顺利实现和与业主协调的好坏有很大的关系。

我国长期的计划经济体制使得业主合同意识差、随意性大，主要体现在：一是沿袭计划经济时期的基建管理模式，搞“大业主，小监理”，在一个建设工程上，业主的管理人员要比监理人员多或管理层次多，对监理工作干涉多，并插手监理人员应做的具体工作；二是不把合同中规定的权力交给监理单位，致使监理工程师有职无权，发挥不了作用；三是科学管理意识差，在建设工程目标确定上压工期、压造价，在建设工程实施过程中变更多或时效不按要求，给监理工作的质量、进度、投资控制带来困难。因此，与业主的协调是监理工作的重点和难点。监理工程师应从以下几方面加强与业主的协调：

（1）监理工程师首先要理解建设工程总目标、理解业主的意图。对于未能参加项目决策过程的监理工程师，必须了解项目构思的基础、起因、出发点，否则可能对监理目标及完成任务有不完整的理解，会给他的工作造成很大的困难。

（2）利用工作之便做好监理宣传工作，增进业主对监理工作的理解，特别是对建设工程管理各方职责及监理程序的理解；主动帮助业主处理建设工程中的事务性工作，以自己规范化、标准化、制度化的工作去影响和促进双方工作的协调一致。

（3）尊重业主，让业主一起投入建设工程全过程。尽管有预定的目标，但建设工程实施必须执行业主的指令，使业主满意。对业主提出的某些不适当的要求，只要不属于原则问题，都可先执行，然后利用适当时机、采取适当方式加以说明或解释；对于原则性问题，可采取书面报告等方式说明原委，尽量避免发生误解，以使建设工程顺利实施。

3. 与承包商的协调

监理工程师对质量、进度和投资的控制都是通过承包商的工作来实现的，所以做好与承包商的协调工作是监理工程师组织协调工作的重要内容。

（1）坚持原则，实事求是，严格按规范、规程办事，讲究科学态度。监理工程师在监理工作中应强调各方面利益的一致性和建设工程总目标；监理工程师应鼓励承包商将建设工程实施状况、实施结果和遇到的困难和意见向他汇报，以寻找对目标控制可能的干扰。双方了解得越多越深刻，监理工作中的对抗和争执就越少。

（2）协调不仅是方法、技术问题，更多的是语言艺术、感情交流和用权适度问题。有时尽管协调意见是正确的，但由于方式或表达不妥，反而会激化矛盾。而高超的协调能力则往往能起到事半功倍的效果，令各方面都满意。

（3）施工阶段的协调工作内容。施工阶段协调工作的主要内容如下。

1）与承包商项目经理关系的协调。从承包商项目经理及其工地工程师的角度来说，他们最希望监理工程师是公正、通情达理并容易理解别人的；希望从监理工程师处得到明确而不是含糊的指示，并且能够对他们所询问的问题给予及时的答复；希望监理工程师的指示能够在他们工作之前发出。他们可能对本本主义者以及工作方法僵硬的监理工程师最为反感。这些心理现象，作为监理工程师来说，应该非常清楚。一个既懂得坚持原则，又善于理解承包商项目经理的意见，工作方法灵活，随时可能提出或愿意接受变通办法的监理工程师肯定是受欢迎的。

2）进度问题的协调。由于影响进度的因素错综复杂，因而进度问题的协调工作也十分复杂。实践证明，有两项协调工作很有效：一是业主和承包商双方共同商定一级网络计划，并由双方主要负责人签字，作为工程施工合同的附件；二是设立提前竣工奖，由监理工程师按一级网络计划节点考核，分期支付阶段工期奖，如果整个工程最终不能保证工期，由业主从工程款中将已付的阶段工期奖扣回并按合同规定予以罚款。

3）质量问题的协调。在质量控制方面应实行监理工程师质量签字认可制度。对没有出厂证明、不符合使用要求的原材料、设备和构件，不准使用；对工序交接实行报验签证；对不合格的工程部位不予验收签字，也不予计算工程量，不予支付工程款。在建设工程实施过程中，设计变更或工程内容的增减是经常出现的，有些是合同签订时无法预料和明确规定的。对于这种变更，监理工程师要认真研究，合理计算价格，与有关方面充分协商，达成一致意见，并实行监理工程师签证制度。

4）对承包商违约行为的处理。在施工过程中，监理工程师对承包商的某些违约行为进行处理是一件很慎重而又难免的事情。当发现承包商采用一种不适当的方法进行施工，或是用了不符合合同规定的材料时，监理工程师除了立即制止外，可能还要采取相应的处理措施。遇到这种情况，监理工程师应该考虑的是自己的处理意见是否是监理权限以内的，根据合同要求，自己应该怎么做等。在发现质量缺陷并需要采取措施时，监理工程师必须立即通知承包商。监理工程师要有时间期限的概念，否则承包商有权认为监理工程师对已完成的工程内容是满意或认可的。

监理工程师最担心的可能是工程总进度和质量受到影响。有时监理工程师会发现，承包商的项目经理或某个工地工程师不称职。此时明智的做法是继续观察一段时间，待掌握足够的证据时，总监理工程师可以正式向承包商发出警告。万不得已时，总监理工程师有权要求撤换承包商的项目经理或工地工程师。

5）合同争议的协调。对于工程中的合同争议，监理工程师应首先采用协商解决的方式，协商不成时才由当事人向合同管理机关申请调解。只有当对方严重违约而使自己的利益受到重大损失且不能得到补偿时才采用仲裁或诉讼手段。如果遇到非常棘手的合同争议问题，不妨暂时搁置等待时机，另谋良策。

6）对分包单位的管理。主要是对分包单位明确合同管理范围，分层次管理。将总包合同作为一个独立的合同单元进行投资、进度、质量控制和合同管理，不直接和分包合同发生关系。对分包合同中的工程质量、进度进行直接跟踪监控，通过总包商进行调控、纠偏。分包商在施工中发生的问题，由总包商负责协调处理，必要时，监理工程师帮助协调。当分包合同条款与总包合同发生抵触，以总包合同条款为准。此外，分包合同不能解除总包商对总包合同所承担的任何责任和义务。分包合同发生的索赔问题，一般由总包商负责，涉及到总包合同中业主义务和责任时，由总包商通过监理工程师向业主提出索赔，由监理工程师进行协调。

7）处理好人际关系。在监理过程中，监理工程师处于一种十分特殊的位置。业主希望得到独立、专业的高质量服务，而承包商则希望监理单位能对合同条件有一个公正的解释。因此，监理工程师必须善于处理各种人际关系，既要严格遵守职业道德，礼貌而坚决地拒收任何礼物，以保证行为的公正性，也要利用各种机会增进与各方面人员的友谊与合作，以利于工程的进展。否则便有可能引起业主或承包商对其可信赖程度的怀疑。

4. 与设计单位的协调

监理单位必须协调与设计单位的工作，以加快工程进度，确保质量，降低消耗。

(1) 尊重设计单位的意见，在设计单位向承包商介绍工程概况、设计意图、技术要求、施工难点等时，注意标准过高、设计遗漏、图纸差错等问题，并将其解决在施工之前；施工阶段，严格按图施工；结构工程验收、专业工程验收、竣工验收等工作，约请设计代表参加；若发生质量事故，认真听取设计单位的处理意见等。

（2）施工中发现设计问题，应及时向设计单位提出，以免造成大的直接损失；若监理单位掌握比原设计更先进的新技术、新工艺、新材料、新结构、新设备时，可主动向设计单位推荐。为使设计单位有修改设计的余地而不影响施工进度，协调各方达成协议，约定一个期限，争取设计单位、承包商的理解和配合。

（3）注意信息传递的及时性和程序性。监理工作联系单、工程变更单传递，要按规定的程序进行传递。

这里要注意的是，在施工监理的条件下，监理单位与设计单位都是受业主委托进行工作的，两者之间并没有合同关系，所以监理单位主要是和设计单位做好交流工作，协调要靠业主的支持。设计单位应就其设计质量对建设单位负责，因此《建筑法》中明确要求："工程监理人员发现工程设计不符合建筑工程质量标准或者合同约定的质量要求的，应当报告建设单位要求设计单位改正。"

5. 与政府部门及其他单位的协调

一个建设工程的开展还存在政府部门及其他单位的影响，如政府部门、金融组织、社会团体、新闻媒介等，它们对建设工程起着一定的控制、监督、支持、帮助作用，这些关系若协调不好，建设工程实施也可能严重受阻。

（1）与政府部门的协调。

1）工程质量监督站是由政府授权的工程质量监督的实施机构，对委托监理的工程，质量监督站主要是核查勘察设计单位、施工单位和监理单位的资质，监督这些单位的质量行为和工程质量。监理单位在进行工程质量控制和质量问题处理时，要做好与工程质量监督站的交流和协调。

2）重大质量事故，在承包商采取急救、补救措施的同时，应敦促承包商立即向政府有关部门报告情况，接受检查和处理。

3）建设工程合同应送公证机关公证，并报政府建设管理部门备案；征地、拆迁、移民要争取政府有关部门支持和协作；现场消防设施的配置，宜请消防部门检查认可；要敦促承包商在施工中注意防止环境污染，坚持做到文明施工。

（2）协调与社会团体的关系。一些大中型建设工程建成后，不仅会给业主带来效益，还会给该地区的经济发展带来好处，同时给当地人民生活带来方便，因此必然会引起社会各界关注。业主和监理单位应把握机会，争取社会各界对建设工程的关心和支持。这是一种争取良好社会环境的协调。

对本部分的协调工作，从组织协调的范围看是属于远外层的管理。根据目前的工程监理实践，对远外层关系的协调，应由业主主持，监理单位主要是协调近外层关系。如业主将部分或全部远外层关系协调工作委托监理单位承担，则应在委托监理合同专用条件中明确委托的工作和相应的报酬。

7.3.3　建设工程监理组织协调的方法

监理工程师组织协调可采用如下方法。

1. 会议协调法

会议协调法是建设工程监理中最常用的一种协调方法，实践中常用的会议协调法包括第一次工地会议、监理例会、专业性监理会议等。

（1）第一次工地会议。第一次工地会议是建设工程尚未全面展开前，履约各方相互认识、确定联络方式的会议，也是检查开工前各项准备工作是否就绪并明确监理程序的会议。第一次工地会议应在项目总监理工程师下达开工令之前举行，会议由建设单位主持召开，监理单位、总承包单位的授权代表参加，也可邀请分包单位参加，必要时邀请有关设计单位人员参加。

（2）监理例会。

1）监理例会是由总监理工程师主持，按一定程序召开的，研究施工中出现的计划、进度、质量及工程款支付等问题的工地会议。

2）监理例会应当定期召开，宜每周召开一次。

3）参加人包括：项目总监理工程师（也可为总监理工程师代表）其他有关监理人员、承包商项目经理、承包单位其他有关人员。需要时，还可邀请其他有关单位代表参加。

4）会议的主要议题如下：①对上次会议存在问题的解决和纪要的执行情况进行检查；②工程进展情况；③对下月（或下周）的进度预测及其落实措施；④施工质量、加工订货、材料的质量与供应情况；⑤质量改进措施；⑥有关技术问题；⑦索赔及工程款支付情况；⑧需要协调的有关事宜。

5）会议纪要。会议纪要由项目监理机构起草，经与会各方代表会签，然后分发给有关单位。会议纪要内容如下：①会议地点及时间；②出席者姓名、职务及他们代表的单位；③会议中发言者的姓名及所发表的主要内容；④决定事项；⑤诸事项分别由何人何时执行。

（3）专业性监理会议。除定期召开工地监理例会以外，还应根据需要组织召开一些专业性协调会议，例如加工订货会、业主直接分包的工程内容承包单位与总包单位之间的协调会、专业性较强的分包单位进场协调会等，均由监理工程师主持会议。

2. 交谈协调法

在实践中，并不是所有问题都需要开会来解决，有时可采用“交谈”这一方法。交谈包括面对面的交谈和电话交谈两种形式。无论是内部协调还是外部协调，这种方法使用频率都是相当高的。其作用在于：

（1）保持信息畅通。由于交谈本身没有合同效力及其方便性和及时性，所以建设工程参与各方之间及监理机构内部都愿意采用这一方法进行。

（2）寻求协作和帮助。在寻求别人帮助和协作时，往往要及时了解对方的反应和意见，以便采取相应的对策。另外，相对于书面寻求协作，人们更难于拒绝面对面的请求。因此，采用交谈方式请求协作和帮助比采用书面方法实现的可能性要大。

（3）及时发布工程指令。在实践中，监理工程师一般都采用交谈方式先发布口头指令，这样一方面可以使对方及时地执行指令，另一方面可以和对方进行交流，了解对方是否正确理解了指令。随后，再以书面形式加以确认。

3. 书面协调法

当会议或者交谈不方便或不需要时，或者需要精确地表达自己的意见时，就会用到书面协调的方法。书面协调方法的特点是具有合同效力，一般常用于以下几方面：

(1) 不需双方直接交流的书面报告、报表、指令和通知等。

(2) 需要以书面形式向各方提供详细信息和情况通报的报告、信函和备忘录等。

(3) 事后对会议记录、交谈内容或口头指令的书面确认。

4. 访问协调法

访问法主要用于外部协调中，有走访和邀访两种形式。走访是指监理工程师在建设工程施工前或施工过程中，对与工程施工有关的各政府部门、公共事业机构、新闻媒介或工程毗邻单位等进行访问，向他们解释工程的情况，了解他们的意见。邀访是指监理工程师邀请上述各单位（包括业主）代表到施工现场对工程进行指导性巡视，了解现场工作。因为在多数情况下，这些有关方面并不了解工程，不清楚现场的实际情况，如果进行一些不恰当的干预，会对工程产生不利影响。这个时候，采用访问法可能是一个相当有效的协调方法。

5. 情况介绍法

情况介绍法通常是与其他协调方法紧密结合在一起的，它可能是在一次会议前，或是一次交谈前，或是一次走访或邀访前向对方进行的情况介绍。形式上主要是口头的，有时也伴有书面的。介绍往往作为其他协调的引导，目的是使别人首先了解情况。因此，监理工程师应重视任何场合下的每一次介绍，要使别人能够理解你介绍的内容、问题和困难、你想得到的协助等。

总之，组织协调是一种管理艺术和技巧，监理工程师尤其是总监理工程师需要掌握领导科学、心理学、行为科学方面的知识和技能，如激励、交际、表扬和批评的艺术、开会的艺术、谈话的艺术、谈判的技巧等。只有这样，监理工程师才能进行有效的协调。

【示例 1】　工程监理资料要求示例

施工资料核查目录见表 7.1。

表 7.1　　施工资料核查目录

检查内容	序号	检查项目	检查记录	检查内容	序号	检查项目	检查记录
工程管理资料	1	工程概况表		工程技术资料	1	工程技术文件报审表	
	2	工程开工报告				1）施工组织设计	
		1）工程开工报审表				2）混凝土、模板等施工方案	
		2）资质证书、营业执照			2	技术交底	
		3）安全资格证书			3	图纸会审记录	
		4）项目经理、六大员资格证书			4	设计交底记录	
		5）特殊工种工人上岗证			5	设计变更记录	
		6）进场设备清单		工程测量记录	1	工程定位测量记录	
	3	施工现场质量管理检查记录			2	地基验槽记录	
	4	进度计划分析			3	楼层放线记录	
	5	施工日志			4	沉降观测	
					5	建筑物垂直度观测	

续表

检查内容	序号	检查项目	检查记录
工程施工记录	1	隐蔽工程检查记录	
	2	模板等工程预检记录	
	3	中间检查交接记录	
	4	地基处理记录	
	5	混凝土浇灌申请书	
	6	混凝土开盘鉴定	
	7	混凝土施工记录	
	8	砂浆、混凝土配合比	
	9	砂浆试块检测报告	
	10	混凝土试块检测报告	
工程物资资料	1	钢筋	
		1）钢筋进场报验	
		2）钢筋检测报告	
		3）厂家提供的钢筋合格证	
		4）焊条、焊剂合格证	
		5）钢筋焊接接头检测报告	

检查内容	序号	检查项目	检查记录
工程物资资料	2	水泥	
		1）水泥出厂合格证	
		2）水泥检测报告	
		3）水泥进场材料报验表	
	3	砂子试验报告	
	4	碎石试验报告	
	5	砖试验报告	
	6	防水材料合格证	
	7	给水管	
		1）卫生许可证	
		2）管材合格证	
		3）厂家提供的管材检测报告	
	8	电气材料	
		1）电线、灯具合格证	
		2）阻燃线槽（管）合格证	
		3）进场报验申请表	
施工验收资料	1	检验批	
	2	分项工程验收记录	
	3	分部工程验收记录	
	4	单位工程验收	

【示例 2】 监理资料核查目录见表 7.2。

表 7.2　　监理资料核查目录

序号	检查项目	检查记录	序号	检查项目	检查记录
一	施工合同文件及委托监理合同		四	监理实施细则	
1	施工合同		1	土方工程施工质量监理实施细则	
2	监理合同		2	钢筋工程施工质量监理实施细则	
3	监理委托书		3	模板工程施工质量监理实施细则	
二	勘察设计文件		4	混凝土工程施工质量监理实施细则	
1	地质勘察报告		五	分包单位资格报审表	
2	施工图		1	分包单位资质报审表	
3	图纸审查意见书		2	分包单位资质证明	
三	监理规划		3	分包协议草案	
1	监理规划实施方案		六	设计交底与图纸会审会议纪要	
2	旁站监理方案		1	设计交底	
3	监理规划审批表		2	图纸会审记录	

续表

序号	检查项目	检查记录	序号	检查项目	检查记录
七	施工组织设计（方案）报审表		4	回填土干密度试验报告	
1	施工组织设计		5	防水工程试水检查记录	
2	混凝土工程施工方案		十三	工程变更	
3	模板工程施工方案		十四	隐蔽工程验收资料	
4	脚手架工程施工方案		十五	工程计量和工程款支付证书	
八	工程开工、复工报审表及暂停令		十六	监理工程师通知及回复单	
1	项目经理、六大员资格证		1	监理工程师通知单	
2	特殊工人上岗证		2	监理工程师回复单	
3	进场设备清单		十七	监理工作联系单	
4	基准点复核记录		十八	报验申请表	
5	工程开工报审表		十九	会议纪要	
6	工程暂停令		1	第一次工地会议纪要	
7	施工企业资质证书营业执照		2	监理例会会议纪要	
8	施工企业安全资格证		3	专题工地会议纪要	
九	测量核验资料		二十	来往函件	
1	工程定位测量记录		1	建设单位来函	
2	地基验槽记录		2	施工单位来函	
3	沉降观测记录		3	政府部门函件	
十	工程进度计划		4	其他部门函件	
1	工程进度计划图		二十一	监理日记	
2	工程延期报审与批复		1	项目监理日记	
十一	工程材料、构配件、设备的质量证明文件		2	监理人员监理日记	
			二十二	监理月报	
1	水泥、钢筋、砖、防水材料等		二十三	质量缺陷与事故的处理文件	
2	出厂合格证		1	不合格	
3	出厂质量证明文件		二十四	分部单位工程等验收资料	
4	材料构配件报审表		二十五	索赔文件资料	
5	复试试验报告单		二十六	竣工结算审核意见书	
十二	检测试验资料		二十七	质量评估报告等专题报告	
1	砂浆混凝土配合比通知单		二十八	监理工程总结	
2	砂浆混凝土抗压强度试验报告单		1	阶段工作小结	
3	钢筋接头试验报告		2	监理工作总结	

本 章 小 结

本章节要求掌握项目监理机构的信息管理有关基本概念、信息的形式、信息的分类原则和方法、监理工作的基本表式、项目监理组织与工程建设其他组织之间的协调；理解建设工程文件档案资料概念与特征、项目监理机构组织协调的工作内容、建设工程信息管理流程、建设工程监理组织协调的方法；了解建设工程文件档案资料管理职责、建设工程档案编制质量要求与组卷方法。

项目监理机构的信息管理包括信息的收集、整理、处理、存储、传递与应用等一系列工作。应将各种信息按一定的原则和方法进行区分和归类，并建立起一定的分类系统和排列顺序，以便管理和使用信息。对建设项目的信息进行分类必须遵循以下基本原则：稳定性、兼容性、可扩展性、逻辑性原则、综合实用性。

建设工程监理要求参建各方的数据和信息应该规范。监理文件包括工程准备阶段文件、监理文件、施工文件、竣工图和竣工验收文件，也可简称为工程文件。建设工程监理文件档案资料管理主要内容是：监理文件档案资料收、发文与登记，监理文件档案资料传阅；监理文件档案资料分类存放；监理文件档案资料归档、借阅、更改与作废。建设工程监理在施工阶段的基本表式按照《建设工程监理规范》（GB/T 50319—2013）附录执行。

建设工程监理的协调方法包括：经常性事项的程序化组织协调；利用责权体系的指令性组织协调；设立专门机构或专人进行组织协调；利用会议进行组织协调；利用监理文件进行组织协调。

复 习 思 考 题

(1) 建设工程项目信息形态有哪些形式？

(2) 建设工程文件由哪些资料组成？

(3) 进入城建档案馆的工程档案移交程序有哪些？

(4) 建设单位档案管理的职责是什么？

(5) 施工准备阶段信息要收集哪些资料？

(6) 建设工程信息管理系统的基本功能包括哪些？

(7) 建设工程监理文件档案收文时应该做到哪些工作？

(8) 简述组织协调与目标规划、目标控制关系。

(9) 项目监理机构协调的工作内容有哪些？

(10) 建设工程监理组织协调的常用方法有哪些？

第8章 监理规划与监理实施细则

8.1 监理规划

监理规划是监理单位签订了项目监理合同之后，由项目总监理工程师主持，根据委托监理合同，在监理大纲的基础上，结合项目的具体情况，制定的指导整个项目监理组织开展监理工作的技术组织文件。监理大纲与监理规划都是围绕着整个项目监理组织所开展的监理工作来编写的，但监理规划的内容要比监理大纲详实、全面。

8.1.1 监理规划的作用

1. 指导项目监理组织全面开展工作

工程监理的中心任务是协助建设单位实现项目监理目标。而实现监理目标需要制定计划、建立组织、配备人员并进行有效地指导。在实施项目监理的过程中，监理单位要集中精力做好目标控制工作。但是，若不事先对计划、组织、人员配备、制度建立等项工作进行科学地安排就无法实现对目标的有效控制。因此，项目监理规划需要对项目监理组织开展的各项监理工作做出全面、系统地组织和安排。它包括确定监理目标，制定监理计划，安排目标控制、合同管理、信息管理、组织协调等各项工作，并确定各项工作的方法和手段。

监理规划是在监理大纲的基础上编制的，因此应当更加明确地规定项目监理组织在工程监理实施过程中，应当重点做的工作，各部门、各层次的监理人员具体工作分工，各阶段各施工部位具体监理工作等。只有全面确定了这些工作，项目监理组织才能真正开展工作，做到有条有理。

2. 监理规划是建设单位检查监理单位履行监理合同的重要依据

监理单位如何履行建设工程委托监理合同？如何落实建设单位委托工程监理单位所承担的各项监理服务工作？作为监理的委托方，建设单位需要而且有权了解和掌握工程监理单位执行建设工程委托监理合同的情况。而监理规划正是建设单位加以了解和掌握这些问题的第一手资料，也是建设单位确认工程监理单位是否履行工程委托监理合同内容的主要说明性文件。

3. 监理规划是建设行政管理部门对工程监理单位监督管理的主要依据

国家法律规定，建设行政管理部门依法对工程监理单位实施监督、管理和指导，对其管理水平、人员素质、监理业绩、专业配套和技术装备等进行核查和考评，以确认它的资质和资质等级，同时建设行政管理部门还对工程监理单位实行资质年检制度。这些检验、考评都要针对工程监理单位已完和在监理工程建设项目进行，其中一项重要的内容就是通过对工程监理单位的项目监理规划和它在工程监理过程中的实施效果检查，核定工程监理单位的监理资质。因此，它是建设行政管理部门监督、管理和指导工程监理单位监理活动的主要内容。

8.1.2 监理规划编写的依据

监理规划编写的依据包括工程项目自然条件、社会条件和经济条件等外部环境调查研究资料，工程建设方面的有关法律、法规，政府批准的工程建设文件，建设工程委托监理合同，项目业主的正当要求，项目监理大纲，工程实施过程中输出的有关信息。

8.1.3 监理规划编写的要求

1. 监理规划基本内容构成应力求统一

项目监理规划基本内容包括目标规划、项目组织、监理组织、合同管理、信息管理和目标控制。要力求将监理规划的内容统一起来。监理规划统一的内容要求应在建设监理法规文件或建设工程委托监理合同中明确下来。

2. 监理规划的具体内容应具有针对性

监理规划基本构成内容应当统一，但各项内容要有针对性。因为监理规划是指导一个特定工程项目监理工作的技术组织文件，它的具体内容要适用于这个特定的工程项目。每一个监理单位和每一位项目总监理工程师对一个具体项目在监理思想、方法和手段上都应有独到之处。

由于工程项目的实施是一个长期的过程，在这个过程中有许多难以预料的问题，工程项目的动态性，要求监理规划与工程的运行相适应，应具有可变性，只有这样才能实施对工程项目的有效监理。

8.1.4 监理规划的内容

监理规划通常包括以下七个方面的内容。

1. 工程项目概况

工程项目概况应反映工程项目的名称、地点、工程项目组成及建设规模、主要建筑结构类型、预计工程投资总额、工程项目计划工期、工程质量等级、工程项目设计单位及施工承包商的名称。

2. 工程项目建设监理阶段、范围和目标

工程项目建设监理阶段是指监理单位所承担的监理任务的工程项目建设阶段，可按委托监理合同中确定的监理阶段划分。一般可划分为立项阶段的监理、设计阶段的监理、招标阶段的监理、施工阶段的监理和保修阶段的监理。

工程项目建设监理的范围是指监理单位承担监理任务的范围。它要根据业主的委托，在监理合同规定的范围内展开监理活动。

工程项目建设监理目标是指监理单位所承担的工程项目的监理目标。通常以工程项目的建设投资、进度、质量三大控制目标来表示。

3. 施工项目建设监理工作内容

（1）施工阶段进度控制。

（2）施工阶段质量控制。

（3）施工阶段投资控制。

4. 主要的监理控制目标与措施

工程项目的监理控制目标与措施应重点围绕进度控制、质量控制、投资控制三大目标制定。

5. 监理组织

监理规划要明确监理组织机构的形式、监理人员名单、监理组织职能部门的职责分工及各类监理人员的职责分工。

6. 施工项目监理工作制度

(1) 施工图纸会审及设计交底制度。

(2) 施工组织设计审核制度。

(3) 工程开工申请制度。

(4) 工程材料、半成品质量检验制度。

(5) 隐蔽工程分项（部）工程质量验收制度。

(6) 技术复核制度。

(7) 单位工程、单项工程中间验收制度。

(8) 技术经济签证制度。

(9) 设计变更处理制度。

(10) 现场协调会及会议纪要签发制度。

(11) 施工备忘录签发制度。

(12) 施工现场紧急情况处理制度。

(13) 工程款支付签审制度。

(14) 工程索赔签审制度等。

7. 项目监理组织内部工作制度

(1) 监理组织工作会议制度。

(2) 对外行文审批制度。

(3) 监理工作日志制度。

(4) 监理周报、月报制度。

(5) 技术、经济资料及档案管理制度。

(6) 监理费用预算制度等。

【示例 1】　监理规划示例

某建筑工程监理规划

1　项目概况

1.1　项目名称：(略)

1.2　建设地点：(略)

1.3　建设规模：(略)

1.4　工程投资：(略)

1.5　目标工期：(略)

1.6　工程项目建设相关单位：(略)

2　监理工作依据

监理工作的主要依据是国家工程建设的法律、政策、法规和项目工程的有关技术文件等，主要包括：

2.1　《建筑法》、《中华人民共和国招标投标法》（以下简称《招标投标法》）、《建设工程质量管理条例》、《建设工程监理规范》（GB 50319—2000）及住房和城乡建设部、地方有关建设法规文件。

2.2　现行国家施工质量验收规范和建筑施工质量验收统一标准。

2.3　工程项目有关的项目审批文件，设计文件、技术资料、图纸会审纪要，设计变更，岩土工程勘察报告。

2.4　委托监理合同文件以及与建设工程项目相关的合同文件。

3　监理工作范围

3.1　根据我公司与建设单位签订的工程建设监理委托合同之约定，对本工程的监理范围是：土建工程及水电安装、暖通、智能化的施工全过程监理工作。

3.2　在监理范围内对工程的质量进行控制，并在业主的配合下进行项目的进度控制，协助业主进行项目的投资控制和工程的文明、安全施工管理工作。

3.3　《建设工程监理规范》（GB 50319—2013）中规定的监理的全部职责范围和工程监理设施监理合同中约定的监理工程范围内的监理业务。

4　监理工作内容

施工阶段进行投资、质量、进度控制及合同、技术资料、数据管理以及现场施工协调。主要监理业务内容有：

4.1　施工准备阶段及施工中对施工文件的审核，制定施工总体规划，审查施工单位的施工组织设计。

4.2　审查承包单位提出的建筑材料和设备的采购清单，检查工程使用的材料、设备规格的质量。

4.3　检查完成的工程量，验收分部分项工程，签署工程付款凭证，根据施工合同审查工程结（决）算。

4.4　检查施工技术措施和安全防护措施，主持协商设计单位、施工单位或监理单位自身提出的设计变更。

4.5　做好相关单位的关系协调工作。

4.6　参与工程竣工验收，向业主提交完整的施工监理档案资料，并签署监理意见。

4.7　在规定的工程质量保修期内，负责检查工程质量，组织鉴定出现质量问题者的责任，督促责任单位保修。

5　监理工作目标

5.1　工程质量目标：达到设计、规范要求的合格标准。

5.2　工程进度目标：不超过施工合同约定的工期。

5.3　工程投资目标：工程造价控制在施工合同承包价以内。

5.4　工程安全目标：达到《建筑施工安全检查标准》（JDJ 59—2011）合格标准。

6　项目监理机构的组织形式

根据本工程的实际情况，项目监理机构的形式采用直线制，如图8.1所示。

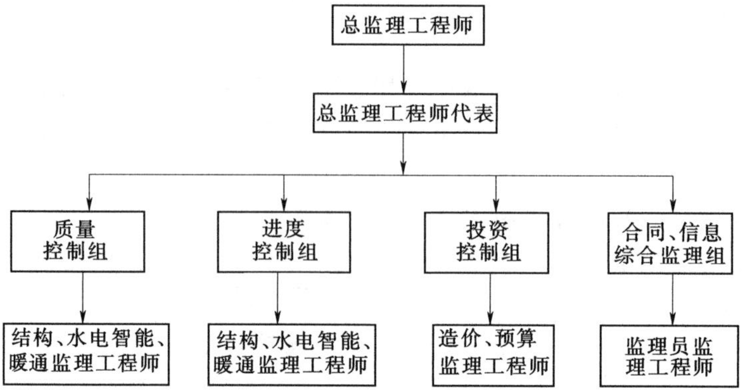

图8.1　监理组织机构图

7　项目监理结构人员配备计划

7.1　项目监理结构人员配备以确保工程需要为原则，及时配备各专业监理人员到位。

7.2　项目监理结构配备人员遇特殊情况变动，将提前申报业主核准变更，做到确保工程需要。

7.3　项目监理结构人员配备本着科学、合理原则，根据工程需要时，将增加计划外各项专业监理人员到位，确保工程顺利进行。

7.4　现场监理人员（略）

8　项目监理机构的人员岗位职责

8.1　总监理工程师的职责（略）

8.2　总监理工程师代表的职责（略）

8.3　各专业监理工程师职责（略）

8.4　监理员的岗位职责（略）

8.5　见证员岗位职责（略）

8.6　资料信息员岗位职责（略）

9　监理工作程序

在开展监理工作时，项目监理人员不但要公正、科学、独立、自主的开展工作，而且要按照规定的监理工作程序办事，避免随意性。

项目监理机构将始终按照如下的监理工作程序开展监理工作：

9.1　施工阶段监理工作总程序（略）

9.2　监理工作联系程序图（略）

9.3　协调会议纪要签发流程图（略）

9.4　设计交底及图纸会审一般流程图（略）

9.5　施工组织设计审批流程图（略）

9.6　工程质量控制的基本程序

（1）工程材料、构配件和设备质量控制基本程序（略）

(2) 分包单位资料审查基本程序（略）

(3) 分项、分部工程签认基本程序（略）

(4) 单位工程验收基本程序（略）

9.7 质量事故处理流程图（略）

9.8 工程进度控制的基本程序（略）

9.9 工程延期审批流程图（略）

9.10 索赔处理流程图（略）

9.11 工程竣工结算的基本程序（略）

10 监理工作方法及措施

10.1 质量控制的原则

工程质量是整个监理工作的重要环节，与投资控制、进度控制相互制约，所以监理工程师必须贯彻以质量为中心，按照施工合同、委托监理合同、技术规范、设计图纸以及有关文件，坚持严格的要求以实事求是、公正、科学、合理、热情服务的原则，通过超前监理、预防为主、动态管理、跟踪监控实现工程质量目标。

监理工作方法是依靠自身的专业技术知识管理工程建设的实施，具有公正、独立、自主的特点；质量控制是监理工作中的重中之重，如何使工程质量处于受控状态，系有经验的监理工程师的基本技术素质。贯彻“预防为主”的指导方针，重视对工程质量进行事前和事中控制，是确保工程质量目标的前提。

10.2 质量事前控制

事前控制，首先从自身做起，即以总监为首的监理班组中要树立起高度责任心和使命感，具体工作有：

(1) 具体熟悉和掌握质量控制的技术依据，即图纸、合同、施工验收规范、规程和质量验评标准等。消化图纸设计意图，检查图纸中问题并及时在施工前请示设计单位。

(2) 严格审查施工管理人员资质，监督协助施工单位完善的质量保证体系。

(3) 协助承包单位完善质量管理制度（包括现场会议制度，质量检验制度，质量统计报表制度和质量事故处理制度）。

(4) 主动与当地质监部门联系，汇报质量计划、措施、并且取得其配合，支持与帮助。

(5) 参加设计交底和图纸会审。

(6) 审查施工单位提交的施工组织设计（方案），保证工程质量具有可靠的技术措施。

(7) 审核工程中采用的新材料、新工艺、新技术的技术签订书。

(8) 对工程所需的原材料构配件的质量进行检查与控制。

(9) 对施工现场进行检查验收，复核承包单位引测的原始基准点，基准线和参考标高等控制点，复测施工测量控制网。

(10) 隐蔽工程检查验收隐蔽工程完成后，先由施工单位自检，初检合格后填报隐蔽工程质量验收单，报现场监理工程师检查验收。

(11) 把好开工关，对现场各准备工作检查合格后，发开工令，停工的工程未发复工令者不得开工。

开工或复工申请管理程序流程图（略）。

10.3　质量事中控制

10.3.1　质量事中控制内容

事中控制关键是对工序设置质量控制点，进行旁站监理。具体而言：

(1) 协助承包单位完善工序控制。工程质量是在工序中产生的，工序控制对工程质量起着决定性作用，应把影响工序质量的因素都纳入管理状态中，建立质量管理点，及时检查和审核承包单位提交的质量统计分析资料和控制图表。

(2) 严格工序间检查。主要工序作业（包括隐蔽工程）按有关验收规定，经现场监理人员检查验收后方可进行下道工序的施工。

(3) 进行试验或技术复核并实行旁站监理。主要工程部位或专业工程部位将派“重兵”进行旁站监理如混凝土工程浇捣，必须 24 小时跟班，对坍落度、配合比混凝土试块，操作程序进行控制，发现异常及时制止，并予以纠正，旁站完毕后做好旁站记录。

(4) 对完成的分项、分部工程按相应的质量评定标准和办法进行检查验收。

(5) 定期组织质量现场会议（每周一次监理例会）及时向业主及有关单位通报工程质量情况，协调有关单位间的业务活动。

10.3.2　工程质量事故处理

包括质量事故原因、责任的分析，质量事故处理措施的商定，批准处理工程质量事故的技术措施或方案，处理措施效果检查。审查质量事故处理方案，并对处理结果进行检查。

10.3.3　行使质量监督权，下达停工令

为保证工程质量，出现下述情况之一者，监理工程师报总监同意后，有权指令施工单位立即停工整改。

(1) 未经检验即进行下道工序作业。

(2) 工程质量下降经指出，未采取有效改正措施，或采取了一定措施，但效果不好，继续作业。

(3) 擅自采用未经认可或批准的材料。

(4) 擅自变更设计图纸的要求。

(5) 擅自将工程转包。

(6) 擅自让未经同意的分包单位进场作业。

(7) 没有可靠的质量保证措施贸然施工，已出现质量下降征兆。

10.4　质量事后控制

(1) 严格按照国家现行的施工质量验收规范，对完成的分项工程、子分部工程、分部工程进行验收。

(2) 重点检查工程建设标准强制性条文的执行情况，是否有违反强制性条文的现象，如有，必须责令承包单位返工。

(3) 按规定的质量评定标准和办法，对完成分部工程、单位工程进行检查验收。

(4) 组织竣工预验收。

(5) 竣工验收。监理单位在审核承包商自验报告与有关的技术资料，经承包商整改合

格后，监理单位向业主单位提出建议。总监参加由业主组织的正式竣工验收。监理单位主要任务是配合建设单位、质量监督站等有关单位进现场检查和竣工资料的审核。

10.5 旁站监理

本工程实行旁站监理的项目有：独立承台基础全过程、基坑土方开挖，梁柱板混凝土浇捣；混凝土试块、钢筋试件等材料取样；墙体拉结筋埋设；混凝土施工缝；预埋件、预埋管线规格位置质量，通电试验，通水试验等。

10.6 见证取样送样

见证取样送样是工程质量检测工作中的重要环节，能确保建设工程原材料、半成品试验取样的真实性和代表性，是确保工程实体质量的一项重要措施。

11 进度控制的主要手段和措施

11.1 进度控制的工作流程（略）

11.2 进度控制的方法和措施

11.2.1 事前控制

（1）项目监理机构应根据施工合同的有关条款、设计文件及经过批准的施工组织设计制订进度控制计划和控制措施，对进度目标进行风险分析，并制订风险防范措施。

（2）根据工期目标审核总承包单位报送的施工总进度计划及控制性网络图，并提出意见。审查施工组织设计时重点审查其保证工期的组织措施、技术措施和经济措施。

（3）监理工程师在审核进度计划时重点审查如下内容：

1）进度计划的安排是否符合工程项目建设总进度计划中总目标和分目标的要求，是否符合施工合同中开、竣工时间的规定。

2）施工进度计划中项目是否有漏项。

3）人、机、料等资源供应计划能否保证进度计划的实现，资源供应计划与资源需求量计划是否一致。

4）施工顺序和工序搭接的安排是否符合施工程序的要求，审核网络计划，还要仔细审查各网络节点的逻辑关系是否正确。

5）建设单位的资金供应能否满足进度计划的需求。

如果监理工程师在审查施工进度计划中发现了问题，应及时向承包单位提出书面审查意见，并协助承包单位修改，重大问题还应及时向建设单位报告。

（4）根据已审定的施工进度计划，审核本项目的设备、材料采购计划，使各方供货的设备、材料到场时间满足总进度计划的要求。

（5）协助建设单位与承包单位做好开工前的准备工作，及时发布开工令。

11.2.2 事中控制

事中控制是在施工过程中，进行进度检查，动态控制和调整以保障进度目标的实施，并在实施过程中及时进行工程计量，为给承包单位拨付进度款提供依据。

（1）建立反映工程进度状况的监理日记。逐日记载工程形象进度、工程量以及影响工程进度的人、机、料和环境因素（含气象及现场停水、停电的时间等）。

（2）根据审定的施工总进度计划，审查承包单位编制的季、月、旬施工计划。

（3）审核承包单位报送的当月（旬）工程进度报告，审核其实际完成的形象进度和实物工作量，与当月（旬）施工进度计划进行比较，发现差异，分析原因，调整下月（旬）的施工进度计划。并对承包单位完成月（旬）计划的情况进行考核。

（4）在施工过程中，对进度控制进行动态管理，经常检查进度计划的实施，发现实际进度与计划进度有偏差时应分析产生的原因，提出进度调整的措施和方案，并及时通知承包单位。督促承包单位按拟订的调整措施实施进度计划，确保总工期目标的实现。

（5）在单位工程较多，施工单位也多的情况下，其交叉作业也较多，为此监理人员将按照施工总进度计划的要求，督促有关单位及时办理中间交接，并协调交、接两方的关系，有利进度的控制。

（6）定期召开现场协调会及时解决施工过程中出现的影响工程进度的各种问题，考核承包单位的计划完成情况，确保工程施工正常进行。

（7）及时正确签发工程进度款的支付凭证；发现工程延误时，督促承包单位采取措施，加快施工进度，正确处理工程延期，定期向业主提交工程进度情况报告。

（8）工期延误的处理。当出现工程延期或工程延误时，监理人员应按下列要求进行处理：

1）当承包单位提出工程延期要求符合施工合同文件的规定条件时，项目监理部应予以受理。

2）当影响工期事件具有持续性时，项目监理部可在收到承包单位提交的阶段性工程延期申请表并经过审查后，先由总监理工程师签署工程临时延期审批表，并通报建设单位。当承包单位提交最终的工程延期申请表后，项目监理部复查工程延期及临时延期情况，并由总监理工程师签署工程最终延期审批表。

3）项目监理部在作出临时工程延期批准或最终的工程延期批准之前，均应与建设单位和承包单位进行协商。

4）项目监理部在审查工程延期时，应依下列情况确定批准工程延期的时间：①施工合同中有关工程延期的约定；②工期拖延和影响工期事件的事实和程度；③影响工期事件对工程影响的量化程度。

5）当承包单位未能按照施工合同要求的工期竣工交付造成工期延误时，项目监理部应按照施工合同规定从承包单位应得的工程款中扣除误期损失赔偿费以补偿建设单位的损失。

11.2.3　事后控制

（1）当实际进度与计划进度发生偏差时，在分析原因的基础上督促承包单位制定保证总工期不突破的对策。

1）采取技术措施。如缩短工艺时间，减少技术间歇期，实行平行作业或流水作业等。

2）采取组织措施。如增加机械设备、作业队数、人数或班次等。

3）采取经济措施。如实行包干奖金、提高计件单价等。

4）采取其他措施。如改善外部条件、劳动条件、加强管理等。

（2）在单位工程竣工验收前，项目总监应及时组织建设单位、承包单位和监理单位对单位工程进行竣工前预验收，对查出的未完项目和存在的问题，要求承包单位在限定的时间内整改到位，为竣工验收一次成功创造条件。

(3) 督促承包单位及时整理工程竣工资料；工程完工时及时审批竣工申请报告，协助建设单位组织竣工验收。

(4) 处理好争议和索赔，整理完进度资料，做好工程移交。在保修期结束无争议时，进度控制任务完成。

12 投资控制的主要手段和措施

12.1 投资控制的工作流程（略）

12.2 投资控制的方法和措施

投资控制是管理过程中的工作重点，在施工阶段进行投资控制的基本原则是把计划投资额作为工程项目投资的目标值，把工程项目建设进展情况的实际支出额与工程投资目标进行比较，通过比较，找出实际支出额与投资控制目标值之间的偏差，并提出切实有效的措施加以控制。

(1) 项目监理机构将专门安排投资控制工程师，确定投资目标，并针对本工程的特点制定投资控制计划，对工程项目投资目标进行风险分析，制订相应的防范对策。

(2) 监理人员将结合本工程的特点，掌握投资控制的基本因素，确定工程费用最易突破的环节及投资控制的重点。并根据项目施工总进度计划，编制工程项目施工阶段的年、季度和月份资金使用计划，并控制其使用。

(3) 工程开工后，总监理工程师将组织监理部的监理人员对每一份施工合同的每一条款进行学习，特别是合同价款的承包范围、合同价款的计算，合同价款的调整，工程进度款的付款方式以及工程决算的方式等条款，要求投资控制人员必须熟悉，以便有效地开展投资控制工作。

(4) 严格工程计量。按甲、乙双方签订的《建设工程施工合同》中的有关条款，认真复核已完成的实物工程量，做好投资控制的基础工作。

(5) 严格控制设计变更的工程造价。

1) 对设计变更进行技术经济比较，严格控制设计变更，并通过设计挖潜，寻求节约工程造价的可能性。

2) 根据《建设工程施工合同》中合同价款的调整条款，确定其设计变更是否在合同价款的调整范围内。

3) 若在调整范围内，总监必须根据实际情况对设计变更的费用作出评估，并就评估的情况与承包单位和建设单位进行协调。

4) 根据三方协商意见，总监理工程师签发工程变更单，明确工程变更要求和工程变更费用。

5) 在建设单位和承包单位未能就工程变更的费用等方面达成协议时，项目监理部应提出一个暂定价格，作为临时支付工程进度款的依据。该项工程最终结算时，应以建设单位和承包单位达成的协议为依据。

(6) 严格审查承包单位报送的工程进度付款申报表。投资控制工程师应严格审查其完成的实物工程量是否准确，合同计价是否无误，然后由总监理工程师根据《建设工程施工合同》的有关条款，签署工程进度款付款凭证作为建设单位付款的依据。

(7) 严格控制经费签证。凡涉及经济费用支出的停工、窝工、计时工、机械台班、材料代用、材料调价的签证等，监理人员必须严格按照《建设工程施工合同》的条款，会同建设单位的现场代表签字，并由总监理工程师审核后才能生效。

(8) 在施工过程中进行投资跟踪控制，每月对投资计划值与实际完成值进行比较和分析，画出S曲线图，找出发生偏差的原因，并针对其偏差采取纠偏措施。同时，每月定期向建设单位呈报项目投资控制情况计存在问题的报告。

(9) 协助建设单位全面履行建设工程施工合同，防止索赔事件的发生。特别是场地“三通一平”要及时完成；设计文件和建设单位供应的设备、材料等应及时交付给承包单位，避免造成承包单位的停工索赔，并协助建设单位及时进行反索赔。

(10) 严格审查工程竣工结算。单位工程竣工验收后，项目监理部应督促承包单位编制工程竣工结算书，监理投资控制工程师在收到承包单位报送的结算书后，依据已完成实物工程量的原始计量凭证以及设计变更的费用增减，按照《建设工程施工合同》的有关条款进行认真审查，经总监理工程师审核后，将审核后的结算书及单位工程结算书的审核意见一并报送建设单位，由建设单位最终审定。

13　合同管理的方法和措施

与本工程有关的各类合同是监理工程师开展监理工作的重要依据之一，监理工程师应根据《民法典》和与本工程有关的各类合同加强对工程建设单位与承包单位之间合同条款的管理，正确公正地处理合同履行过程中的有关问题。为此，监理工程师将重点加强对以下合同条款的管理。

13.1　工程暂停与复工的管理

(1) 总监理工程师在下列情况下签发工程暂停施工令时，应先征求业主的意见，紧急情况下可先签发后向业主汇报：

1) 由于施工质量问题必须停工处理时。

2) 由于存在质量或安全隐患，总监理工程师认为必须停工以消除隐患时。

3) 发生其他必须暂时停止施工的紧急事件时。

(2) 总监理工程师在签发工程暂停施工令时，应视其原因和影响范围及程度，明确暂停施工的具体范围和内容。

(3) 由于非承包单位的原因暂停施工时，监理工程师应如实记录所发生的实际情况，在暂停原因消失具备复工条件时，总监理工程师应及时签发工程复工令，并就工期及费用与承包单位进行协商。

(4) 由于承包单位的原因暂停施工，在具备复工条件时，监理工程师应及时审批承包单位报送的复工申请，符合要求时由总监签发工程复工令。

13.2　工程设计变更的管理

(1) 设计变更或工程洽商均由总监进行审核并签发工程变更指令后，承包单位才能实施。

(2) 工程变更前，监理工程师应就工程变更费用、工期、质量要求等与业主和承包单位进行协商，并达成一致意见。

(3) 当业主和承包单位未能就变更费用达成一致意见时，总监理工程师可提出一个暂定价格作为支付工程进度款的依据，并在实施过程中进一步协商。

13.3 费用索赔处理

(1) 项目监理部处理费用索赔必须依据下列内容：

1) 国家有关的法律、法规和工程项目所在地的地方法规。

2) 本工程的《建设工程施工合同》及合同附件。

3) 国家、行业部门及地方的有关标准、规范和定额。

4) 施工合同履行过程中与索赔事件有关的凭证。

(2) 当承包单位提出费用索赔的理由同时满足以下条件时，项目监理部才予以受理：

1) 索赔事件造成了承包单位的直接经济损失。

2) 索赔事件是由于非承包单位的责任发生的。

3) 承包单位已按照施工合同规定的期限和程序提出费用索赔申请表，并附有索赔凭证材料。

(3) 承包单位向建设单位提出费用索赔，项目监理部按下列程序进行处理：

1) 承包单位在施工合同规定的期限内向项目监理部提交对建设单位的费用索赔意向通知书。

2) 总监理工程师指定专业监理工程师收集与索赔有关的资料。

3) 承包单位在施工合同规定的期限内向项目监理部提交对建设单位的费用索赔申请书。

4) 总监理工程师初步审查费用索赔申请表，符合本制度第 2 条所规定的条件时予以受理。

5) 总监理工程师进行详细的费用索赔审查，并在初步确定一个索赔额度后，与承包单位和建设单位进行协商。

6) 总监理工程师应在施工合同规定的期限内签署费用索赔审批表，或在施工合同规定的期限内发出要求承包单位提交有关索赔报告的进一步详细资料的通知，待收到承包单位提交的详细资料后，按本条第 4)、5)、6) 款的程序进行。

(4) 由于承包单位的原因造成建设单位的额外损失，建设单位向承包单位提出费用索赔时，项目总监在审查索赔报告后，应公正地与建设单位和承包单位协商，并及时作出答复。

13.4 工程延期及工期延误的处理

(1) 只有在承包单位提出工程延期申请要求且符合建设工程施工合同规定条件时，监理工程师才予以受理。

(2) 项目监理机构在作出临时工程延期或最终工程延期批准之前均应同业主和承包单位进行协商。

(3) 审批工程延期前，监理机构要了解和确定各影响工期时间的事实和程度，以及对工期影响的量化程度。

(4) 属于承包单位的原因造成工程延期时，项目监理机构应按照施工合同的约定，从承包单位应得的款项中扣除误期赔偿费。

13.5 合同纠纷的调解处理

(1) 当合同履行过程中产生争议，争议一方提出调解要求后，监理机构应及时进行调解工作。

（2）监理调解争议时，要了解争议的全部情况，进行调查取证，和争议双方积极磋商，力求达成一致意见。

（3）在调解过程中，未取得新的调解协议前，争议双方不得中断对原合同的履行。

（4）双方不同意调解或调解不成功时，可按合同提出仲裁或诉讼，监理机构应公正地、实事求是地向仲裁机构或人民法院提供有关证据。

13.6　合同解除的处理

由于业主或承包单位的原因、或者不可抗力导致合同不能继续履行而需解除合同时，监理机构应当按照《民法典》的有关规定和建设工程施工合同有关条款的约定，处理好合同解除后的有关事宜，切实保障业主和承包单位双方的合法权益。

14　信息管理的方法和措施

（1）根据本工程特点，建立工程项目的信息管理系统，并按不同的单位工程进行编码分类管理。

（2）信息可按质量控制信息、进度控制信息、费用控制信息、安全控制信息和合同管理信息进行分类管理。

（3）根据工程进展情况负责工程项目各类信息的收集、鉴别、整理和保存，并利用信息调整目标控制的方法和内容，以保障控制目标的实现。

（4）运用计算机对工程项目的质量信息、投资信息、进度信息、安全信息、合同信息及设计文件等进行科学管理，便于监理人员迅速查阅、检索各类文档。并向建设单位提供有关项目管理信息服务，定期提供监理月报和其他信息。

（5）建立严格的收文、发文制度，并利用计算机辅助管理，同时给现场监理部配备足够的收文、发文本，分别登记建设单位、承包单位及监理公司总部的来文和发文，并要求有齐备的签字手续。

（6）对各种外来文件实施收文处理登记制度，收文后总监要明确处理要求（传阅、回函、审批或签证等）处理时限和责任人，并用计算机跟踪管理，登记处理结束时间、处理结果。确保各类施工信息及时完善地得以处理。

（7）在施工过程中，督促承包单位及时整理工程技术资料，要求承包单位在工程质量报验时，及时填写分项工程及检验批的验收记录和隐蔽工程记录，监理工程师在检查分项工程及检验批质量时，还应在分项工程及检验批验收记录上签署验收意见，只有资料与工程进度同步整理，才允许承包单位进入下道工序施工。

（8）监理部在实施监理过程中，要严格做好监理资料的归档工作，具体归档的资料范围如下：

1）工程准备阶段资料：建设项目计划立项批文、建设用地规划许可证、建设工程规划许可证、施工图设计文件审查批准书、建设工程质量监督登记表、建设工程安全监督登记表、建设工程消防许可证、建设工程施工许可证、建设工程施工合同和建设工程委托监理合同等。

2）工程技术管理资料：工程的监理规划和安全监理规划、工程的监理实施细则和旁站监理方案、施工组织设计、施工技术方案及报审表、工程开工报告及开工指令、工程部分暂停施工指令、复工指令及复工申请表、监理专题报告及备忘录、工地监理例会纪要、监理月报及监理日记、监理通知及通知落实情况的回复、工程质量整改通知及整改情况的回复、工程质量缺陷与质量事故的处理意见、工程竣工结算审核意见书等。

3）工程质量控制资料：设计交底及图纸会审纪要、设计变更通知单、工程定位测量及测量放线报验单、材料、构配件报验单附材料出厂合格证及试验报告、工程设备报验单附设备出厂合格证和装箱清单、地基验槽记录、隐蔽工程验收记录、施工试验报告和见证检测报告（如混凝土试块、砂浆试块等）、各种管道的系统清洗、灌水、通水及水压试验记录、设备安装、调试及运转记录、接地电阻、绝缘电阻测试记录、检验批、分项、分部工程质量验收记录、混凝土浇筑申报表、旁站监理记录表等。

4）工程质量验收评定资料：主要分部工程的质量评估报告、单位工程质量评估报告、单位工程监理工作总结、单位工程竣工验收备案表、单位工程竣工质量验收报告、单位工程观感质量检查记录、单位工程安全和功能检验资料核查及主要功能抽查记录等。

(9) 单位工程完工，项目监理部在组织单位工程竣工预验收的同时，要认真审查承包单位的竣工资料，审查其竣工资料是否齐全或漏项，签字是否规范等问题，并要求承包单位编写单位工程竣工验收报告。同时监理部开始编制单位工程质量评估报告和监理工作总结。

(10) 工程竣工验收后，项目监理部将整理一套完整的监理资料报建设单位。如监理日记、监理通知、监理工作总结、工程质量评估报告、工程结算审核意见书等监理资料。

15 组织协调的工作方法和措施

(1) 监理协调工作的主要对象是建设单位、承包单位和设计单位。所以监理工作的运行，在很大程度上取决于与他们的协调程度，只有与他们保持良好的工作关系，才能保证监理机构的正常运行。

(2) 充分利用合同赋予的权利，依据合同条款，运用监理书面指示对承包单位进行协调管理。

监理工程师的各种决定、意见和要求均应以书面形式发出指示，补充和完善合同条件的不足，纠正承包单位各种不符合合同条件的行为。承包单位必须对这些书面指示都应严格遵守和执行。所有的书面指示在发给承包单位之前均报送建设单位。书面指示包括：监理通知、工程质量整改通知、不合格工程项目通知、工程部分暂停施工指令和复工指令、拒绝和恢复计量支付的指令、修改进度计划的指令等。

(3) 利用监理例会及专题会议等手段，组织协调本项目各参建单位之间的关系。

1）每周召开工地监理例会，检查上次会议的决议落实情况，分析未完成事项的原因；检查本周工程计划完成的情况，分析未完成的原因；确定下阶段进度目标及落实措施；检查本阶段工程质量情况，针对存在的质量问题提出改进措施；检查本阶段施工现场安全文明施工的现状，针对存在的问题提出整改意见；协调解决多家承包单位之间的中间交工及交叉施工问题。

2）对技术方面或合同管理方面比较复杂的文件，以及重大安全、质量事故预防问题，监理部将组织有关人员召开专题会议进行专项研究和解决。

3）邀见承包商。当承包单位项目经理部无视监理工程师的指令和合同条款，违反合同进行施工时，监理工程师在要求建设单位制裁承包单位之前，邀见承包单位主要负责人，提出黄牌警告。邀见纪要报送建设单位。

(4) 协助建设单位处理各种与本工程项目有关的纠纷事宜。如合同纠纷、工期纠纷、费用纠纷等。

16 安全文明施工的监督管理措施

(1) 贯彻执行“安全第一、预防为主、综合治理”的方针。严格遵守国家规定的安全生产的法律、法规和建设行政主管部门的安全生产的规章制度。

(2) 在工程开工前，项目总监理工程师将组织编制安全监理规划，针对工程的特点，制定详细的安全监理措施，并配备一名安全监理工程师。

(3) 审查承包单位的安全资格证（安全生产许可证）和安全生产保证体系，督促承包单位落实安全生产的组织保证体系，建立健全安全生产责任制。

(4) 在审查承包单位报送的施工组织设计和施工方案。重点审查施工组织设计中的安全生产技术措施和专项施工方案是否符合工程建设标准强制性条文的要求，提出审查意见，并督促承包单位按审查意见完善。

(5) 督促承包单位对新入场的工人进行三级安全生产教育及分部分项工程的安全技术交底。

(6) 对进入施工现场的钢管、扣件实行报验制，只有经监理人员验收合格的钢管、扣件，才能用于脚手架的搭设。

(7) 施工现场的临时设施在投入使用前，监理人员要对其安全使用功能进行严格验收，未经验收的临时设施，一律不许使用。

(8) 督促承包单位做好安全文明施工，封闭管理、在施工现场设立统一的施工标志牌和安全警示牌，并绘制现场安全标志平面布置图，并按照红、黄、蓝、绿四种颜色将安全标志分类标示。

(9) 检查并督促承包单位按照《建筑施工安全检查标准》(JDJ 59—99) 和规范要求落实分部、分项工程以及关键部位的安全防范措施。

(10) 监督检查施工现场的消防工作、冬季防寒、夏季防暑、文明施工、卫生防疫等工作。

(11) 项目监理部将不定期的组织安全综合检查，可按《建筑施工安全检查标准》(JDJ 59—99) 进行评价，提出处理意见并限期整改。

(12) 发现违章冒险作业的要责令其停止作业，发现安全隐患的要责令停工整改。如承包单位拒不整改或者不停止施工，监理工程师必须及时向当地安全监督部门报告。

(13) 督促承包单位现场实行封闭管理，施工现场的道路应当平整、硬化，并有交通指示标志。危险地带应设置安全通道，并悬挂警示标志。

(14) 监控以下“十不准”：

1) 不戴安全帽，不准进入施工现场作业。

2) 工作期间不准酗酒。

3) 井架垂直运输不准乘人。

4) 不准打赤脚、穿拖鞋、高跟鞋、硬底鞋、裙子上班。

5) 外架高空作业应挂安全带，铺设好安全网。无防护措施不准高空作业。

6) 不准从高空向下抛掷物品，不准同一作业面上下垂直作业。

7）塔吊吊物须专人指挥，不准未经指定的人乱指挥。

8）未经培训取得操作证的职工不准操作机械。

9）不准电源线乱搭乱拆，必须经专业人员规范架设。

10）不准闲杂人员及小孩进入施工现场。

(15) 施工现场用电实行三相五线，三级配电两级保护。末级开关箱实行“一机、一闸、一漏、一箱”制度。

(16) 检查施工现场职工生活设施的安全卫生和场地防火设施的配置。

(17) 定期检查承包单位安全技术档案，做到及时完整及专人管理。

(18) 经常提醒和要求承包单位对职工安全常识进行教育，召开班前会，安全总结会，安全技术培训，教育职工对待安全工作应认真做到在工作中不仅有效保护自己不受伤害，还要注意防范他人安全受到威胁。决不允许任何人忽视安全，盲目施工。

(19) 督促各参建单位做好各种传染性疾病的防治工作，加强对外来人员登记报告和疫情检测工作，做到早发现、早报告、早隔离、早治疗。

17 保修阶段的监理工作方法和措施（略）

18 向建设单位呈报反映监理阶段性成果的文件

(1) 开工前呈报监理规划、监理实施细则、安全监理规划及旁站监理方案。

(2) 监理月报。

(3) 施工组织设计审查意见。

(4) 施工总进度控制计划审查意见。

(5) 各类监理通知和监理专题报告。

(6) 主要分部工程的监理小结及质量评估报告。

(7) 单位工程的监理总结、质量评估报告以及单位工程竣工预验收的监理意见。

(8) 单位工程竣工决算书的审核意见。

(9) 工程项目监理工作总结和质量评估报告。

19 监理工作制度

19.1 设计交底和施工图会审制度

(1) 项目监理范围内的施工图纸和其他设计文件，均应由建设单位交我监理部后，签发给承包单位执行。

(2) 凡未经监理部签发的施工图纸和设计文件而实施的工程项目，监理人员有权不予计量，并拒绝工程款支付签证。

(3) 施工图纸会审的依据是国家颁布的有关技术规程、规范和标准，经审查通过的施工图纸及所有设计文件。

(4) 在设计交底前，总监理工程师应组织监理人员熟悉设计文件，充分理解设计意图，并对图纸中存在的问题通过建设单位向设计单位提出书面意见和建议。

(5) 项目监理人员应参加建设单位组织的设计技术交底会，并对施工图进行会审，解决图纸中存在的问题，最终形成图纸会审纪要。

19.2 施工组织设计和施工方案的审查制度

(1) 工程开工前，承包单位必须编制施工组织设计和施工方案，在自审合格后，填写施工组织设计（方案）报审表，报监理部进行审查。

(2) 在收到报送的施工组织设计和施工方案后，在约定的时间内，总监理工程师要组织有关监理人员认真审查其科学性、合理性及对保证工程质量所采取的技术和组织措施的可靠性。要求承包单位编制重点分部工程的施工方法，并要求承包单位提交为保证工程质量而制定的质量预控措施，提出审查意见，经总监理工程师审核签认后，答复承包单位，并上报建设单位。

(3) 对比较复杂的工程或关键部位的施工，应要求承包单位提出详细的施工技术方案，经专业监理工程师审查认可后方可施工。

(4) 承包单位应按审定的施工组织设计文件组织施工。如需对其内容做较大的变更，应在实施前将变更内容书面报送项目监理部重新审查。

19.3 工程开工制度

(1) 建设单位应做好施工现场的“三通一平”工作，同时办理好施工许可证，为承包单位进场开工创造条件。

(2) 承包单位开工前应向监理部提供如下资料：

1) 开工申请报告。

2) 施工组织设计及施工总平面布置图。

3) 项目经理部管理人员及特种作业人员的名单及上岗证件。

4) 施工设备进场报审表。

5) 材料采购进场计划及材料报验单（附出厂合格证和复试报告）。

(3) 监理部应对承包单位资质等级、质量保证体系、项目经理部主要管理人员和特种作业人员的上岗证进行审查。

(4) 监理部会同建设单位审查承包单位报送的施工组织设计，使工程的“四大目标”具有可靠的保证措施。

(5) 对进场施工设备的状况及原材料的合格证、复试报告等进行审查。

(6) 对承包单位报送的开工申请报告，经监理人员审查具备开工条件的，由总监理工程师签发工程开工报审表，并报建设单位备案。

19.4 工程设备、材料、构配件及半成品报验制度

(1) 工程材料、构配件及半成品进场必须要有出厂合格证等，由承包单位收集后，填写报验单送专业监理工程师审查。

(2) 对规定必须进行复试的工程材料，如钢筋、水泥、砖等工程材料，必须采取见证取样的方式进行抽样送检，并将复试结果报专业监理工程师审查。

(3) 对无出厂合格证、技术性能不符合设计要求或复试结果不合格的工程材料、构配件及半成品严禁在工程中使用，并应签发监理工程师通知单，书面通知承包单位限期将不合格的工程材料、构配件及半成品撤出现场。

(4) 对部分工程材料、制品等还需审查其样品后方可订货。

(5) 凡采用新材料、新型制品，应重点审查其技术鉴定文件。

(6) 对重要的结构构件，应审查其生产厂家的生产许可证，并实地考查其生产工艺和质保体系。

(7) 所有工程设备进场时必须要有出厂合格证等，并在安装前严格按其技术说明书的要求进行质量检查。

19.5 隐蔽工程分部（项）工程质量验收制度

(1) 隐蔽工程验收制度。

1) 隐蔽工程的验收检查是防止质量隐患，避免质量事故发生的重要措施，监理人员必须严格把关。

2) 隐蔽前，承包单位应根据有关规范和标准进行自检和专检，合格后，在隐蔽前48小时以书面形式通知监理人员，并向监理人员提交隐蔽工程自查记录及隐蔽工程报验申请表。经专业监理工程师现场检查验收合格，并签认后，承包单位方可进行隐蔽和继续施工。验收不合格的，承包单位应在监理人员限定的时间内整改后重新报验。

3) 监理人员不能按时进行隐蔽工程验收，应在验收前24小时以书面形式向承包单位提出延期要求，但延期不能超过48小时。监理人员未能按以上时间提出延期要求，也不进行验收，承包单位可自行组织验收，监理人员应承认验收记录。

(2) 分项工程质量验收制度。当某个检验批或分项工程完成后，承包单位应按施工质量验收规范和质量验收统一标准的要求进行自评，并填写分项工程质量报验单报送监理人员。经现场专业监理工程师检查验收，质量合格的经专业监理工程师签认后并下达分项工程质量检验认可书后，方可进入下道工序。质量不合格的必须整改直至合格为止。

(3) 分部工程质量验收制度。

1) 分部工程完工后，承包单位应进行自检自评，并填写分部工程质量报验单，附上完整的质量控制资料，质量验收资料报送监理部，由项目总监理工程师组织承包单位项目负责人和承包单位技术、质量负责人等进行验收。合格后由总监理工程师签证并下达分部工程质量检验认可书后，方可进行下道工序。

2) 对于地基与基础、主体结构部分工程，承包单位还应编写施工总结报告。组织勘察、设计单位项目负责人、质量监督部门的监督员、业主代表和承包单位技术、质量部门负责人进行验收，验收合格经验收各方签字盖章后方可进入下道工序施工。

19.6 单位工程验收制度

(1) 单位工程完工后，承包单位必须自行检查评定，并整理完善工程竣工资料（质量控制资料、质量验收资料、工程管理资料及单位工程施工总结报告)，填写单位工程竣工验收报告送监理部。

(2) 项目总监理工程师应同时组织有关人员编写单位工程质量评估报告和监理工作总结，并上报公司，经公司总工程师审核批准后，方可报送参加竣工验收的各单位。

(3) 监理部在收到承包单位的验收报告后，应组织建设单位、承包单位等有关人员进行单位工程预验收，对查出的问题，责成承包单位限期整改。

(4) 在单位工程竣工验收前，建设单位应及时组织规划、消防、环保和城建档案等专项验收，由上述管理部门出具认可文件或准许使用文件后，方可组织单位工程竣工验收。

(5) 在预验收合格的基础上，建设单位应及时组织勘察、设计、施工、监理及人防质量监督等单位的项目负责人进行单位工程竣工验收，验收合格后，由验收各方的项目负责人签字。

(6) 单位工程质量验收合格后，建设单位应在规定时间内将工程竣工报告、工程竣工验收备案表等有关文件报人防行政管理部门备案机构进行备案。

19.7　工程变更的管理制度

(1) 凡需工程变更的，必须由原设计单位出具书面的设计变更文件。

(2) 建设单位或承包单位提出的工程变更，应提交总监理工程师，由总监理工程师组织专业监理工程师审查。审查同意后，应由建设单位转交原设计单位编制设计变更文件。

(3) 当工程变更涉及安全、消防、规划、环保、人防等内容时，应按规定报有关部门审定。

(4) 监理部在收到设计变更文件后，总监理工程师必须根据实际情况，按照施工合同的有关条款，对工程变更的费用和工期作出评估。并就评估的情况与承包单位和建设单位进行协调。

(5) 根据三方协商意见，总监理工程师签发工程变更单，明确工程变更要求、工程变更说明、工程变更费用和工期等并附设计变更文件。

(6) 在建设单位和承包单位未能就工程变更的费用等方面达成协议时，项目监理部应提出一个暂定的价格，作为临时支付工程进度款的依据。该项工程款最终结算时，应以建设单位和承包单位达成的协议为依据。

(7) 在总监理工程师签发工程变更单之前，承包单位不得实施工程变更。

(8) 未经总监理工程师审查同意而实施的工程变更，项目监理部不得予以计量。

19.8　工程暂停及复工制度

(1) 在施工过程中，发生下列情况之一的，总监理工程师可签发工程暂停令：

1) 建设单位要求暂停施工，且工程需要暂停施工。

2) 为了保证工程质量而需要进行停工处理。

3) 施工出现了安全隐患，总监理工程师认为有必要停工以消除隐患。

4) 发生了必须暂停止施工的紧急事件。

5) 承包单位未经许可擅自施工，或拒绝接受监理部的管理。

(2) 总监理工程师在签发工程暂停令时，应根据停工原因的影响范围和影响程度，按照施工合同和委托监理合同的约定签发，并明确工程项目的停工范围。

(3) 由于非承包单位的原因，总监理工程师在签发工程暂停令之前，应就有关工期和费用等事宜与承包单位和建设单位进行协商。

(4) 由于建设单位的原因，或其他非承包单位的原因导致工程暂停时，项目监理部应如实记录所发生的实际情况。总监理工程师应在施工暂停原因消失、具备复工条件时，及时签署工程复工报审表，指令承包单位继续施工。

(5) 由于承包单位原因导致工程暂停，在具备恢复施工条件时，项目监理部应审查承包单位报送的复工申请及有关材料，同意后由总监理工程师签署工程复工报审表，指令承包单位继续施工。

(6) 总监理工程师在签发工程暂停令到签发工程复工报审表之间的时间内，应会同有关各方按照施工合同的约定，处理因工程暂停引起与工期、费用有关的问题。

19.9　工地例会制度

(1) 在施工过程中，总监理工程师应定期主持召开工地例会。会议纪要应由项目监理部负责起草，并经与会各方代表会签。

(2) 工地例会应包括以下主要内容：

1) 检查上次例会议定事项的落实情况，分析未完事项原因。

2) 检查分析工程项目进度计划完成情况，提出下一阶段进度目标及其落实措施。

3) 检查分析工程项目质量状况，针对存在的质量问题提出改进措施。

4) 检查工程量核定及工程款支付情况。

5) 解决需要协调的有关事项等。

(3) 除工地例会外，总监理工程师或专业监理工程师应根据需要及时组织专题会议，解决施工过程中的各种专项问题。

19.10 费用索赔处理制度

(1) 项目监理部处理费用索赔必须依据下列内容：

1) 国家有关的法律、法规和工程项目所在地的地方法规。

2) 该工程的施工合同文件。

3) 国家、部门和地方有关的标准、规范和定额。

4) 施工合同履行过程中与索赔事件有关的凭证。

(2) 当承包单位提出费用索赔的理由同时满足以下条件时，项目监理部应予以受理：

1) 索赔事件造成了承包单位直接经济损失。

2) 索赔事件是由于非承包单位的责任发生的。

3) 承包单位已按照施工合同规定的期限和程序提出费用索赔申请表，并附有索赔凭证材料。

(3) 承包单位向建设单位提出费用索赔，项目监理部应按下列程序处理：

1) 承包单位在施工合同规定的期限内向项目监理部提交对建设单位的费用索赔意向通知书。

2) 总监理工程师指定专业监理工程师收集与索赔有关的资料。

3) 承包单位在施工合同规定的期限内向项目监理部提交对建设单位的费用索赔申请表。

4) 总监理工程师初步审查费用索赔申请表，符合本制度第二条所规定的条件时予以受理。

5) 总监理工程师进行费用索赔审查，并在初步确定一个额度后，与承包单位和建设单位进行协商。

6) 总监理工程师应在施工合同规定的期限内签署费用索赔审批表，或在施工合同规定的期限内发出要求承包单位提交有关索赔报告的进一步详细资料的通知，待收到承包单位提交的详细资料后，按程序进行审批。

(4) 当承包单位的费用索赔要求与工程延期要求相关联时，总监理工程师在作出费用索赔的批准决定时，应与工程延期的批准联系起来，综合作出费用索赔和工程延期的决定。工程延期的处理参见《工程延期及工程延误的处理制度》。

(5) 由于承包单位的原因造成建设单位的额外损失，建设单位向承包单位提出费用索赔时，总监理工程师在审查索赔报告后，应公正地与建设单位和承包单位进行协商，并及时作出答复。

19.11　工程延期及工程延误的处理制度

（1）当承包单位提出工程延期要求符合施工合同文件的规定条件时，项目监理部应予以受理。

（2）当影响工期事件具有持续性时，项目监理部可在收到承包单位提交的阶段性工程延期申请表并经过审查后，先由总监理工程师签署工程临时延期审批表并通报建设单位。当承包单位提交最终的工程延期申请表后，项目监理部应复查工程延期及临时延期情况，并由总监理工程师签署工程最终延期审批表。

（3）项目监理部在作出临时工程延期批准或最终的工程延期批准之前，均应与建设单位和承包单位进行协商。

（4）项目监理部在审查工程延期时，应依下列情况确定批准工程延期的时间：

1）施工合同中有关工程延期的约定。

2）工期拖延和影响工期事件的事实和程度。

3）影响工期事件对工期影响的量化程度。

（5）工程延期造成承包单位提出费用索赔时，项目监理部应按《费用索赔的处理制度》进行处理。

（6）当承包单位未能按照施工合同要求的工期竣工交付造成工期延误时，项目监理部应按照施工合同规定从承包单位应得款项中扣除误期损害赔偿费以补偿建设单位的损失。

19.12　监理月报制度

（1）施工阶段的监理月报应包括以下内容：

1）本月工程施工概况。

2）本月工程的形象进度，本月实际完成情况与计划进度的比较，以及对完成进度计划而采取措施的效果分析。

3）本月工程质量情况分析，以及为保证工程质量采取措施的效果分析。

4）工程计量情况及工程进度款支付情况分析。

5）合同执行过程中其他事项的处理情况。

6）本月监理工作小结。

7）下月监理工作的重点及提请建设单位应注意的事项。

（2）监理月报应由项目总监理工程师组织编制，由总监理工程师签认后于每月 25—30 日内报建设单位和公司综合办公室。

20　监理使用设备（略）

21　对业主、设计、施工或监理单位的合理化建议（略）

8.2　监理实施细则

项目监理细则又称项目监理（工作）实施细则。监理细则是在项目监理规划基础上，由项目监理组织的各有关部门，根据监理规划的要求，在部门负责人主持下，针对所分担的具体监理任务和工作，结合项目具体情况和掌握的工程信息制定的指导具体监理业务实施的文件。

项目监理细则在编写时间上总是滞后于项目监理规划。编写主持人一般是项目监理组织的某个部门的负责人。其内容具有局部性，是围绕着某个部门的主要工作来编写的。它的作用是指导具体监理业务的开展。项目监理大纲、监理规划、监理细则是相互关联的，它们都是构成项目监理规划系列文件的组成部分，它们之间存在着明显的依据性关系；在编写项目监理规划时，一定要严格根据监理大纲的有关内容来编写；在制定项目监理细则时，一定要在监理规划的指导下进行。

8.2.1 监理实施细则的作用

项目监理实施细则是在监理规划的基础上，根据项目实际情况对各项监理工作的具体实施和操作要求的具体化、详细化。它是根据工程建设项目特点，由项目总监理工程师组织各专业监理工程师编制，并经总监理工程师批准后执行。监理实施细则一般应重点写明控制目标、关键工序、特殊工序、重点部位、质量控制点及相应的控制措施等。对于技术资料不全或新的施工工艺、新材料应用等，应在充分调查基础上，单独列出章节予以细化明确。监理实施细则对工程建设项目的监理工作包括以下三方面。

（1）监理实施细则是项目监理工作实施的技术依据。在项目监理工作实施过程中，由于工程建设项目的单件性和一次性及周围内外环境条件变化，即使同一施工工序在不同的项目上也存在影响工程质量、投资、进度的各种因素。因此，为了做到防患于未然，专业监理工程师必须依据相关的标准、规范、规程及施工检评标准，对可能出现偏差的工序写出监理实施细则，以便做到事前控制，防止可能出现偏差。

（2）落实实施项目计划，规范项目施工行为。在项目施工过程中，不同专业间有不同的施工方案。作为专业监理工程师，要想使各项施工工序做到规范化、标准化，如果没有一个详细的监督实施方案，那么要想达到预期的监理规划目标是难以做到的。因此，对于较复杂和大型工程，专业监理工程师必须编制各专业的监理实施细则，以规范专业施工过程。

（3）明确专业分工和职责，协调各类施工过程中的矛盾。对于专业工种较多的工程建设项目，各个专业间相互影响的问题往往在施工过程中逐渐出现，如施工面相互交叉、施工顺序相互影响等，产生这些问题当然是在所难免的，但若专业监理工程师在编制监理实施细则时就考虑到可能影响不同专业工种间的各种问题，那么在施工中就会尽可能减少或避免，使各项施工活动能够连续不断地进行，减少停工、窝工等事情的发生。

8.2.2 监理实施细则的编写依据

（1）国家有关的法律、法规。

（2）勘察、设计等技术文件。

（3）合同文件。

（4）已批准的监理规划。

（5）施工组织设计。

（6）专业施工验收规范及检验评定标准。

8.2.3　监理实施细则编写要求

（1）严格执行国家的标准规范、规程，并考虑项目的自身特点。国家的标准、规范、规程及施工技术文件等，是开展监理工作的主要依据。但是对于国家非强制性的规范、规程可以结合项目当地专业施工的自身特点和监理目标，有选择地采纳适合项目当地自身特点的部分，决不能照抄、照搬。

（2）对技术指标量化、细化，使其具可操作性。监理实施细则的目的是指导项目实施过程中的各项活动，并对各专业的实施活动进行监督和对结果进行评价。因此，专业监理工程师必须尽可能地依据技术指标来进行检验评定。在监理实施细则编写中，要明确国家规范、规程和规定中的技术指标及要求。只有这样，才能使监理实施细则更具针对性、可操作性。

（3）统筹兼顾，突出本专业特点但要兼顾其他专业的施工。监理实施细则虽然是具体指导各专业开展监理工作的技术性文件，但一个项目的目标实现，必须靠各专业间相互配合协调，才能实现项目的有序进行。如果各管各的专业特点而不考虑别的专业，那么整个项目的有序实施就会出现混乱，甚至影响到目标的实现。

8.2.4　监理实施细则的主要内容

监理实施细则的编写应突出专业监理工作的特点和目标控制的重点，其主要内容有：监理项目的特点、监理工作的流程、监理工作控制的要点及目标值、监理工作的方法及措施。具体到各个阶段的监理实施细则的编制，应有各自的侧重点。

施工阶段监理实施细则的编写主要内容包括以下内容。

（1）工程进度控制。

1）现场监理部应建立工程监理日志制度，详细记录工程进度、质量、设计变更、洽商等问题和有关施工过程中必须记录的问题。

2）组织工程进度协调会，听取施工单位的问题汇报，对其中有关进度问题提出监理意见。

3）督促施工单位按月提出施工进度报表，由各专业监理工程师审查认定，最后由项目总监理工程师汇编出监理月报，报送监理单位和建设单位。

（2）工程质量控制。

1）各专业监理工程师应认真熟悉施工图纸及有关设计说明资料，了解设计要求，明确土建与设备、安装相关部位及工序之间的关系，审查图纸有无差错和表达不清楚的地方，对工程关键部位和施工难点做到心中有数，并做好设计图纸会审工作。

2）图纸会审要求施工单位做好会审纪要的记录、整理及各方的签认工作，经建设单位、设计单位、监理单位、施工单位签字后成为设计文件的补充资料，是施工单位的施工技术资料。

3）要求施工单位严格按照施工安装规范、验收标准、设计图纸进行施工，并经常深入现场检查施工质量和保证质量措施的落实情况。

4）执行国家、部门和地方政府有关施工安装的质量检验报表制度，严格要求施工单位按照施工质量检验程序的规定，认真填报，各专业监理工程师对施工单位交验的有关施工质量报表，应进行核查或认定。对于隐蔽工程，未经总监理工程师核查签字，不能开始施工。

（3）工程造价控制

1）做好工程计量工作。

2）认真控制现场签证，确保每笔费用支出合理。

3）认真做好每月工程进度款审核批复工作，确保每笔支付经济合理。

4）协助业主处理承包商提出的索赔要求，审核索赔金额，向业主提供索赔处理意见和建议，避免业主的不合理支出。

（4）审查设计变更、洽商。

1）对各方提出的设计修改应通过项目总监理工程师，报请建设单位后由设计单位研究确定并提出修改通知，经专业监理工程师会签后交施工单位施工。

2）对有关设计变更、洽商经监理工程师签字并经建设单位同意后，由施工单位向设计单位办理设计变更、洽商。

3）监理工程师会签有关各种设计变更，应侧重审查对工程质量、进度、投资是否有不利影响。如发现影响监理目标的实现时，应明确提出监理意见，必要时向建设单位提出书面意见。

（5）监督检查施工安全防护措施。

1）审查施工单位提出的安全防护措施方案，并监督其实现，但施工安全防护的责任仍由施工单位承担。

2）施工过程中的安全防护措施，应由施工单位负责定期检查，监理部配合监督。如发现施工中存在重大安全隐患，可直接提出停止施工通知，并写出书面监理意见，并向建设单位及政府主管部门反映。

（6）审查主要建筑材料、设备的订货和核定其性能。

1）主要建筑材料、构配件及设备订货前，施工单位应提供样品（或看样）和有关订货厂家资质证明以及单价等资料，向专业监理工程师申报。经专业监理工程师会同设计、建设单位研究同意后方可订货。

2）主要设备订货，在订货前施工单位应向监理部提出申请，由专业监理工程师会同设计、建设单位研究同意后方可订货。设备到货后应及时向项目监理部报送出厂合格证及有关设备的技术参数资料，由监理工程师核定是否符合设计要求。

3）对用于工程的主要材料，进场时必须具备正式的出厂合格证和材质化验单。如不具备或对检验证明有疑问时，应向施工单位说明原因并要求施工单位补做检验。所有材料检验合格证必须经专业监理工程师验证，否则一律不准用于工程。

4）工程中所用各种构配件必须具有生产厂家、批号和出厂合格证。由于运输安装等原因出现的构配件质量问题，应进行分析研究。采取措施处理后经专业监理工程师同意方能使用。

5）专业监理工程师应检查工程上所采用的主要设备是否符合设计文件或标书所规定的厂家、型号、规格和标准。

6）对进口设备必须具有海关商检证书。

(7) 认定工程数量，签发（或会签）付款凭证。

1）对施工单位工程进度月报所反映完成工程数量，专业监理工程师应进行认真核实。

2）按照建设单位与施工单位签订的承包合同规定的工程付款办法，根据核实的完成工程数量，在扣除预付款和保修金等后，签发（或会签）付款凭证。

3）对超出承包合同之外的设计变更、洽商，由施工安装单位做出预算，项目监理部可根据建设单位委托审查预算由此而引起的追加合同价款，并于当月付款时予以调整。

(8) 工程验收。

1）现场监理部根据施工单位有关阶段的、分部工程的以及单位工程的竣工验收申请报告，负责组织初验。工程的各阶段、各分部和单位工程的正式验收由建设单位组织完成。

2）监理部接到施工单位有关竣工验收申请报告后，项目总监理工程师负责组织有关专业监理工程师进行初验，并将初验意见书面答复施工单位。对工程存在的质量问题和漏项工程限定处理期限和再次复验日期。

3）项目总监理工程师应严格掌握阶段的或部位的工程正式验收，通过正式验收合格后，方可同意继续下阶段施工。单位工程正式竣工验收合格后方可办理移交手续。

4）经初验全部合格后，由项目总监理工程师在相应的工程竣工验收报告单上签认，然后向建设单位提出竣工验收报告，要求建设单位组织有关部门和人员参加相应阶段的正式验收工作。

(9) 整理工程有关文件并归档。

1）督促检查施工单位完成各阶段的竣工图和最后全套竣工图的工作。

2）检查施工过程中的各种设计变更、洽商和监理文件等整理工作，并交建设单位存档。

(10) 组织工程质量事故的处理。

1）监理工程师对工程质量事故，负责组织有关方面进行事故原因分析，并责成事故责任方及时写出事故报告和提出处理方案。

2）责任方提出的质量事故处理方案，经监理工程师同意后，由责任方提出事故处理文件并对处理技术负责，监理工程师监督检查实施情况。

【示例 2】　工程监理实施细则示例

某工程项目监理实施细则

1　工程概况

项目名称：（略）

建设地点：（略）

建设规模：（略）

目标工期：（略）

工程项目建设相关单位：（略）

2　编制监理实施细则的依据

(1) 已批准的监理规划。

（2）设计施工图纸、会审纪要、设计变更、技术联系单等有关技术资料。

（3）现行的国家建筑施工操作规程和建筑工程施工质量验收规范。

（4）政府部门下达的有关工程建设的法令、条例和文件。

3 专业工程的特点

本工程均为框架结构，结构安全等级二级，框架抗震烈度为Ⅵ度，承台基础采用独立柱。根据设计要求及合同工期时间的限制，要保证工期施工的特点。由于柱施工时规格型号不一致，数量多、工程量大、工期长，这就需要监理人员既要精通业务，又要有吃苦耐劳的拼搏精神和熟练的技术管理素质，以确保桩基施工的工程质量及预定工期的实施。

4 监理工作的流程

4.1 监理工作计划总流程图（略）

4.2 监理工作联系流程图（略）

4.3 设计交底及图纸会审一般流程图（略）

4.4 施工组织设计审批流程图（略）

4.5 协调会议纪要签发流程图（略）

4.6 工序交接检验流程图（略）

4.7 单位、单项工程验收流程图（略）

4.8 质量事故处理流程图（略）

4.9 竣工验收流程图（略）

4.10 进度控制工作流程（略）

4.11 工程款支付核签流程图（略）

5 监理工作的控制要点及目标值

5.1 质量控制要点

质量控制是监理工作中的重中之重，如何使工程质量处于受控状态，如何确定关键控制点，只有有经验的监理工程师凭着过硬的技术素质，贯彻“预防为主，安全第一”“质量第一，百年大计”的指导方针，重视对工程质量进行事前和事中控制，才是确保工程质量目标的前提。

5.1.1 开工前质量控制工作

（1）基本熟悉和掌握质量控制的技术依据。即图纸、地质报告、合同、施工验收规范、规程和质量验评标准。

（2）严格审查施工管理人员资质，监督协助施工单位完善质量保证体系。

（3）严格审查各专业特种技术工人上岗操作证，检查施工单位机械设备状况。

（4）协助承包单位完善质量管理制度（包括现场会议制度、质量检验制度、质量统计报表制度和质量事故处理制度、安全检查监督落实制度）。

（5）参加设计交底和图纸会审。

（6）审查施工单位提交的施工组织设计（方案），保证工程质量具有可靠的技术措施和组织措施。

（7）对工程所需的原材料构配件的质量进行检查控制，实行准入制度。

（8）审核工程中采用的新材料、新工艺、新技术的技术鉴定书和可行性方案及合格证。

(9) 对施工现场测量放线进行复核验收。

(10) 把好开工关。

(11) 每道工序施工前和施工单位做好技术交底和安全交底，再由施工单位交底到班组及至每个操作人员，明确各个工序质量难点、要点、关键部位或易发生质量事故、安全事故的地方。做到有文字记录，以备日后查阅。

5.1.2 确定工程施工监理时的关键工序、部位和质量控制要点

工程监理实施细则，是监理单位协助建设单位实现项目总目标，具有可以指导监理业务的可操作文件，细则应根据有关规范、规定、设计和施工要求，结合该工程具体情况编制，能对实际施工起到应有的积极作用，促使建设、施工、监理单位的现场人员共同执行，确保安全施工、保证工程质量。

5.2 测量监理

5.2.1 建筑施工测量控制的监理要点：

建筑施工测量监理任务，就是要监督承包人将建筑总平面图上所设计的建筑物、构造物的位置，按照设计要求，测设到施工现场的正确位置上。为防止测量放线发生差错，给工程带来损失，监理工程师首先要审查测量放线方案，提出预防性要求，恰当地给予指导。其次，要求承包人一切定位放线工作要先自检、互检、合格后再报请监理人员验线。

就一般房屋建筑而言，如果起始依据是临近的原有建筑或构造物，只要业主、承包人、测绘院、监理人员到现场确认以后，承包人即可据此进行房屋定位放线，挖基槽，监理工程师也按此程序进行监理。

建筑施工测量监理的工作流程，见流程图（略）。

5.2.2 建筑施工测量质量监理工作流程

首先，要对红线桩位进行实地校测，并将校测资料提交监理工程师审核。证实红线桩位无误后，监理工程师签证认可，准予使用。若发现有差错或误差超限时，监理工程师应会同承包人重新校测。当确认有差错时，应和测绘单位联系，妥善处理，办好手续后，方可允许使用。

建筑施工测量质量监理工作流程为：仪器检定、检校→校测起始依据→场地平整测量→场地控制网测设→建筑物的定位放线→基础放线→建筑物的竖向控制→建筑物的沉降观测。

5.2.3 监理工作内容

(1) 施工单位跟业主提供的坐标及相关数据、准确地将建筑物定位于设计位置上，施工单位放出建筑每根轴线和控制点，并建立好施工控制图，监理单位要认真对施工单位的测量结果进行复核校对，并要有测量复核校对记录，并将复核记录提交给业主和施工单位。

(2) 高程控制及沉降观测。根据业主提供的水准高程，在建筑物四周布设水准点，并将原黄海高程系统换算成以底层屋内地坪±0.000 的相对高程。现场监理要认真复核±0.000相对高程的准确性，以确保测量的精度、控制误差。要检查施工单位的沉降观测布置图，准确地将观测点埋设于建筑物内，观测点布置要坚固，要进行保护，并有利于观

测。监理要认真检查沉降观测的原始记录，对其结果复测校核，并及时向业主提供沉降观测的结果。

(3) 建筑物的定位放样和建筑物主轴线的引测。建筑物外包线的定位放样由市规划局委托持证专业测绘单位执行，向业主和施工单位交桩，在基础浇筑前再由市规划局核查。

(4) 在施工中对重要的控制部位，现场监理要亲自去复核抽查，以确保偏差在允许范围之内。

(5) 检查基坑土方开挖底标高的准确性。

(6) 现场监理要检查建筑物主轴线的测设和引测情况。

(7) 检查基础底、垫层、基础顶、各楼层、屋顶面的抄平的高程引测和层高。

(8) 检查建筑物的沉降、竖向倾斜、位移测量情况。

(9) 检查施工塔吊、施工电梯的沉降与倾斜情况。

5.3 材料监理

5.3.1 水泥

(1) 水泥生产厂家的生产许可证或产品质量认证证书或地方建设主管部门核发的水泥准用认证证书。

(2) 水泥生产厂家提供的该批产品编号的质量试验报告单。

(3) 由施工企业提交监理现场见证取样送检的水泥抽验、复试报告单。

1) 散装水泥：同一批总量不得超过500t，对同一水泥厂生产的同期出厂的同品种、同强度等级水泥；以一次进场，同一出厂编号的水泥为一批，取样时应随机从不少于3个车罐中各取等量水泥混拌均匀后，再从中取不少于12kg水泥作为这一批的试样。

2) 袋装水泥：对同一水泥厂出产的同期出厂的同品种、同强度等级的水泥，以一同进场，同一出厂编号的水泥为一批，但一批的总量不得超过200t，取样时应随机地从不少于20袋中各采取等量水泥混拌均匀后，再从中称取不少于12kg水泥作为这一批的试样。

3) 对已进场存放期超过3个月的水泥，尽管刚进场时已经复试，在使用前还必须进行再复试，并按复试结果酌情使用。

4) 不同品种、不同强度等级、不同厂家的水泥不能混合使用。

5.3.2 钢筋

(1) 每月进入现场的钢筋必须有出厂质量证明书，并要现场抽样去试验室进行机械性能复验，各项技术指标合格后方准使用，必要时还要进行化学成分分析。

(2) 钢筋应按批进行检查和验收，要求进入现场的钢筋表面洁净，无损伤、铁锈、油污，如有缺陷，则要求施工单位进行处理。

(3) 钢筋的焊接，施工单位必须预先制作同条件的焊接试件，通过试验检测合格后，方能进场电焊操作。

焊拉件的取样，闪光对焊在同一班内，由同一焊工完成300个同级别，同直径钢筋焊接头应作为一批，如累计不足300个接头也作一批计算，每批成品中切取6个试件，3个作拉伸试验，3个作弯曲试验，电弧焊以300个同类型接头作为一批，从每批成品中切取3个接头作拉伸试验，电渣压力焊以每300个同类型接头为一批（每一楼层中以300个同类型接头作为一批)，从每批成品中切取 3 个接头作拉伸试验；监理要现场随机抽样，不得弄虚作假，监理人员必须对试样进行监护。

取样方法：拉伸 2 个，长度取值 $10d$＋250mm；弯曲 2 个，长度取值 $10d$＋150mm。

5.3.3 砂、石、砂浆、混凝土

(1) 审查砂、石进场后抽验的复试报告。

(2) 取样方法：

1) 砂、石试验应以同一产地、同一规格，同一进场时间，每 400m^3 或 600t 为一验收批，不足 400m^3 或 600t 也为一验收批。

2) 每一验收批砂取样 30kg，石取样 80kg，如同时申请混凝土配合比，则需要每申请一个配合比，砂另取样 20kg，石另外再取样 40kg。

3) 取样方法：应从每个单位工程的料堆上取样，取样部位均匀分，取样时先将取样部位表层铲除，然后取样：

砂子——由 8 个部位抽取大致相等的数量、搅拌均匀后取一个样。

石子——从料堆上、中、下 3 层每层均选 5 个点，等量抽取，搅拌均匀后组成一个试样。

5.3.4 外加剂

(1) 混凝土掺用的外加剂及水泥搅拌桩所掺加外加剂，应有产品合格证，以保证混凝土质量。

(2) 要现场取样按《混凝土外加剂》(GB 8076—2008) 标准规定方法与项目进行试验，如有疑问时交国家指定的检验机构进行复检。

5.3.5 墙体材料

(1) 多孔砖砌块的品种、规格和强度等级都必须符合规范和设计要求。

(2) 凡所用的多孔砖砌块都必须经监理随机取样送实验室检测，若检验不合格，应清退出场或降级使用处理。

(3) 检验的取样方法：以用同一种工艺制成的同等级的 5 万块的一批，数量不足 5 万块时亦为一批，由外观合格的样品中随机抽取 10 块作抗压强度检验。

5.3.6 防水材料

(1) 生产厂家产品合格证。

(2) 产品使用说明书。

(3) 城市地建设主管部门核发的“建筑材料使用认证”证书。

(4) 防水施工专业队伍的资质等级证书。

(5) 防水队员工上岗证。

(6) 以现场抽验的防水材料复试报告。

取样方法：

(1) 石油沥青油毡：将取样的一卷切除，距外层头卷 250mm 后顺纵向截取长度为 500mm 的全幅卷材 2 块。

(2) 高聚物改性沥青防水卷材：同石油沥青油毡取样方法与数量一样。

(3) 取氯乙烯防水卷材：在经外观检查的卷材中位取一卷，在距端 300m 处截取 3m。

5.3.7 饰面材料

（1）材料的品种、规格、图案及颜色应符合设计要求。

（2）按国家、行业或地方标准的饰面板、饰面砖进行外观质量检查同时应审查出厂合格证及当地建筑材料质检部门所做的检测报告。

5.4 基础工程施工监理

（1）全面了解周围建筑物的地质资料，地下管线以及地面荷载情况，并作好记录，基底土质，开挖范围和深度要符合设计要求。

（2）认真审核施工的支护方案和排水措施，使支护桩能起到挡土止水的作用，达到排水和降水施工；开挖前对边坡稳定降水措施挖土方案，运土路，堆叠位置编制方案，经审查批准后才能开工。

（3）不将弃土堆在槽坑附近，不得向基桩挠动、加压。

（4）回填土应排除积水，清除含水量高的浮土和建筑垃圾，并分层对称压实。

（5）禁止超挖，超挖的补救措施须经设计单位同意。

（6）垫层和找平层按设计要求设置、垫层必须夯实，片石最好小头朝上。

（7）允许偏差：槽坑标高0，长宽度为0～50mm，回填土标高0～50mm，表面平整度20mm。

（8）标出基础挖土界线，基坑（槽）开挖时，在坑顶两边一定距离（一般为0.8m），不得堆放弃上，在此距离外堆土高度不超过1.5m，否则应验边坡的稳定性。挖土时应在基底标高以上保留150～300mm厚的土层，待基础施工时再行挖去。

（9）软土地区开挖基坑（槽）时，要符合以下规定：

1）施工前必须做好地面排水和降低地下水位工作，地下水位应降低至基坑以下0.5～1.0m后，方可开挖，降水工作持水位应持续到回填完毕。

2）施工机械行驶道路应填筑适当厚度的碎石或砾石，必要时应铺设工具路基箱或梢排等。

3）相邻基坑（槽）开挖时，应遵循先深后浅同时进行的施工顺序，并应及时作好基础。

4）挖出的土不得堆放在坡顶或建筑物附近。

5）深基坑土方开挖时，按实际情况多设置些沉降、位移观测点，定时、定人地对其进行观测，并且作好记录，以便分析研究，发现异常情况及时酌情处理；严重时还应停工处理。

（10）整体地面与楼面工程质量监理。

1）基层处理。房屋首层地面的回填土必须分层夯实。填料的土质、干土重力密度必须符合设计要求和施工规范的规定，避免基土不均匀沉陷，引起整体面层开裂。

2）基土处理的工艺流程：基底处理→钉水平标桩→分层填土→分层夯实→验收。

3）施工前的质量监理。

4）审查承包人的资质，认可后，才允许进场施工。

5）审查施工方案，着重审查其工艺流程、施工机具的配备、填土的最佳含水率、人员组织、技术措施及进度计划。

6）施工过程中的质量监理。

7）检查水平标桩的标高、桩距，目的在于控制填土厚度。

8）基底的草皮、树根等杂物应清除，同时不得有积水。

9）填土不得用腐殖土、淤泥、耕地土，应用黏土或黏性土，土的含水率应控制在最佳含水率。

10）每层土的虚铺厚度应与施工方案中所述一致。

11）检查分层夯实程度、夯击的遍数、密度、按规定现场取样检测。

12）承包人自检合格后，提交《质量验收通知单》。监理工程师根据设计资料、有关标准和规范进行检查，确认其质量符合要求后，验收签证。

13）对垫层、找平层的质量要求：其材质、强度（混凝土配合比）密实度以及厚度、坡度必须符合设计要求和施工验收规范，对水泥则应检查其出厂合格证和试验记录。

5.5　主体钢筋混凝土结构施工监理。

（1）要认真审核施工单位模板的施工组织方案，检查模板的强度和刚度，保证施工安全；检查模板的标高、尺寸、位置是否符合设计要求，检查预留孔和预埋件的准确性。要对模板本身的质量进行检查，不能再次使用的坚决不准使用。

（2）要检查模板的轴线位置、板底标高、垂直度和垂直交角、平整度、刚度，要检查楼梯模板的标高和角度，模板安装完成后，在施工单位自检合格的基础上，监理还应对柱模的垂直度进行垂吊检查核验，做好隐蔽工程的验收工作。不符要求时，坚决令其返工改正。

（3）钢筋隐蔽质量的检查和验收：

1）熟悉图纸，对各构件的配筋情况，监理内部进行技术交底，施工时，到现场依照图纸认真核对。

2）经常到钢筋加工现场检查加工情况，发现问题时，立即明确指出。

3）钢筋焊接质量要严格把关，焊接接头位置，搭接长度、宽度，焊接及焊缝质量、焊渣清除情况要满足施工规范要求。

4）经常到钢筋安装现场检查安装情况，对不符合设计和规范的行为要求其立即改正。照图核查，检查施工时是否有遗漏。

5）梁柱节点钢筋的检查，避免节点处钢筋的箍筋遗漏或间距过大。

6）加强巡视和旁站力度，对施工现场质量和安全进行仔细检查。

7）查阅《图集应用——平法　钢筋算量》（16G 101—1）和设计图纸，作为检查的依据。

8）认真检查受力钢筋的保护层、规格直径、钢筋间距、锚固长度、弯折等情况。

9）熟悉图纸，协助核查水电安装的孔洞预留和隐蔽预埋。

（4）检查水泥出厂合格证、质量保证单、施工单位事先应将混凝土配合比化验单及浇筑方法提交监理审查，并以此标准进行检查。

（5）现场监理应对现浇、现捣、搅拌时间、间歇时间、施工试块、坍落度、水灰比等做好认真检查和抽查。经常抽查混凝土厚度，对板厚和振，捣时间和频率进行有效监控。

（6）柱子混凝土的浇筑：浇筑前底部应先填以5～10cm厚与混凝土配合比相同的减半石子混凝土，柱子混凝土应分层振捣。

(7) 梁板混凝土浇筑：肋形楼板的梁应同时浇筑，浇筑时应顺方向。浇筑大梁时，应从梁的两端向中间浇筑，或由一端开始用“赶浆法”，不允许从中间向两端浇筑。

(8) 楼梯混凝土的浇筑：楼梯段混凝土应自下而上浇筑，先振实底板混凝土，在达到踏步位置时与混凝土一起浇捣，连续向上推进。

(9) 施工缝的位置：柱的施工缝应留在梁下面，梁板沿着梁方向浇筑，施工缝应留在次梁跨中间1/3范围内，应留垂直缝，不准留斜槎，施工缝要用木板挡牢，如沿主梁浇筑，施工缝应留置在主梁跨度的中间1/3范围内，单向板留置在平行于板的短边的任何位置，双向板按设计要求设置；楼梯应留置在楼梯段1/3的部位，且应为垂直缝。

(10) 施工缝的处理时，已浇筑的混凝土抗压强度不应小于1.2MPa，在已硬化的混凝土，先用水泥等湿润，再加与混凝土配合比相同的水泥砂浆。

(11) 要认真掌握拆模时间，拆模时间必须符合施工规范规定。

(12) 拆模后发现蜂窝、麻面等不良缺陷时，施工单位应及时通知现场监理实地查看，并提出补强方案，由监理认可实施，如果问题严重，必须请设计单位，质监站到现场共同研究加固处理方案。

(13) 拆除模板后，监理要检查轴线、标高、垂直度、平整度的质量情况。

5.6 砌筑工程施工监理

(1) 每批砖砌块的品种、规格、强度等级及外观必须符合设计要求，并有质量证明书及市级建设主管部门颁发的准用证。

(2) 水泥砂浆混合砂浆要严格按设计配合比拌制，所用水泥，砂、石灰膏要按质量要求，并按规定制作试块，检验强度，砂浆随拌随用。

(3) 砌体的轴线标高，砌筑前先立好皮数杆，立杆的位置应合理、垂直、监理要随时检查墙体轴线、皮数和皮数杆的使用情况。砌前，要清除基底尘土，并要湿润基底，砖要先浇水湿透（灰砂砖当天不能浇水）。

(4) 墙与构造柱连接要马牙槎，并留拉结筋，门洞、窗边及转角外要实砌。

(5) 砌体灰砂浆饱满，砖缝要横平竖直。

(6) 内外墙宜同时砌筑，不能同时砌的必须砌成斜槎，砌筑高差不宜大于一步脚手架高，并要注意构造柱与墙体拉结筋的距离、根数、长度、拉结筋部分要用混凝土浇筑。

(7) 砌体完成要抽查墙体垂直度、表面平整度，灰缝饱满度。

5.7 楼地面工程施工监理

(1) 地面应平整：标高符合设计要求，有排水要求时，坡度应与排水方向一致，不应有倒坡。

(2) 垫层：构造的材料强度应符合设计要求和施工规范规定。

(3) 各种面层的材质、强度：外观质量应符合设计与施工规范要求。

(4) 所有管道预埋件、预留孔洞：必须经检查符合设计要求后方可浇筑。

(5) 面层、基层：垫层、找平层等施工，必须捣实牢固以防空鼓。

(6) 细石混凝土面层：施工前应清除基底垃圾，先洗水湿润，做出标高标志，铺设后用纯水泥浆扫面，随铺随拍实，拍平后进行分块抹平压光。

(7) 所有楼地面，屋面完工后应完工后应保持清洁、美观。

(8) 混凝土（水泥砂浆）整体面层施工工艺流程：清理基层→弹面层水平线→湿润基层→刷素水泥浆→铺混凝土（铺水泥砂浆）→振捣（刮尺刮平、木抹子搓平、压实）→三遍压密→抹光→养护。

1) 施工前的质量监理。

2) 审批施工方案，重点是工艺流程、原材料及混凝土配合比、人员组织及技术措施。

3) 水泥要有出厂合格证及试验报告，砂、石应试验。

(9) 施工过程中的质量监理，严把材料质量关：要用中砂或粗砂，含泥量不大于3%。石子粒不应大于15mm和面层厚度的2/5。水泥宜用硅酸盐水泥或普通硅酸盐水泥，强度等级不低于32.5，安定性要合格。严禁使用过期水泥或将不同品种、强度等级的水泥混用。严格控制水泥砂浆和混凝土的水灰比，切忌水灰比过大。混凝土强度等级应符合设计要求，配合比要经过试配。

(10) 防止楼、地面空鼓。要监督承包人严格处理好底层（垫层或基层），使底层具有清洁、湿润、粗糙的表面，并在铺设面层时，刷素水泥浆，随刷随铺。

(11) 压光工序时间安排要适当。压光过早，水泥的水化作用刚开始，凝胶尚未全部形成，游离水分较多，对面层砂浆的强度和抗磨能力不利；压光过晚，水泥已终凝硬化，无法消除面层表面的毛细孔及抹痕；且会扰动已硬结的表面，降低面层砂浆的强度和抗磨能力。

(12) 严格养护制度。水泥地面压光后，一般在12h后进行洒水养护，连续养护的时间不应少于7d。浇水次数应使地面始终保持润湿状态。不养护或养护天数不够，水泥的水化作用都会受到影响，减缓硬化速度，甚至停止硬化，导致面层表面不耐磨，起砂。

5.8　门窗的施工质量的监理

(1) 各种门、窗及其附件质必须符合设计和有关质量标准的规定，并有产品质量合格书。

(2) 安装前逐个检查核对其规格、型号、开放方向及气密性、水密性，必须符合设计和规范要求，若因搬运和堆放造成的质量问题，应处理合格后方可安装。

(3) 门窗安装位置，开启方向，标高必须符合设计要求，安装必须牢固，预埋件的数量、位置、埋设、连接方法必须符合设计要求。

(4) 门、窗框与墙体等主体结构之间的填塞材料必须符合规范要求：坚决不能用水泥砂浆作窗框与墙体之间的填塞材料，填塞缝隙只能在10～20mm宜采用砂棉或玻璃棉毡分层填塞缝隙（目前都采用发泡剂），外表要留5～8mm深槽口填嵌缝油膏。填嵌材料检饱满密实，表面平整。

(5) 门窗与墙体连接固定的方法应符合设计要求，同窗框与墙体固定一般采用不锈钢或经防腐处理的软件连接，严禁用电焊直接与框架焊接。

(6) 窗、框、扇的标准槽必须嵌合严密，以胶料胶片，并用胶楔夹紧。胶料品种必须符合施工规范的规定。

(7) 检查门、窗小五金安装的情况，应当位置适宜，边缘整齐，尺寸正确、零件安装齐全，插销关启灵活。

5.9　装饰工程施工质量的监理

5.9.1　抹灰工程施工监理

(1) 一般抹灰工程施工前，监理工程师应参加施工方技术交底会，根据质量等级提出注意事项和检查标准。砂浆的和易性取决于砂浆的稠度和保水性能。通常底层的稠度为10～12cm，砂的最大粒径为2.8mm；中层稠度为7～9cm，砂的最大粒径为2.6mm；面层稠度为7～8cm，砂的最大粒径为1.2mm。检查基体表面的平整度。基体表面应清除干净。对局部凹凸处应提前凿平或用1∶3水泥砂浆找平。阳角处，应用1∶2水泥砂浆做护角，每侧宽度不小于50mm。

检查验收钢、木门窗框位置是否正确，与墙连接应牢固，连接处的缝隙应分层嵌塞密实。

木结构与砖石结构、混凝土结构等相接处应在基体表面铺钉金属网，金属网搭接宽度应满足要求，并应绷紧牢固。

(2) 协调好与安装工程的配合。上下水、煤气等管道安装应在抹灰前进行；散热器和密集管道等背后的墙面抹灰，宜在散热器和管道安装前进行。

(3) 基体应在抹灰前充分湿润。

(4) 一般抹灰工程施工过程中的质量监理。

1) 抹灰砂浆应在配比和稠度等检查合格后，方可使用。水泥砂浆及掺有水泥或石膏拌制的砂浆，应控制在初凝前用完，超过初凝时间的不允许再使用。

2) 按规范要求督促承包人控制抹灰层的平均厚度并应严格控制每遍的厚度，水泥砂浆宜为5～7cm，石灰砂浆和水泥石灰砂浆每遍厚度宜为7～9cm。

3) 水泥砂浆和水泥石灰砂浆应等前一层抹灰层凝结后，方可涂抹后一层；石灰砂浆应等前一层7～8成变干发白后，方可涂抹后一层。

4) 检查外墙的窗台、窗楣、雨篷、阳台、压顶和突腰线等处，上面做流水坡度，下面做滴水线或滴水槽。滴水槽的宽度和深度均不应小于10mm，并整齐一致。

5) 检查底层砂浆与中层砂浆的配合比是否基本相同。中层砂浆不能高出底层，底层砂浆不能高于基层墙体，以免在层间产生较强的收缩应力，造成空鼓、裂缝等质量问题。

6) 门窗框边要认真塞缝，确保与墙体连接牢固；安装钢窗，窗台抹灰应不低于钢窗框下1cm，以防止渗漏水。

7) 抹灰完成后，应普遍检查，是否有空鼓、裂缝情况。如有，达到20cm×20cm的空鼓必须返工。

(5) 检查各种抹灰层与基层与基层之间必须粘结牢固，严禁有空鼓、脱层、面层爆灰、裂缝等。

(6) 抹灰表面应光滑、平整、洁净、颜色均匀，无抹纹、线角和灰线应平直方正，滴水线进出深一致，整齐美观。

(7) 门窗框四周抹灰整齐一致，窗口门套光滑，四周镶嵌密实，外窗泛水要合适，不得有倒泛水，内窗盘必须高于外窗盘，窗盘两端出进必须对称。

5.9.2 瓷砖贴面的监理

(1) 瓷砖的品种、规格、颜色必须符合设计要求，并先做样板墙面，经业主检查满意后，再大面积全面展开施工。

(2) 瓷砖镶贴必须牢固、无歪斜、缺棱掉角和紧缝、空鼓和脱落等缺陷。

(3) 检查饰面板表面质量应符合以下规定：表面平整、洁净、颜色一致，无变色、污痕和明显的光泽受损，无空鼓现象。接缝嵌密实、平直、宽窄一致，颜色一致，阴阳角处的板（砖）压向正确，非整砖的使用部位适宜。用整砖套割场全，边缘整齐，墙裙，贴脸等突出墙面的厚度要一致。

（4）检查流水坡向和滴水线的质量情况：流水坡向正确，滴水线顺直。

5.10　屋面工程施工监理

5.10.1　屋面水泥砂浆找平层的监理

（1）检查制作层面的原材料出厂合格证和配合比，必须符合设计和施工规范的规定。

（2）屋面找平层的坡度，必须符合设计要求。

（3）检查水泥砂浆找平层表面的质量情况要求无胶皮和起砂等缺陷。

（4）检查找平层与突出层面结构的连接处和转角处的质量。

（5）检查表面平整度，用2m靠尺和塞尺检查，其偏差不能超过5m。

（6）检查找平层的养护情况，7d内保持表面湿润。

（7）找平层施工完毕，量测验收满足设计和施工验收规范要求，由监理工程师在承包人填写的报表上签认后，承包人方可进行下道工序的施工。

5.10.2　屋面保温（隔热）层的监理

（1）检查保温层材料的强度，表观密度，导热系数和含水率，以及配合比，粒径、堆积密度（散粒型）；密度、厚度、板的形状和强度（板状型）。同一批材料至少抽检一次。保温材料的质量标准，应符合设计要求和施工规范的要求。

（2）铺设的保温层的基层，应干燥、平整，干净，并经检查验收合格。

（3）对松散粒状保温层应分段分层铺设，应控制其适度的密实性；每层铺设厚度不宜大于150mm，压实程度及厚度应根据设计和试验确定。

（4）检查保温层表面平整度和厚度，用2m靠尺和楔形塞尺检查，偏差不能超过5mm。保温层厚度用钢钉插入和尺量，检查偏差必须符合施工规范要求。

（5）保温层施工完成后，应及时铺抹水泥砂浆找平层，以减少受潮和进水，尤其在雨季施工，更要及时采取措施。

5.10.3　屋面防水卷材工程的监理

（1）油毡卷材和胶结材料的品种、强度等级及玛琋脂配合比，必须符合设计要求及施工规范规定，要严格检查产品出厂合格证，配合比或有关试验报告。施工作业人员必须持证上岗。

（2）基层必须干净、平整、牢固、干燥。

检查方法：目测无杂物、碴粒；用防水卷材覆盖基层1m^2面积，3～4h后揭开，被覆盖部分未见水印，或与其余部分颜色基本一致，说明已达干燥；如颜色明显的深，说明含水量较多。

（3）卷材防水材料在女儿墙或其他垂直于屋面的墙面上收口的处置，必须可行可靠。

（4）内排水落水口配件及其他预埋件，应安置稳妥，并作除锈、防锈处理。

（5）排气槽与大气连通的排气孔应设置稳固，排气通畅。

（6）穿过屋面与防水层的管道、设备或预埋件，应在防水层施工前安装好，并做好防水措施。

(7) 卷材铺贴前，应将卷材上的云母片或滑石粉清刷干净。

(8) 使用新型防水卷材，应充分掌握其标准、性能、使用说明，并严格遵照执行。

(9) 在防水卷材的铺设过程中，监理人员应监督承包人严格执行施工技术方案中的施工程序、措施及操作，并跟踪检查。

(10) 卷材屋面防水工程的验收，验收工作应在防水卷材铺贴完毕，容许上人和注水的情况下进行。

竣工屋面应表面平整度要符合排水要求，无渗漏水、积水现象。检查屋面防水效果可在雨天后观察屋面积水情况。蓄水检查时，蓄水深度应使有坡度的屋面最高处浸没在水中，持续24h后检查渗漏水情况。检查时，蓄水工作由承包人承担，检查工作由监理工程师、承包人双方在场进行，发现渗漏水及屋面积水现象，由承包人承担返修处理工作，直至达到质量标准。经试水检验后，未出现渗漏水及屋面积水，监理工程师签署卷材屋面防水分项工程质量验收的书面意见。

(11) 检查卷材铺贴的质量，冷底子油涂刷要均匀，铺贴方法、压接顺序、搭接长度必须符合施工规范规定，粘结牢固，无滑移、翘边、起泡皱折等缺陷。

(12) 检查泛水，檐口及变形缝的做法是否符合设计和施工规范规定，粘结必须牢固，封盖严密，附加层及泛水立面收头等处，做法要严格按规范检查。

(13) 检查卷材搭接宽度不能小于10cm，玛𤧛脂，软代点为5℃，沥青胶结材料使用湿度允许偏差−10℃。

5.10.4 细石混凝土（刚性）屋面工程的监理

通常把现浇混凝土（包括细石混凝土和补偿收缩混凝土）防水块体作为防水层的屋面定作刚性防水屋面。这种屋面主要适用于防水等级为Ⅲ级的屋面，也可作Ⅰ、Ⅱ级屋面多道防水设防中的一道。刚性防水屋面不适用于设有松散材料作为保温层的屋面以及受较大震动或冲击的建筑屋面。

(1) 施工工艺流程为：清理屋面基层→作找平层→铺设隔离材料→绑扎钢筋网片→设置分隔缝木条→浇筑细石混凝土→养护、直至干燥→取出分格缝木条→清缝→分隔缝用油膏嵌封。

当采用补偿收缩混凝土做防水层时，可不作隔离层。

(2) 检查原材料、外加剂、混凝土防水性能及强度，必须符合规范的规定。

(3) 检查钢筋网的规格，间距及保护层厚度必须符合设计要求。

(4) 水泥掺和量、水灰比，外加剂应严格按照设计图纸及施工规范进行。

(5) 检查混凝土厚度，必须符合设计要求。

细石混凝土（包括补偿收缩混凝土）的配合比，在施工前，承包人应进行试配，并提交试配报告，监理工程师作出认可的书面意见后，承包人方可按此配合比实施。

(6) 刚性防水层施工过程中的质量监理。

(7) 严格执行混凝土浇捣签证制，由承包人填写混凝土浇捣申请单，监理工程师作全面检查，隐蔽验收签证后，签署混凝土开盘认可签证，承包人方可搅拌混凝土。

(8) 监理人员应经常检查承包人对混凝土配合比的实施情况。抽查发现未执行混配合比或有违反施工规范的作法，监理人员应及时向承包人提出，督促其纠正。

(9) 检查督促承包人控制好下述关键问题。

1) 分格缝的设置和处理。分格缝应按设计要求设置，所有分格缝应互相连通，如有间断应凿通；分格缝内，缝壁和缝两外侧 50～60mm 内的水泥浆等杂物应清除干净，用密封材料嵌缝；嵌缝工作必须在混凝土养护毕，表面干燥发白（表面含水率不大于 6%）后进行；雾天及混凝土表面有冰雪、雾露时不得施工。

2) 钢筋网的设置。钢筋需调直，按设计要求布置钢筋网，分格缝处钢筋网要断开，两端必须弯钩；钢筋网与屋面基层的距离约为防水层厚度的 2/3，不得贴靠基层，也不得露筋。

3) 混凝土面层的浇灌质量。混凝土防水层施工缝应留在分格缝的位置上，混凝土厚度及坡度应符合设计要求。

4) 混凝土防水层浇筑完毕，要做好养护工作，尤其对补偿收缩混凝土更需加强养护，并检查其养护所需的天数。

5) 最终质量标准：按设计要求和施工规范的规定，表面应平整，通过压光后，细石混凝土防水层的表面无裂缝、起壳、起砂等缺陷。

5.10.5　屋面接缝密封防水施工质量监理

(1) 检查填嵌密封材料接缝的宽、深度。宽度不应大于 40mm，且不小于 10mm；深度控制在 0.5～0.7 倍的宽度。

(2) 检查基层处理是否达到要求：表面平整、密实、干净、干燥。

(3) 背衬材料应选与密封材料不粘结或少粘结的材料。

(4) 需跟踪检查嵌缝质量。检查密封材料的施工度，以保证填嵌严密，粘结牢固；还应检查成品保护手段，以确保成品的功能。

6　监理工作的方法要点

6.1　监理工作方法

6.1.1　巡视、旁站

根据钻孔灌注桩的工艺特点，对施工全过程进行监理跟踪巡视和旁站，并明确规定旁站监控点，对下钢筋笼和水下混凝土的灌注等关键工序的质量进行严格的旁站监理。

6.1.2　严格检查验收程序

当桩基工程存在总、分包及其下属的劳务队伍时，质量管理和质量控制应严格按照班组自检→分包自查→总包复查→监理验收的程序进行。

6.1.3　监理指令

监理指令见表 8.1。

表 8.1　　　　**监　理　指　令**

存在问题	监理方法	监理指令
准备工作和施工过程中存在问题	巡视	口头通知、《监理巡视通知单》、《监理工作联系单》
关键质量控制点存在问题	旁站	口头通知、《监理工程师通知单》、质量专题会
工序验收节点存在问题	检查、验收	口头通知、《监理工作联系单》、《监理通知单》
进度方面存在问题	人、机、物工作效率统计	《监理工作联系单》、进度专题会
安全文明施工存在问题	巡视、检查	口头通知、《安全监理联系单》

6.1.4 质量会议

每周主持召开工程例会，针对重要质量问题召开专题会议。

6.2 监理措施

6.2.1 组织措施（人员分工）

1. 总监理工程师

项目监理部实行总监理工程师负责制，总监理工程师负责全面履行项目监理合同业务。

2. 总监理工程师代表

负责总监理工程师指定或交办的监理工作，按总监理工程师的授权，行使总监理工程师的部分职责和权力。

3. 土建监理工程师

负责编写监理实施细则；负责监理工作的具体实施；组织、指导、检查和督促监理员的工作，当人员需要调整时，向总监理工程师提出建议；审查承包单位提交的计划、方案、申请、变更，并向总监理工程师提出报告；负责分项工程验收及隐蔽工程验收；定期向总监理工程师提交监理工作实施情况报告，对重大问题及时向总监理工程师汇报和请示；做好监理日记；负责监理资料的收集、汇总及整理，参与编写监理月报；核查进场材料、设备、构配件的原始凭证、检测报告等质量证明文件及其质量情况，根据实际情况认为有必要时对进场材料、设备、构配件进行平行检验，合格时予以签认；负责工程计量工作，审核工程计量的数据和原始凭证。

4. 土建监理员

在专业监理工程师的指导下开展现场监理工作：检查承包单位投入工程项目的人力、材料、主要设备及其使用、运行状况，并做好检查记录；复核或从施工现场直接获取工程计量的有关数据并签署原始凭证；对承包单位的工艺过程或施工工序进行检查和记录，对加工制作及工序施工质量检查结果进行记录；担任旁站工作，发现问题及时指出并向专业监理工程师报告；做好监理日记和有关的监理记录。

5. 资料员

负责图纸资料保管及技术档案的管理，制定收发文件编号及存档办法；记录每天的现场天气情况及人员考勤；登记监理台账。

6.2.2 技术措施

（1）组织所有监理人员全面地阅读图纸等技术文件，提出书面意见，参加设计交底，制定详细的监理细则。

（2）详细审核施工方提交的组织设计。

（3）严格审查施工总包的质量管理和质保体系的建立、健全和实施。

（4）研究分析各工序施工质量风险点，合理确定质量控制关键点。

（5）注重质量、进度、安全文明综合监控，参与管理，促进良性循环的形成。

6.2.3 安全、文明施工监理措施

（1）安全监理工作措施。

1）对施工单位的安全生产责任制、安全生产保证体系进行检查审核，并督促其建立完善。对施工单位在施工过程中制定的各项安全描述措施进行检查、审核，并对其具体的

实施情况进行监理。

2）依照安全生产的法规、规定、标准及监理合同要求，督促协调施工单位从管理入手，全面在施工中执行各种规范，对可能发生的事故，采取预防措施，实施施工全过程的安全生产。及时制止和纠正各种违章作业，及时发现各种隐患，督促其整改。对其重大隐患和问题有权责令施工单位停工整改。

3）对施工单位施工机械设备的数量、性能、检修证及特种工种作业人员操作证等进行审核、监督，确保机械设备的正常运转，消除不安全隐患。

4）审查施工单位提交的施工现场平面布置；督促施工单位定期或不定期检查用电，机械设备，临边防护、消防安全等。

5）每日巡视，并做好安全监理日记，每周对施工现场的安全用电、运用明火、防护设施、消防器材的设置、设备安装、防火、防事故措施的落实情况进行一次综合性的检查。每月书面向建设单位工程项目管理组反馈安全监理情况，重大信息及时汇报。

6）检查施工单位特殊工种的上岗操作证。

7）五级风以上严禁高空作业，有关设备或设施应装设防雷装置，以防雷击。

（2）文明施工监理工作措施。

1）检查督促施工单位按规定做好施工区域与非施工区域之间分隔、路拦的设置。

2）检查本工地的排水设施，督促封堵排水管道的申报手续，以及检查督促对公用设施的不良影响。

3）管线的保护措施和其他应急设施（包括防污设施）的落实。

4）由于红线桩在公路上，检查督促施工单位保持施工沿线单位居民的出入口和道路的畅通、整洁，凡在施工道路的交叉口要按规定设置交通标志牌，夜间设示警示灯，防止事故发生。

5）检查督促施工单位按规定落实各类材料及土方的堆放，做到整齐有序，不侵占人行道、车行道、消防通道。

6）检查督促施工单位在施工中防止渣土洒落，泥浆废水流溢，粉尘飞扬，减少施工对市容环境和绿化的污染。严格控制噪声。

7）检查督促施工单位按规定做到工地“五小”设施齐全，建立各项管理制度，落实卫生包干责任制，搞好施工区域和生活区域的环境卫生。

8）工程竣工后，检查督促施工单位在规定期限内完成现场的清场工作。

9）对检查中发现存在的问题，要以书面通知施工单位，落实整改并及时向建设单位反馈。

6.3　监理旁站内容、方法和要求

6.3.1　旁站工序

确定钢筋笼下放和水下混凝土灌注为关键工序，要求当班监理人员必须实施旁站监理。

6.3.2　工作要求

（1）检查施工单位管理人员的到位情况。

（2）检查施工执行施工方案以及工程建设强制标准情况。

(3) 严格按照监理工作的控制要点和目标值中相应工序的质量要求进行过程检验。

(4) 认真、准确地做好旁站监理记录。

(5) 发现异常问题，当班监理员应及时向专业监理师或总监进行报告，经妥善处理后方可进行下道工序施工。

6.3.3 主体工程（框架）施工监理

1. 模板施工监理

(1) 检查模板的标高尺寸、立模位置是否符合设计要求。

(2) 立模后在施工单位自检，监理抽检预留孔（洞）预埋件的位置，并参与隐蔽工程的验收，督促施工单位检查模板垂直度，垂直交角等事项。

2. 钢筋施工监理

检查钢筋的规格、焊接工艺和焊接质量是否符合现行的规定，钢筋型号、根数、搭接长度、锚固弯钩形状等，经监理抽验签证合格后方可进行下道工序施工。同时会同质监部门给予验收。

3. 现浇混凝土施工监理

(1) 水泥出厂合格证质保单予以验证，施工单位事先应将混凝土配合比，级配试验报告及浇筑方法提交监理审查，并以此标准予以检查。

(2) 现浇混凝土时监理员做到跟踪监理，对搅拌时间、振捣方法、坍落度要随时抽查。梁和板的浇筑应从一端向另一端推进，不允许从中间向两端浇捣。严格掌握模板拆模时间，使混凝土达到一定强度（75%以上，悬挑部位混凝土强度一定要达到100%）才允许拆模，拆模要经监理同意后按规定的顺序拆除，顶柱支撑模板一定要严格控制。模板拆除后现场监理及时查看，混凝土面有否麻面、露筋、空、孔洞等质量问题，若发现有上述问题，立即向施工单位提出补救措施。

(3) 施工单位在拆模后应进行轴线、层高、垂直度测量检查。

6.3.4 砌体工程施工监理

(1) 每批砖的品种、规格及外观必须符合要求，并有质保单，复检报告。

(2) 水泥砂浆、混合砂浆要严格按设计配合比拌制，所用的水泥、砂、石灰膏要符合质量要求（事先送样化验），并按规定制作试块，检查其强度。砂浆随拌随用。

(3) 砌体的轴线及标高，砌前应测量核对轴线，搭好脚手架，立好皮数杆，立杆的位置应合理、垂直。现场监理经常检查墙体轴线和皮数杆使用情况。砌前要清除基底尘土，并要湿润基底。灰砂砖不能当天浇水湿润砌墙，灰砂砖砌体应按市建设局颁发的《灰砂砖砌体施工技术规定》执行。

(4) 砌体砂浆灰缝要饱满，砖缝要做到横平竖直。

(5) 内外墙应同时砌筑，并要检查构造柱（或框架柱）与墙体拉接筋的距离、根数、长度等必须符合规定。拉接筋部位要用水泥砂浆砌筑。

(6) 砌体完成后应抽查墙体垂直度与砂浆饱满度，做到表面平整、水平缝平直、竖缝饱满、残浆及时清除、达到安全生产、文明施工。

6.3.5 楼地面工程施工监理

(1) 地坪标高应符合设计要求，地面要平整，有排水要求的坡度应与排水方向一致，不应有倒坡倒流。

（2）垫层、构造层的材料强度应符合设计要求与施工规范的规定。

（3）各种面层的材质、强度、外观质量也应符合设计与施工规范的规定。

（4）所有管道预埋件、预留孔洞，必须经检查合格后方可浇筑。

（5）面层与基层、垫层、找平层等施工，必须要捣实牢固，以防空鼓起皮。

（6）细石混凝土面层，施工前应彻底清除基底垃圾、尘土，先浇水湿润，作出标高标志，铺设后用水泥浆扫面，随铺随拍实，刮平后进行分块抹平。

（7）所有楼地面完工后应保持清洁、美观。

6.3.6　门窗工程施工监理

（1）安装前逐个检查，核对规格、型号、颜色。安装时开启方向及气密性、水密性必须符合设计和施工规范要求，并对基线进行复核，以确保安装正确。若在搬运和堆放时造成质量问题，处理合格后方可安装。

（2）铝合塑钢窗与墙体结构连接固定的方法应符合设计要求，门窗框与墙体固定一般采用不锈钢或经防腐处理。

（3）框与墙体间缝填嵌的矿棉柔性材料应符合规范的规定，并要填嵌饱满密实。表面要平整、光滑、无裂缝。若设计未注明，宜在外表面留 5～8mm 深槽口缝、填嵌油膏，以免框边收缩而产生缝隙导致渗漏水。表面打胶，以确保平直圆滑。

6.3.7　装饰工程施工监理

1. 一般抹灰工程的监理

（1）工艺流程为：浇水湿润→做灰饼→设置标筋→阳角做护角→抹底层灰→中层灰→抹窗台板踢脚板（或墙裙）→抹面层灰→清理残留灰。

（2）各灰层之间及抹灰与基层之间必须粘结牢固，无脱层、空鼓、面层无爆灰和裂缝等现象。

（3）抹灰表面应光滑、平整、洁净、颜色均匀、无抹纹，线角和灰线应平直、方正。

（4）孔洞、槽、盒和管道后面的抹灰应认真做好，位置正确、边缘整齐光滑、尺寸准确，不得有漏抹的粗糙施工。

（5）护角应符合要求，表面光滑平顺、角线清楚、门窗框与墙间缝隙填塞严实、表面平整。

（6）分格条的宽度、深度要均匀、平整光滑，棱角整齐，横平竖直通顺。

（7）滴水线顺直，流水坡向正确、滴水槽深度、宽度不少于 10mm，整齐一致。

（8）楼梯间滴水线应连续，即两梯滴水线通过休息平台梁下侧连成一体，不得断开，以确保使用效果；楼梯间外休息平台应设地漏及落水管，平台水泥砂浆面层应做成向内泛水并在内下侧做鹰嘴滴水线。

2. 油漆、刷浆、玻璃工程施工监理

（1）油漆色调一致、严禁脱皮、漏刷和反锈等现象。

（2）室内刷浆，严禁掉粉、起皮、漏刷和透底等现象。

（3）玻璃裁割尺寸正确、安装平整、牢固、无松动。

3. 外墙（或防水装饰）饰面工程施工监理

外墙装饰的规格、颜色必须符合总体规划要求。且做到横平竖直、深浅相当，颜色一致。

6.3.8 屋面工程施工质量监理

（1）检查材料出厂合格证、质保单，配合比按设计要求施工。

（2）按找平层面积每 $100m^2$ 抽查一次，每次 $10m^2$，抽查不少于 3 处。

（3）水泥砂浆表面每处脱皮和起砂的累计面积不超过 $0.5m^2$。

（4）连接的转角处应做成圆弧形或钝角。

（5）屋面落水口应做成喇叭状，并有半圆形挡网。

（6）屋面防水层要按设计要求做好，不应有鼓包、起皮，接茬要严格施工、必须符合规范要求，并要做好闭水试验，检查有否渗漏现象。若采用隔热层要按设计要求施工、架空隔热板混凝土强度一定要达到设计要求，安装整齐均匀、平稳牢固。线条均匀美观。

7 监理工作的方法及措施

7.1 监理方法

7.2 监理措施

超前监理、预防为主、跟踪监理、动态管理、加强验收、严格把关。

7.2.1 超前监理

（1）建立健全各项规章制度。

（2）综合分析工程状况，找出工程重点、难点。

（3）加强管理，对工程重点、难点做好布控。

（4）做好监理工作交底，使监理工作有序、高效的进行。

（5）调动各方力量，发挥全员效应，努力使工程始终处于受控状态。

（6）热情服务，经常听取有关方面的各种意见。做到相互沟通，相互理解，相互支持。

（7）定期或不定期召开有关会议，分析工程进度情况，布置下一步工作。做到有计划，有措施，有落实。

7.2.2 预防为主

（1）明确岗位责任制，调动人的积极性。

（2）审查施工组织设计及施工方案，并在工程施工中加以落实。

（3）认真检查各项专项方案的计划、组织的落实情况。

（4）加强工程技术交底工作，减少工作失误和工程返工。

（5）发挥质保体系作用，加强工程管理工作。

（6）编制监理细则，做好计划与预防工作的有机结合，达到预控目的。

（7）利用各种会议，贯彻预防为主的思想方针，并监督问题的落实情况。

7.2.3 跟踪监理

（1）制订有关制度，落实人员职责，安排专人对工程进展进行跟踪监理。

（2）实行旁站监理，制定旁站监理方案，对主要工程部位或专业工程部位将派“重兵”进行旁站监理。

(3) 坚持现场巡视，及时发现工程中存在的问题，并加以解决，加快进度。

(4) 项目部定期组织有关人员对工程进行大检查，并将检查结果通报有关单位，对存在的问题督促落实整改。

(5) 经常走访业主与承包商，听取他们的意见，掌握工程进展状况，使工程达到受控状态。

7.2.4 动态管理

(1) 建立信息系统，收集各种工程信息，为工程动态管理创造条件。

(2) 定期或不定期召开工程分析会。计划与实际状况相比较，确定影响工程进度的因素，并加以整改。

(3) 对工程计划进行纠偏，调整，确定新的目标，并进行管理，确保工程处于受控状态。

(4) 安排专人对影响工程因素进行控制监理。

(5) 积极与有关单位进行沟通，确保动态管理可行，顺利。

7.2.5 加强验收

(1) 制定有关验收制度，落实人员职责（项目监理部）。

(2) 向承包商进行监理交底，规定验收程序，加强工序控制。

(3) 重点部位旁站监理。

(4) 工程实行“平行检验”，即项目监理部利用一定的检测手段，在承包商自检的基础上按照一定的比例独立进行检查或检测活动。

(5) 做好“检验批”验收工作。

7.2.6 严格把关

(1) 确定工程监理严格把关的工作思想，监理人员要统一认识，百年大计，质量第一。要对工程负责，对自己负责。

(2) 建立严格把关工作程序，按程序办事。

(3) 努力钻研业务，熟悉国家有关规范、标准，理解设计意图及要求。

(4) 建立监督机制，确实做到严把工程关。

7.3 进度控制

(1) 审查施工单位施工进度计划及工期保证措施。

(2) 检查督促施工单位人员设备到位情况。

(3) 要求施工单位报每周进度计划，并检查其完成情况。

(4) 协助施工单位实施进度计划，检查施工单位工期保证措施的落实情况。

(5) 将工程实际进度与计划进度相比较，如工期滞后，要及时采取措施，适当增加投入，确保合同工期的实现。

(6) 组织现场协调会。

(7) 签发工程进度款支付凭证。

(8) 审批工程延期。

(9) 向业主提供进度报告。

(10) 打桩施工速度要与工程质量相联系。尽量避免工程质量事故出现且给后续工作带来不便，影响总工期。

7.4 资金控制

(1) 认真理解合同中有关资金条款内容。

(2) 做好工程计量工作。

(3) 严格审查有关方案中的技术措施，减少不必要的技术措施费。

(4) 认真控制现场签证，确保每笔费用支出合理。

(5) 认真做好每月工程进度款审核批复工作，确保每笔支付经济合理。

(6) 协助业主处理承包商提出的索赔要求，审核索赔金额，向业主提供索赔处理意见和建议，避免业主的不合理支出。

(7) 参与工程竣工决算。重点参与索赔、变更处理、结算审价等。

7.5 安全监理

施工中安全监理重点做好以下几方面工作：

(1) 加强安全思想工作，提高安全思想认识及自我保护意识。

(2) 认真审核承包商制定的安全生产管理制度，并督促其落实。

(3) 定期检查安全情况，对查出的安全隐患，要组织有关责任人立即整改，并进行复检。

(4) 要督促承包商对进场的机械设备加强安全管理，定期检查、保养、维修；特殊设备如吊车、电焊机、桩机，操作人员必须持证上岗，并制定安全操作规程，做好安全技术交底。

(5) 加强现场临时用电管理的检查，用电要有可靠的保护（三级保护）及专人操作，发现隐患及时整改。

【示例3】 旁站监理实施示例

某工程项目旁站监理实施细则

1. 工程概况（略）

2. 编写依据

本旁站监理方案的编写主要依据我国的法律、法规和行政规章、现行建筑工程规范、工程建设强制性技术标准、本工程合同、勘察设计文件等，主要有：《建筑法》、《建筑工程质量管理条例》、《民法典》、《建设工程旁站监理管理规定》、《建设工程监理人员岗位职责管理规定》、《建设工程监理规范》、《建筑工程施工质量验收统一标准》以及适用于本工程项目的相关规范；《房屋建筑工程施工旁站监理管理办法（试行）》；本项目《监理规划》、《监理细则》；本项目《施工组织设计》、《施工方案》；建设单位与监理单位签订的建设工程监理合同；建设单位与施工单位签订的建筑工程施工合同；本工程地质勘察资料，含已通过有资质的审图机构审查并做出“通过审查记录”的施工图设计文件（图纸、设计说明、设计指定的标准图集、设计交底会议纪要、设计变更文件、建设单位提出的并由原设计确认的工程变更文件等）。

3. 旁站监理的范围、内容

旁站监理的范围、内容见表8.2。

表 8.2 **旁站监理的范围、内容**

序号	旁站监理的范围	旁站监理工作的具体内容
Ⅰ	土方回填	1. 检查基底处理质量：土方回填前应清除基底的垃圾、树根等杂物，抽除坑穴积水、淤泥，验收基底标高。如在耕植土或松土上填方，应在基底压实后再进行。 2. 对回填土料按设计要求进行检查、验收（宜优先利用基槽中挖出的土，但不得含有有机杂质）。 3. 填方施工过程中应检查排水措施，每层填筑厚度、含水量、压实遍数。填筑厚度及压实遍数应根据土质，压实系数及所用机具确定。填方工程的施工参数如每层填筑厚度、压实遍数及压实系数对重要工程均应做现场试验后确定或由设计提供。 4. 回填中应注意的几点：①回填前混凝土应达到一定的强度，不致因填土而受损伤。②注意回填土施工应在相对两侧或四周同时进行回填。③管沟的回填，应在完成上下水道的安装或墙间加固后再进行，并将沟槽、地坪上的积水和有机物等清除干净，为防止管道中心线位移或损坏管道，应用人工先在管道周围填土夯实，并应以管道两边同时进行。管道下部应按要求填夯回填土，漏夯或不实易造成管道下方空虚，使管道折断、渗漏。④如必须分段填夯时，交接应填成阶梯形，上下层错缝距离不小于 1m。⑤雨天回填应连续进行，尽快完成，防止地面水流入坑（槽）内，现场应有防雨排水措施。 5. 填方施工结束后检查标高、压实程度
Ⅱ	混凝土浇筑（含防水混凝土浇筑）	1. 施工前应对水泥、砂、石子、钢材等原材料进行检查，对施工组织设计中制定的施工顺序、监测手段（包括仪器、方法）也应检查。混凝土配合比应进行设计，不得采用经验配合比。 2. 在混凝土的浇筑地点随机抽取用于检查结构构件混凝土强度的试件，取样频次应符合相应要求，每次取样应至少留置一组标准养护试件，同条件养护试件的留置组数应根据实际需要确定（同一强度等级同条件养护试件的留置数量不宜少于 10 组，不应少于 3 组，分别用统计法和非统计法进行混凝土强度评定）。 3. 施工缝的留设应按混凝土浇筑前根据设计要求和施工技术要求确定的方案进行留设。 4. 检查混凝土开盘鉴定资料和验证混凝土配合比的混凝土标养试块。 5. 首车商品混凝土有 $1m^3$ 润管砂浆是不符合结构混凝土要求的，必须放到外面，千万不可用于结构体。 6. 抽查混凝土实际配料单，核对混凝土原材料的品种、规格、用量及实际配合比，每班至少 3 次。 7. 应在混凝土界面剂涂刷后 1.5h 内完成该部位的混凝土浇筑。检查混凝土界面剂涂刷质量，应满刷。 8. 抽查混凝土初凝时间控制情况。 9. “二缝一带”处的施工旁站。施工缝的留设审批及监督施工缝的处理。 10. 浇筑质量检查。分层浇筑时分层厚度、洞口处对称浇筑。 11. 混凝土振捣质量检查。梁柱节点处进行全程旁站，其他部位进行抽查。不能漏振、过振、欠振。不得直接振动钢筋、不得用振动器具赶动混凝土。 12. 检查模板浇水湿润、清渣情况，控制混凝土结合面用同配合比砂浆铺垫厚度，以防止混凝土构件烂根。 13. 注意模板、钢筋的位置和牢固度，是否有变形、移位、漏浆的情况；检查插筋、预留、预埋件的位置；检查混凝土保护层垫块有无掉落、破坏情况；监督看模、看筋工在岗检查、巡视。 14. 监督浇筑施工顺序、施工间隙、浇筑速度的控制。 15. 检查混凝土标高、面筋保护层的控制情况，监督在终凝前进行收光、压实。 16. 检查混凝土养护措施的落实情况和养护开始时间。 17. 检查夏季高温施工措施的执行情况。 18. 注意当遇雨天或含水率有显著变化时，应检查配合比的调整情况。 19. 监督安全施工，包括使用工器具的完好性、安全性、施工用电的安全性、操作人员的安全防护、未封闭的“四口”、“五临边”的安全防护等。 20. 防水混凝土施工： （1）防水混凝土工程的施工，应尽可能做到一次浇筑完成。对于大体积防水混凝土工程，可采取分区浇筑、使用发热量低的水泥或掺外加剂等相应措施，以减少温度裂缝

续表

序号	旁站监理的范围	旁站监理工作的具体内容
Ⅱ	混凝土浇筑(含防水混凝土浇筑)	(2) 施工期间，应做好基坑降排水工作，使地下水面低于施工底面30cm以下，严防地下水及地面水流入基坑造成积水，影响混凝土正常硬化，导致防水混凝土强度及抗渗性降低。在主体混凝土结构施工前，必须做好垫层混凝土，使其起到辅助防线作用。 (3) 模板固定不得采用螺栓拉杆或铁丝对穿，以免在混凝土内造成引水通路。如固定模板用的螺栓必须穿过防水混凝土结构时，应采取止水措施。 (4) 钢筋不得用铁丝或铁钉固定在模板上，必须采用同配合比的细石混凝土或砂浆块作垫层，并确保钢筋保护层的厚度不小于30mm，绝不允许出现负误差。 (5) 在防水混凝土前，应将施工缝处的混凝土表面凿毛，清除浮粒和杂物，用水冲洗干净，保持湿润，再铺一层20～25mm厚与原混凝土配合比相同的水泥砂浆。 (6) 固定设备用的锚栓等预埋件，应在浇筑混凝土前埋。如必在混凝土中预留锚孔时，预留孔底部须保留至少150mm厚的混凝土。 (7) 防水混凝土的养护对其抗渗性能影响极大，因此，当混凝土进入终凝（约浇筑后4～6h）即应开始浇水养护，养护时间不少于14d。防水混凝土不宜采用蒸汽养护，冬期施工时可采取保温措施。 (8) 防水混凝土不宜过早拆模，拆模时混凝土表面温度与周围气温之差不得超过15～20℃，以防混凝土表面出现裂缝。 (9) 防水混凝土浇筑后严禁打洞，所有预埋件、预留孔都应事前埋设准确。 (10) 防水混凝土工程的地下结构部分，拆模后应及时回填，以利于混凝土后期强度的增长并获得预期的抗渗性能。回填土前，亦可在结构外侧铺贴一道柔性附加防水层或抹一道刚性防水砂浆附加防水层
Ⅲ	梁柱节点钢筋绑扎	1. 钢筋应有出厂质量证明和检验报告单，并按有关规定分批抽取试样作机械性能实验，合格后方可使用。 2. 冷拉钢筋表面不得有裂纹和局部缩颈，冷弯后不得有裂纹，断裂或起层等现象，机械性能应符合设计和规范的要求。 3. 铁丝采用20～22号镀锌铁丝或绑扎钢筋专用火烧死，铁丝不应有锈蚀和过硬情况。 4. 水泥砂浆垫块，50mm×50mm，厚度等于保护层，$\phi6$～$\phi10$支撑筋等设置情况。 5. 现浇柱与基础连接用的插筋下端，用90°弯钩与基础钢筋进行绑扎，箍筋比柱箍筋缩小一个柱筋直径，以便连接，插筋位置应用木条或钢筋架成井字形固定牢固，以免造成柱子轴线偏移。 6. 柱子钢筋绑扎： (1) 检查箍筋间距和数量是否符合设计要求，箍筋是否按弯钩错开要求套在下层伸出的搭接筋上，绑扣是否向里。 (2) 框架柱及剪力墙暗柱的纵向钢筋接头采用电渣压力焊焊接接头，相邻接头间距应大于500mm，接头的最低点距楼板面的距离应大于柱截面的长边尺寸且距楼板面的距离应大于500mm及$35d$，在同一截面上钢筋连接的根数不得超过截面钢筋总数的50%。 (3) 抗震设计时纵向受拉钢筋的最小锚固长度应符合设计及规范的要求。 (4) 抗震设计时纵向受拉钢筋的最小绑扎搭接长度应符合设计及规范要求。 (5) 箍筋应与主筋垂直，箍筋与主筋交点均要绑扎，主筋与箍筋非转角部分的相交点成梅花或交错绑扎，但箍筋的平直部分与纵向钢筋交叉点可成梅花式交错扎牢，以防骨架歪斜，箍筋的接头（即弯钩叠合处）应沿柱子竖向交错布置，并位于箍筋与柱角主筋交接点上，但在有交叉式箍筋的大截面柱子，其接头可位于箍筋与任何一根中间主筋的交接点上。在有看镇要求的地区，柱箍筋端头应弯成135°，平直长度不应小于$10d$，柱基，柱顶，梁柱交接处，箍筋间距应按设计要求加密。 (6) 框架梁、牛腿及柱帽中的钢筋，应放在柱的纵向钢筋内侧。 (7) 如设计要求箍筋设有拉筋时，拉筋应钩住箍筋。 (8) 柱箍控制保护层可用水泥砂浆垫块（非在柱主筋外皮上，间距一般1000mm），以确保主筋保护层厚度的正确。 7. 梁钢筋绑扎： (1) 梁中箍筋与主筋垂直，箍筋的接头应交错设置，箍筋转角与纵向钢筋的交叉点应扎牢，箍筋弯钩的叠合处，在梁中应交错绑扎，有抗震要求的结构，箍筋弯钩应为135°，如果作成封闭箍时，单面焊缝长度应为6～$10d$

续表

序号	旁站监理的范围	旁站监理工作的具体内容
Ⅲ	梁柱节点钢筋绑扎	（2）弯起钢筋与负弯矩位置要正确，梁与柱交接处，梁钢筋错入柱内长度应符合设计要求。 （3）梁的受拉钢筋直径等于或大于 25mm 时，不应采用绑扎接头，小于 25mm 时，可采用绑扎接头，搭接长度按设计要求进行，搭接长度的末端与钢筋弯曲处的距离不得小于 10d，接头不宜设在梁最大弯矩处，受拉区域内 HPB235 钢筋绑扎接头的末端应做成弯钩，搭接处应在中心和两端扎牢，接头位置应相互错开，在受力钢筋 30d 区段范围内，（且不小于 500mm），有绑扎接头的受力钢筋截面面积占受力钢筋总截面面积的百分率，在受拉区不得超过 25%，受拉区不得超过 50%。 （4）纵向受拉钢筋为双排或三排时，两排钢筋之间应垫以直径 25mm 的短钢筋，如纵向钢筋直径大于 25mm 时，短钢筋直径规格宜与纵向钢筋规格相同，以保证设计要求。 （5）主梁的纵向受力钢筋在同一高度遇有垫梁时，必须支承在垫梁或边梁受力钢筋之上，主筋两端的搁置长度应保持均匀一致，次梁的纵向受力钢筋应支承在主梁的纵向受力钢筋之上
Ⅳ	卷材防水层细部构造处理	1. 天沟。檐沟、泛水、水落口、檐口、变形缝、伸出屋面管道等部位，是屋面工程中最易渗透的薄弱环节。这些部位应进行防水增强处理，并作重点旁站质量检查。 2. 用于细部构造的防水材料，由于品种多、用量少而作用大，因此，对此部分的防水材料应按照有关材料标准进行检查验收。 3. 女儿墙泛水铺贴泛水处的卷材应采取满粘法；砖墙上的卷材收头可直接压在女儿墙压顶下，压顶应做防水处理；也可压入砖墙凹槽内固定密封，凹槽距屋面找平层不应小于 250mm，凹槽上部的墙体应做防水处理。 4. 水落口杯上口的标高应设置在沟底的最低处，防水层贴入水落口杯内不应小于 50mm，水落口周围直径 500mm 范围内的坡度不应小于 5%，并采用防水涂料或密封材料涂封，其厚度不应小于 2mm，水落口杯与基层接触处应留宽 20mm、深 20mm 凹槽，并嵌填密封材料。 5. 伸出屋面管道的防水构造：管道根部直径 500mm 范围内，找平层应抹出高度不小于 30mm 的圆台；管道周围与找平层或细石混凝土防水层之间，应预留 20mm×20mm 的凹槽，并用密封材料嵌填密实；管道根部四周应增设附加层，宽度和高度均不应小于 300mm；管道上的防水层收头处应用金属箍紧固，并用密封材料封严

4. 旁站监理的工作程序

依据《房屋建筑工程施工旁站监理管理办法（试行）》的规定，旁站监理的工作程序按图 8.2 执行。

5. 旁站监理人员的职责

（1）检查施工企业现场质量保证体系的运行情况。

（2）在施工现场跟班监督关键部位、关键工序的施工执行施工方案及工程建设强制性标准情况。

（3）核查进场建筑材料、建筑构配件、设备和商品混凝土的质量检验报告等，并可在现场监督施工企业进行检验或者委托具有资格的第三方进行复验并签署有关见证取样、施工试验的记录。

（4）认真做好旁站监理记录和监理日记，保存旁站监理的原始资料。

（5）监督/检查施工企业施工日记/记录的填写。

（6）检查投入的人力、材料、主要设备及其使用、运转情况。

（7）对施工企业违反施工规范、施工方案、工程建设强制性标准的行为，旁站监理人员应及时制止、并责令和监督施工企业立即整改；对发现的已经或者可能危及工程质量的施工活动，要按规定及时向监理工程师或总监理工程师报告。

6. 安全施工、文明施工

(1) 督促施工方做好现场标准化管理工作，营造文明施工环境。

(2) 督促承包商落实安全生产的组织保证体系，落实安全生产责任制。

(3) 督促承包商对工人进行安全生产教育，对分项工程进行技术交底。

(4) 监督检查施工现场的消防，冬季防寒、夏季防暑、文明施工、卫生防疫等工作。

(5) 日常现场跟踪监理，根据工程进展，安全监理人员对现场脚手架、模板施工、高处作业、塔吊、临时用电、交叉作业进行跟踪监督，现场检查，验证施工人员是否按照安全生产技术防范措施和规范进行操作。

(6) 发现以下问题，及时向总监理工程师报告，由总监理工程师下达“暂时停工指令”，控制安全管理工作质量。

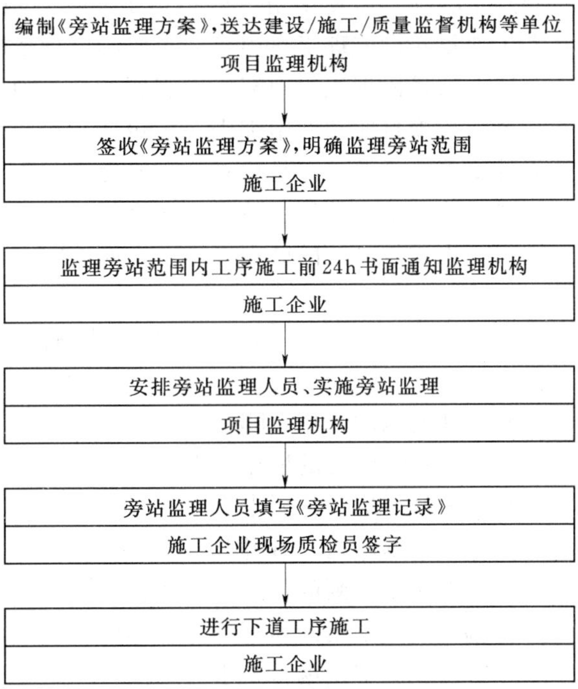

图 8.2 旁站监理的工作程序图

1) 施工安全出现问题，异常，经提出后，施工单位未采取改进措施或改进措施不符合要求时。

2) 对已发生的工程事故未经有效处理而继续作业时。

3) 安全措施未经自检而擅自使用时。

4) 擅自变更设计图纸进行施工时。

5) 使用没有合格证书的材料或擅自更换，变更工程材料时。

7. 旁站监理记录的填写要求

(1) “施工情况”栏。应填写的内容包括关键部位或关键工序的施工过程情况、试验/检验情况、人、材、机的实际投入和使用情况、质量保证体系运行情况和关于施工情况的结论。记录必须内容详细、真实，标识清楚、完整。

(2) “监理情况”栏。应填写的内容包括旁站过程中监理人员发出的指令，施工企业提出的问题及监理人员的回复，各方对旁站监理工作的指示等。

本 章 小 结

本章要求掌握建筑工程项目监理规划、监理实施细则的概念、作用、编制原则；理解建筑工程项目监理规划、监理实施细则的内容；了解建筑工程项目监理规划、监理实施细则的编制方法。

建筑工程项目监理规划一般包括工程项目概况，工程项目建设监理阶段、范围和目标，施工项目建设监理工作内容，主要的监理控制目标与措施，监理组织，施工项目监理工作制度，项目监理组织内部工作制度七个方面内容。

建筑工程项目监理实施细则一般包括工程进度控制，工程质量控制，工程造价控制，审查设计变更、洽商，监督检查施工安全防护措施，审查主要建筑材料、设备的订货和核定其性能，认定工程数量、签发（或会签）付款凭证，工程验收，整理工程有关文件并归档，组织工程质量事故的处理等十个方面内容。

复习思考题

（1）监理规划的作用有哪些？

（2）监理规划编写的依据有哪些？

（3）监理规划编写的要求有哪些？

（4）监理规划的内容有哪些？

（5）监理实施细则的作用有哪些？

（6）监理实施细则的编写依据有哪些？

（7）监理实施细则编写要求有哪些？

（8）监理实施细则的主要内容有哪些？

附录A 工程监理单位用表

A.0.1 总监理工程师任命书应按本规范表A.0.1的要求填写。

表A.0.1　　总监理工程师任命书

工程名称：　　　　编号：

致：________________（建设单位） 兹任命__________（注册监理工程师注册号：__________）为我单位__________________项目总监理工程师。负责履行建设工程监理合同、主持项目监理机构工作。   工程监理单位（盖章） 法定代表人（签字） 年　月　日

注　本表一式三份，项目监理机构、建设单位、施工单位各一份。

A.0.2 工程开工令应按本规范表A.0.2的要求填写。

表A.0.2　　**工程开工令**

工程名称：　　　　编号：

致：____________________（施工单位） 经审查，本工程已具备施工合同约定的开工条件，现同意你方开始施工，开工日期为：______年____月____日。 附件：工程开工报审表 项目监理机构（盖章） 总监理工程师（签字、加盖执业印章） 年　月　日

注　本表一式三份，项目监理机构、建设单位、施工单位各一份。

A.0.3　监理通知单应按本规范表A.0.3的要求填写。

表A.0.3　　**监理通知单**

工程名称：　　　　　　　　　　　　　　　　　　　　　　编号：

致：________________（施工项目经理部） 事由：________________ ________________ ________________ ________________ ________________ 内容：________________ ________________ ________________ ________________ 项目监理机构（盖章） 总/专业监理工程师（签字） 年　　月　　日

注　本表一式三份，项目监理机构、建设单位、施工单位各一份。

A.0.4 监理报告应按本规范表A.0.4的要求填写。

表A.0.4 **监 理 报 告**

工程名称： 编号：

致：________________（主管部门） 由____________________________（施工单位）施工的____________________（工程部位），存在安全事故隐患。我方已于________年________月________日发出编号为：________的《监理通知单》/《工程暂停令》，但施工单位未整改/停工。 特此报告。 附件：□监理通知单 □工程暂停令 □其他 项目监理机构（盖章） 总监理工程师（签字） 年 月 日

注 本表一式四份，主管部门、建设单位、工程监理单位、项目监理机构各一份。

A.0.5 工程暂停令应按本规范表A.0.5的要求填写。

表A.0.5　　工程暂停令

工程名称：　　　　　　　　　　　　　　　　　　　　编号：

致：________________（施工项目经理部） 由于____________________________ ____________________________ 原因，现通知你方于______年______月______日______时起，暂停________部位（工序）施工，并按下述要求做好后续工作。 要求：   项目监理机构（盖章） 总监理工程师（签字、加盖执业印章） 年　　月　　日

注　本表一式三份，项目监理机构、建设单位、施工单位各一份。

A.0.6 旁站记录应按本规范表A.0.6的要求填写。

表A.0.6 **旁 站 记 录**

工程名称： 编号：

旁站的关键部位、关键工序		施工单位	
旁站开始时间	年 月 日 时 分	旁站结束时间	年 月 日 时 分
旁站的关键部位、关键工序施工情况：			
发现的问题及处理情况： 旁站监理人员（签字） 年 月 日			

注 本表一式一份，项目监理机构留存。

A.0.7 工程复工令应按本规范表A.0.7的要求填写。

表A.0.7 **工程复工令**

工程名称： 编号：

致：________________________（施工项目经理部） 我方发出的编号为__________《工程暂停令》，要求暂停施工的____________部位（工序），经查已具备复工条件。经建设单位同意，现通知你方于______年________月______日______时起恢复施工。 附件：工报复工报审表 项目监理机构（盖章） 总监理工程师（签字、加盖执业印章） 年 月 日

注 本表一式三份，项目监理机构、建设单位、施工单位各一份。

A.0.8　工程款或竣工结算款支付证书应按本规范表A.0.8的要求填写。

表A.0.8　　**工程款支付证书**

工程名称：　　　　　　　　　　　　　　　　　　编号：

致：______________________（施工单位）

根据施工合同约定，经审核编号为__________工程款支付报审表，扣除有关款项后，同意支付工程款共计（大写）______________________________（小写：______________________）。

其中：

1. 施工单位申报款为：
2. 经审核施工单位应得款为：
3. 本期应扣款为：
4. 本期应付款为：

附件：工程款支付报审表及附件

项目监理机构（盖章）

总监理工程师（签字、加盖执业印章）

年　　月　　日

注　本表一式三份，项目监理机构、建设单位、施工单位各一份。

附录B 施工单位报审、报验用表

B.0.1 施工组织设计、(专项)施工方案报审表应按本规范表B.0.1的要求填写。

表B.0.1 施工组织设计/(专项)施工方案报审表

工程名称： 编号：

致：__________________（项目监理机构） 我方已完成______________工程施工组织设计/（专项）施工方案的编制和审批，请予以审查。 附：□施工组织设计 □专项施工方案 □施工方案 施工项目经理部（盖章） 项目经理（签字） 年 月 日
审查意见： 专业监理工程师（签字） 年 月 日
审核意见： 项目监理机构（盖章） 总监理工程师（签字、加盖执业印章） 年 月 日
审批意见（仅对超过一定规模的危险性较大的分部分项工程专项施工方案）： 建设单位（盖章） 建设单位代表（签字） 年 月 日

注 本表一式三份，项目监理机构、建设单位、施工单位各一份。

B. 0. 2　工程开工报审表应按本规范表 B. 0. 2 的要求填写。

表 B. 0. 2　　**工 程 开 工 报 审 表**

工程名称：　　　　　　　　　　　　　　　　　　编号：

致：____________________（建设单位） ____________________（项目监理机构） 我方承担的________________工程，已完成相关准备工作，具备开工条件，申请于________年________月________日开工，请予以审批。 附件：证明文件资料 施工单位（盖章） 项目经理（签字） 年　　月　　日
审核意见： 项目监理机构（盖章） 总监理工程师（签字、加盖执业印章） 年　　月　　日
审批意见： 建设单位（盖章） 建设单位代表（签字） 年　　月　　日

注　本表一式三份，项目监理机构、建设单位、施工单位各一份。

B.0.3　工程复工报审表应按本规范表B.0.3的要求填写。

表B.0.3　　**工程复工报审表**

工程名称：　　　　　　　　　　　　　　　　　　　　　　　　编号：

致：____________________（项目监理机构） 　　编号为__________________《工程暂停令》所停工的__________________部位（工序）已满足复工条件，我方申请于_____年_____月_____日复工，请予以审批。 　　附件：证明文件资料 施工项目经理部（盖章） 项目经理（签字） 年　月　日
审核意见： 项目监理机构（盖章） 总监理工程师（签字） 年　月　日
审批意见： 建设单位（盖章） 建设单位代表（签字） 年　月　日

注　本表一式三份，项目监理机构、建设单位、施工单位各一份。

B.0.4 分包单位资格报审表应按本规范表B.0.4的要求填写。

表B.0.4　分包单位资格报审表

工程名称：　　　　　　　　　　　　　　　　　　　　编号：

致：________________（项目监理机构）

经考察，我方认为拟选择的________________（分包单位）具有承担下列工程的施工或安装资质和能力，可以保证本工程按施工合同第____条款的约定进行施工或安装。请予以审查。

分包工程名称（部位）	分包工程量	分包工程合同额
合　计		

附件：1. 分包单位资质材料

2. 分包单位业绩材料

3. 分包单位专职管理人员和特种作业人员的资格证书

4. 施工单位对分包单位的管理制度

施工项目经理部（盖章）

项目经理（签字）

年　月　日

审查意见：

专业监理工程师（签字）

年　月　日

审核意见：

项目监理机构（盖章）

总监理工程师（签字）

年　月　日

注　本表一式三份，项目监理机构、建设单位、施工单位各一份。

B.0.5　施工控制测量成果报验表应按本规范表 B.0.5 的要求填写。

表 B.0.5　　**施工控制测量成果报验表**

工程名称：　　　　　　　　　　　　　　　　　　　　　　　　编号：

致：____________________（项目监理机构） 我方已完成________________________的施工控制测量，经自检合格，请予以查验。 附件：1. 施工控制测量依据资料 2. 施工控制测量成果表 施工项目经理部（盖章） 项目技术负责人（签字） 年　　月　　日
审查意见： 项目监理机构（盖章） 专业监理工程师（签字） 年　　月　　日

注　本表一式三份，项目监理机构、建设单位、施工单位各一份。

B.0.6　工程材料、构配件、设备报审表应按本规范表 B.0.6 的要求填写。

表 B.0.6　　**工程材料、构配件、设备报审表**

工程名称：　　　　　　　　　　　　　　　　　　　　　　　　　　编号：

<table>
<tr><td>致：______________________（项目监理机构）
于________年________月________日进场的拟用于工程________部位的________，经我方检验合格，现将相关资料报上，请予以审查。

附件：1. 工程材料、构配件或设备清单
2. 质量证明文件
3. 自检结果

施工项目经理部（盖章）
项目经理（签字）
年　　月　　日</td></tr>
<tr><td>审查意见：

项目监理机构（盖章）
专业监理工程师（签字）
年　　月　　日</td></tr>
</table>

注　本表一式二份，项目监理机构、施工单位各一份。

B.0.7　隐蔽工程、检验批、分项工程报验表及施工试验室报审表应按本规范表B.0.7的要求填写。

表B.0.7　　　　　　　　　　　　　　　　　　　　　　　　　　　　　　　　　　报审、报验表

工程名称：　　　　　　　　　　　　　　　　　　　　　　　　　　　　　　　　　　　　编号：

<table>
<tr><td>
致：____________________（项目监理机构）
我方已完成____________________工作，经自检合格，请予以审查或验收。
附件：□隐蔽工程质量检验资料
□检验批质量检验资料
□分项工程质量检验资料
□施工试验室证明资料
□其他

施工项目经理部（盖章）
项目经理或项目技术负责人（签字）
年　　月　　日
</td></tr>
<tr><td>
审查或验收意见：

项目监理机构（盖章）
专业监理工程师（签字）
年　　月　　日
</td></tr>
</table>

注　本表一式二份，项目监理机构、施工单位各一份。

B.0.8 分部工程报验表应按本规范表B.0.8的要求填写。

表B.0.8 **分部工程报验表**

工程名称： 编号：

致：______________（项目监理机构） 我方已完成______________（分部工程），经自检合格，请予以验收。 附件：分部工程质量资料 施工项目经理部（盖章） 项目技术负责人（签字） 年 月 日
验收意见： 专业监理工程师（签字） 年 月 日
验收意见： 项目监理机构（盖章） 总监理工程师（签字） 年 月 日

注 本表一式三份，项目监理机构、建设单位、施工单位各一份。

B.0.9 监理通知回复单应按本规范表B.0.9的要求填写。

表B.0.9　　监理通知回复单

工程名称：　　　　　　　　　　　　　　　　　　　　　　　　编号：

致：________________（项目监理机构） 我方接到编号为________________的监理通知单后，已按要求完成相关工作，请予以复查。 附件：需要说明的情况 施工项目经理部（盖章） 项目经理（签字） 年　月　日
复查意见： 项目监理机构（盖章） 总监理工程师/专业监理工程师（签字） 年　月　日

注　本表一式三份，项目监理机构、建设单位、施工单位各一份。

B.0.10　单位工程竣工验收报审表应按本规范表B.0.10的要求填写。

表B.0.10　**单位工程竣工验收报审表**

工程名称：　　　　编号：

致：________________（项目监理机构） 　　我方已按施工合同要求完成________________工程，经自检合格，现将有关资料报上，请予以验收。 　　附件：1. 工程质量验收报告 　　　　　2. 工程功能检验资料 施工单位（盖章） 项目经理（签字） 年　月　日
预验收意见： 　　经预验收，该工程合格/不合格，可以/不可以组织正式验收。 项目监理机构（盖章） 总监理工程师（签字、加盖执业印章） 年　月　日

注　本表一式三份，项目监理机构、建设单位、施工单位各一份。

B. 0. 11　工程款和竣工结算款支付报审表应按本规范表B. 0. 11的要求填写。

表 B. 0. 11　　**工程款支付报审表**

工程名称：　　　　　　　　　　　　　　　　　　　　　　编号：

<table>
<tr><td>致：________________（项目监理机构）
根据施工合同约定，我方已完成________工作，建设单位应在____年____月____日前支付工程款共计（大写）________（小写：________），请予以审核。

附件：
□已完成工程量报表
□工程竣工结算证明材料
□相应支持性证明文件

施工项目经理部（盖章）
项目经理（签字）
年　月　日</td></tr>
<tr><td>审查意见：
1. 施工单位应得款为：
2. 本期应扣款为：
3. 本期应付款为：
附件：相应支持性材料

专业监理工程师（签字）
年　月　日</td></tr>
<tr><td>审核意见：

项目监理机构（盖章）
总监理工程师（签字、加盖执业印章）
年　月　日</td></tr>
<tr><td>审批意见：

建设单位（盖章）
建设单位代表（签字）
年　月　日</td></tr>
</table>

注　本表一式三份，项目监理机构、建设单位、施工单位各一份；工程竣工结算报审时本表一式四份，项目监理机构、建设单位各一份、施工单位二份。

B.0.12　施工进度计划报审表应按本规范表B.0.12的要求填写。

表B.0.12　施工进度计划报审表

工程名称：　　　　　　　　　　　　　　　　　　　　　　编号：

致：________________（项目监理机构） 根据施工合同约定，我方已完成________________工程施工进度计划的编制和批准，请予以审查。 附件：□施工总进度计划 □阶段性进度计划 施工项目经理部（盖章） 项目经理（签字） 年　月　日
审查意见： 专业监理工程师（签字） 年　月　日
审核意见： 项目监理机构（盖章） 总监理工程师（签字） 年　月　日

注　本表一式三份，项目监理机构、建设单位、施工单位各一份。

B.0.13　费用索赔报审表应按本规范表 B.0.13 的要求填写。

表 B.0.13　　**费 用 索 赔 报 审 表**

工程名称：　　　　　　　　　　　　　　　　　　　　　　　　　　编号：

致：____________________（项目监理机构） 根据施工合同____________条款，由于____________________的原因，我方申请索赔金额（大写）____________________，请予批准。 索赔理由：______________________________ ____________________________________ ____________________________________ 附件：□索赔金额计算 □证明材料 施工项目经理部（盖章） 项目经理（签字） 年　　月　　日
审核意见： □不同意此项索赔。 □同意此项索赔，索赔金额为（大写）____________________。 同意/不同意索赔的理由：______________________________ ____________________________________ ____________________________________ 附件：□索赔审查报告 项目监理机构（盖章） 总监理工程师（签字、加盖执业印章） 年　　月　　日
审批意见： 建设单位（盖章） 建设单位代表（签字） 年　　月　　日

注　本表一式三份，项目监理机构、建设单位、施工单位各一份。

B.0.14 工程临时延期报审表和工程最终延期报审表应按本规范表B.0.14的要求填写。

表B.0.14　　工程临时/最终延期报审表

工程名称：　　　　　　　　　　　　　　　　　　编号：

<table>
<tr><td>致：______________________________（项目监理机构）
　　根据施工合同________________（条款），由于__________________________原因，我方申请工程临时/最终延期__________（日历天），请予批准

　　附件：1. 工程延期依据及工期计算
　　　　　2. 证明材料

施工项目经理部（盖章）
项目经理（签字）
年　　月　　日</td></tr>
<tr><td>审核意见：
　　□同意工程临时/最终延期__________________________（日历天）。工程竣工日期从施工合同约定的__________年__________月__________日延迟到__________年__________月__________日。
　　□不同意延期，请按约定竣工日期组织施工。

项目监理机构（盖章）
总监理工程师（签字、加盖执业印章）
年　　月　　日</td></tr>
<tr><td>审批意见：

建设单位（盖章）
建设单位代表（签字）
年　　月　　日</td></tr>
</table>

注　本表一式三份，项目监理机构、建设单位、施工单位各一份。

附录C 通 用 表

C.0.1 工作联系单应按本规范表C.0.1的要求填写。

表C.0.1 **工 作 联 系 单**

工程名称： 编号：

致：________________   发文单位 负责人（签字） 年 月 日

C.0.2　工程变更单应按本规范表C.0.2的要求填写。

表C.0.2　　**工 作 变 更 单**

工程名称：　　　　　　　　　　　　　　　　　　编号：

致：____________ 由于____________原因，兹提出____________工程变更，请予以审批。 附件： □变更内容 □变更设计图 □相关会议纪要 □其他 变更提出单位： 负责人： 年　月　日	
工程量增/减	
费用增/减	
工期变化	
施工项目经理部（盖章） 项目经理（签字）	设计单位（盖章） 设计负责人（签字）
项目监理机构（盖章） 总监理工程师（签字）	建设单位（盖章） 负责人（签字）

注　本表一式四份，建设单位、项目监理机构、设计单位、施工单位各一份。

C.0.3 索赔意向通知书应按本规范表C.0.3的要求填写。

表C.0.3 **索赔意向通知书**

工程名称： 编号：

致：______________________ 根据施工合同__________（条款）约定，由于发生了__________事件，且该事件的发生非我方原因所致。为此，我方向__________（单位）提出索赔要求。 附件：索赔事件资料 提出单位（盖章） 负责人（签字） 年 月 日

附录D 各类事故隐患系数数值表（节选）*

D.1 管理体系类隐患内容

序号	目录	管理体系类隐患内容	数值(D)
1	责任制度与目标管理	未按标准制定安全生产责任制	3
2		未经责任人签字确认	1
3		未制定安全生产管理目标	2
4		未进行目标分解	2
5		未制定安全生产资金保障制度	2
6		未编制安全资金使用计划	2
7		未建立安全生产责任制和责任目标的考核制度	2
8		未对项目管理人员定期进行考核	1
9		未按规定使用安全文明措施费	1
10		未建立费用登记台账	1
11	施工组织设计与专项施工方案	未编制施工组织设计	3
12		施工组织设计中未制定安全技术措施	3
13		危险性较大的分部分项工程未编制安全专项施工方案或未按规定进行设计计算	3
14		安全技术措施、安全专项施工方案无针对性	2
15		未按规定对超过一定规模危险性较大的分部分项工程专项施工方案进行专家论证	3
16		未按施工组织设计或安全专项方案实施	3
17		施工组织设计及专项施工方案未按规定进行审核、审批	3
18	单位资质与人员配备	施工单位未取得安全生产许可证	3
19		未设置项目安全生产领导小组或项目安全专职管理机构	2
20		项目经理部主要管理人员未与施工单位签订劳动合同或无社会养老保险关系	2
21		未按规定配备专职安全生产管理人员	2
22		项目经理和专职安全生产管理人员无相应执业资格	2
23		项目经理和专职安全生产管理人员同时在两个或两个以上工程项目上担任职务	2
24		特种作业人员无特种作业资格证	2
25	安全技术交底	未按规定进行安全技术交底	3
26		交底未履行签字手续	2
27		未制定各工种安全技术操作规程	2
28	安全技术交底	未将操作规程挂设在作业场所显著位置	1
29		未按施工工序、施工部位及施工环境等因素分部分项进行安全技术交底	2

* 摘自《房屋建筑和市政基础设施工程安全生产事故隐患排查与治理要求》（DB42/T 1651—2021）。

续表

序号	目录	管理体系类隐患内容	数值（D）
30	安全教育与班前活动	未按规定建立安全教育培训制度	3
31		采用新技术、新工艺、新设备、新材料技术施工时，未按规定进行安全教育培训	2
32		企业待岗、转岗、换岗的作业人员在重新上岗前未进行安全教育培训	2
33		未明确具体安全教育培训内容	1
34		施工人员入场时未按规定进行三级安全教育培训和考核	2
35		每年度进行安全教育培训次数不符合规定	1
36		未建立班前安全活动制度	2
37		无安全活动记录	1
38	应急管理	未进行重大危险源的辨识	3
39		危险源的辨识无文字记录	2
40		未制定安全生产事故综合应急预案、专项应急预案和现场处置方案	3
41		应急预案不全面、无针对性	2
42		未定期组织员工进行应急救援演练	2
43		未按救援预案要求配备应急救援物资、器材及设备	2
44	安全检查	企业负责人或项目经理未按规定进行带班检查或无带班检查记录	2
45		未建立安全检查制度、事故隐患排查治理制度	3
46		未有效开展日常、定期、季节性安全检查和安全专项整治或无检查记录	2
47		事故隐患的整改未做到定人、定时间、定措施	2
48		重大事故隐患整改未按期整改和复查	3
49		未建立安全检查档案	1
50	生产安全事故处理	未建立工伤事故报告和调查处理制度	2
51		安全事故、险情发生后未及时上报	2
52		未按规定进行调查分析、制定防范措施	2
53		未建立安全事故档案	1
54		未依法为施工作业人员办理保险	1
55	分包单位管理	分包单位进行资质、安全生产许可证和相关人员安全生产资格不符合要求	2
56		未签订安全生产协议书	2
57		分包合同、安全生产协议书、签字盖章手续不全	1
58		未按规定建立安全机构或未配备专职安全员	2
59		未对分包队伍开展安全教育或无文字记录	2
60		未定期对分包单位开展安全检查或无检查记录	2
61	安全标示	施工现场未设置安全标志布置图	1
62		施工现场未设置重大危险源公示牌	1
63		施工现场入口及主要施工区域、危险部位未设置相对应的安全警示标志牌	1
64		施工现场安全警示牌移动、损坏未及时复原	1

D.2 **文明施工类隐患内容**

序号	目录	文明施工类隐患内容	数值（D）
1	现场围挡	市区主要路段的施工现场未设封闭围挡，围挡高度低于2.5m	2
2		一般路段的施工现场未设封闭围挡，围挡高度低于1.8m	2
3		围档基础不坚实、牢固	2
4		围挡立面不顺直、整洁、美观	2
5	封闭管理	施工现场进出口未设置大门	3
6		大门未设置门卫值班室	2
7		施工现场未建立门卫值守制度或未配备门卫值守人员	1
8		施工机械、外来人员出入未登记	1
9		施工人员进入施工现场未按规定佩戴工作卡或其他有效证件	1
10	绿色施工	施工便道未成环路布置或不畅通	2
11		路面不平整坚实	2
12		未按规定安装电子监控设施	2
13		主要道路、出入口和材料加工区地面未进行硬化处理	2
14		无防扬尘措施	2
15		无排水设施或排水不通畅	2
16		无防止泥浆、污水、废弃物污染环境或堵塞下水（河）道的措施	2
17		温暖季节无绿化布置	2
18		裸露场地和集中堆放的土方无覆盖、固化或绿化等措施	2
19		施工现场出入口处未设置车辆冲洗设施	2
20		施工现场未设置吸烟区	1
21	材料管理	建筑材料、构件未按施工现场平面布置图分类堆放	2
22		建筑材料堆码不整齐或未悬挂标志牌，标志牌未标明名称、规格	1
23		材料堆码未采取防火、防锈蚀、防雨等措施	2
24	防火管理	易燃易爆物品未分类储藏在专用库房内	3
25		库房安全距离不符合标准要求	2
26		未制定防火措施	2
27		建筑垃圾未及时清理或堆放混乱	1
28		未建立消防安全管理制度	3
29		制度内容不完善	2
30		临时用房和作业场所的防火设计不符合标准要求	3
31		未设置消防通道、消防水源	3
32		消防通道、消防水源设置不符合标准要求	2
33		施工现场灭火器材布局、配置不合理或灭火器材失效	2
34		动火作业未办理动火审批手续或无动火监护人	2

续表

序号	目录	文明施工类隐患内容	数值（D）
35	防火管理	动火人员未取得相应资格；	2
36		未定期组织火灾疏散演练或无相关记录	1
37	现场办公与住宿	办公区、生活区与作业区未采取隔离措施	2
38		伙房、库房、尚未竣工的建筑物兼作宿舍使用	3
39		宿舍未设置可开启窗户	2
40		宿舍未设置床铺、床铺超过2层或通道宽度小于0.9m	1
41		宿舍人均面积或居住人数不符合规定	2
42		宿舍内违章私拉乱接电线，使用大功率用电设备和明火	2
43		宿舍无冬季保暖、夏季消暑、防煤气中毒、防蚊虫叮咬等措施	2
44		住宿、办公用房使用前未按规定履行验收程序，办理验收手续	2
45		职工宿舍未实行集中管理	2
46		住宿人员信息未实行登记管理	2
47		生活用品摆放凌乱或环境卫生较差	1
48	交通疏导	占用、挖掘道路未按规定设置交通疏解告示、行人绕行提示、文明施工用语等标志	1
49		道路、基坑边围墙外侧未设置防止来车碰撞墩或交通警示灯	2
50		基坑上车行便桥未设置限载、限速和禁止超车、停车等标志	2
51		临时改道未按规定设置导向、减速设施及标志标线	2
52	施工现场标牌	施工现场出入口未标有企业名称或企业标志	1
53		未在施工现场大门口处明显位置设置公示标牌，公示标牌内容不全面	1
54		标牌不规范、整齐、统一；	1
55		未设置禁止标志、警示标志、指令标志、提示标志，未配以相应的安全标语	1
56		未设置宣传栏、黑板报、读报栏	1
57	保健急救	无急救措施，未配保健备医药箱和急救器材	1
58		未配备经培训合格的急救人员	1
59		未开展卫生防病宣传教育	1
60	生活设施	未设置文体活动室、职工夜校等设施	1
61		未设置淋浴室，或淋浴室不满足现场人员需求	1
62		食堂未建立责任制和卫生管理制度	1
63		食堂未吊顶、四周、地面未贴瓷砖、未设排烟设施	1
64		燃气罐未单独设置存放间	2
65		燃气罐存放间通风条件不好	1
66		食堂与厕所、垃圾站、有毒有害场所的距离不符合规定	1
67		食堂未有卫生许可证	2
68		炊事人员无身体健康证	1

续表

序号	目录	文明施工类隐患内容	数值（D）
69	生活设施	食堂生熟食未分开存放	1
70		食堂未采取防蝇、蚊、鼠、蟑螂等措施	1
71		生活区未设置开水炉、电热水器或饮用水保温桶	1
72		厕所内的设施数量、布局、卫生、排放不符合标准要求	1
73		生活垃圾未装入密闭式容器或未及时清理	1
74	社区服务	施工现场未制定防粉尘、防噪音、防废气措施	1
75		施工单位未对古树名木、文物采取保护措施	1
76		夜间施工未办理夜间施工许可证	1
77		施工现场焚烧有毒、有害、恶臭的物质	1
78		施工现场未制定施工不扰民措施	1
79		工程竣工后未在规定时间内拆除临时设施、恢复道路	1

D.3　施工用电类隐患内容

序号	目录	施工用电类隐患内容	数值（D）
1	外电防护	在外电线路正下方施工、搭设作业棚、建造生活设施或堆放材料物品	3
2		当安全距离不符合标准要求时，未采取隔离防护措施	3
3		防护设施和外电线路架设不坚固、稳定	2
4		在外电线路电杆附近开挖作业时，未会同有关部门采取加固措施	2
5	接零保护与防雷	配电系统未采用TN－S接零保护系统	3
6		配电系统未采用同一保护系统	3
7		保护零线装设开关、熔断器或通过工作电流	3
8		未单独敷设保护零线	1
9		保护零线的材质、规格和颜色标记不符合标准要求	1
10		保护零线引出位置不符合规定	2
11		电气设备未接保护零线	2
12		工作接地与重复接地的设置、安装及接地装置的材料不符合规定	2
13		工作接地电阻大于4Ω，重复接地电阻大于10Ω	3
14		施工设施未采取防雷措施	2
15		防雷装置的冲击接地电阻值大于30Ω	2
16		做防雷接地机械上的电气设备，所连接的保护零线未做重复接地	2
17	配电线路	线路及接头的机械强度和绝缘强度不符合标准要求	1
18		电缆线路未埋地或架空敷设	2
19		架空线架设在树木、脚手架及其他不合理设施上	2
20		架空线路与邻近线路或固定物的距离不符合标准要求	2

续表

序号	目录	施工用电类隐患内容	数值(D)
21	配电线路	线路未设短路保护和过载保护	2
22		导线截面不能符合线路负荷电流	2
23		敷设的电缆不符合规定要求	2
24		通往水上的岸电未采用绝缘物架设，电缆线架设完后无余量	3
25		室内明敷主干线距离地面高度小于2.5m	1
26		架空缆线上吊挂物品	2
27	配电箱与开关箱	未采用三级配电、二级保护系统	2
28		用电设备未设置专用开关箱	3
29		配电箱、开关箱及用电设备之间的距离不符合标准要求	2
30		配电箱结构、箱内电器设置及使用不符合标准要求	2
31		箱体安装位置、高度及周边通道不符合标准要求	1
32		电器安装板上零线端子板和保护零线端子板设置不符合规定要求	3
33		总配电箱、开关箱未安装漏电保护器或不灵敏	3
34	配电室与配电装置	配电箱与开关箱设置不符合规定要求	1
35		配电室的建筑物和构筑物的耐火等级低于3级	2
36		配电室内无有效灭火器材	1
37		配电室和配电装置的布设不符合标准要求	1
38		发电机组电源未与外电线路电源连锁，并列运行	2
39		发电机组并列运行时，未装设同期装置或同期装置不灵敏	1
40		配电装置中的仪表、电器元件设置不符合标准要求	1
41		配电室未铺设绝缘垫或配电室杂乱	1
42		配电室未采取防止小动物侵入的措施	1
43		配电室未设置警示标志、供电平面图和系统图	1
44	使用与维护	临时用电工程未定期检查、维修或无检查、维修记录	3
45		电工未取得特种作业资格证	3
46		临时用电工程作业人员无电工操作证，作业时无人监护	2
47		暂停用设备的开关箱未分断电源隔离开关或未关上门锁	2
48		在检查、维修时未穿、戴绝缘鞋、手套，未使用电工绝缘工具	2
49	电器消防安全	电气设备未按标准要求设置过载、短路保护装置	2
50		电气线路或设备与可易燃材料距离不符合标准要求	1
51		施工现场未配置适用于电气火灾的灭火器材	1
52	现场照明	照明用电应与动力用电未分开设置	1
53		照明线路与安全电压线路的架设不符合标准要求	1
54		隧道、人防工程等特殊场所使用的安全特低压照明器不符合标准要求	1

续表

序号	目录	施工用电类隐患内容	数值（D）
55	现场照明	照明未采用专用回路或专用回路未设置漏电保护装置	1
56		照明变压器未采用双绕组安全隔离变压器	2
57		照明灯具的金属外壳未与保护零线相连接	1
58		灯具与地面、易燃物间的距离不符合标准要求	1
59		未在标准要求的部位配备应急照明	1
60	用电档案	无用电施工组织设计和外电防护专项方案	1
61		总包单位与分包单位未订立临时用电管理协议	2
62		未按规定履行施工组织设计和专项方案的审核、审批手续	1
63		未建立安全技术档案	1
64		用电档案资料不齐全，无专人管理	1
65		用电记录未按规定填写或造假用电记录	1

D.4 施工机具类隐患内容

序号	目录	施工机具类隐患内容	数值（D）
1	平刨	未按规定履行验收程序或未经责任人签字确认	1
2		未设置护手及防护罩等安全装置	1
3		未单独设置保护零线或未安装漏电保护装置	1
4		未设置作业棚或防护棚不符合规定要求	1
5		使用同台电机驱动多种刃具、钻具的多功能木工机具	2
6		未在明显位置悬挂平刨使用操作规程	1
7	圆盘锯	未按规定履行验收程序或未经责任人签字确认	1
8		未设置防护罩、分料器、防护挡板等安全装置	1
9		未单独设置保护零线或未安装漏电保护装置	2
10		未设置作业棚或防护棚不符合规定要求	1
11		使用同台电机驱动多种刃具、钻具的多功能木工机具	2
12		未在明显位置应悬挂圆盘锯使用操作规程	1
13	手持电动工具	使用手持电动工具时，未穿戴劳动防护用品	1
14		Ⅰ类手持电动工具未单独设置保护零线或未安装漏电保护装置	2
15		负荷线未采用耐气候型橡胶护套铜芯软电缆，负荷线有接头	1
16	钢筋机械	未按规定履行验收程序或未经责任人签字确认	2
17		未单独设置保护零线或未安装漏电保护装置	2
18		未设置作业棚或防护棚不符合规定要求	1
19		钢筋对焊作业区未设置防火花飞溅的措施	1
20		钢筋冷拉作业未按规定设置防护栏	1
21		机械传动部位未设置防护罩	1
22		未在显位置应悬挂钢筋机械使用操作规程	1

续表

序号	目录	施工机具类隐患内容	数值(D)
23	电焊机	未按规定履行验收程序或未经责任人签字确认	1
24		未单独设置保护零线或未安装漏电保护装置	2
25		未设置二次空载降压保护器	2
26		一次侧电源线长度大于5m	1
27		二次线未采用防水橡皮护套铜芯软电缆	1
28		二次线长度超过规定或绝缘老化	1
29		电焊机未设置防雨罩、接线柱未设置防护罩	1
30		交流电焊机未安装防二次侧触电保护装置	2
31	搅拌机	未在明显位置悬挂电焊机使用操作规程	1
32		未按规定履行验收程序或未经责任人签字确认	1
33		未单独设置保护零线或未安装漏电保护装置	2
34		离合器、制动器、钢丝绳未达到规定要求	1
35		上料斗未设置安全挂钩或止挡装置	1
36		传动部位未设置防护罩	1
37		未设置作业棚或防护棚不符合规定要求	1
38		作业平台不稳当	1
39		未在明显位置应悬挂搅拌机使用操作规程	1
40	气瓶	未安装减压器、回火防止器或不灵敏	2
41		气瓶未设置防震圈、防护帽，未分类存放	1
42		乙炔瓶与氧气瓶之间的距离、气瓶与明火之间的距离不符合规定要求	2
43		气瓶暴晒或倾倒放置	1
44		同时使用两种气体作业时，未安装单向阀	2
45	潜水泵	未单独设置保护零线或未安装漏电保护装置	2
46		负荷线未采用专用防水橡皮电缆	2
47	振捣器	未单独设置保护零线或未安装漏电保护装置	2
48		振捣器作业时未使用移动式配电箱或电缆长度超过30m	1
49		操作人员未按规定穿戴绝缘手套、绝缘靴	2
50	桩工机械	未按规定履行验收程序或未经责任人签字确认	1
51		未进行安全技术交底或无文字记录	1
52		未按规定安装安全装置或不灵敏	1
53		作业区域地面承载力不符合机械说明书要求	2
54		桩工机械与输电线路安全距离不符合标准要求	2
55		打桩机未挂设标示牌	1
56		打桩机标示牌内容不全面	1

续表

序号	目录	施工机具类隐患内容	数值（D）
57	运输车辆	车辆转向、制动和灯光装置不灵敏	1
58		运输车辆手续不齐全	1
59		司机未经专门培训、无操作证	1
60		行车时车斗内载人	1
61	空压机	未按规定履行验收程序或未经责任人签字确认	1
62		固定式空压机未设置独立站房	1
63		设备基础不平整、坚固	1
64		电动空压机未作保护接零或未设置漏电保护装置	2
65		空压机传动部位未设置防护罩	1
66		空压机未安装压力表、安全阀或不灵敏	2
67		储气罐有明显锈蚀和损伤	1
68		空压机周围无防护栏	1
69	预应力张拉机具	张拉机械设备未定期标定校验或无效验记录	1
70		压力表与千斤顶未按规定配套使用	1
71		操作人员未进行培训	1
72		张拉时顺梁方向梁端有人员停留	2
73		未使用砂轮机切割钢绞线	1
74		预应力张拉时，未搭设站立操作人员和张拉设备的操作平台或平台不牢固	2
75		张拉钢筋两端的档板设置不符合规定	1
76		预应力张拉区域无明显的安全标志，非操作人员进入	1
77	小型起重机具	未按规定履行验收程序或未经责任人签字确认	1
78		电动葫芦未设缓冲器	2
79		两台以上手拉葫芦同时起吊重物	1
80		承载机具的基础或载体不牢靠	2
81		滑轮、吊钩、卷筒磨损变形达到报废标准	2
82		钢丝绳磨损、断丝、变形、锈蚀达到报废标准	2
83		滑轮、吊钩、卷筒未设置防脱装置	1

D.5　高处作业类隐患内容

序号	目录	高处作业类隐患内容	数值（D）
1	安全帽	施工现场人员未佩戴安全帽	2
2		未按规定正确佩戴安全帽	1
3		安全帽质量不符合现行国家相关标准的要求	1

续表

序号	目录	高处作业类隐患内容	数值（D）
4	安全网	临边防护栏杆未张挂密目式安全立网或网间连接不紧密	1
5		边长大于1500mm的水平洞口位置未张设安全平网	2
6		高度超过3.2m无外脚手架的工作面外侧未张设安全平网	2
7		脚手架与构筑物之间距离超过200mm的间隙未张设安全平网	2
8		当需采用平网进行防护时采用密目式安全立网代替平网使用	3
9		安全网与支撑件的拉结不牢固	1
10		安全网质量不符合现行国家相关标准的要求	2
11	安全带	高空作业人员未按规定系挂安全带	2
12		安全带系挂不符合标准要求	1
13		安全带质量不符合现行国家相关标准的要求	2
14	防尘口罩	从事钻孔、注浆、喷射混凝土、切割、打磨等扬尘作业的人员未戴防尘口罩	1
15		防尘口罩的质量不符合现行国家相关标准的要求	2
16	临边防护	高度2m以上且无外脚手架的临边作业面边缘未设置临边防护设施	3
17		临边防护设施设置不连续、严密	2
18		临边防护设施的承载力和构造不符合标准要求	1
19		临边防护设施未实现定型化、工具式	1
20		临边防护栏杆未设置防物体、火花等坠落的挡脚板或挡脚笆	1
21	洞口防护	各类孔、洞未采取防护措施	3
22		孔、洞围挡不严密	1
23		洞口防护措施、设施的构造不符合标准要求	2
24		洞口防护设施未实现定型化、工具式	1
25		电梯井、管道井、风道井内未按每隔2层且不大于10m应设置安全平网防护	3
26		洞口未在醒目位置设置安全警示牌，夜间应设红灯示警	2
27	通道口防护	各类人员进出的通道口的上部未设置安全防护棚，或防护不严、不牢固	2
28		防护棚两侧未采取封闭措施	1
29		防护棚宽度小于通道口宽度	1
30		防护棚长度小于高处作业坠落半径	1
31		高度超过24米的防护棚顶未采用双层防护	1
32		防护棚的材质和构造不符合标准要求	1
33	攀登作业	单梯垫高使用	1
34		直梯接头超过1处	1
35		折梯未设置可靠的拉撑装置	1
36		两人同时在梯子上作业或上下	2
37		脚手架操作层上使用梯子作业	2

续表

序号	目录	高处作业类隐患内容	数值（D）
38	攀登作业	上下直梯时人员背向梯子或手持器物	1
39		直梯攀登高度超过10m	1
40		直梯攀登高度超过8m时未设置梯间平台	1
41		人行塔梯顶部和各平台未牢固满铺防滑板，或未在四周按临边作业要求设置防护栏杆	2
42		高度超过5m的人行塔梯未与建筑结构间设置连墙件	2
43		梯子的材料或制作质量不符合标准要求	1
44	悬空作业	悬空作业处未设置牢固的落脚点	2
45		悬空作业处未设置防护栏杆或采取其他可靠的安全措施	2
46		悬空作业所使用的索具、吊具等未经验收	1
47		人员在未固定、无防护的构件及安装中的管道上作业或通行	3
48		悬空作业人员未系挂安全带或未佩戴工具袋	2
49	高空水平通道	梁式通道承重梁、承载结构未经设计计算，或搁置端固定不牢固	2
50		通行面未牢固满铺防滑板，或未在四周按临边作业要求设置防护栏杆	2
51		高空结构物间采用简易跳板通行	2
52		当利用已安装的构件或既有的结构构件作为高空水平通道时，临空面未采取临边防护措施	2
53	落地式移动操作平台	操作平台未按规定进行设计计算	2
54		操作平台的面积、高度超过标准规定的上限值	2
55		装设轮子的移动式操作平台，轮子与平台的接合处不牢固可靠，或不具有自锁功能	2
56		立柱底端距地面距离大于80mm	1
57		操作平台未按设计和产品使用要求进行组装	2
58		平台面未牢固满铺防滑板	2
59		平台面未在四周按临边作业要求设置防护栏杆	2
60		未设置专用登高扶梯	1
61		构配件的规格、材质不符合标准和设计要求	2
62		基础处理不满足设计和产品使用要求	1
63		平台上人员和物料的总重量超过设计允许范围	2
64	悬挂式移动操作平台	操作平台在施工前未编制专项施工方案	3
65		操作平台的承载体和悬挂装置不牢固、可靠，或不具有足够的承载力	3
66		平台面未牢固满铺防滑板	2
67		平台面未在四周按临边作业要求设置防护栏杆	2
68		未设置专用上下扶梯或扶梯未设置栏杆和扶手	2
69		构配件的规格和材质不符合设计要求	1

续表

序号	目录	高处作业类隐患内容	数值（D）
70	悬挂式移动操作平台	杆件连接方式不符合设计要求或连接不牢固、可靠	2
71		搭设完毕未办理验收手续即投入使用	1
72		平台上人员和物料的总重量超过设计允许范围	2
73	物料钢平台	未编制专项施工方案或未经设计计算	3
74		钢平台构配件的规格和材质不符合设计要求	2
75		物料钢平台的搭设不符合专项施工方案的要求	3
76		钢平台支撑架未与既有结构可靠连接	1
77		悬挑式物料钢平台的斜拉杆或钢丝绳未在平台两侧各设置前后两道，或可靠拉结在既有结构上	2
78		平台面、平台与结构物间未牢固满铺防滑板	1
79		平台面未在四周按临边作业要求设置防护栏杆和挡脚板	1
80		搭设完毕未办理验收手续即投入使用	3
81		未在明显位置设置荷载限定标牌，或平台上人员和物料的总重量超过设计允许范围	2
82	交叉作业	上下立体交叉作业时，下层作业的位置未处于上层作业坠落半径之外或未设置安全防护棚	2
83		经拆除的各种部件，临时堆放处离临边边沿小于1m，堆放高度超过1m的	2

D.6　　施工升降机隐患内容

序号	目录	施工升降机隐患内容	数值（D）
1	安全装置	未安装起重量限制器或不灵敏	3
2		未安装渐进式防坠安全器或不灵敏	3
3		防坠器使用超过有效的标定期限	3
4		对重钢丝绳未安装防松绳装置或不灵敏	2
5		底架未安装吊笼和对重缓冲器或缓冲器不符合标准要求	2
6		SC施工升降机未按规定安装安全钩	3
7	限位装置	未安装非自动复位型极限开关或不灵敏	3
8		未安装自动复位型上、下限位开关或不灵敏	3
9		上极限开关与上限位开关安全越程不符合标准要求	2
10		极限开关、限位开关共用一个触发元件	2
11	防护设施	吊笼和对重升降通道周围未设置防护围栏	2
12		围栏门、吊笼门未安装机电连锁装置或不灵敏	2
13		停层平台两侧未设置防护栏杆、挡脚板	2
14		围栏高度小于1.8m	2
15		设置不符合临边作业防护要求	2

续表

序号	目录	施工升降机隐患内容	数值（D）
16	防护设施	停层平台面脚手板未满铺或未牢固固定	2
17		未安装层门或层门不起作用	2
18		设置不符合标准要求	2
19		未实现定型化	2
20		层门高度不符合标准要求	1
21		层门安装不牢固或承载力不足	1
22		地面进出口未设置防护棚	2
23	附墙架	附墙架采用非配套标准产品时未进行设计计算	3
24		附墙架与结构物连接方式、角度不符合产品说明书要求或连接不牢固	2
25		附墙架间距、最高附着点以上导轨架的自由高度超过产品说明书要求	3
26	钢丝绳、滑轮与对重	对重钢丝绳数少于2根或未相对独立	2
27		钢丝绳磨损、断丝、变形、锈蚀达到报废标准	3
28		钢丝绳的规格、型号不符合产品说明书要求或穿绕不正确	3
29		钢丝绳的端部固接不符合标准要求	2
30		滑轮未设置钢丝绳防脱装置或不符合标准要求	2
31		对重重量、固定不符合产品说明书要求	3
32		对重未设置防脱轨保护装置	2
33	安装、拆卸与验收	无制造许可证、产品合格证、备案证明和产品说明书	2
34		安装、拆卸单位未取得设备安装工程专业承包资质和安全生产许可证	3
35		安装、拆卸作业人员未取得特种作业资格证书	3
36		未编制安装、拆卸专项施工方案或未经审核、审批	3
37		未履行验收程序或未经责任人签字确认	2
38		验收后未办理使用登记	2
39	使用	司机未取得特种作业资格证书	3
40		作业前未按规定进行例行检查或未填写检查记录	2
41		每日作业结束后未将吊笼返回最底层停放	2
42		信号联络不清晰	1
43		实行多班作业未按规定填写交接班记录	1
44		施工升降机未安装信号联络装置	2
45		未按规定周期和方法进行超载试验	2
46	导轨架	导轨架垂直度不符合使用产品说明书及规定要求	2
47		标准节质量不符合产品说明书及相关标准要求	2
48		对重导轨不符合规定要求	1
49		标准节连接螺栓使用不符合产品说明书及标准要求	2

续表

序号	目录	施工升降机隐患内容	数值（D）
50	基础	基础形式、材料、尺寸不符合产品说明书及标准要求	2
51		基础设置在既有结构上未对其支承结构进行承载力验算	2
52		未按标准进行验收	1
53		未设置防、排水设施	1
54	电器安全	未安装非自动复位型急停开关或不灵敏	2
55		施工升降机在其他避雷装置保护范围以外未设置避雷装置	2
56		金属结构和所有电气设备系统金属外壳未进行可靠接地	1
57		避雷装置不符合相关标准要求	1
58		施工升降机与架空线路的安全距离不符合标准要求时，未采取防护措施	2
59		未设置电缆导向架或设置不符合说明书及标准要求	1
60		吊笼顶窗未安装电气安全开关或不灵敏	2

D.7　物料提升机隐患内容

序号	目录	物料提升机隐患内容	数值（D）
1	安全装置	未安装起重量限制器或不灵敏	3
2		未安装防坠安全器或不灵敏	3
3		安全停层装置不符合要求或未达到定型化	2
4		未安装通信装置	3
5		安全越程小于 3m	2
6		未设置刚性停靠装置或承载力不足	2
7		未安装上限位开关或不灵敏	3
8		底架未安装吊笼和对重缓冲器或缓冲器不符合标准要求	2
9		不具备语音和影象显示功能或信号不清晰	1
10		安装高度超过 30m 未安装渐进式防坠安全器和自动停靠装置	3
11	防护设施	地面进料口未设置防护围栏	3
12		停层平台两侧未设置防护栏杆、挡脚板	2
13		设置不符合临边作业防护要求	1
14		围栏高度小于 1.8m	1
15		未实现定型化	1
16		停层平台面脚手板未满铺或未牢固固定	1
17		设置不符合标准要求	1
18		未安装平台门或平台门不起作用	3
19		平台门高度不符合标准要求	1
20		平台门安装不牢固或承载力不足	2

续表

序号	目录	物料提升机隐患内容	数值（D）
21	防护设施	地面进料口未设置防护棚	3
22		未设置卷扬机操作棚	2
23	附墙架、缆风绳与地锚	附墙架结构形式、材质、间距、最高附着点以上导轨架的自由高度不符合产品说明书要求	3
24		附墙架与导轨架、建筑结构未采用刚性连接或连接不牢靠	3
25		缆风绳设置数量、位置、直径、角度不符合标准和产品说明书要求	2
26		缆风绳与地锚连接不牢固	3
27		安装高度在30m及以上时未设置附墙架	3
28		地锚设置不符合标准要求	2
29	钢丝绳	钢丝绳磨损、断丝、变形、锈蚀达到报废标准	3
30		钢丝绳绳夹设置不符合相关标准要求	2
31		当吊笼处于最低位置时，卷筒上钢丝绳少于3圈	3
32		未设置钢丝绳过路保护措施或钢丝绳拖地	2
33	架体架构	主要结构件有明显变形、严重锈蚀，或焊缝有明显可见裂纹	2
34		结构件安装不符合产品说明书要求，连接螺栓不齐全或不紧固	1
35		导轨架垂直度偏差大于导轨架高度的0.15%	1
36		井架停靠平台通道处的结构未采取加强措施	1
37	动力与传动装置	卷扬机、曳引机安装不牢固	2
38		卷筒与导向轮底部导向轮的距离小于20倍卷筒宽度未设置排绳器	1
39		钢丝绳在卷筒上排列不整齐或端部与卷筒压紧装置连接不牢固	1
40		滑轮与导轨架、吊笼未采用刚性连接	2
41		滑轮与钢丝绳不匹配	2
42		滑轮、卷筒磨损达到报废标准	2
43		滑轮、卷筒未设置钢丝绳防脱装置或不符合标准要求	1
44		当曳引钢丝绳为2根及以上时，未设置曳引力自动平衡装置	1
45	安拆、验收与使用	无制造许可证、产品合格证、备案证明和产品说明书	2
46		安装、拆卸单位未取得专业承包资质和安全生产许可证	3
47		安装、拆卸作业人员及司机未取得特种作业资格证书	3
48		未编制安装、拆卸专项施工方案或未经审核、审批	3
49		未履行验收程序或验收表无责任人签字	2
50		验收后未办理使用登记	2
51		作业前未按规定进行例行检查或未填写检查记录	2
52		利用物料提升机载运人员	2
53		每日作业结束后未将吊笼返回最底层停放	1
54		实行多班作业未按规定填写交接班记录	1

续表

序号	目录	物料提升机隐患内容	数值（D）
55	基础	基础尺寸、混凝土强度等级及地基承载力不符合产品说明书及标准要求	1
56		基础未设置防、排水措施	1
57		30m 及以上物料提升机的基础未进行设计计算	2
58	吊笼	吊笼内净高度小于 2m	1
59		吊笼未设置吊笼门或未实现定型化	2
60		吊笼门开启高度低于 1.8m	1
61		吊笼门及两侧立面未沿全高度封闭	1
62		吊笼未设置防护顶板	1
63		吊笼底板固定不牢固	1
64		吊笼底板承载力不符合标准要求或底板有明显变形、锈蚀、破损	2
65		吊笼未设置有效的滚动导靴	2
66	电器安全	未设置非自动复位型急停开关或不灵敏	2
67		物料提升机在其他避雷装置保护范围以外未设置避雷装置	2
68		避雷接地装置不符合标准要求	1
69		金属结构和所有电气设备系统金属外壳未进行可靠接地	1
70		工作照明开关未与主电源开关相互独立	1
71		动力设备的控制开关采用倒顺开关	1

D.8 塔式起重机隐患内容

序号	目录	塔式起重机隐患内容	数值（D）
1	荷载限制装置	未安装起重量限制器或限制器不灵敏	3
2		未安装力矩限制器或限制器不灵敏	3
3	行程限制装置	未安装起升高度限制器或限位器不灵敏	3
4		起升高度限位器的安全越程不符合规范要求	2
5		未安装幅度限位器或限位器不灵敏	3
6		回转不设集电器的塔式起重机未安装回转限位器或限位器不灵敏	2
7		行走式塔式起重机未安装行走限位器或限位器不灵敏	3
8	保护装置	小车变幅的塔式起重机未安装断绳保护及断轴保护装置	2
9		行走及小车变幅的轨道行程末端未安装缓冲器及止挡装置不符合规范要求	2
10		起重臂根部挤绞点高度大于 50m 的塔式起重机未安装风速仪或测试不灵敏	1
11		塔式起重机顶部高度大于 30m 且高于周围建筑物未安装障碍指示灯	1
12	吊钩、滑轮、卷筒与铜线绳	滑轮、卷筒未安装钢丝绳防脱装置或不符合规范要求	1
13		吊钩未安装钢丝绳防脱钩装置或不符合规范要求	3
14		吊钩磨损、变形达到报废标准	3

续表

序号	目录	塔式起重机隐患内容	数值(D)
15	吊钩、滑轮、卷筒与铜线绳	滑轮、卷筒磨损达到报废标准	3
16		钢丝绳磨损、断丝、变形、锈蚀达到报废标准	3
17		钢丝绳的规格、固定、缠绕不符合产品说明书	2
18	多塔作业	多塔作业未制定专项方案或方案未审核审批	3
19		任意两台塔式起重机之间的最小架设距离不符合规范要求	3
20	安拆、验收与使用	安装、拆卸单位未取得专业承包资质和安全生产许可证	3
21		未制定安装、拆卸方案或方案为审核审批	3
22		未履行验收程序或无负责人签字确认	2
23		附墙架间距、最高附着点以上导轨架的自由高度超过产品说明书要求	2
24		对重钢丝绳数量少于2根或未相对独立	3
25		滑轮未安装钢丝绳防脱装置或不符合规范要求	2
26		对重量、固定不符合产品说明书要求	2
27		对重未安装防脱轨保护装置	2
28		安装、拆卸人员及司机、指挥未持证上岗	3
29		塔式起重机作业前未按规定进行例行检查，未填写检查记录	2
30		实行多班作业未按规定填写交接班记录	1
31	附着	塔式起重机高度超过规定未安装附着装置	2
32		附着装置水平距离不满足产品说明书要求，未进行设计计算和审批	2
33		安装内爬式塔式起重机的建筑承载结构未进行承载力验算	1
34		附着装置安装不符合产品说明书	1
35		附着前和附着后塔身垂直度不符合规范要求	2
36	基础与轨道	塔式起重机基础未按产品说明书及有关规定设计、检测、验收	2
37		基础未设置排水设施	2
38		路基箱或枕木铺设不符合产品说明书	1
39		轨道铺设不符合产品说明书	2
40	结构设施	主要结构件的变形、锈蚀不符合规范要求	2
41		平台、走道、梯子、护栏的设置不符合规范要求	1
42		高强螺栓、销轴、紧固件的紧固、连接不符合规范要求	2
43	电气安全	未采用TN－S接零保护系统供电	2
44		塔式起重机与架空线路安全距离不符合规范要求，未采取防护措施或防护措施不符合规范要求	2
45		未安装避雷接地装置或装置不符合规范要求	1
46		电缆使用及固定不符合规范要求	1

D.9 **门式起重机隐患内容**

序号	目录	门式起重机隐患内容	数值（D）
1	方案与交底	未按规定编制专项施工方案，或未进行相关计算	3
2		方案编制内容不全或无针对性	2
3		交底无针对性或无文字记录	2
4		专项施工方案未按规定进行审核、审批	3
5		起重量30t及以上的门式起重机安装工程专项施工方案未按规定组织专家论证	3
6		专项施工方案实施前，未进行安全技术交底	3
7	安全装置	未安装起重量限制器或不灵敏	3
8		安全越程不符合标准要求	2
9		未安装起升高度限位器或不灵敏	3
10		未安装运行行程限位器或不灵敏	3
11	防护设施	同轨运行的门式起重机之间未按标准要求安装防碰撞装置	2
12		门式起重机和小车行走轨道行程末端未按标准要求安装缓冲器和止挡装置	3
13		起升高度大于12m时未安装风速风级报警器或不灵敏	2
14		在主梁一侧落钩的单梁起重机未设置防倾覆安全钩或失效	3
15		未安装联锁保护安全装置或不灵敏	3
16		未安装有效的抗风防滑装置或不牢固	2
17	吊钩、滑轮、钢丝绳与索具	吊钩规格、型号不符合产品说明书要求或磨损、变形达到报废标准	3
18		滑轮、卷筒磨损达到报废标准	3
19		吊钩、滑轮、卷筒未设置钢丝绳防脱装置或装置失效	3
20		钢丝绳磨损、断丝、变形、锈蚀达到报废标准	3
21		钢丝绳的规格、型号不符合产品说明书要求或穿绕不正确	3
22		钢丝绳端部固接方式不符合标准要求	3
23		当吊钩处于最低位置时，卷筒上钢丝绳少于3圈	3
24		卷筒上钢丝绳尾端固定方式不符合产品说明书要求或未设置安全可靠的固定装置	3
25		索具安全系数不符合标准要求	3
26		索具端部固接方式不符合标准要求	2
27	基础与轨道	地基未经验算或承载力不符合产品说明书规定	3
28		基础不坚实稳固或未设置防、排水设施	2
29		基础与轨道的固定方式不符合产品说明书及标准要求或固定不牢固	3
30		轨道铺设跨距偏差、弯曲偏差、接头处高低偏差、左右错位偏差不符合产品说明书及标准要求	2
31		轨道有明显扭度或接头处间隙过大	1
32		轨顶面或侧面磨损量过大	1
33		路基箱、枕木、道钉、压板等设施不符合产品说明书及标准要求	2
34		当门式起重机支撑在既有结构上时，未对既有结构的承载力进行确认或验算	3

续表

序号	目录	门式起重机隐患内容	数值(D)
35	安装、拆卸与验收	无制造许可证、产品合格证、备案证明和产品说明书	3
36		安装、拆卸单位未取得起重设备安装工程专业承包资质和安全生产许可证	3
37		安装、拆卸作业人员未取得特种作业资格证书	2
38		中途停止安装时未对已安装或尚未拆除部分采取固定措施	2
39		安装完成未履行验收程序	3
40		验收未经责任人签字确认	2
41		验收后未办理使用登记	2
42	使用	使用前未按标准进行调试和试运行	3
43		起重司机、信号工、司索工未取得特种作业资格证书	2
44		使用期间未按规定形成交接班检查、日常检查和周期检查记录	2
45		起重机停止作业时，未锁紧夹轨器	2
46	安全防护及警示标识	未在明显位置设置主要性能标志和安全警示标志	1
47		未按规定安装警示灯，或警示灯失效	1
48		安拆及使用场地安全区域位置未设置围栏或警戒线	1
49	结构设施	门式起重机主要受力结构件有明显变形、开焊、裂缝及严重锈蚀等现象	2
50		平台、通道、梯子、护栏设置不符合产品说明书及标准要求	1
51		高强螺栓、销轴、紧固件的紧固、连接不符合产品说明书及标准要求	1
52	电器控制与保护	未安装非自动复位型急停开关或不灵敏	1
53		避雷装置不符合相关标准要求	1
54		金属结构和所有电气设备系统金属外壳未进行可靠接地	1
55		门式起重机与架空线路的安全距离不符合标准要求时，未采取防护措施	1
56		门式起重机在其他防雷保护范围以外未设置避雷装置	1
57		工作电缆拖地、泡水或无保护措施	1
58		电气绝缘电阻小于相关标准要求	1

D.10　　起重吊装隐患内容

序号	目录	起重吊装隐患内容	数值(D)
1	方案与交底	未按规定编制专项施工方案	3
2		专项施工方案未按规定进行审核、审批	3
3		方案编制内容不全或无针对性	2
4		超过一定规模的起重吊装及安装拆卸工程专项施工方案未按规定组织专家论证	3
5		交底无针对性或无文字记录	2
6		专项施工方案实施前，未进行安全技术交底	3

续表

序号	目录	起重吊装隐患内容	数值（D）
7	起重机械	起重机无制造许可证、产品合格证、备案证明和安装使用说明书	3
8		起重拔杆组装不符合设计要求	3
9		起重拔杆组装后未履行验收程序或验收表无责任人签字	2
10		未安装荷载限制装置或不灵敏	3
11		未安装行程限位装置或不灵敏	3
12	钢丝绳与索具	钢丝绳磨损、断丝、变形、锈蚀达到报废标准	3
13		钢丝绳的规格、型号不符合产品说明书要求或穿绕不正确	3
14		吊钩、卷筒、滑轮磨损达到报废标准	3
15		吊钩、卷筒、滑轮未设置钢丝绳防脱装置	3
16		起重拔杆的缆风绳、地锚设置不符合设计要求	2
17		钢丝绳、索具端部固接方式不符合标准要求	2
18		索具安全系数不符合标准要求	3
19		吊索规格不匹配或机械性能不符合设计要求	2
20	作业环境	起重机行走、作业处地面承载能力不符合产品说明书要求时未采取有效加固措施	3
21		当起重机支撑在既有结构上时，未对既有结构的承载力进行确认或验算	2
22		地面铺垫措施达不到要求，或支腿伸展不到位	2
23		起重机与架空线路安全距离不符合标准要求	3
24		作业现场照明不足	2
25	资质与人员	起重机械安装、拆卸单位未取得专业承包资质和安全生产许可证	3
26		安装拆卸工、起重司机、信号工、司索工未取得特种作业资格证书	3
27		起重机司机操作证与操作机型不符	2
28		未设专职信号指挥和司索人员	3
29		大型吊装作业时无专人监护	2
30	起重吊装	吊索具系挂点位置或系挂方式不符合专项施工方案的要求	2
31		起重机超载作业	2
32		双机起吊作业时，单机荷载超过额定起重量的80%	1
33		起重机作业时起重臂下有人停留或吊运重物从人的正上方通过	1
34		起重机采用吊具载运人员或被吊物体上有人、浮置物、悬挂物件	2
35		吊运易洒落物件或吊运气瓶时未使用专用吊笼	1
36		吊装重量不明、埋于地下或黏结在地面的物件	1
37		进行斜拉、斜吊	1
38	操作控制	吊运重物起升或下降速度不平稳、不均匀，或进行突然制动	2
39		起重机主、副钩同时作业	2
40		作业人员直接推、拉被吊运物	1

续表

序号	目录	起重吊装隐患内容	数值（D）
41	操作控制	双机同步提升时，未采取同步措施	2
42		起重机在松软不平的地面起吊时同时进行两个动作	2
43		在满负荷或接近满负荷时降落臂杆或同时进行两个动作	2
44		起重机回转未停稳时进行反向动作	2
45	悬空作业	未按规定设置高处作业操作平台	2
46		操作平台外围未按临边作业要求设置防护栏杆	2
47		平台承载力不足或固定不牢固	1
48		操作平台面未牢固满铺脚手板	1
49		未设置爬梯或爬梯的承载力、构造不符合标准要求	2
50		高处作业人员未按规定系挂安全带，或悬挂点不牢固	1
51	构件码放	构件码放荷载超过作业面承载能力	2
52		构件码放高度超过规定要求	1
53		大型构件码放无稳定措施	1
54	警戒监护	未按规定设置作业警戒区	2
55		警戒区未设专人监护	1

D.11　基坑隐患内容

序号	目录	基坑隐患内容	数值（D）
1	方案与交底	未按规定编制专项施工方案，或支护结构未经设计计算	3
2		专项施工方案编制内容不全或无针对性	2
3		未按规定进行审核、审批	3
4		超过一定规模的基坑专项施工方案，未按规定组织专家论证	3
5		专项施工方案实施前，未进行安全技术交底	3
6		交底无针对性或无文字记录	2
7	降排水	基坑开挖深度范围内有地下水时未采取有效的降排水措施	3
8		降水时未采取防止临近建（构）筑沉降的措施	2
9		基坑边未沿周边地面设置截、排水沟，或未采取截水、封堵、防倒流等措施	2
10		放坡开挖时未对坡顶、坡面、坡脚采取降排水措施	2
11		基坑底周边未设置排水沟和集水井或排除积水不及时	2
12		围护结构漏水、漏砂或基坑底积水、涌水或涌砂	2
13	基坑支护	自然边坡的坡率不符合设计和标准要求	3
14		不能采取放坡开挖的基坑工程，当开挖深度较大并存在边坡塌方危险时未采取支护措施	3
15		支护结构不符合设计要求	3

续表

序号	目录	基坑隐患内容	数值（D）
16	基坑支护	支护结构施作不及时	2
17		钢支撑与围护结构的连接不符合设计和专项施工方案的要求	2
18		钢支撑预应力施加不符合设计和专项施工方案的要求	2
19		钢支撑吊装就位时，吊车及钢支撑下方站人，或钢支撑未采取有效的防坠落措施	2
20		喷射混凝土的喷嘴面对有人方向	2
21		锚杆（索）未按设计和标准要求进行基本试验和验收试验	2
22		支护结构的水平位移达到设计报警值时未采取有效控制措	3
23	基坑开挖	支护结构未达到设计要求提前开挖下层土方	3
24		未按设计和专项施工方案的要求分层、分段、限时、限高开挖或开挖不均衡、对称	3
25		基坑开挖过程中未采取防止碰撞支护结构或工程桩的有效措施	3
26		挖土机械、运输车辆进入基坑的坡道的坡度大于 1：7 或宽度不满足行车要求	2
27		机械操作人员未取得作业资格证书	2
28		机械在软土场地作业，未采取铺设渣土、砂石等硬化措施	3
29		挖土机械在水平支撑上方进行挖土作业，或挖土机械在支撑上部行走时未按标准要求采取铺垫措施	2
30		未根据基坑及周边环境的监测数据及时调整开挖的施工顺序和施工方法	2
31	施工荷载	弃土、料具堆放距坑（槽）边距离小于设计规定或小于1m	2
32		基坑周边堆载超过基坑支护设计允许要求	3
33		机械设备施工与坑边距离不符合设计要求且未采取加固措施	3
34		当利用支撑兼作施工作业平台或栈桥时，上部机械设备的荷载超过设计允许范围	2
35	监测监控	未编制监测方案或未按要求进行施工监测	2
36		基坑监测项目不符合设计和标准要求	2
37		监测的时间间隔不符合监测方案要求或监测结果变化速率较大未加密观测次数	2
38		未按设计要求提交监测报告或监测报告内容不完整	1
39		当监测值达到所规定的报警值时未停止施工，查明原因，采取补救措施	2
40	安全防护	开挖深度 2m 及以上的基坑周边未按标准要求设置防护栏杆或栏杆设置不符合标准要求	3
41		基坑内未设置供人员上下的专用通道或通道设置不符合标准要求	2
42		降水井口未设置防护盖板或围栏	3
43	支护拆除	未达到设计规定的拆除条件进行锚杆或支撑拆除	2
44		支护结构拆除或换撑条件、顺序、方式不符合设计和方案要求	1
45		机械拆除作业时施工荷载大于支撑结构承载力	1
46		人工拆除作业时未按规定设置防护设施	1
47		采用非常规拆除方式不符合国家现行相关标准要求	1

续表

序号	目录	基坑隐患内容	数值（D）
48	作业环境	基坑内土方机械、施工人员的安全距离不符合标准要求	2
49		上下垂直作业未采取防护措施	1
50		在各种管线范围内挖土作业未采取安全保护措施或未设专人监护	1
51		作业区光线不良	1

D.12　扣件式钢管脚手架隐患内容

序号	目录	扣件式钢管脚手架隐患内容	数值（D）
1	施工方案	无专项施工方案或方案未审核、审批	3
2		架体结构设计未进行设计计算	3
3		架体搭设超过规范允许高度或专项方案未通过专家论证	3
4	立杆基础	立杆基础不平、不实或不符合方案要求	2
5		立杆底部缺少底座、垫板或不符合方案要求	1
6		未按规范要求设置纵横向扫地杆或扫地杆设置不符合规范要求	2
7		未采取有效排水措施	2
8	架体与建筑结构拉结	架体与结构拉结方式或间距不符合方案要求	2
9		架体连墙件设置不符合方案要求	2
10		搭设高度超过24米的双排脚手架未采用刚性连墙件	3
11	杆件间距与剪刀撑	立杆、纵横向水平杆间距不符合规范要求	2
12		未按规定设置纵向剪刀撑或横向斜撑	2
13		剪刀撑未沿脚手架高度连续设置或角度不符合规范要求	2
14		剪刀撑斜杆的接长或剪刀撑斜杆与架体杆件固定不符合规范要求	2
15	脚手板与防护栏杆	脚手板未满铺或铺设不牢	2
16		脚手板规格或材质不符合规范要求	1
17		架体外侧未设置密目网封闭或封闭不严	1
18		作业层防护栏杆不符合规范要求	2
19		作业层未设置高度不小于180mm的挡脚板	1
20	交底与验收	架体搭设前未进行交底或缺少交底记录	2
21		分段搭设分段使用的架体未做分段验收	2
22		架体搭设完成未进行验收	3
23	横向水平杆设置	未在立杆与纵向水平杆交点处设横向水平杆	1
24		未按脚手板铺设的需要增设横向水平杆	1
25		双排脚手架横向水平杆只固定一端	1
26		单排脚手架横向水平杆插入墙内小于180mm	1

续表

序号	目录	扣件式钢管脚手架隐患内容	数值（D）
27	杆件链接	纵向水平杆搭接长度小于 1 米或固定不符合要求	1
28		立杆除顶层顶步外采用搭接	1
29		杆件对接扣件的布置不符合方案要求	1
30		扣件紧固力矩小于 40N·m 或大于 65N·m	1
31	层间防护	作业层脚手板下未采用安全平网兜底或作业层下每隔 10m 未采用安全平网封闭	2
32		作业层与建筑物间未进行封闭	2
33	构配件材质	钢管直径、壁厚、材质不符合要求，钢管弯曲、变形、锈蚀严重或扣件技术性能不达标	2
34	通道	未设置人员上下通道或通道设置不符合要求	2

D. 13　　碗口式钢管脚手架隐患内容

序号	目录	碗口式钢管脚手架隐患内容	数值（D）
1	施工方案	未编制专项施工方案或方案未按规定审批、审核	3
2		架体结构设计未进行设计计算	3
3		架体搭设超过规范允许高度或专项方案未通过专家论证	3
4	架体基础	基础不平、不实或不符合方案要求	2
5		架体底部缺少底座、垫板或不符合方案要求	1
6		未按规范要求设置纵横向扫地杆或扫地杆设置不符合规范那要求	2
7		未采取有效排水措施	1
8	架体稳定	架体与结构未按规范要求拉结	2
9		架体底层每一步水平杆处未按规范要求设置连墙件或未采用其他可靠措施固定	2
10		连墙件未采用刚性杆件	3
11		未按规范要求设置专用斜杆或八字形斜撑	2
12		专用斜杆两端未固定在纵横向水平杆与立杆汇交的碗扣节点处	1
13		专用斜杆或八字形斜撑未沿脚手架高度连续设置或角度不符合要求	2
14	杆件锁件	立杆间距、水平杆步距超过设计或规范要求	1
15		未按方案设计的步距在立杆连接碗扣节点处设置纵横向水平杆	2
16		架体搭设高度超过 24 米时，顶部 24 米以下的连墙件层未按规定设置水平斜杆	3
17		架体组装不牢或上碗扣紧固不符合要求	2
18	脚手板	脚手板未满铺或铺设不牢	2
19		脚手板规格材质不符合规范要求	1
20		采用挂扣式钢脚手板时挂钩未挂扣在横向水平杆上或挂钩未处于锁住状态	1
21	交底与验收	架体搭设前未进行交底或交底无文字记录	2
22		架体分段搭设、分段使用未进行分段验收	2
23		架体搭设完毕未办理验收手续	3

续表

序号	目录	碗口式钢管脚手架隐患内容	数值（D）
24	架体防护	架体外侧未用密目式安全网封闭或封闭不严	1
25		作业层防护栏杆不符合规范要求	1
26		作业层外侧未设置高度不小于180mm的挡脚板	1
27		作业层脚手板下未采用安全平网兜底或作业层下每隔10m未采用安全平网封闭	1
28	构配件材质	杆件弯曲、变形、锈蚀严重或构配件规格型号不符合规范要求	2
29	荷载	施工荷载超过设计规定或荷载堆放不均匀	2
30	通道	未设置上下人员通道或通道设置不合要求	2

D.14　门式钢管脚手架隐患内容

序号	目录	门式钢管脚手架隐患内容	数值（D）
1	施工方案	未编制专项施工方案或未进行设计计算	3
2		专项方案未按规定审核、审批	3
3		架体搭设超过规范允许高度或专项方案未通过专家论证	3
4	架体基础	立杆基础不平、不实或不符合方案要求	2
5		立杆底部缺少底座、垫板或不符合方案要求	1
6		未按规范要求设置纵横向扫地杆或扫地杆设置不符合规范要求	2
7		未采取有效排水措施	1
8	架体稳定	架体与结构拉结方式或间距不符合方案要求	2
9		未按规范要求设置剪刀撑	3
10		门架立杆垂直偏差超过规范要求	2
11		交叉支撑的设置不符合规范要求	2
12	杆件锁臂	未按规范组装或漏装杆件、锁臂	2
13		未按规范设置纵向水平加固杆	3
14		扣件与连接的杆件参数不匹配	2
15	脚手板	脚手板未满铺或铺设不牢	2
16		脚手板规格或材质不符合规范要求	1
17		采用挂扣式钢脚手板时挂钩未挂扣在横向水平杆上或挂钩未处于锁住状态	2
18	交底与验收	架体搭设前未进行交底或交底无记录	2
19		分段搭设分段使用的架体未做分段验收	2
20		架体搭设完成未进行验收	3
21	架体防护	作业层防护栏杆不符合规范要求	1
22		作业层未设置高度不小于180mm的挡脚板	1
23		架体外侧未设置密目网封闭或封闭不严	1
24		作业层脚手板下未采用安全平网兜底或作业层下每隔10m未采用安全平网封闭	1

续表

序号	目录	门式钢管脚手架隐患内容	数值（D）
25	构配件材质	杆件变形、锈蚀严重或门架局部开焊或构配件材质、规格型号不符合规范要求	2
26	荷载	施工荷载超过设计规定或荷载对方不均匀	2
27	通道	未设置上下人员通道或通道设置不符合要求	2

D. 15　　承插型盘扣式钢管脚手架隐患内容

序号	目录	承插型盘扣式钢管脚手架隐患内容	数值（D）
1	施工方案	无专项施工方案或方案未审核、审批	3
2		架体结构设计未进行设计计算	3
3	架体基础	架体基础不牢、不实，不符合方案要求	2
4		立杆底部缺少底座、垫板或不符合方案要求	1
5		未按规范要求设置纵横向扫地杆或扫地杆设置不符合规范要求	2
6		未采取有效排水措施	1
7	架体稳定	架体与结构未按规范要求拉结	2
8		架体底层第一步水平杆处未按规范要求设置连墙件或未采用其他可靠措施固定	2
9		连墙件未采用刚性杆件	3
10		未按规范要求设置竖向斜杆或剪刀撑	2
11		竖向斜杆两端未固定在纵横向水平杆与立杆汇交的盘扣节点处	2
12		斜杆或剪刀撑未沿脚手架高度连续设置或角度不符合规范要求	2
13	杆件设置	架体立杆间距、水平杆步距超过设计或规范要求	2
14		未按专项施工方案设计的步距在立杆连续插盘处设置纵横向水平杆	2
15		双排脚手架的每步水平杆，当无挂扣钢脚手板时未按规范要求设置水平斜杆	2
16	脚手板	脚手板未满铺或铺设不牢	2
17		脚手板规格材质不符合要求	2
18		采用挂扣式钢脚手板时挂钩未挂扣在水平杆上或挂钩未处于锁住状态	2
19	交底与验收	架体搭设前未交底或交底无记录	1
20		架体分段搭设、分段使用未进行分段验收	2
21		架体搭设完毕未办理验收手续	3
22		验收内容未量化或无负责人签字	1
23	架体防护	架体外侧未采用密目网封闭或封闭不严	1
24		作业层防护栏杆不符合规范要求	1
25		作业层外侧未设置高度不小于180mm的挡脚板	1
26		作业层脚手板下未采用安全平网兜底或作业层下每隔10m未采用安全平网封闭	1
27	杆件连接	立杆竖向接长位置不符合要求	1
28		剪刀撑斜杆接长不符合要求	1

续表

序号	目录	承插型盘扣式钢管脚手架隐患内容	数值（D）
29	构配件材质	钢管锈蚀、变形、弯曲严重或构配件材质规格不符合要求	2
30	通道	未设置人员上下通道或通道设置不符合要求	2

D.16　悬挑式脚手架隐患内容

序号	目录	悬挑式脚手架隐患内容	数值（D）
1	施工方案	无专项施工方案或方案未审核、审批	3
2		架体结构设计未进行设计计算	3
3		架体搭设超过规范允许高度或专项方案未进行专家论证	3
4	悬挑钢梁	钢梁截面高度未按设计确定或截面形式不符合规范要求	3
5		钢梁固定段长度小于悬挑长度的1.25倍	2
6		钢梁外端未设置钢丝绳或钢拉杆与上一层建筑结构拉结	1
7		钢梁与结构间锚固处结构强度、锚固措施不符合要求	2
8		钢梁间距未按悬挑架体立杆纵距设置	2
9	架体稳定	立杆底部与悬挑钢梁连接处未采取可靠固定措施	2
10		承插式立杆接长未采取螺栓或销钉固定	2
11		纵横向扫地杆的设置不符合规范要求	2
12		未在架体外侧设置连续剪刀撑	3
13		未按规定设置横向斜撑	2
14		架体未按规定与结构拉结	2
15	脚手板	脚手板规格材质不符合要求	1
16		脚手板未满铺或铺设不严、不牢	2
17	荷载	脚手架施工荷载超过设计规定	3
18		脚手架施工荷载堆放不均匀	2
19	交底与验收	架体搭设前未进行交底或交底无记录	2
20		架体分段搭设、分段使用时未进行分段验收	2
21		架体搭设完毕未办理验收手续	3
22		验收内容未量化或无负责人签字	2
23	杆件间距	立杆间距、水平杆步距超过规范要求	1
24		未在立杆与纵向水平杆交点处设置横向水平杆	1
25		未按脚手板铺设的需要增设横向水平杆	1
26	架体防护	作业层防护栏杆不符合要求	1
27		作业层外侧未设置高度不小于180mm的挡脚板	1
28		架体外侧未采用密目网封闭或封闭不严	1

续表

序号	目录	悬挑式脚手架隐患内容	数值（D）
29	层间防护	作业层脚手板下未采用安全平网兜底或作业层下每隔10m未采用安全平网封闭	1
30		作业层与结构间未进行封闭	1
31		架体底层沿建筑结构边缘，悬挑钢梁间未采取封闭措施或封闭不严或架体底层封闭不严	2
32	构配件材质	钢管、构配件规格型号不符合要求或变形、弯曲、锈蚀严重	2

D.17　　附着式升降脚手架隐患内容

序号	目录	附着式升降脚手架隐患内容	数值（D）
1	施工方案	无专项施工方案或方案未审核、审批	3
2		架体结构设计未进行设计计算	3
3		架体提升超过规范允许高度或专项方案未进行专家论证	3
4	安全装置	未采用防坠落装置或技术性能不符合规范要求	3
5		防坠落装置与升降设备未分别独立固定在建筑物结构上	3
6		防坠落装置未设置在竖向主框架处并与建筑结构附着	3
7		未安装防倾覆装置或防倾覆装置不符合要求	2
8		升降或使用工况，最上和最下两个防倾装置之间的最小间距不符合规范要求	2
9		未安装同步控制装置或技术性能不符合要求	2
10	架体构造	架体高度大于5倍楼层高	3
11		架体宽度大于1.2米	2
12		直线布置的架体支撑跨度大于7米或折线、曲线布置的架体支撑跨度大于5.4米	2
13		架体的水平悬挑长度大于2米或大于跨度1/2	3
14		架体悬臂高度大于架体高度2/5或大于6米	3
15		架体全高与支撑跨度的乘积大于110m^2	3
16	附着支座	未按竖向主框架所覆盖的每个楼层设置一道附着支座	3
17		使用工况未将竖向主框架与附着支座固定	3
18		升降工况未将防倾、导向装置设置在附着支座上	3
19		附着支座与结构连接固定方式不符合要求	3
20	架体安装	主框架与水平支撑桁架的节点未采用焊接或螺栓连接	3
21		各杆件轴线未汇交于节点	1
22		水平支撑桁架的上弦与下弦间设置的水平支撑杆件未采用焊接或螺栓连接	2
23		架体立杆底端未设置在水平支撑桁架上弦杆件节点处	3
24		竖向主框架组装高度低于架体高度	2
25		架体外立面设置的连续剪刀撑未将竖向主框架、水平支撑桁架和架体结构连成一体	2

续表

序号	目录	附着式升降脚手架隐患内容	数值(D)
26	架体升降	两跨以上架体升降采用手动升降设备	3
27		升降工况附着支座与结构连接处混凝土强度未达到设计和规范要求	3
28		升降工况架体上有施工荷载或有人员停留	3
29	检查验收	主要构配件进场未进行验收	1
30		分区段安装、使用未进行分区段验收	1
31		架体搭设完毕未办理验收手续	2
32		架体提升前无检查记录	1
33		架体提升后、使用前未履行验收手续或资料不全	1
34	脚手板	脚手板未铺设或铺设不严、不牢	2
35		作业层与建筑结构之间空隙封闭不严	1
36		脚手板规格、材质不符合要求	1
37	架体防护	脚手架外侧未采用密目网封闭或封闭不严	1
38		作业层防护栏杆不符合要求	1
39		作业层未设置高度不小于180mm的挡脚板	1
40	安全作业	操作前未向有关人员进行交底或交底无记录	1
41		作业人员未经培训上岗或未定岗定责	1
42		安装拆除单位资质不符合要求或特种作业人员未持证上岗	1
43		安装、升降、拆除时未设置警戒区及专人监护	2
44		荷载不均匀或超载	1

D.18　双排脚手架隐患内容

序号	目录	双排脚手架隐患内容	数值(D)
1	方案与交底	未按规定编制专项施工方案，或架体结构和连墙件、立杆地基承载力未经设计计算	3
2		方案编制内容不全或无针对性	2
3		专项施工方案未按规定进行审核、审批	3
4		架体搭设高度超过一定规模时，未按规定组织专家对专项施工方案进行论证	3
5		专项施工方案实施前，未进行安全技术交底	3
6		交底无针对性或无文字记录	1
7	构配件材质	进场的钢管及构配件无质量合格证、产品性能检验报告	3
8		钢管及构配件的规格、型号、材质或产品质量不符合标准要求	2
9		钢管弯曲、变形、锈蚀严重	2
10		焊缝不饱满或存在开焊	2
11		所采用的扣件未进行复试或技术性能不符合标准要求	2

续表

序号	目录	双排脚手架隐患内容	数值（D）
12	地基基础	立杆基础不平、不实，或不符合专项施工方案要求	2
13		未采取排水措施，或排水设施不完善，排水不畅通	2
14		立杆底部未设置底座、垫板，或垫板的规格不符合标准要求	1
15		底座松动或立杆悬空	1
16		当脚手架搭设在既有结构上时，未对既有结构的承载力进行验算，或未采取加固措施	3
17	架体搭设	立杆纵向、横向间距或水平杆步距大于标准或专项施工方案要求	2
18		立杆垂直度不满足标准要求	2
19		纵向水平杆水平度或直线度不满足标准要求	1
20		纵向水平杆和扫地杆未连续设置，或主节点处的横向水平杆漏设	1
21		非主节点处的水平杆设置方向与脚手板的类型不匹配，或未按照专项施工方案规定的数量设置	2
22		门洞设置不符合标准的构造加强要求	2
23		脚手架与起重设备、混凝土输送管、模板支撑架、物料周转平台等设施相连接	1
24	架体稳定	脚手架底部扫地杆离地间距超过标准要求	2
25		未设置竖向和水平剪刀撑	3
26		专用斜撑杆或设置的位置、数量、间距不符合方案要求	2
27		未设置连墙件	3
28		连墙件设置的竖向和水平间距不符合标准和专项施工方案要求	2
29		连墙件未采用刚性杆件或拉结不牢固	1
30		连墙件或等效支撑件未从架体第一道水平杆处开始设置	2
31		竖向剪刀撑杆件与地面的夹角未在45°～60°之间	1
32	脚手板	脚手板材质、规格不符合标准要求	2
33		作业层脚手板未铺满或铺设不牢、不稳	2
34		采用工具式钢脚手板时，脚手板两端挂钩未通过自锁装置与作业层横向水平杆锁紧	1
35		采用木脚手板、竹串片脚手板、竹笆脚手板时，脚手板两端未与水平杆绑牢，或脚手板探头长度大于150mm	1
36	检查验收	在原材料进场、基础完工、分段搭设、分段使用时未进行分阶段验收，或未形成记录	3
37		在脚手架搭设完毕、投入使用前，未办理完工验收手续	3
38		完工验收未形成记录，或未经责任人签字确认	3
39		各阶段检查验收内容和指标未按标准要求进行量化	2
40		验收合格后未在明显位置悬挂验收合格牌	1

续表

序号	目录	双排脚手架隐患内容	数值（D）
41	杆件连接	节点组装时，扣件的扭紧力矩小于40N·m	1
42		碗扣节点未通过上碗扣和限位销锁紧水平杆，承插型盘扣式节点的插销未楔紧	1
43		相邻立杆接头在同一步距内	1
44		扣件式钢管脚手架的纵向水平杆搭接长度小于1m或固定不符合标准要求	1
45		扣件式钢管脚手架立杆除顶层顶步外采用搭接接长	1
46		剪刀撑杆件的接长不符合标准要求	2
47		专用斜撑杆的两端未固定在纵、横向水平杆与立杆交汇的节点处	1
48		钢管扣件剪刀撑杆件的连接点距离架体主节点大于150mm	1
49		架体与连墙件的连接点距离架体主节点大于300mm	1
50	安全防护	架体作业层栏杆设置不符合标准要求	2
51		作业层未在外立杆内侧设置高度不低于180mm的挡脚板	1
52		作业层脚手板下未采用安全平网兜底，或作业层以下每隔10m未采用安全平网封闭	1
53		作业层外侧未采用阻燃密目安全网进行封闭或网间连接不严密	2
54		当内立杆与建筑物距离大于150mm时，未采用脚手板或安全平网封闭	1
55		架体未按标准要求设置供人员上下专用梯道或坡道	1
56	使用与监测	作业层施工均布荷载或集中荷载超过设计允许范围	2
57		荷载堆放不均匀	1
58		使用过程中，未经采取加固措施拆除构配件	2
59		使用过程中，未对地基排水性能、架体结构的完整性和连接牢固性、基础沉降、立杆垂直度和使用工况进行定期巡视检查与监测，或未形成记录	1

D.19　满堂脚手架隐患内容

序号	目录	满堂脚手架隐患内容	数值（D）
1	方案与交底	未按规定编制专项施工方案，或架体结构和立杆地基承载力未经设计计算	3
2		方案编制内容不全或无针对性	3
3		专项施工方案未按规定进行审核、审批	3
4		专项施工方案实施前，未进行安全技术交底	4
5		交底无针对性或无文字记录	2
6	构配件材质	进场的钢管及构配件无质量合格证、产品性能检验报告	3
7		钢管及构配件的规格、型号、材质或产品质量不符合标准要求	2
8		钢管弯曲、变形、锈蚀严重	2
9		焊缝不饱满或存在开焊	2
10		所采用的扣件未进行复试或技术性能不符合标准要求	2

续表

序号	目录	满堂脚手架隐患内容	数值(D)
11	地基基础	立杆基础不平、不实，或不符合专项施工方案要求	2
12		未采取排水措施，或排水设施不完善，排水不畅通	2
13		立杆底部未设置底座、垫板，或垫板的规格不符合标准要求	1
14		底座松动或立杆悬空	1
15		当脚手架搭设在既有结构上时，未对既有结构的承载力进行验算，或未采取加固措施	3
16	架体稳定	脚手架底部扫地杆离地间距超过标准要求	2
17		架体四周与中间未按标准要求设置竖向剪刀撑或专用斜撑杆	3
18		未按标准要求设置水平剪刀撑或水平斜撑杆	3
19		架体高宽比超过标准要求时未采取与结构拉结或其他可靠的稳定措施	3
20	杆件锁定	架体立杆间距、水平杆步距超过标准及专项施工方案要求	2
21		水平杆和扫地杆未连续贯通设置	2
22		杆件接长不符合要求	2
23		架体搭设不牢或杆件节点紧固不符合要求	2
24	脚手板	脚手板材质、规格不符合标准要求	2
25		作业层脚手板未铺满或铺设不牢、不稳	2
26		采用工具式钢脚手板时，脚手板两端挂钩未通过自锁装置与作业层横向水平杆锁紧	2
27		采用木脚手板、竹串片脚手板、竹笆脚手板时，脚手板两端未与水平杆绑牢，或脚手板探头长度大于150mm	2
28	检查验收	在原材料进场、基础完工、分段搭设、分段使用时未进行分阶段验收，或未形成记录	3
29		在脚手架搭设完毕、投入使用前，未办理完工验收手续	3
30		完工验收未形成记录，或未经责任人签字确认	2
31		各阶段检查验收内容和指标未按标准要求进行量化	2
32		验收合格后未在明显位置悬挂验收合格牌	1
33	架体防护	架体作业层栏杆设置不符合标准要求	2
34		作业层未在外立杆内侧设置高度不低于180mm的挡脚板	1
35		作业层脚手板下未采用安全平网兜底，或作业层以下每隔10m未采用安全平网封闭	1
36		作业层外侧未采用阻燃密目安全网进行封闭或网间连接不严密	1
37	载荷	作业层施工均布荷载超过设计允许范围	2
38		荷载堆放不均匀	1
39	通道	未设置人员上下专用通道	2
40		通道设置不符合要求	1

D.20　　满堂模板支架隐患内容

序号	目录	满堂模板支架隐患内容	数值(D)
1	方案与交底	未按规定编制专项施工方案，或架体结构、立杆地基承载力未经设计计算	3
2		方案编制内容不全或无针对性	2
3		专项方案未按规定进行审核、审批	3
4		超规模的支撑架专项施工方案，未按规定组织专家论证	3
5		专项施工方案实施前，未进行安全技术交底	3
6		交底无针对性或无文字记录	2
7	构配件材质	进场的钢管及构配件无质量合格证、产品性能检验报告	3
8		钢管及构配件的规格、型号、材质或产品质量不符合标准要求	3
9		未对钢管壁厚进行抽检或钢管壁厚不符合标准要求	2
10		所采用的扣件未进行复试或技术性能不符合标准要求	2
11		钢管弯曲、变形、锈蚀严重	2
12		焊缝不饱满或存在开焊	2
13	地基基础	基础处理方式或承载力不满足专项施工方案要求，或地基未达到坚实、平整的要求	3
14		立杆底部未按标准要求设置底座	2
15		立杆底部未按照专项施工方案和标准的要求设置垫板或混凝土垫层	1
16		底座松动或立杆悬空	1
17		排水设施不完善，或排水不畅通	2
18		当支撑架设在既有结构上时，未对既有结构的承载力进行验算，或未采取加固措施	3
19	架体搭设	立杆纵向、横向间距或水平杆步距大于标准或专项施工方案要求	1
20		立杆垂直度不满足标准要求	1
21		水平杆水平度、直线度不满足标准要求	1
22		水平杆和扫地杆未连续贯通设置	1
23		顶部未采用可调托撑传力	3
24		支撑架与起重设备、混凝土输送管、作业脚手架、物料周转平台等设施相连接	3
25	架体稳定	支撑架扫地杆离地间距超过标准要求	2
26		立杆伸出顶层水平杆中心线至支撑点的长度超过标准要求	3
27		未设置竖向剪刀撑或专用斜撑杆	3
28		未设置水平剪刀撑或专用斜撑杆	3
29		剪刀撑或专用斜撑杆的设置位置、数量、间距不符合标准和专项施工方案要求	2
30		支撑架高宽比超过标准要求时，未按标准要求将架体与既有结构连接或采用增加架体宽度的加强措施	3
31	检查验收	在原材料进场、基础完工、架体搭设完毕、安全设施安装完成各阶段未进行分阶段验收	2
32		当需要进行预压时，未按标准要求对基础和架体实施预压	2
33		在支撑架搭设完毕、浇筑混凝土前，未办理完工验收手续	3

续表

序号	目录	满堂模板支架隐患内容	数值(D)
34	检查验收	完工验收未形成记录，或未经责任人签字确认	2
35		各阶段检查验收内容和指标未按标准要求进行量化	1
36		验收合格后未在明显位置悬挂验收合格牌	1
37	使用与监测	混凝土浇筑顺序不符合标准和安全专项施工方案的要求	2
38		作业层施工均布荷载或集中荷载超过设计允许范围	3
39		当浇筑混凝土时，未对混凝土的堆积高度进行控制	1
40		支撑架未按有关规定监测监控措施，或未在架体搭设、钢筋安装、混凝土浇捣过程中及混凝土终凝前后对基础沉降、模板支撑体系的位移进行监测监控	3
41		监测监控未记录监测点、监测时间、工况、监测项目和报警值	3
42	杆件连接	节点组装时，扣件的扭紧力矩小于40N·m，碗扣节点未通过上碗扣和限位销锁紧水平杆，承插型盘扣式节点的插销未楔紧	1
43		相邻立杆接头在同一步距内	1
44		扣件式钢管脚手架的纵向水平杆搭接长度小于1m或固定不符合标准要求	1
45		扣件式钢管脚手架立杆采用搭接接长	1
46		剪刀撑杆件的接长不符合标准要求	1
47		专用斜撑杆的两端未固定在纵、横向水平杆与立杆交汇的节点处	1
48		钢管扣件剪刀撑杆件的连接点距离架体主节点大于150mm	1
49		架体与连墙件的连接点距离架体主节点大于300mm	1
50	安全防护	无外脚手架时架体顶面四周未设置作业平台	1
51		作业平台宽度、脚手板、挡脚板、安全立网、防护栏杆的设置不符合标准要求	1
52		未设置供人员上下的专用通道	1
53		通道设置不符合标准要求或未与既有结构进行可靠连接	1
54		车行门洞通道未按标准要求设置顶部全封闭硬防护	1
55		门洞未按标准要求设置导向、限高、限宽、减速、防撞设施及标识	1
56		当支撑架可能受水流影响时未采取防冲（撞）击的安全措施	1
57	底座、托撑与主次楞	可调底座、托撑螺杆直径与立杆内径配合间隙大于2.5mm	1
58		螺杆与螺母的啮合长度少于5扣	1
59		螺杆插入立杆内的长度小于150mm	1
60		主楞或次楞规格、型号、接长不符合标准要求	1
61	支撑架拆除	架体拆除前未进行拆除安全技术交底	1
62		交底无针对性或无文字记录	1
63		支撑架拆除前未确认混凝土达到拆模强度要求	2
64		支撑架拆除未填写拆模申请单并履行拆模审批手续	1
65		预应力混凝土结构的支撑架在建立预应力前拆除	2
66		拆除作业未按分层、分段、由上至下的顺序进行	2

D.21　　　　模板支架隐患内容

序号	目录	模板支架隐患内容	数值(D)
1	施工方案	未编制专项施工方案或结构设计未经计算	3
2	施工方案	专项方案未经审核审批	3
3	施工方案	超规模模板支架专项方案未进行专家论证	3
4	支架基础	基础不平、不实，承载力不符合方案要求	2
5	支架基础	支架底部未设置底座、垫板或垫板规格不合要求	1
6	支架基础	未按规范要求设置扫地杆	2
7	支架基础	未采取排水设施	1
8	支架基础	支架设在楼面结构上时，未对楼面结构的承载力进行验算或楼面结构下方未采取加固措施	3
9	支架构造	立杆纵横间距、水平步距大于设计或规范要求	2
10	支架构造	水平杆未连续设置	2
11	支架构造	未按规范要求设置竖向剪刀撑或专用斜杆	3
12	支架构造	未按规范要求设置水平剪刀撑或水平斜杆	3
13	支架构造	剪刀撑或斜杆设置不符合规范要求	2
14	支架稳定	支架高宽比超过规范要求未采取与建筑结构刚性连接或增加架体宽度等措施	3
15	支架稳定	立杆伸出顶层水平杆的长度超过规范要求	2
16	支架稳定	浇筑混凝土未对支架的基础沉降、架体变形采取监测措施	2
17	施工荷载	荷载堆放不均匀	2
18	施工荷载	施工荷载超过设计规定	3
19	施工荷载	浇筑混凝土未对混凝土堆积高度进行控制	2
20	交底与验收	支架搭设、拆除前未进行交底或交底无记录	2
21	交底与验收	架体搭设完毕未办理验收手续	3
22	交底与验收	验收内容未量化或无负责任签字	2
23	杆件连接	立杆连接不符合要求	1
24	杆件连接	水平杆连接不符合规范要求	1
25	杆件连接	剪刀撑斜杆接长不符合规范要求	1
26	杆件连接	杆件各连接点的紧固不符合规范要求	1
27	底座与托撑	螺杆直径与立杆内径不匹配	1
28	底座与托撑	螺杆旋入螺母内的长度或外伸长度不合要求	1
29	构配件材质	钢管、构配件变形、弯曲、锈蚀严重或规格型号不符合要求	2
30	支架拆除	支架拆除前未确认混凝土强度达到设计要求	2
31	支架拆除	拆除时未按规定设置警戒区或无专人监护	1

参 考 文 献

［1］ 钟汉华，赵旭升．工程建设监理［M］．4版．郑州：黄河水利出版社，2020.
［2］ 曲学杰．监理员［M］．武汉：华中科技大学出版社，2010.
［3］ 中国建设监理协会．建设工程监理概论［M］．北京：中国建筑工业出版社，2014.
［4］ 中国建设监理协会．建设工程合同管理［M］．北京：中国建筑工业出版社，2014.
［5］ 中国建设监理协会．建设工程质量控制［M］．北京：中国建筑工业出版社，2014.
［6］ 中国建设监理协会．建设工程投资控制［M］．北京：中国建筑工业出版社，2014.
［7］ 中国建设监理协会．建设工程进度控制［M］．北京：中国建筑工业出版社，2014.
［8］ 中国建设监理协会．建设工程监理案例分析［M］．北京：中国建筑工业出版社，2014.
［9］ 中国建设监理协会．建设工程监理相关法规文件汇编［M］．北京：中国建筑工业出版社，2014.
［10］ 马远荣，唐葭．工程建设监理［M］．北京：中国电力出版社，2010.
［11］ 孙加保，刘春峰，孙滨．工程建设监理实务［M］．2版．北京：化学工业出版社，2013.
［12］ 钟汉华．建筑工程安全管理［M］．2版．北京：中国电力出版社，2014.
［13］ 钟汉华．建筑工程质量管理［M］．北京：中国电力出版社，2015.